建筑制图与阴影透视习题集

张效伟　任　枫　张召香　孙宽忠　编著

中国建材工业出版社

前 言

《建筑制图与阴影透视习题集》与张效伟、李海宁、邵景玲编写的《建筑制图与阴影透视》教材配套使用。该套教材是在总结多所院校"建筑工程制图"和"阴影透视图"教学经验的基础上，根据本科、高等职业教育、成人教育土建类及艺术设计类专业的要求和教学的特点编写而成的。

本习题集主要有以下特点：

1. 为便于教学，习题集内容编排顺序与配套教材一致，其深度和广度略宽于教材，有一定的伸缩性，便于教师根据不同专业、不同学时要求灵活选用。

2. 为适应应用型人才的培养，选题以基本题、概念题为主，每章节配有少量的提高题，满足不同层次学校学生的使用。

3. 针对应用型成人教育的教学特色，适当增加了一些选择题、判断题和改错题及填空题，旨在保证学生识图能力的训练与培养，尽量节省或压缩学生作业练习的时间。

4. 本习题集共安排了七次制图（图纸）作业，所有作业都有详细的作业指导，包括作业内容、目的、要求及方法指导等，既有利于学生顺利完成作业，又方便教师教学。

5. 本习题集全部采用最新的国家标准及与制图有关的其他标准。

6. 本习题集增加了钢筋混凝土结构施工图平面整体表示方法的绘图及识图训练，顺应社会的要求。

本习题集可作为本科、高职教育、成人教育土建类及艺术设计类专业建筑制图和阴影透视图课程的作业，参考学时40～100；也可作为各类培训学校相关专业的教学用书和有关工程技术人员参考。

本习题集由张效伟、任枫、张召香、孙宽忠编写，书中部分图样由青岛理工大学王清玉绘制。

由于水平有限，书中缺点、错误在所难免，恳请读者批评指正。

编者

2010 年 5 月

目　　录

第 1 章　建筑制图基本知识

1-1　字体练习 ……………………………………………………………………………………… 1
1-2　几何作图 ……………………………………………………………………………………… 2
1-3　尺寸标注 ……………………………………………………………………………………… 3
1-4　作业指导：第一次作业 ………………………………………………………………………… 4
1-5　作业指导：第二次作业 ………………………………………………………………………… 5

第 2 章　正投影基础

2-1　投影图形成 …………………………………………………………………………………… 6
2-2　点的投影图 …………………………………………………………………………………… 7
2-3　直线的投影图 ………………………………………………………………………………… 9
2-4　平面的投影图 ………………………………………………………………………………… 11

第 3 章　立体的投影

3-1　基本立体的投影图 …………………………………………………………………………… 15
3-2　平面立体切割后的投影图 …………………………………………………………………… 18
3-3　曲面立体切割后的投影图 …………………………………………………………………… 20
3-4　两平面立体相交后的三面投影 ……………………………………………………………… 21
3-5　平面立体和曲面立体相交后的三面投影 …………………………………………………… 23
3-6　两曲面立体相交后的三面投影 ……………………………………………………………… 25

第 4 章　组合体的投影

4-1　根据组合体的轴测图画出三面投影图 ……………………………………………………… 28

4-2 补画组合法的三面投影图 ……………………………………………………………………
4-3 作业指导:第三次作业 ……………………………………………………………………

第 5 章　轴测投影图

5-1 画建筑形体的正等轴测图 …………………………………………………………………
5-2 画建筑形体的正面斜二轴测图 ……………………………………………………………
5-3 画建筑形体的水平面斜等轴测图 …………………………………………………………
5-4 作业指导:第四次作业: ……………………………………………………………………

第 6 章　建筑形体的图样画法

6-1 画出建筑形体的其他投影图 ………………………………………………………………
6-2 画出建筑形体的剖面图 ……………………………………………………………………
6-3 画出建筑形体的断面图 ……………………………………………………………………

第 7 章　建筑施工图

7-1 问答填空 ……………………………………………………………………………………
7-2 作业指导:第五次作业 ……………………………………………………………………
7-3 阅读某别墅建筑施工图 ……………………………………………………………………

第 8 章　结构施工图

8-1 问答填空 ……………………………………………………………………………………
8-2 作业指导:第六次作业 ……………………………………………………………………
8-3 阅读某别墅结构施工图 ……………………………………………………………………

第 9 章　给水排水施工图

9-1 问答填空 ……………………………………………………………………………………
9-2 作业指导:第七次作业 ……………………………………………………………………
9-3 阅读某住宅给水排水施工图 ………………………………………………………………

第 10 章　建筑透视图

10-1　作点和直线的透视图 79
10-2　作平面的透视图 80
10-3　作建筑形体的透视图 81

第 11 章　建筑阴影

11-1　作点和直线的阴影 89
11-2　作平面的阴影 92
11-3　作建筑形体的阴影 94

第 1 章 建筑制图基本知识

1-1 字体练习

班级　　　姓名　　　成绩

比 例 材 料 审 核 班 级 大 学 院 系 施 工 给 排 水

第 1 章 建筑制图基本知识

1-2 几何作图

班级　　　姓名　　　成绩

1. 基本练习：按原图 1∶1 画在下边。

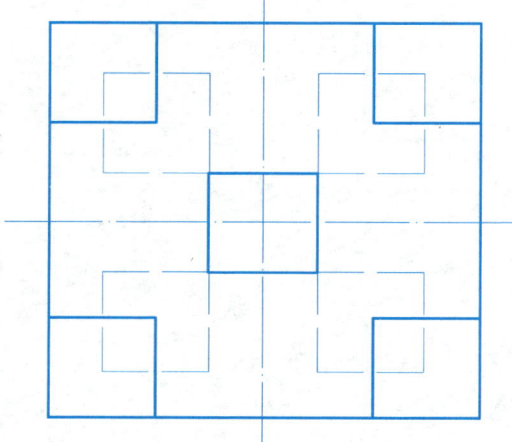

2. 作圆直径为 40mm 的内接正五边形。

3. 作一半径为 40mm 的圆弧内切于 O_1，外切于 O_2。

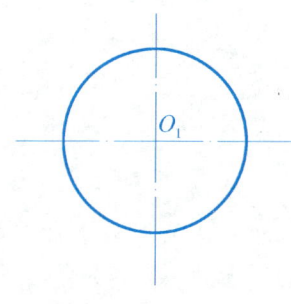
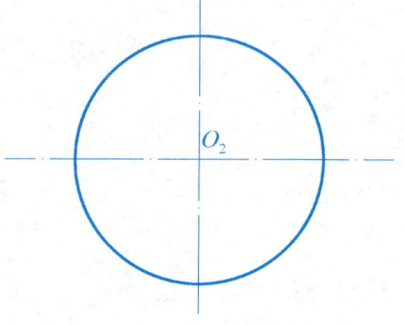

第 1 章 建筑制图基本知识

1-3 尺寸标注

班级　　　　姓名　　　　成绩

尺寸标注改错。

1.

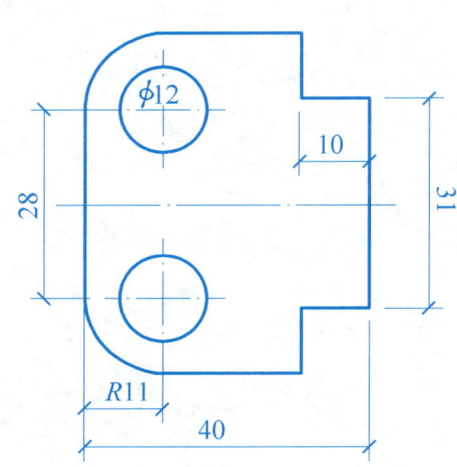

2.

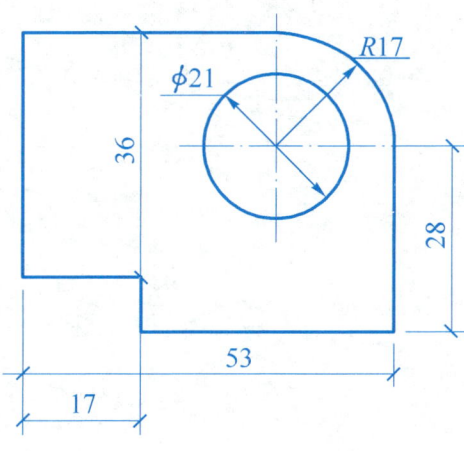

3.

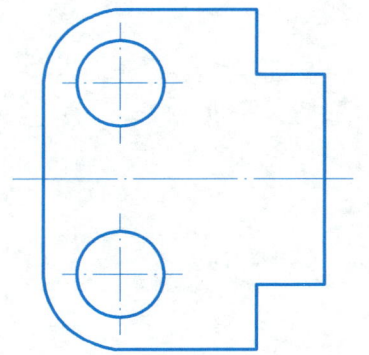

4.

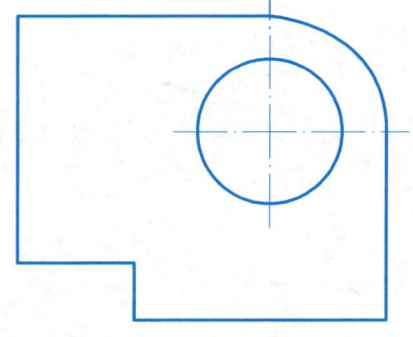

第1章 建筑制图基本知识

1-4 作业指导：第一次作业

班级　　　姓名　　　成绩

一、目的
要求学生熟悉绘图工具的使用。

二、要求
1. 图纸：A3 号图幅；
2. 比例：1∶1；
3. 图线：要求粗、中、细各线宽度分明；
4. 字体：图名和校名用 10 号仿宋体字；其余用 7 号仿宋体字，先画出长方框；后填写文字。

三、绘图步骤
1. 擦净图版及绘图仪器；
2. 铺平图纸；
3. 用 2H 或 H 笔画底稿；
4. 检查，用 B 笔加深底稿；
5. 标注尺寸。

四、完成内容
1. 直线连接；
2. 建筑材料图例；
3. 标题栏用下图的简化格式。

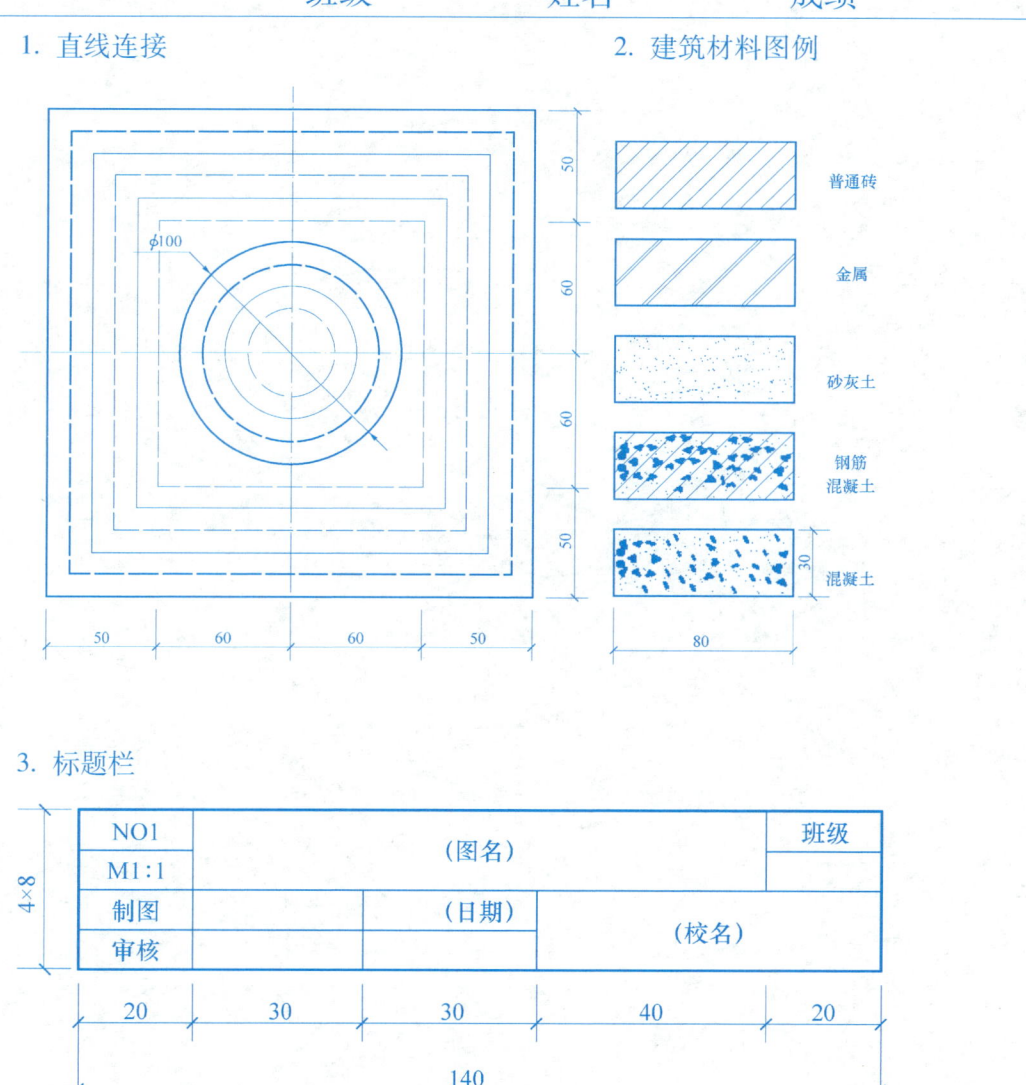

1. 直线连接
2. 建筑材料图例
3. 标题栏

第1章 建筑制图基本知识

1-5 作业指导：第二次作业

班级　　　姓名　　　成绩

一、目的
要求熟悉圆弧连接的正确画法。

二、要求
1. 图纸：A3 号图幅；
2. 比例：按所给比例；
3. 图线：要求粗、中、细各线宽度分明；
4. 字体：图名和校名用 10 号仿宋体字，其余用 7 号仿宋体字，先画出长方框，后填写文字。

三、绘图步骤
1. 做好准备工作；
2. 先画中心线；
3. 用 2H 或 H 笔画底稿；
4. 画已知线段（直线或圆弧）；
5. 画中间线段（直线或圆弧）；
6. 画连接线段（直线或圆弧）；
7. 检查，用 B 笔加深底稿；
8. 标注尺寸。

四、完成内容：1. 花饰；2. 扶手；3. 隧道；4. 立交桥。

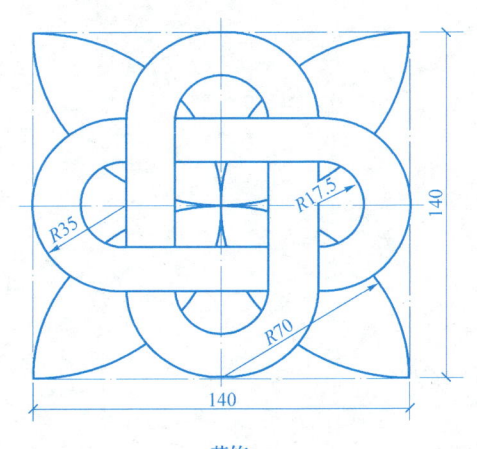

花饰 1:2

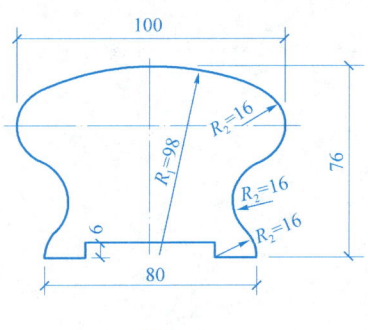

扶手 1:1

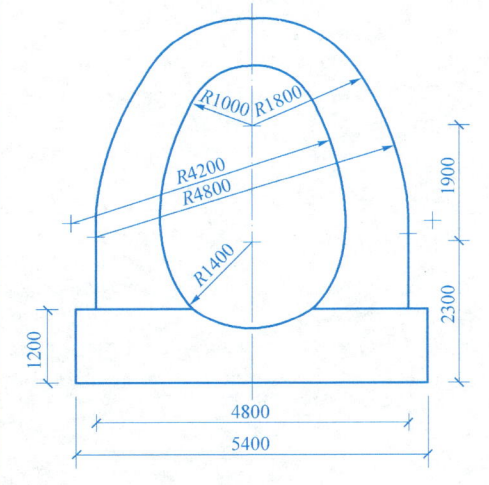

隧道 1:100

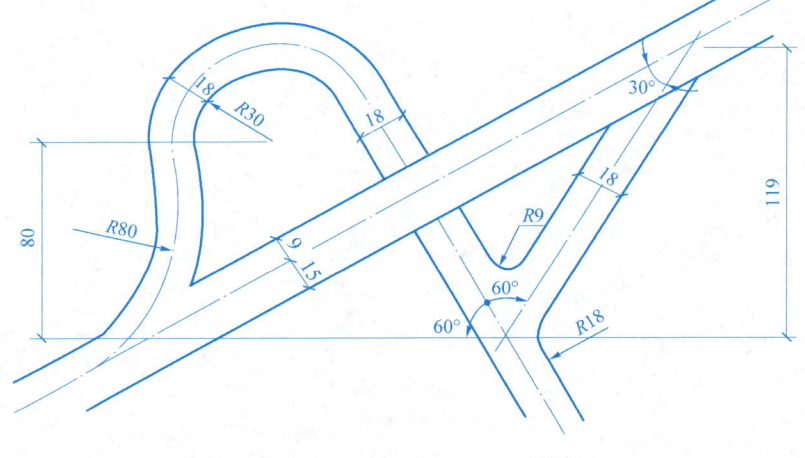

立交桥 1:1

第 2 章 正投影基础

2-1 投影图形成

班级　　　姓名　　　成绩

对照投影图，在立体图旁边的圈内填写上编号。

2-2 点的投影图　　　　　　　　　　　　班级　　　　姓名　　　　成绩

对照立体图，在三面投影图中注明 A、B、C 三点的三面投影。

1.

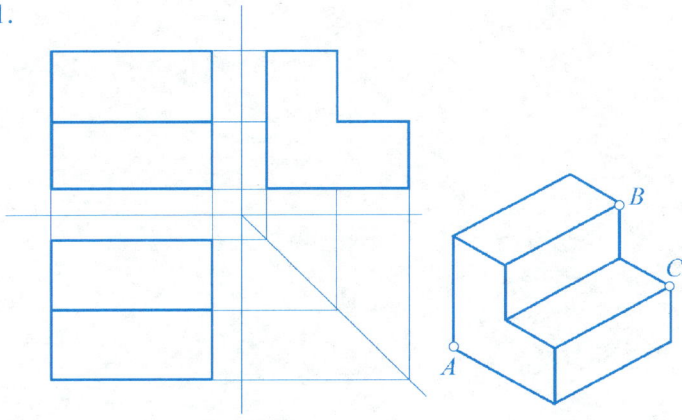

2.

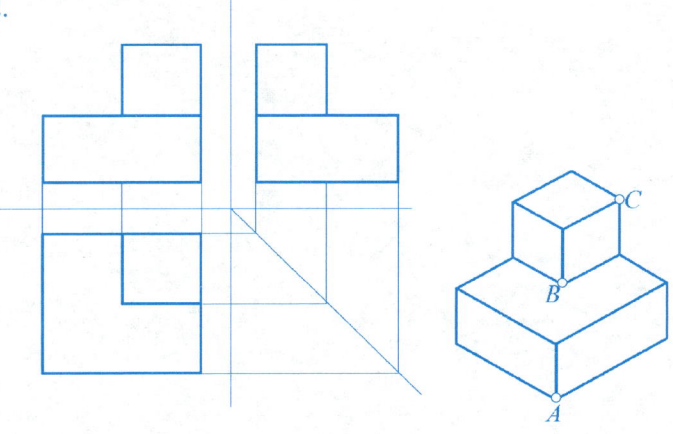

3.

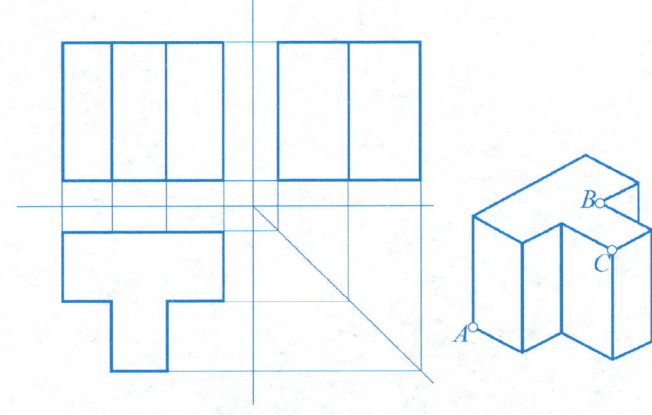

4.

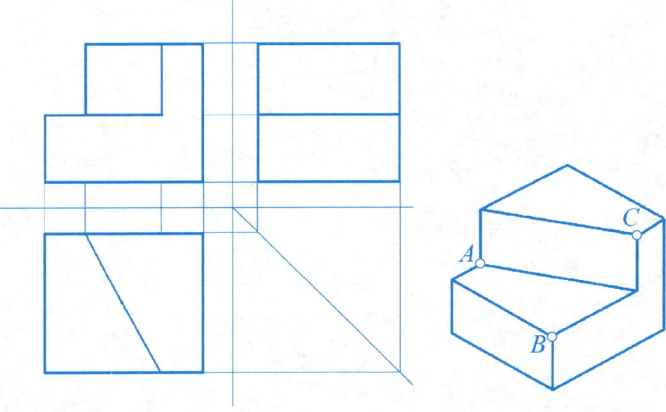

2-2 点的投影图

5. 已知点 A、B、C 三点的空间位置，作其三面投影。

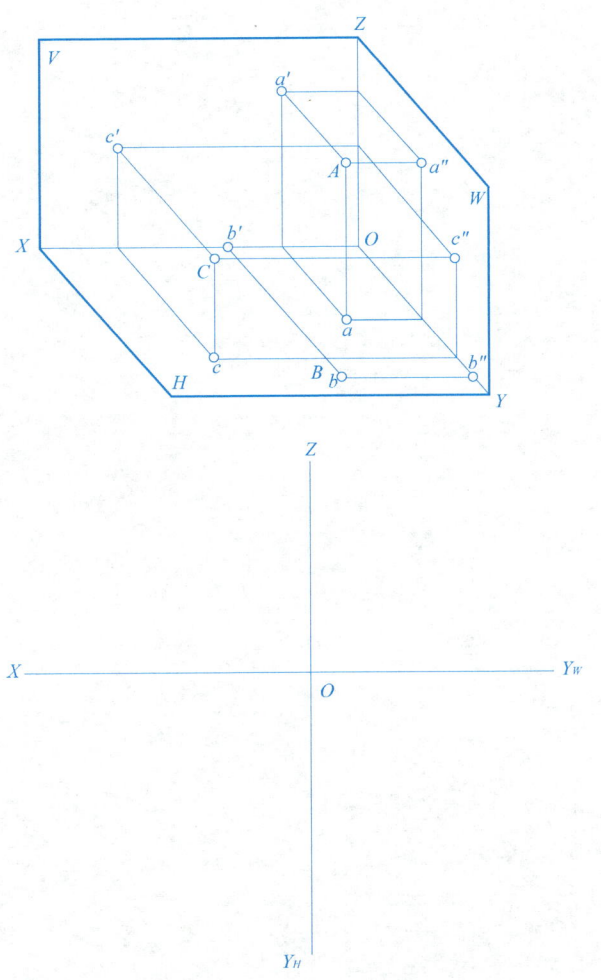

6. 已知 $A(15, 35, 5)$、$B(5, 25, 15)$、$C(35, 5, 20)$ 三点的坐标，画出三点的立体图和投影图。

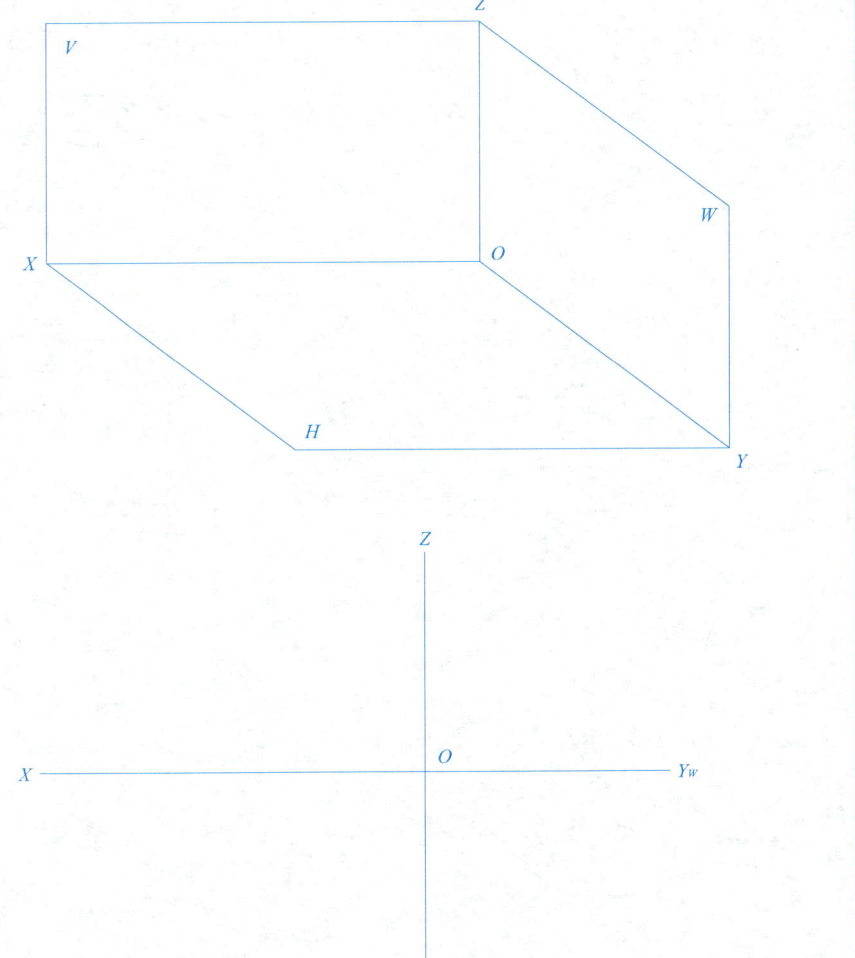

2-3 直线的投影图

1. 求各点的第三面投影。

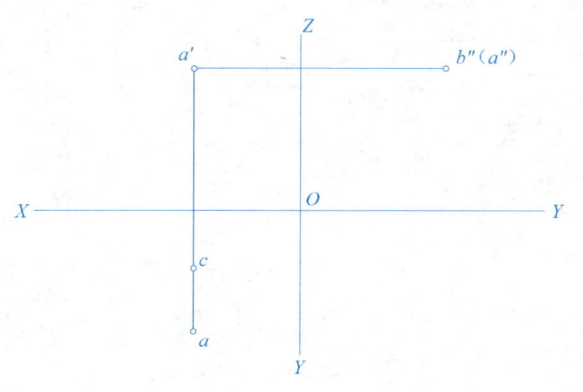

2. 已知直线 AB 的两面投影,完成其第三面投影。

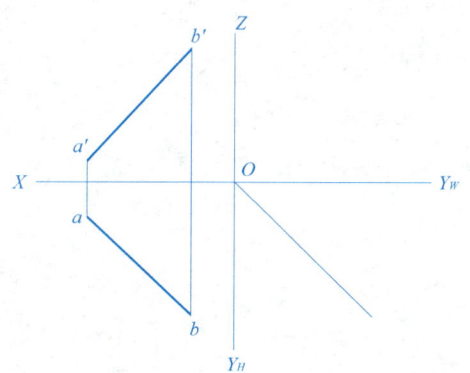

3. 判断下列两直线的相对位置。

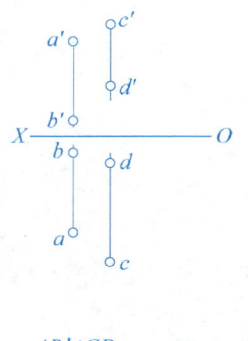

AB与CD _____

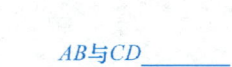

AB与CD _____

AB与CD _____

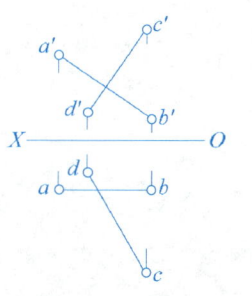

AB与CD _____

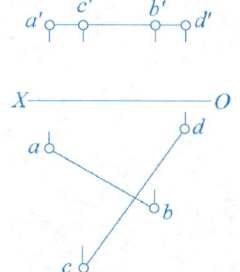

AB与CD _____

AB与CD _____

2-3 直线的投影图   班级　　姓名　　成绩

4. 在下列投影图中，试标出立体图上所注线段的三面投影，并判断直线的空间位置。

（1）

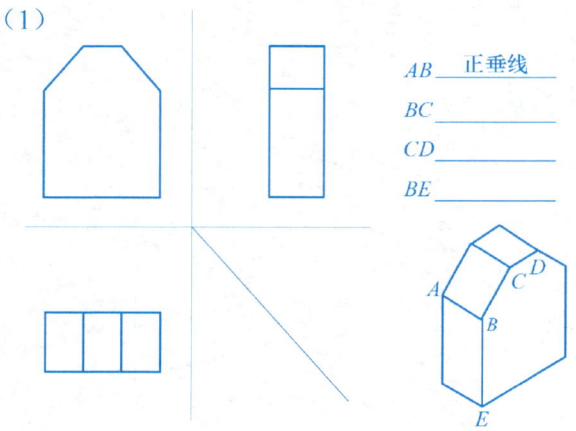

AB ___正垂线___
BC _____
CD _____
BE _____

（2）

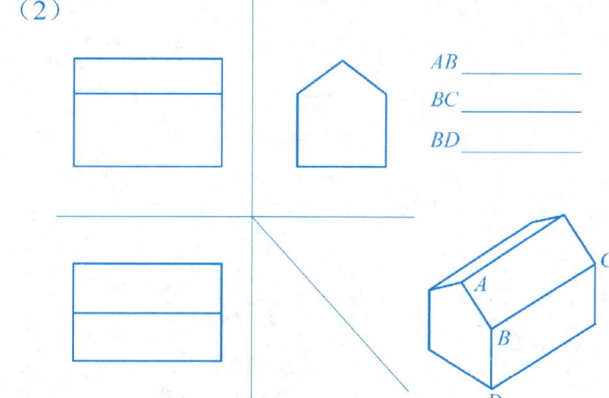

AB _____
BC _____
BD _____

（3）

AB _____
BD _____
CA _____

（4）

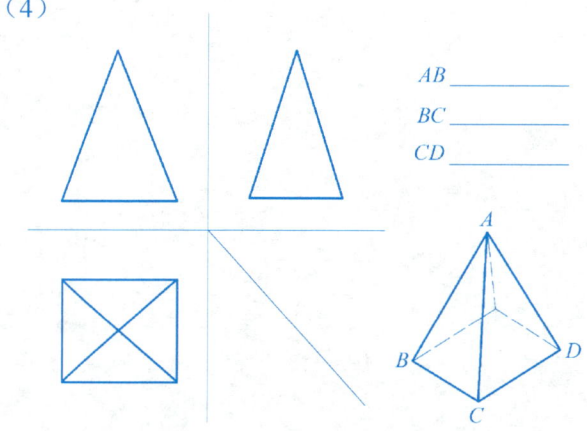

AB _____
BC _____
CD _____

第 2 章 正投影基础

2-4 平面的投影图

班级　　　　姓名　　　　成绩

在下列投影图中，试标出立体图上所注平面的三面投影，并判断平面的空间位置。

1.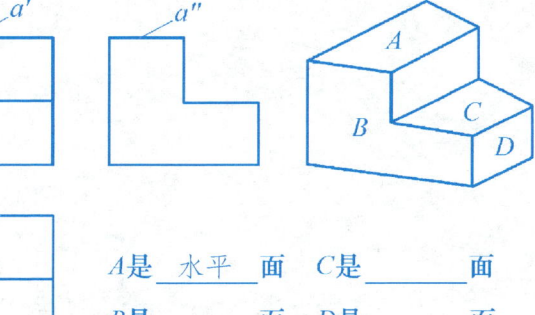

A是__水平__面　　C是_____面

B是_____面　　D是_____面

2.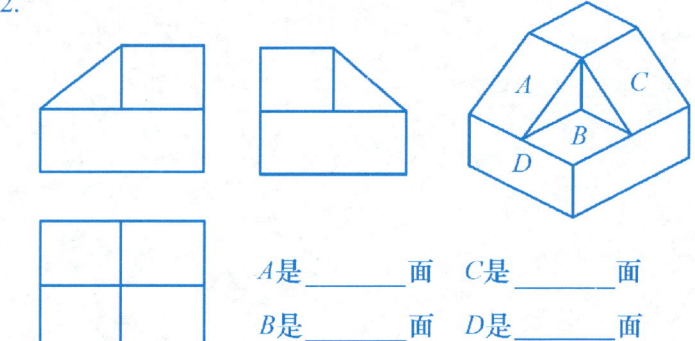

A是_____面　　C是_____面

B是_____面　　D是_____面

3.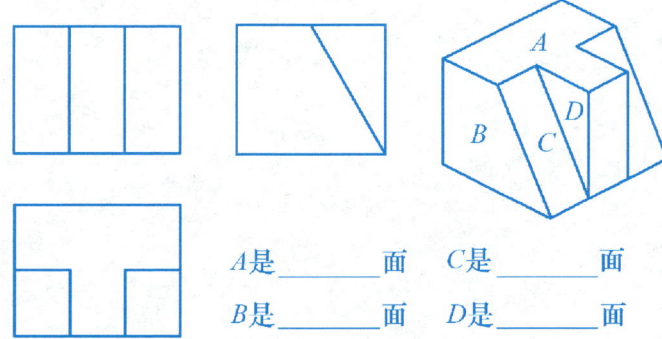

A是_____面　　C是_____面

B是_____面　　D是_____面

4.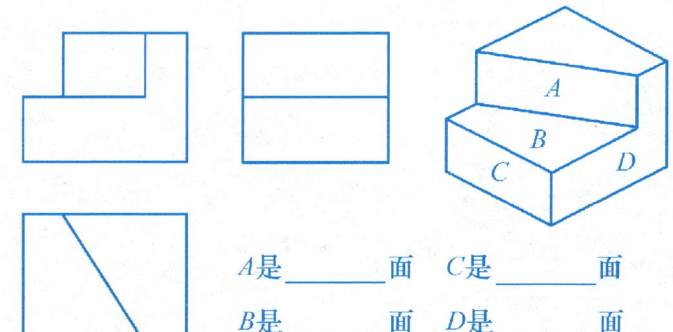

A是_____面　　C是_____面

B是_____面　　D是_____面

2-4 平面的投影图   班级　　　姓名　　　成绩

5. 判断下列平面的位置。

（1）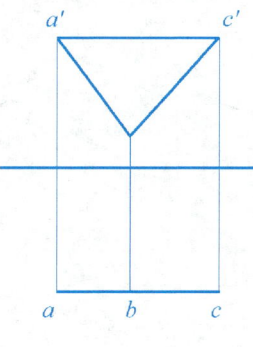

△ABC是_____面

（2）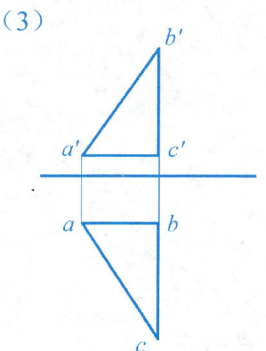

△ABC是_____面

（3）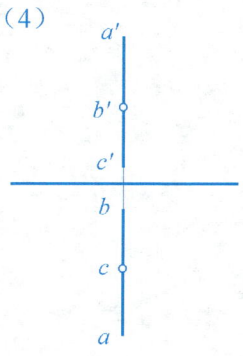

△ABC是_____面

（4）

△ABC是_____面

6. 完成平面图形 ABCDEFGH 的三面投影，并判断平面图形和直线 EF、FG 的空间位置。

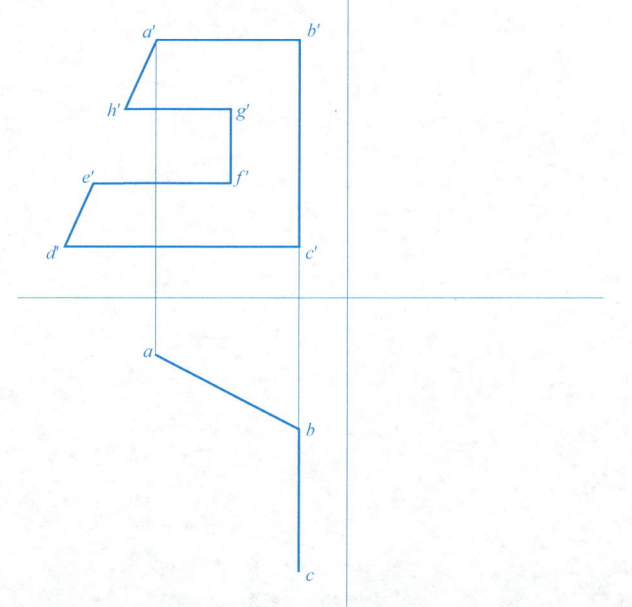

平面 ABCDEFGH 是_____面。
直线 EF 是_____线。
直线 FG 是_____线。

第 2 章 正投影基础

2-4 平面的投影图

| 班级 | 姓名 | 成绩 |

7. 已知平面的两面投影，完成其第三面投影。

8. 已知 CD 为水平线，试完成平面图形 ABCD 的水平投影。

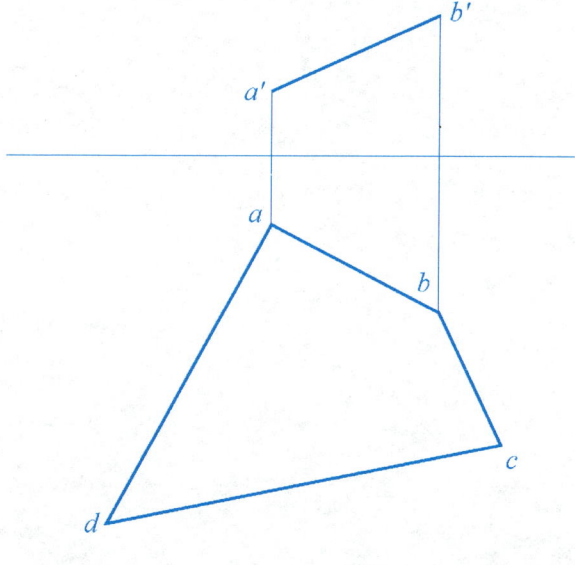

2-4 平面的投影图

9. 完成平面图形 ABCDE 的水平投影。

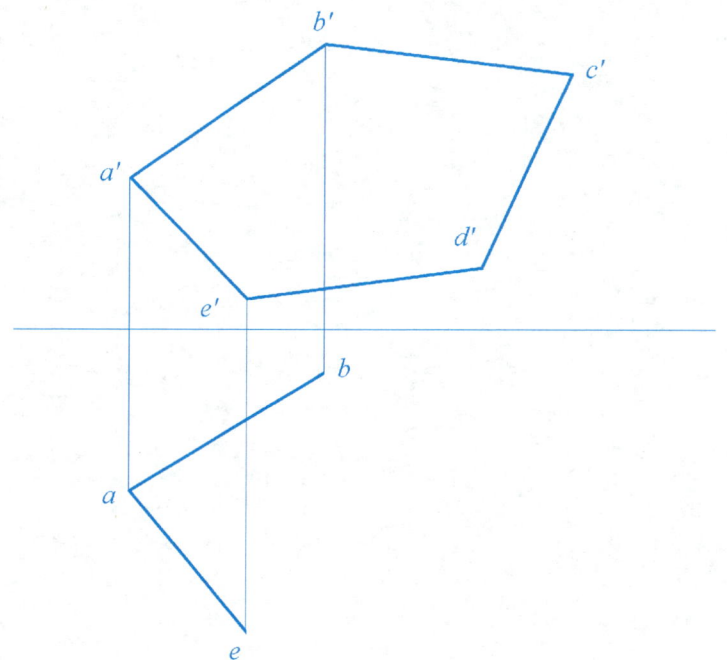

10. 求平面上点 k 与点 n 的另一面投影。

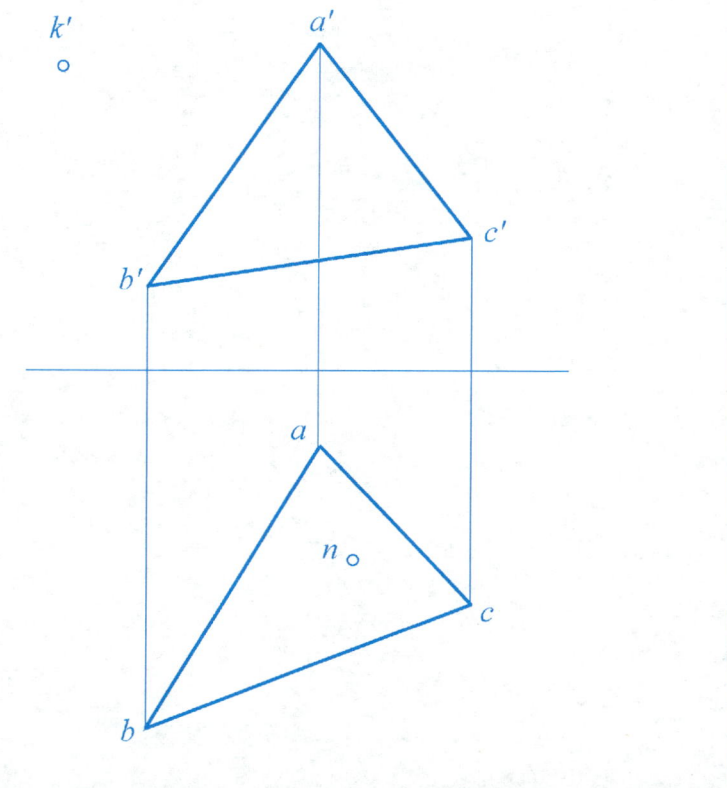

第 3 章 立体的投影

3-1 基本立体的投影图　　　班级　　　姓名　　　成绩

根据基本体的模型画三面投影图，图中箭头表示 V 面的投影方向。

1.

2.

3.

4.

第 3 章　立体的投影

3-1　基本立体的投影图　　　　　班级　　　姓名　　　成绩

5.

6.

7.

8.

第 3 章 立体的投影

3-1 基本立体的投影图 班级 姓名 成绩

补画基本体的第三面投影图,并求其上点、线的其他两面投影。

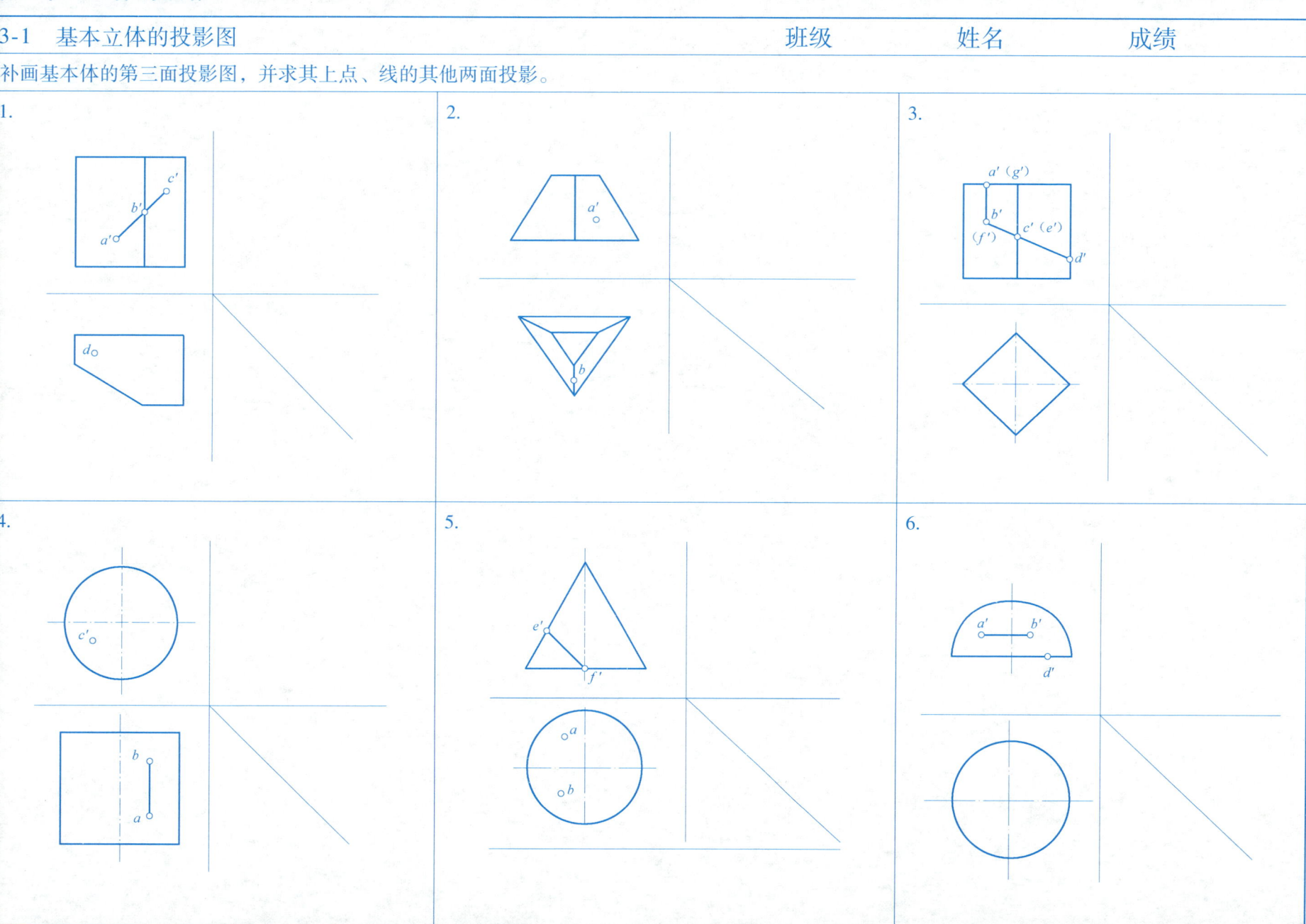

第3章 立体的投影

3-2 平面立体切割后的投影图

班级　　　姓名　　　成绩

画出平面立体切割后的三面投影图。

1.

2.

3.

4.

第3章 立体的投影

3-2 平面立体切割后的投影图   班级   姓名   成绩

5.

6.

7.

8.

第 3 章 立体的投影

3-3 曲面立体切割后的投影图

班级　　　　姓名　　　　成绩

画出曲面立体切割后的三面投影图。

1.

2.

3.

4.

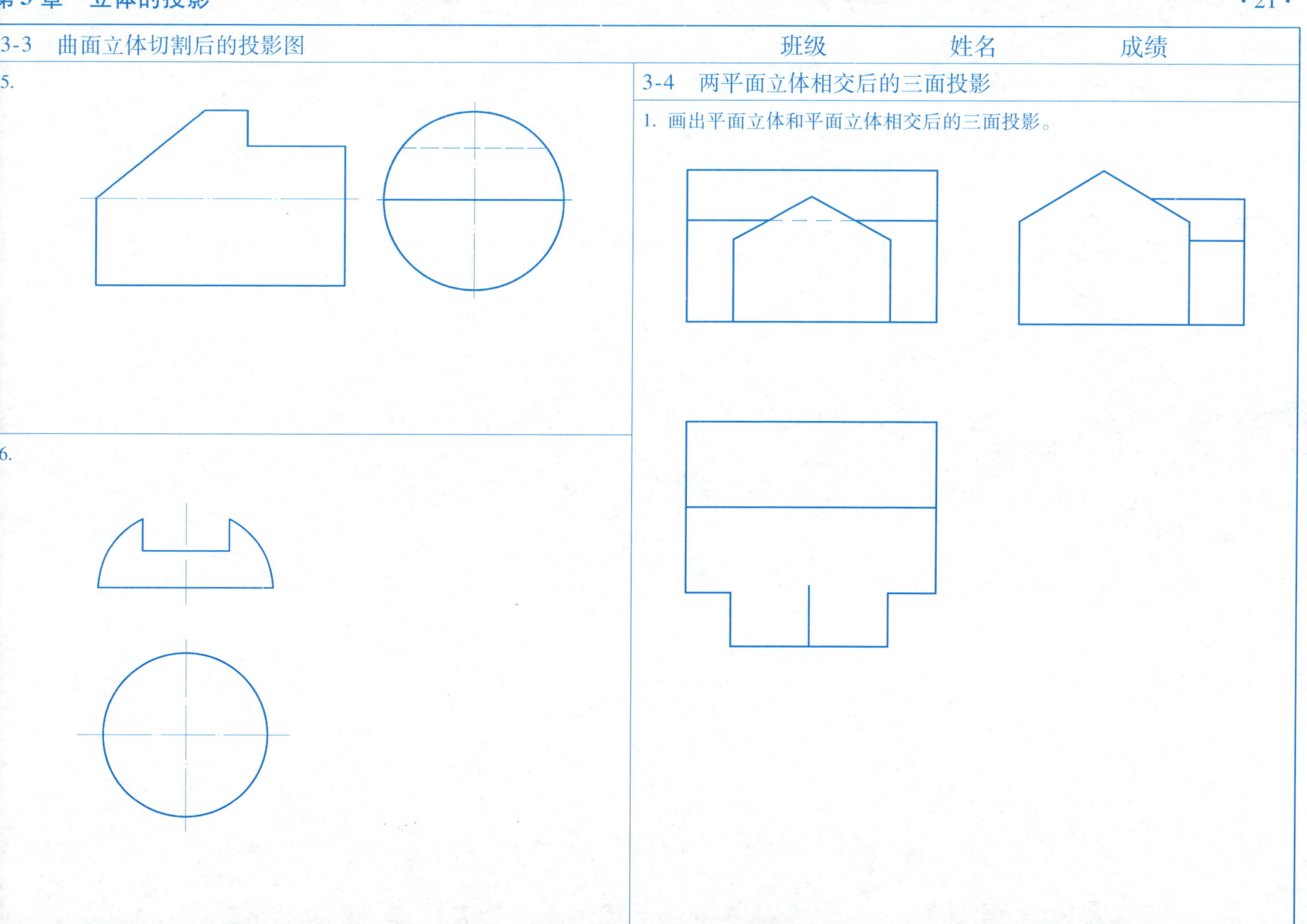

第 3 章 立体的投影

3-4 两平面立体相交后的三面投影

2. 画出平面立体和平面立体相交后的三面投影。

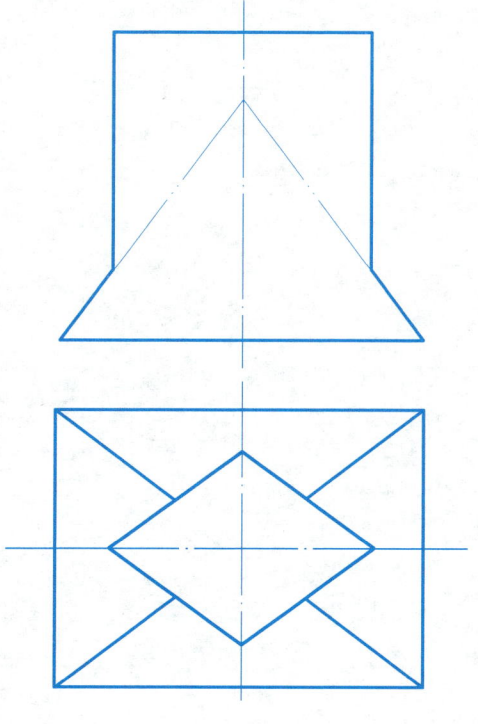

3. 画出平面立体和平面立体相交后的两面投影。

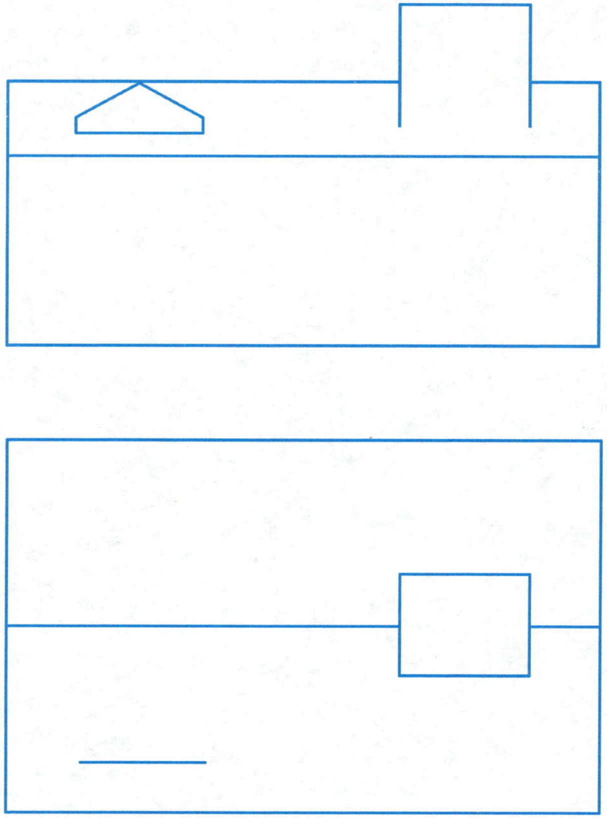

第3章 立体的投影

3-5 平面立体和曲面立体相交后的三面投影

班级　　　姓名　　　成绩

1. 画出平面立体和平面立体相交后的三面投影。

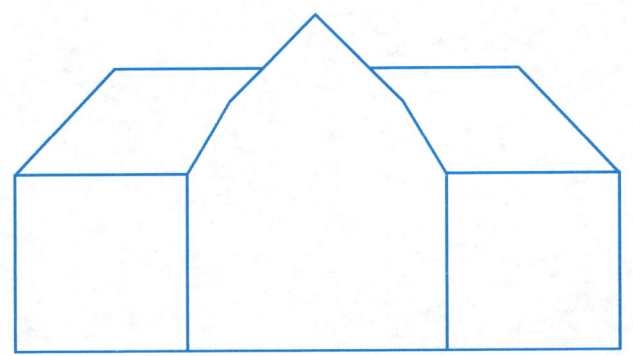

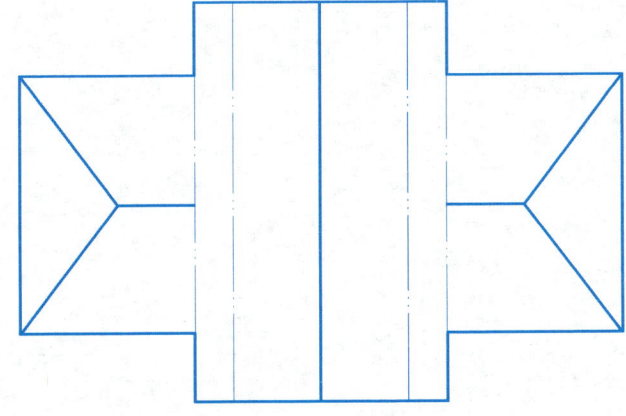

2. 画出圆柱和四棱锥相交后的三面投影。

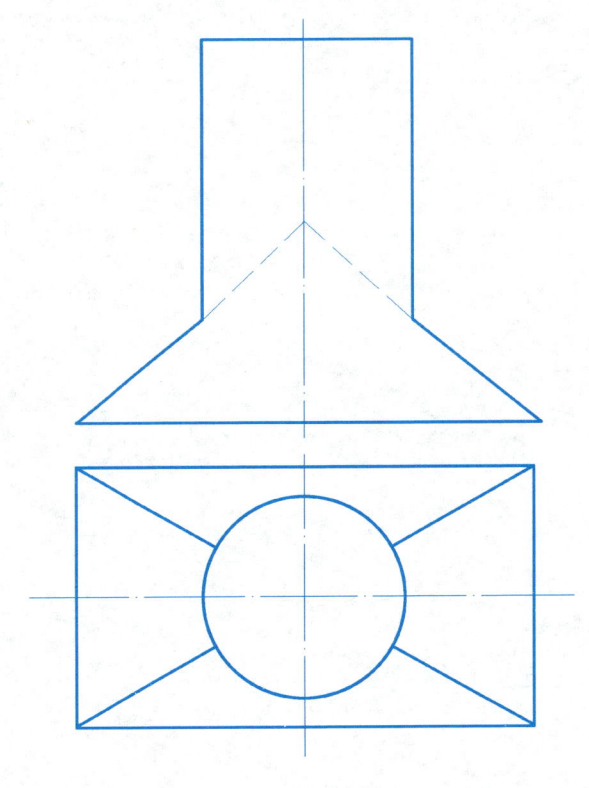

第3章 立体的投影

3-5 平面立体和曲面立体相交后的三面投影

班级　　　姓名　　　成绩

3. 画出圆柱和四棱柱相交后的三面投影。

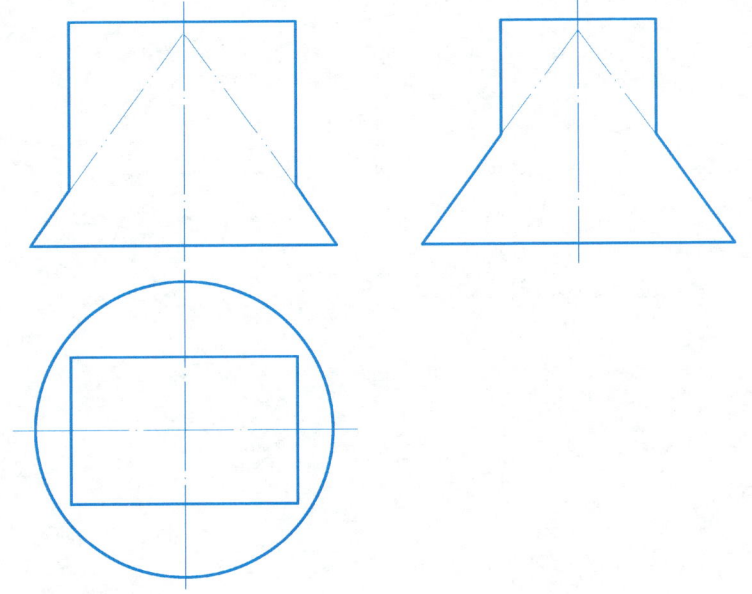

4. 画出圆柱和四棱柱相交后的三面投影。

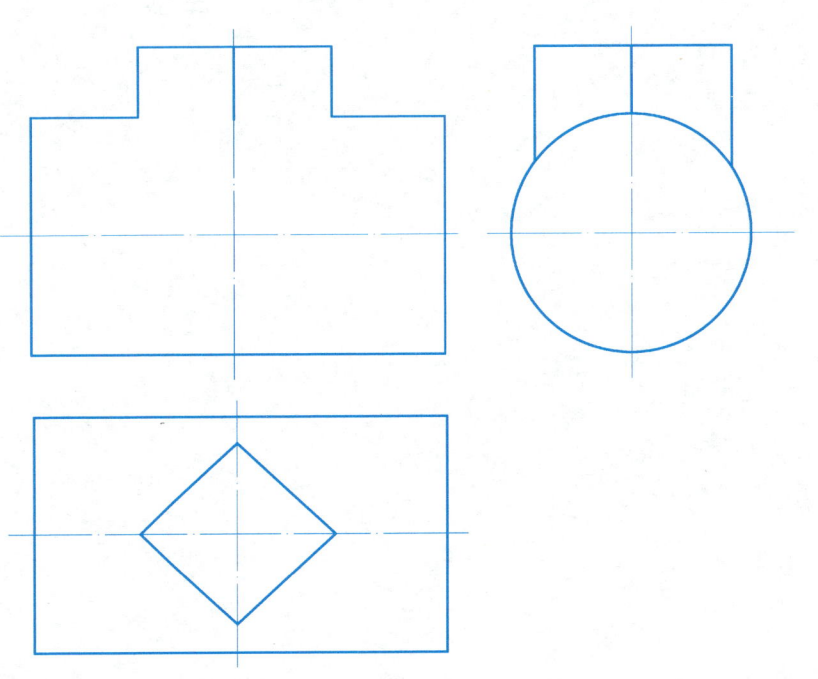

3-5 平面立体和曲面立体相交后的三面投影

5. 画出圆柱和四棱柱相交后的三面投影。

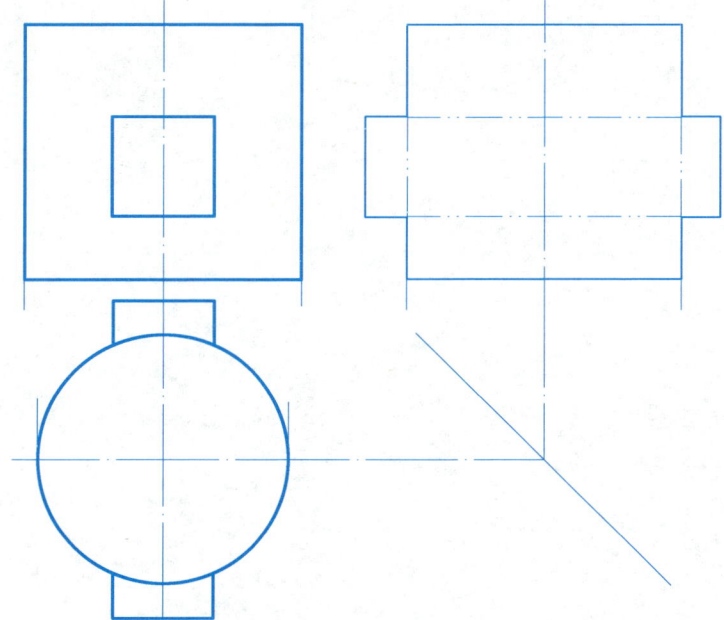

3-6 两曲面立体相交后的三面投影

1. 画出圆柱和半圆柱相交后的三面投影。

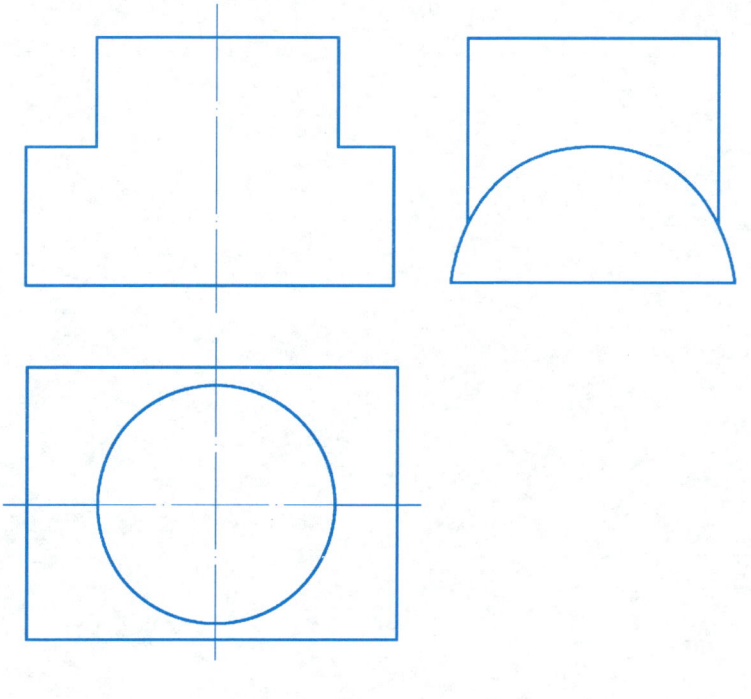

3-6 两曲面立体相交后的三面投影

2. 画出圆柱体上钻圆柱孔后的三面投影。

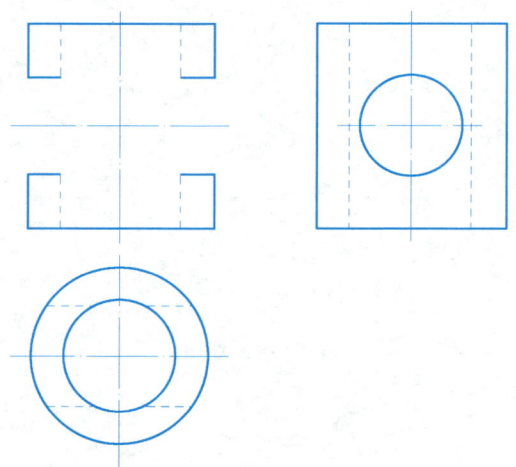

3. 画出球体上钻圆柱孔后的三面投影。

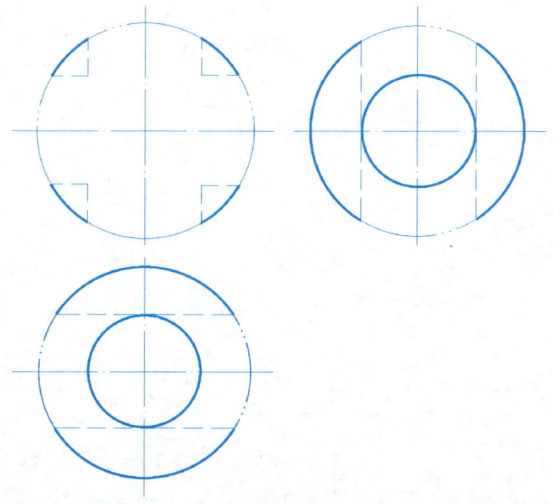

4. 画出圆柱和圆锥叠加后的三面投影。

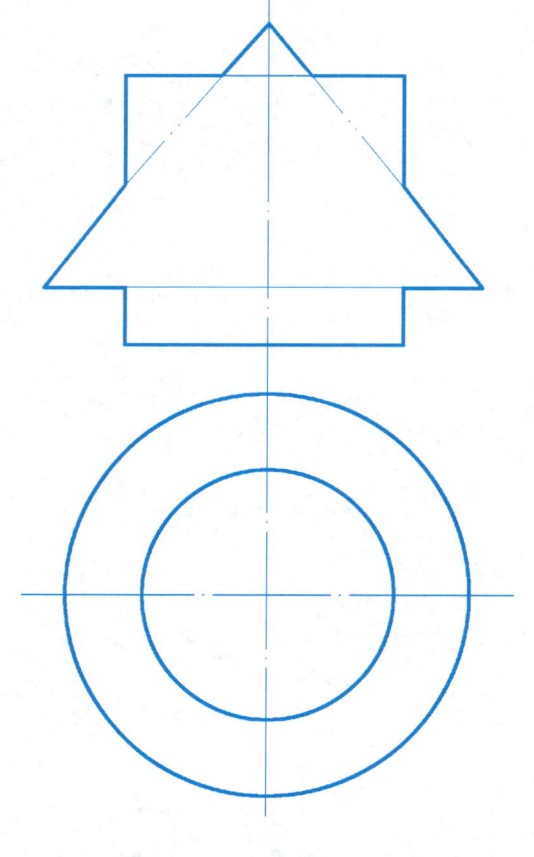

3-6 两曲面立体相交后的三面投影

5. 画出几个回转体叠加后的三面投影。

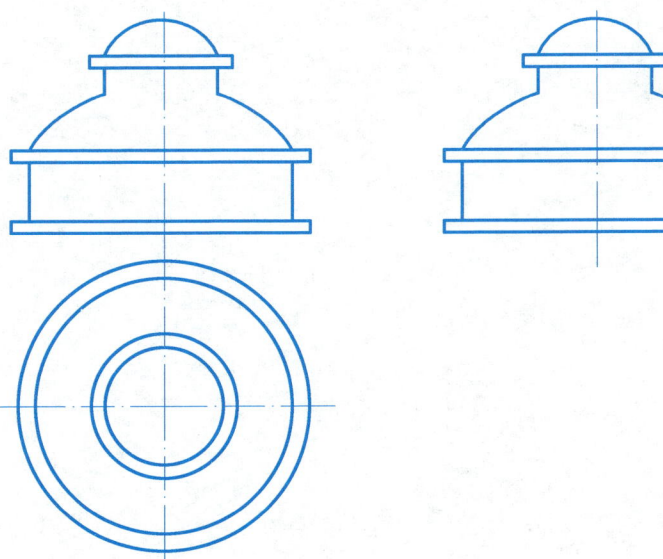

6. 画出两个半圆柱相交后的三面投影。

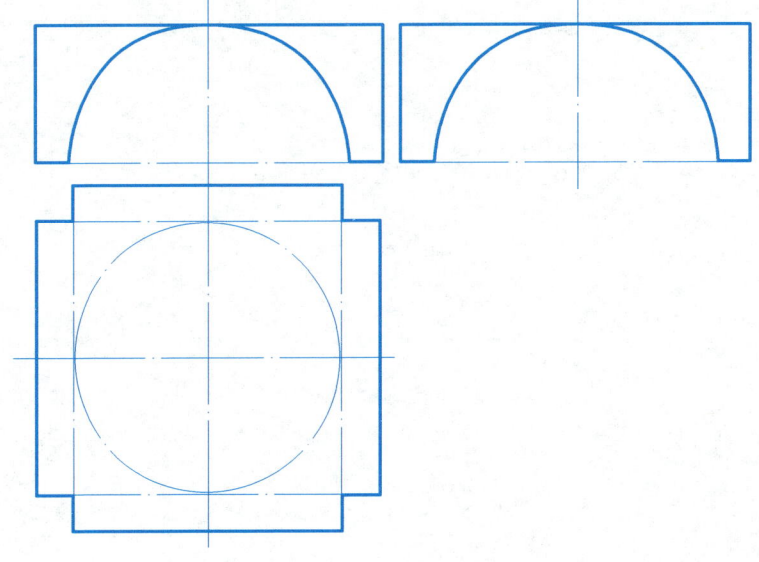

第 4 章 组合体的投影

4-1 根据组合体的轴测图画出三面投影图   班级   姓名   成绩

1.

2.

第 4 章 组合体的投影

4-1 根据组合体的轴测图画出三面投影图 班级   姓名   成绩

3.

4.

第4章 组合体的投影

4-2 补画组合法的三面投影图

根据立体的轴测图及两面投影图画出第三面投影图。

1.

2.

3.

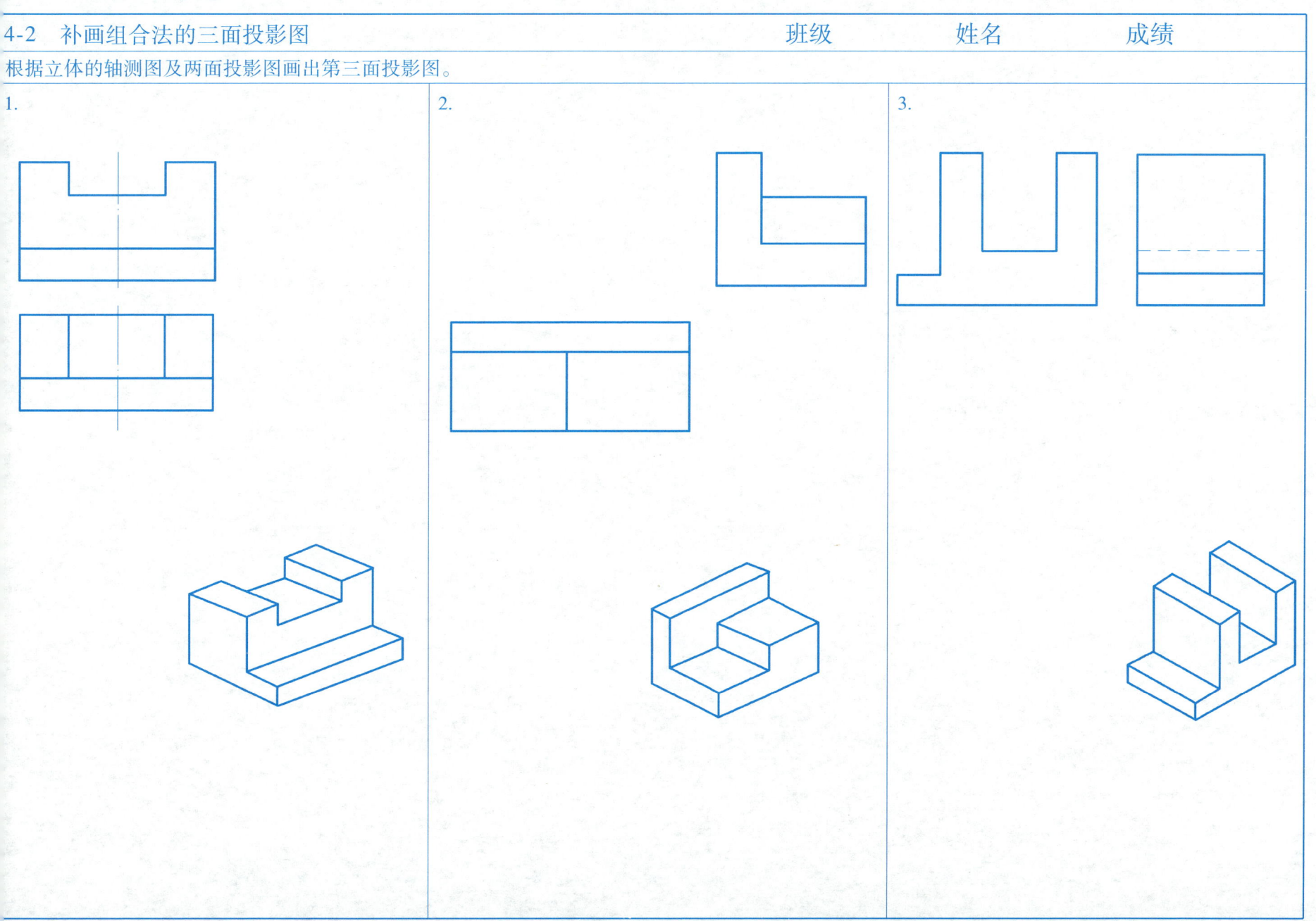

第 4 章 组合体的投影

4-2 补画组合法的三面投影图

4.

5.

6.

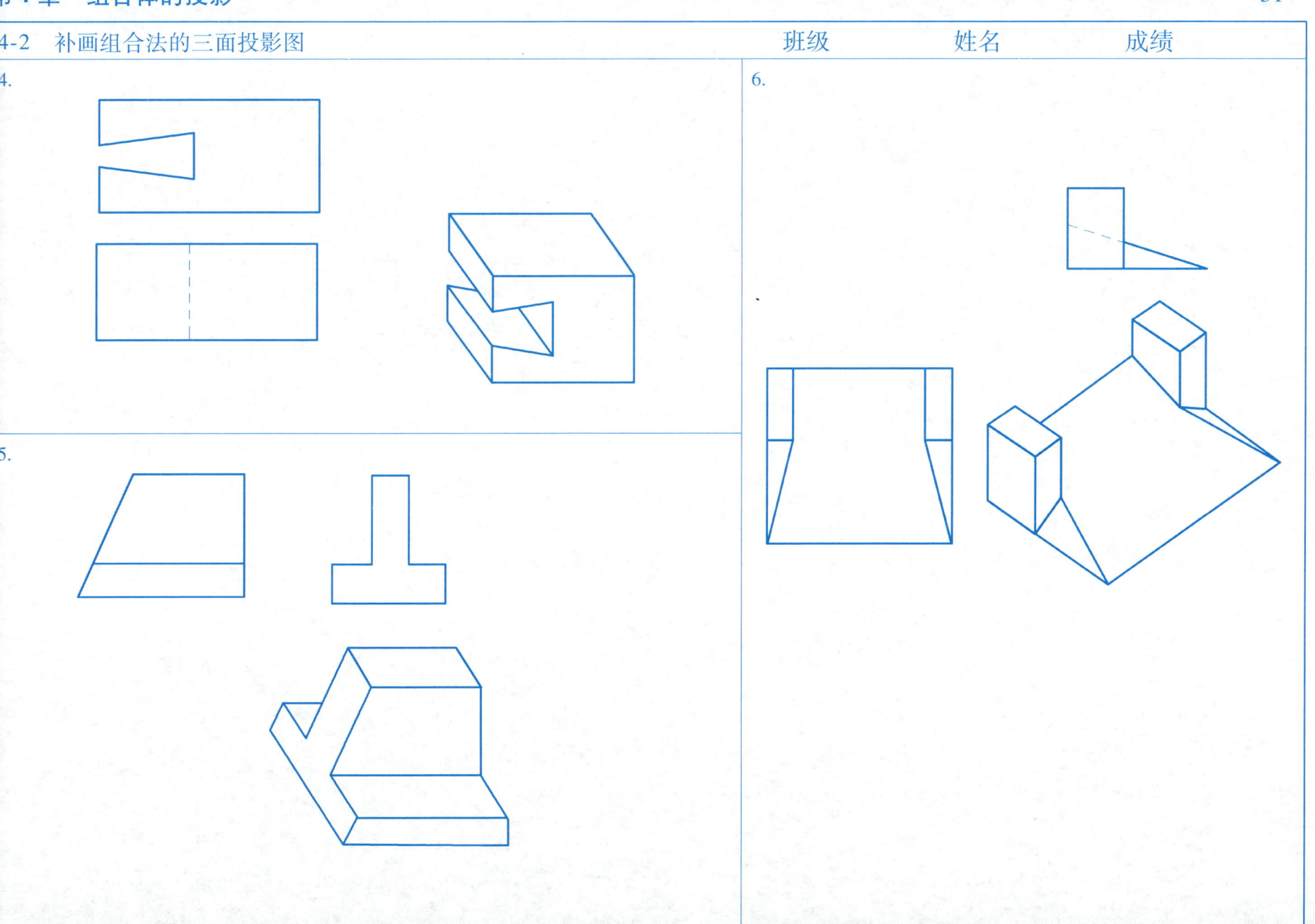

第 4 章 组合体的投影

4-3 第三次作业   班级   姓名   成绩

一、目的：要求学生熟悉组合体的画图方法及尺寸标注。

二、要求

图名：组合体；图纸：A3 号图幅；比例：2∶1；图线：要求粗、中、细各线宽度分明；字体：图名和校名用 10 号仿宋体字，其余用 7 号仿宋体字，先画出长方框，后填写文字。

三、绘图步骤：1. 画出对称线、中心线，用点画线表示；2. 用 2H 或 H 笔画底稿；3. 检查，用 B 笔加深底稿；4. 标注尺寸。

四、完成内容：1. 方柱；2. 矩形柱；3. 台阶。

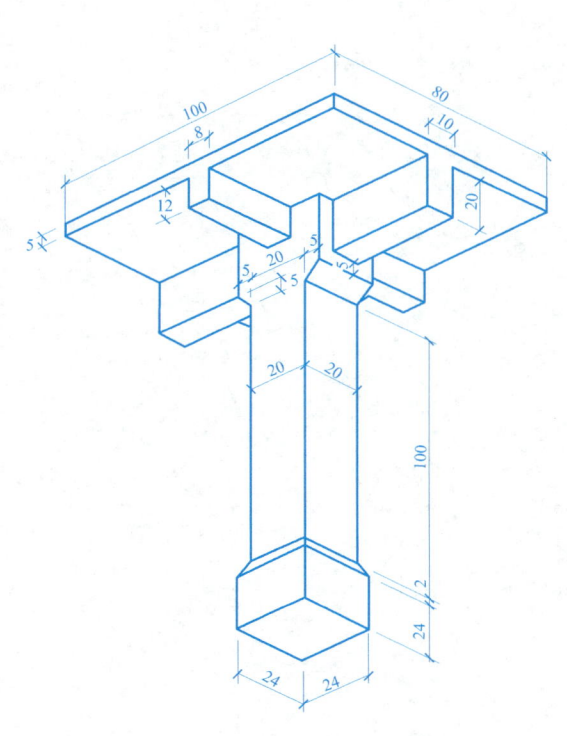

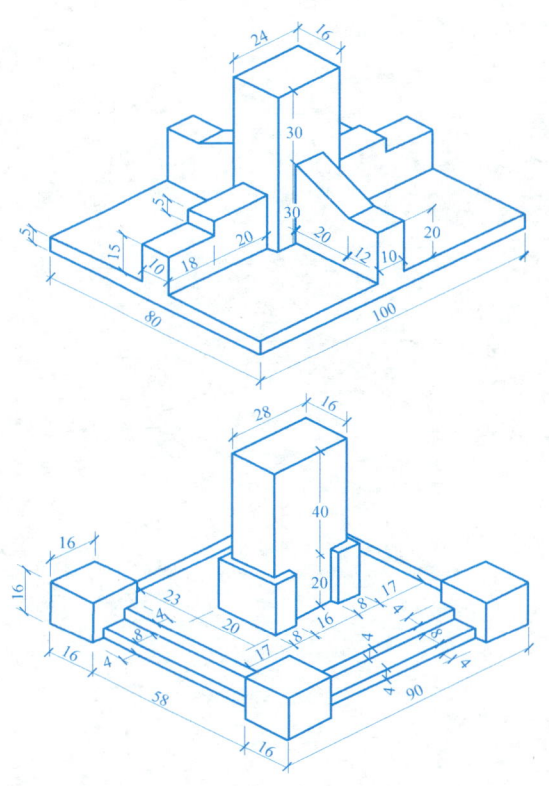

第4章 组合体的投影

4-4 根据两面投影图画出第三面投影　　　　班级　　　姓名　　　成绩

1.

2.

3.

4.

5.

6.

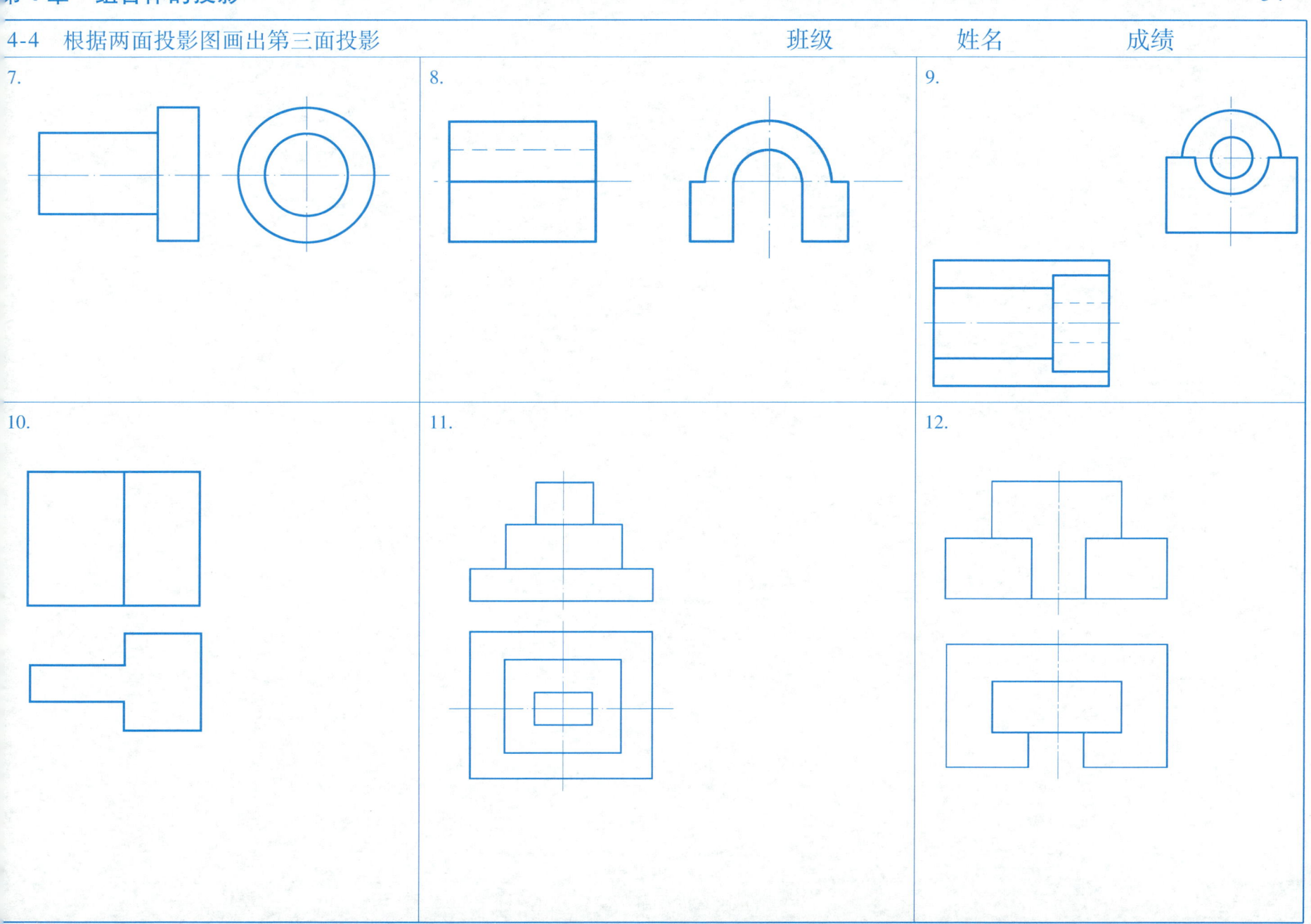

第4章 组合体的投影

4-4 根据两面投影图画出第三面投影   班级   姓名   成绩

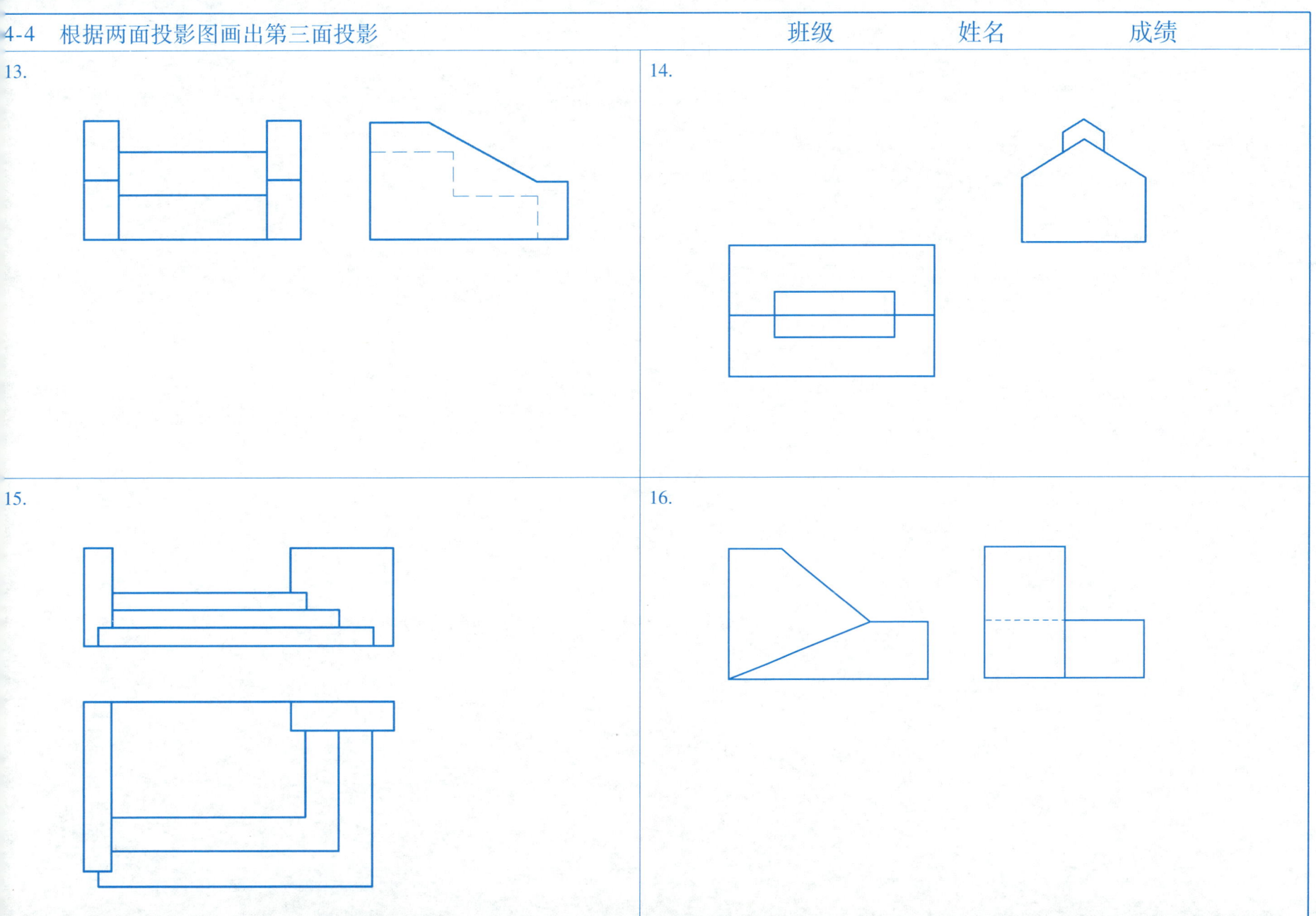

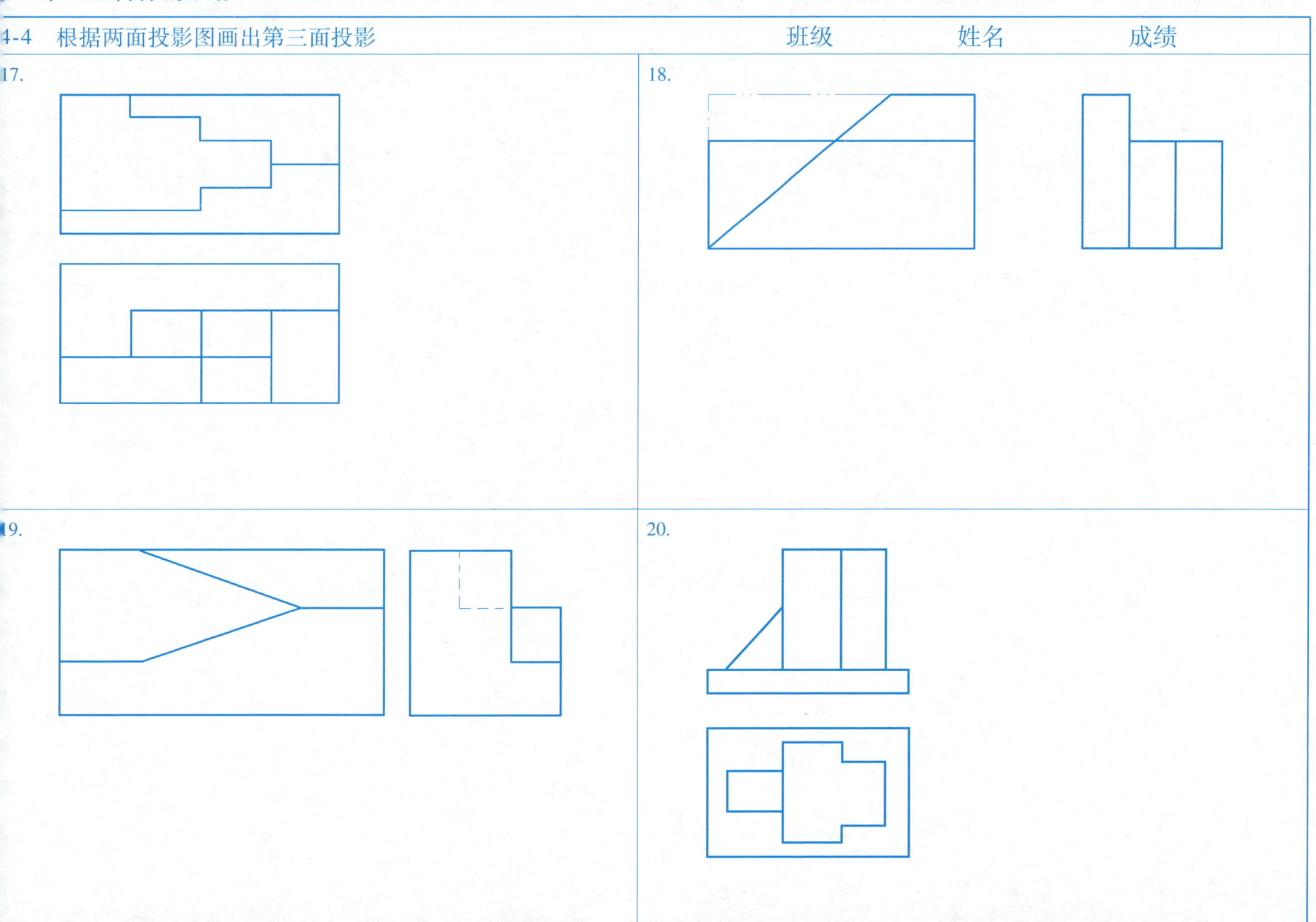

第 5 章 轴测投影图

5-1 画建筑形体的正等轴测图　　　　班级　　姓名　　成绩

1.

2.

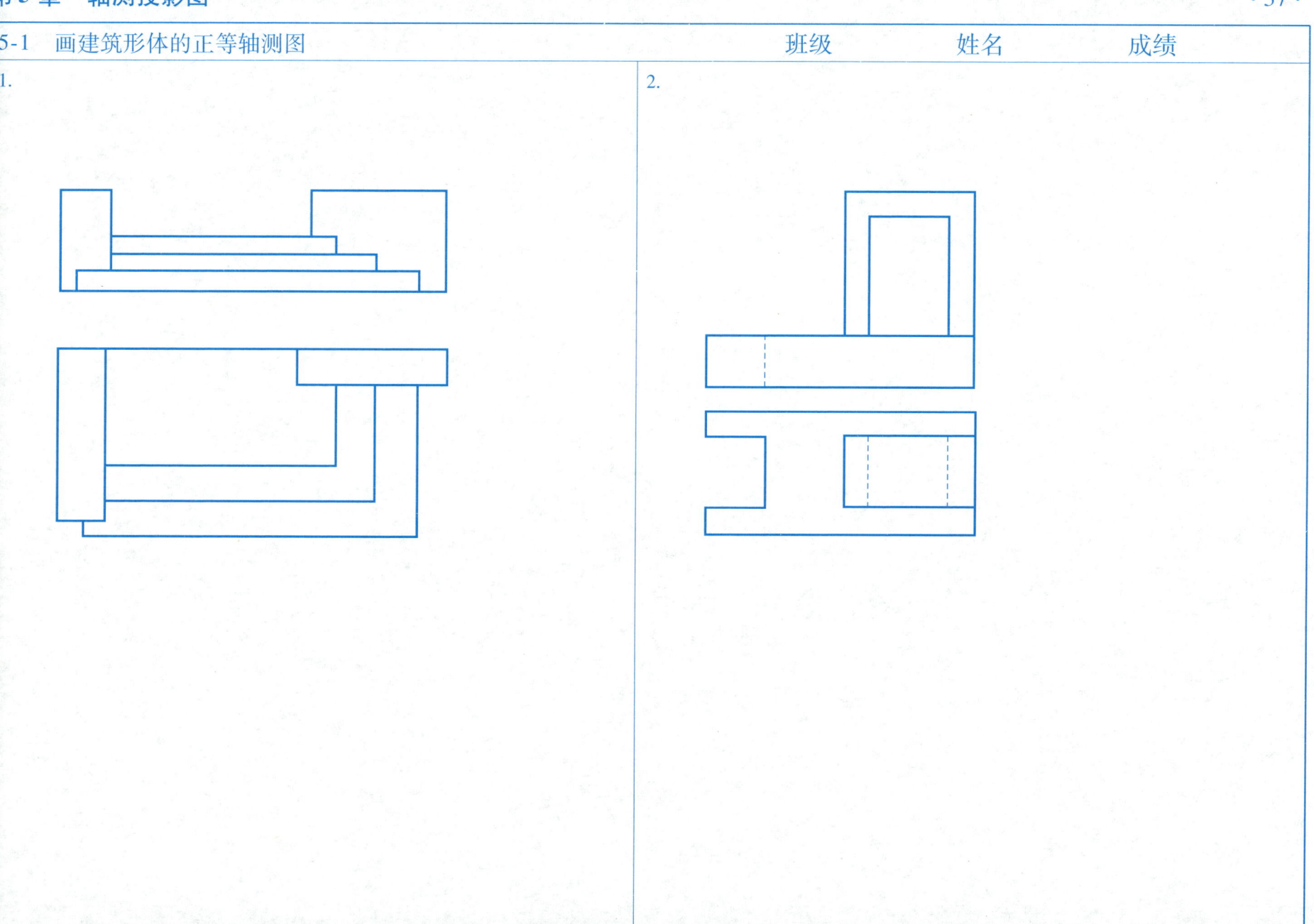

5-2 画建筑形体的正面斜二轴测图

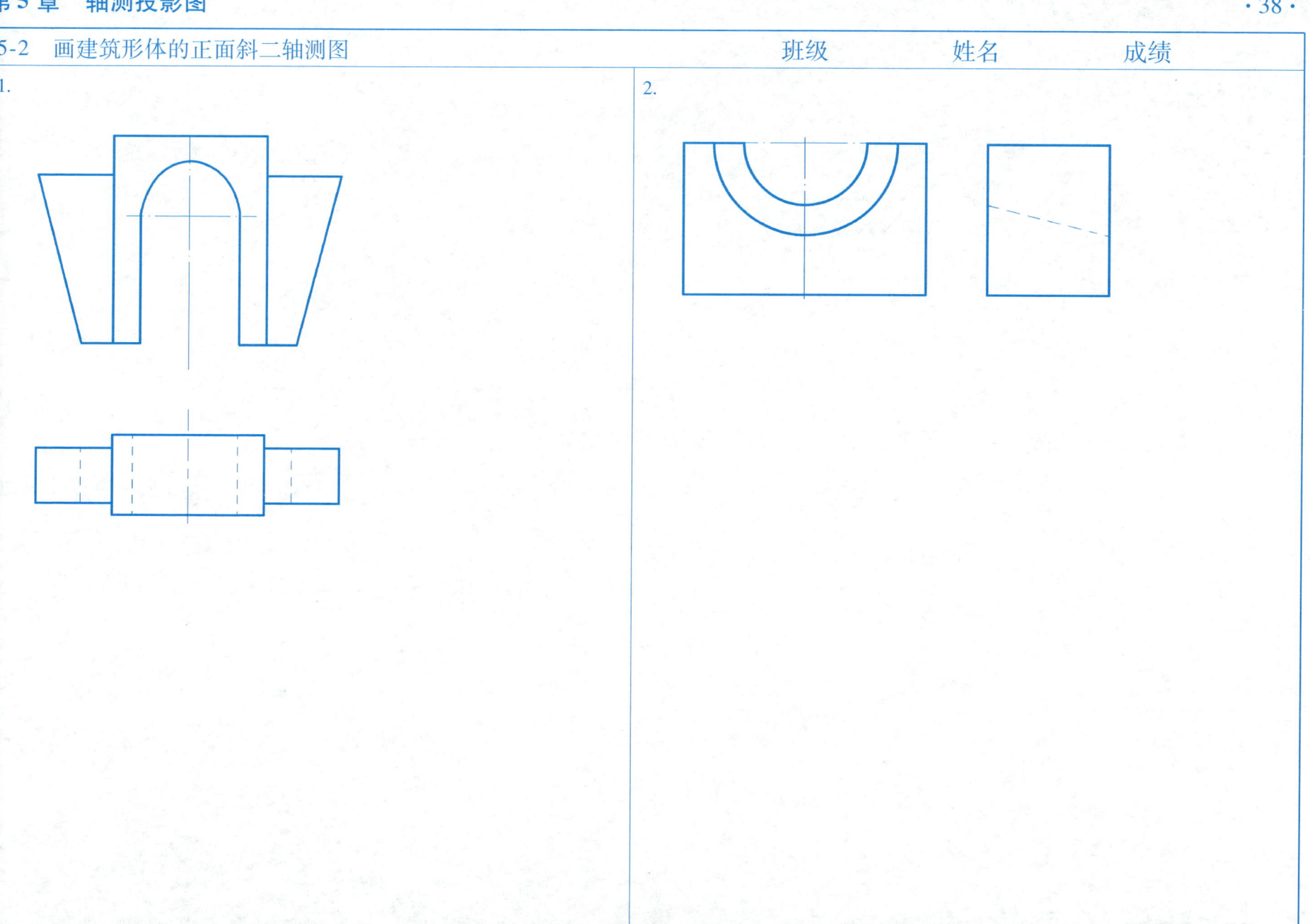

第 5 章 轴测投影图

5-3 画建筑形体的水平面斜等轴测图　　　　班级　　　姓名　　　成绩

1.

2.

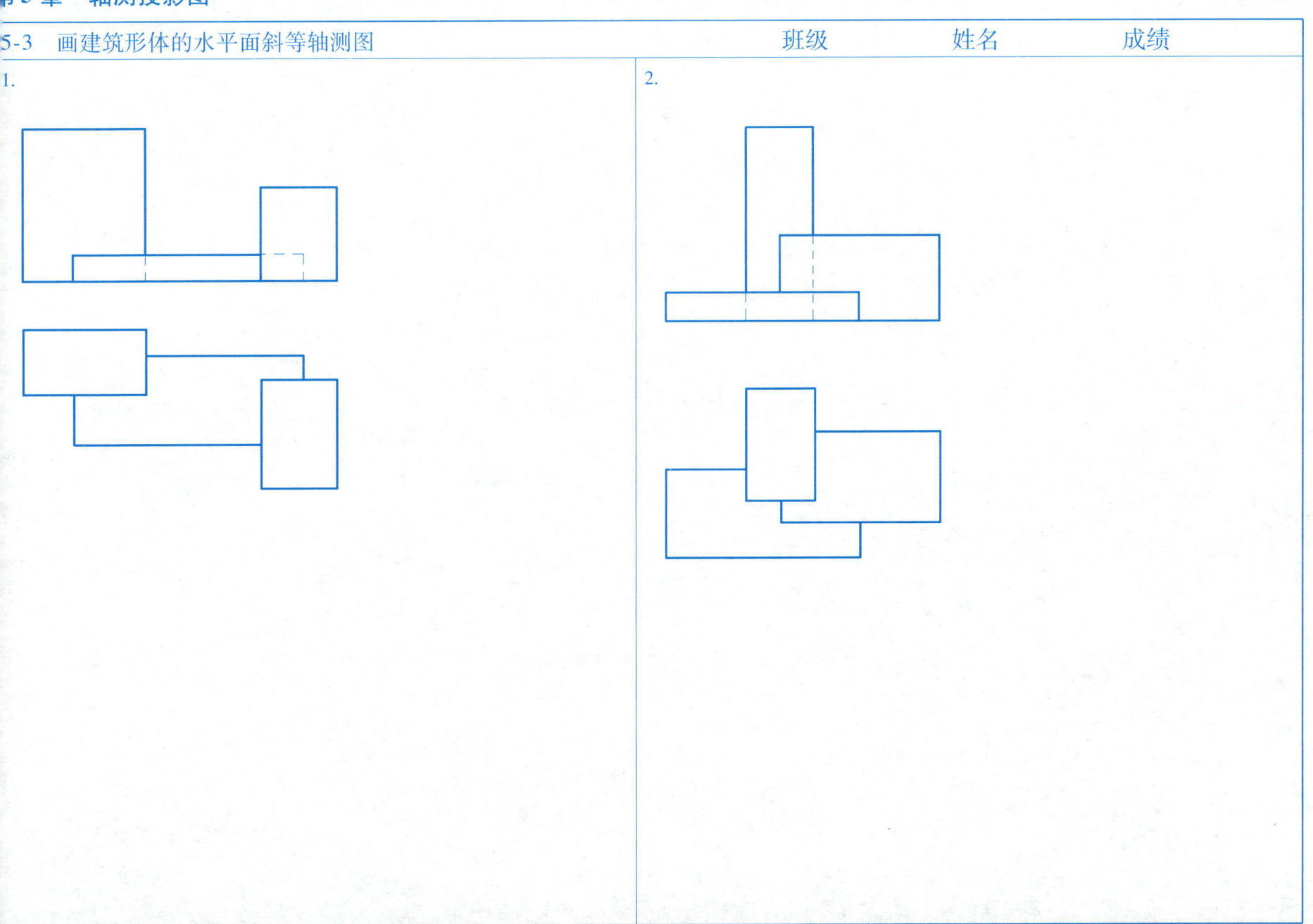

第 5 章 轴测投影图

5-4 作业指导：第四次作业   班级   姓名   成绩

根据三面投影图画出轴测图。

一、目的：要求学生初步掌握正等测和正面斜二测的画法。

二、要求：
1. 图名：轴测图；
2. 图纸：A3 号图幅；
3. 比例：按 1∶1 图中量取尺寸；
4. 图线：要求粗、中、细各线宽度分明；
5. 字体：图名和校名用 10 号仿宋体字，其余用 7 号字，先画出长方框，后填写文字。

三、绘图步骤：
1. 根据轴间角画出轴测轴；
2. 用 2H 或 H 笔画底稿；
3. 检查，用 B 笔加深底稿；4. 标注尺寸。

四、完成内容：
1. 房屋模型；
2. 休息厅模型。

1. 房屋模型

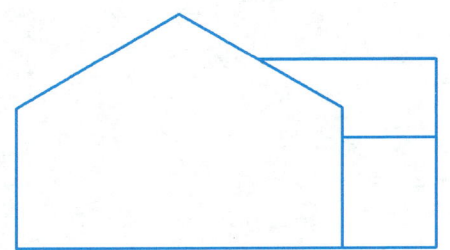
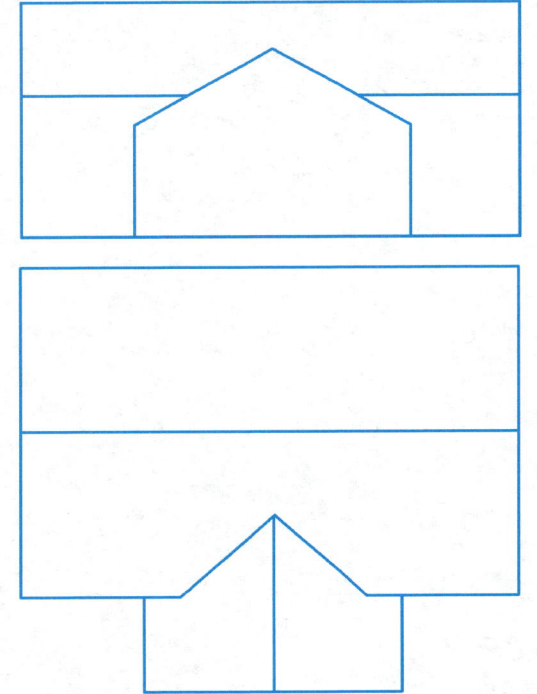

第 5 章 轴测投影图

5-4 作业指导：第四次作业　　　　班级　　　姓名　　　成绩

2. 休息厅模型

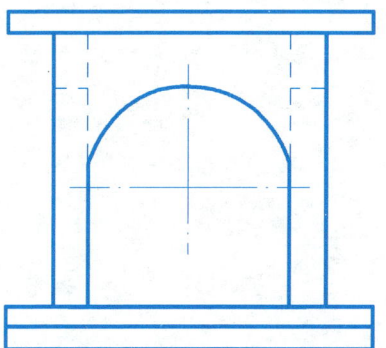

第 6 章 建筑形体的图样画法

6-1 画出建筑形体的其他投影图   班级   姓名   成绩

1. 画出左侧立面图和右侧立面图。

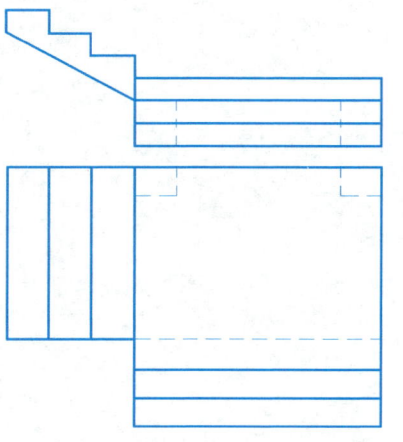

2. 画出背立面图和右侧立面图。

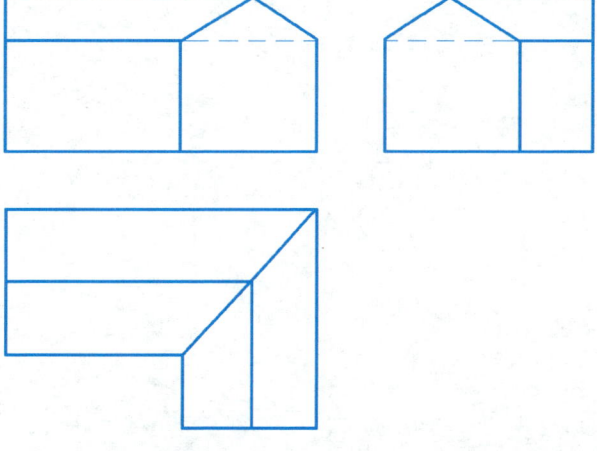

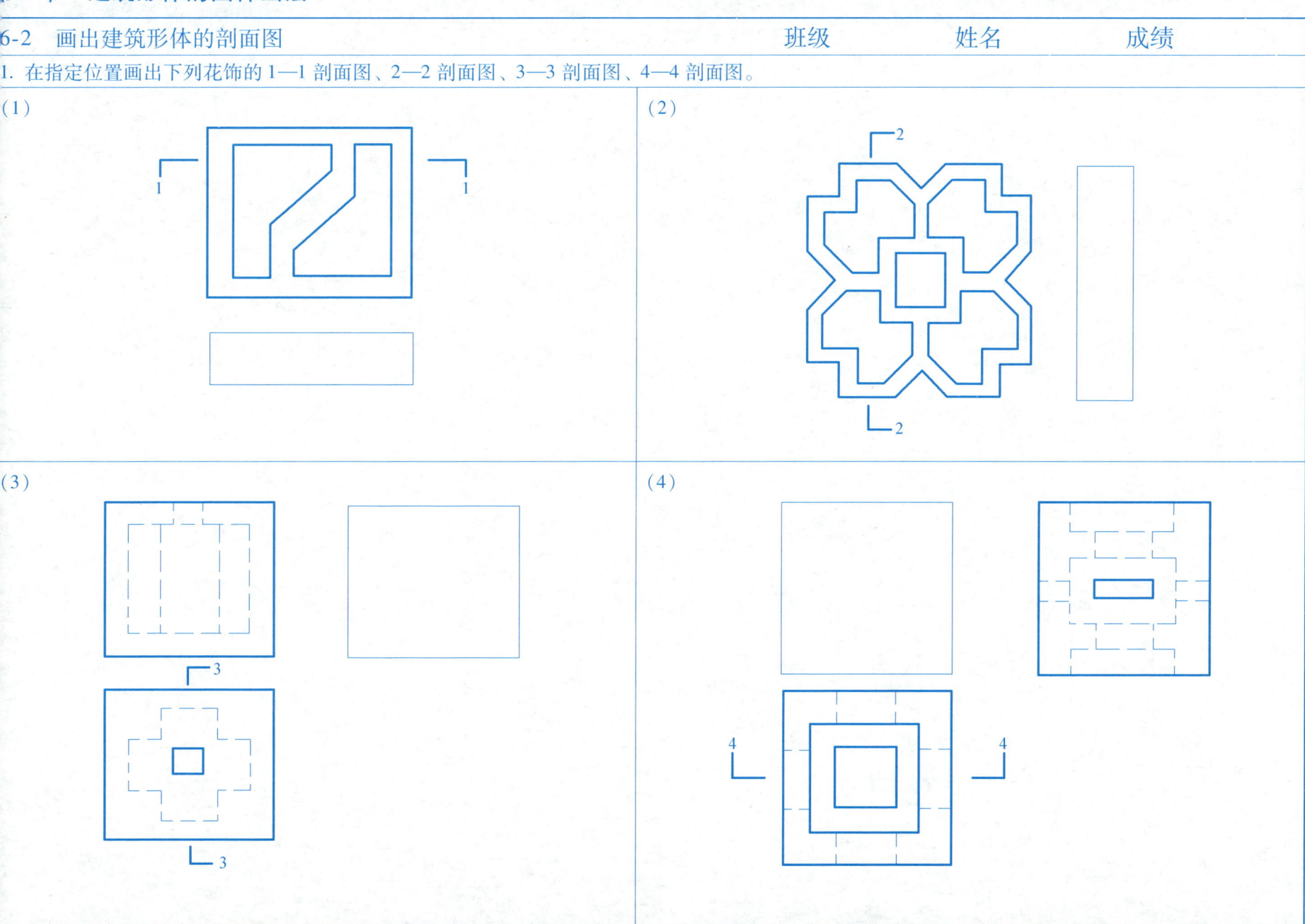

6-2 画出建筑形体的剖面图

2. 已知壁橱的正立面图和 1—1 剖面图，画出 2—2 剖面图。

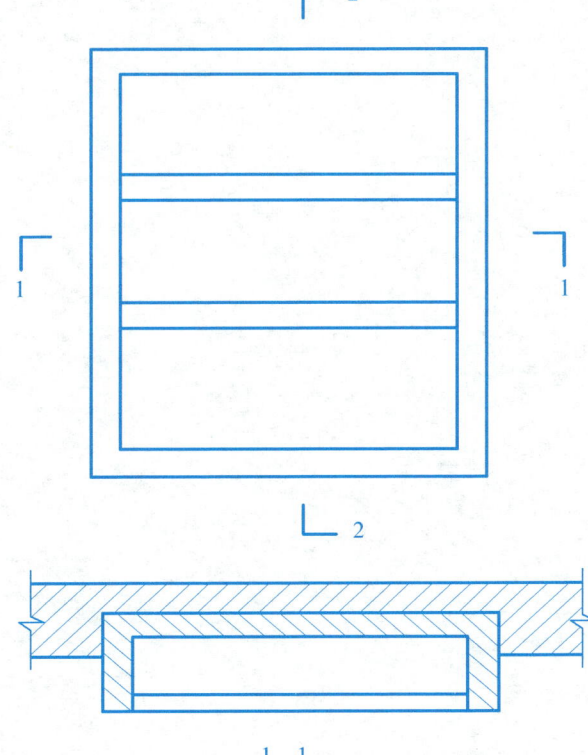

1—1

3. 已知物体的三面投影，画出 1—1 剖面图和 2—2 剖面图。

 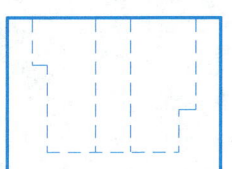

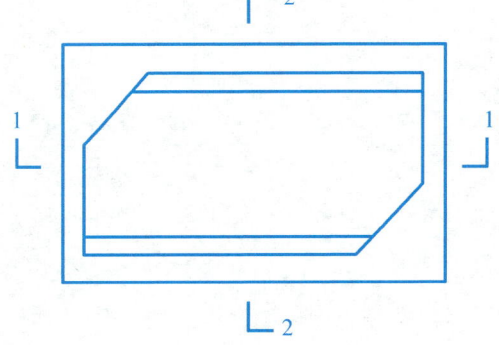

1—1 剖面图　　　　2—2 剖面图

第6章 建筑形体的图样画法

6-2 画出建筑形体的剖面图　　　　　班级　　　姓名　　　成绩

4. 补绘左侧立面图，并将左侧立面图改画成半剖面图。

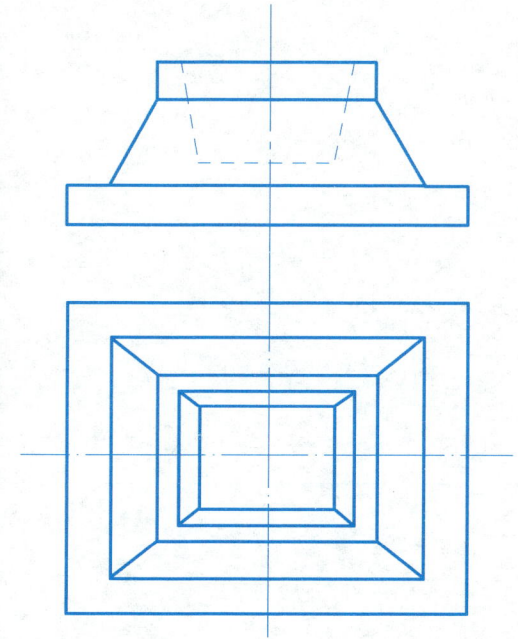

5. 画出建筑形体的 1—1 全剖面图和 2—2 半剖面图。

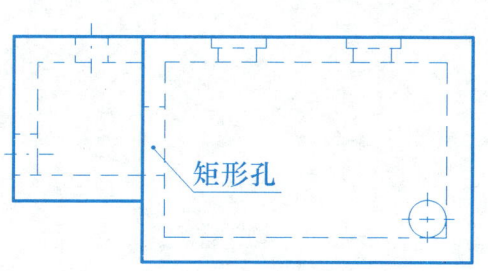

矩形孔

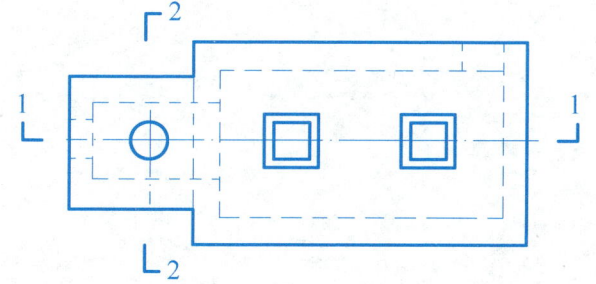

第6章 建筑形体的图样画法

6-2 画出建筑形体的剖面图

6. 画出 1—1 剖面图。

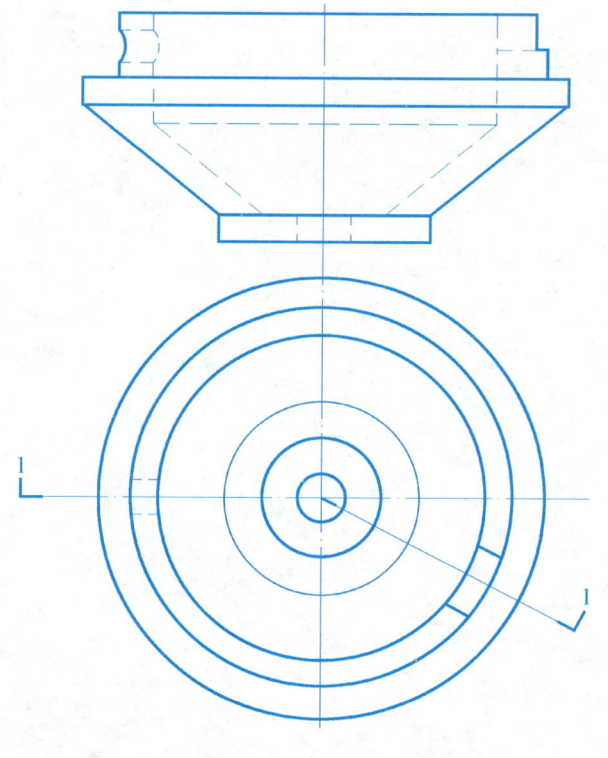

7. 画出 1—1 剖面图。

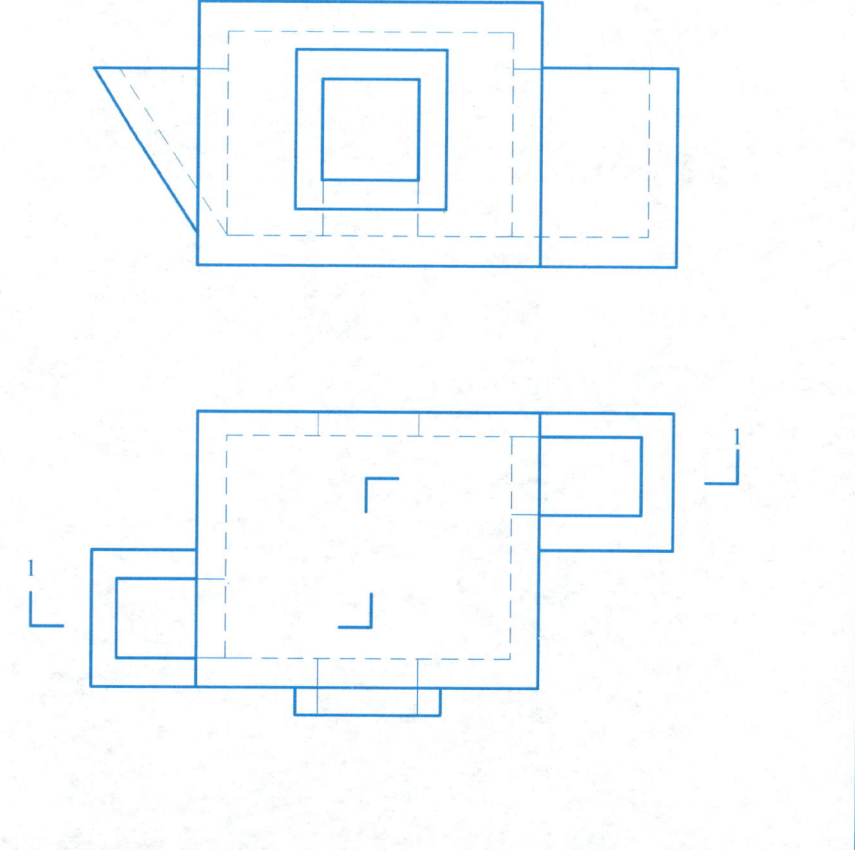

第6章 建筑形体的图样画法

6-3 画出建筑形体的断面图　　　　　班级　　　姓名　　　成绩

1. 画出 1—1、2—2、3—3 断面图。

2. 画出 1—1、2—2 断面图。

3. 画出 3—3、4—4 断面图。

第6章 建筑形体的图样画法

6-3 画出建筑形体的断面图

4. 已知正立面图和 2—2 剖面图，雨篷伸出外墙宽度与最上一级台阶相同，绘出 1—1 剖面。

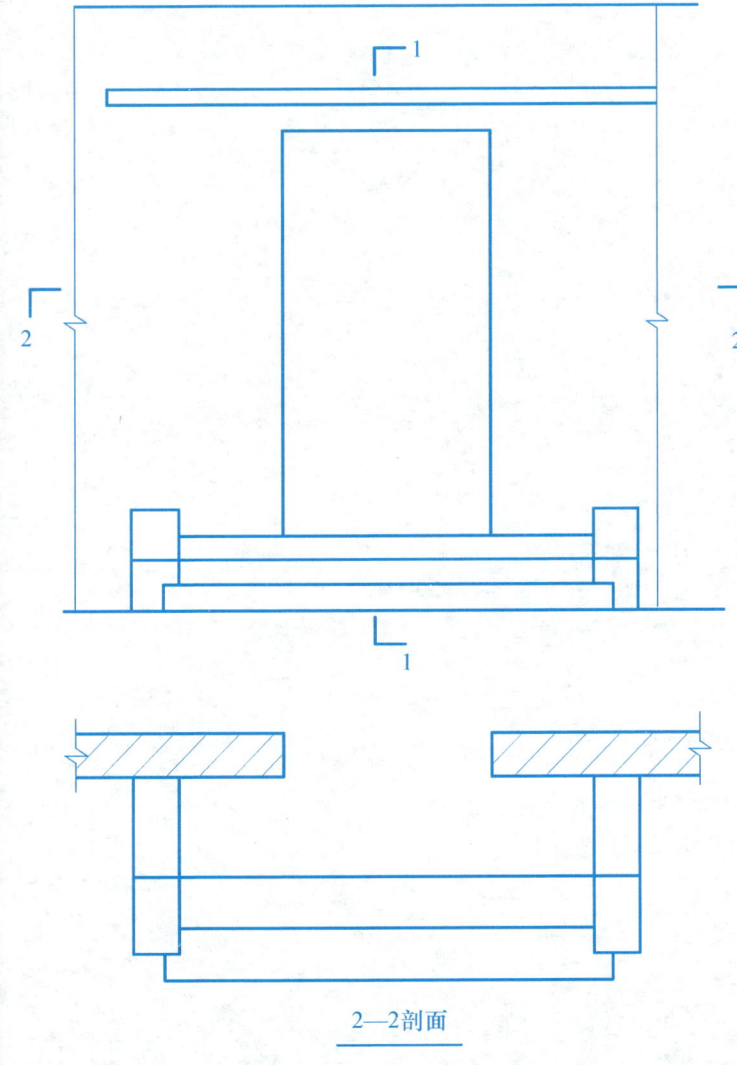

2—2 剖面

第7章 建筑施工图

7-1 问答填空　　　　　　　　　　　　　　　班级　　　姓名　　　成绩

1. 各种房屋，虽然在使用要求、外部造型、内部布局、结构形式以及细部构造上各不相同，但是构成建筑的主要部分基本相同，一般有_____。

2. 一套房屋施工图是由建筑、结构、设备（给水排水、采暖通风、电气）等专业共同配合协调，在技术设计的基础上绘制而成的。房屋施工图为_____施工图、_____施工图和_____施工图。

3. 建筑总平面图是表达新建房屋所在地有关范围的_____，它表示了_____等。

4. 建筑总平面图中标注的尺寸是以_____为单位，一般标注到小数点后_____位；其他建筑图样（平、立、剖面图）中所标注的尺寸则以_____为单位。

5. 建筑平面图（除屋顶平面图之外）实际上是剖切位置于_____处的水平剖视图，它主要表示建筑物的_____等情况。一般来说，四层房屋应分别画出_____建筑平面图。当四层房屋的二、三层平面布置完全相同时，可以只画一个共同的平面图，该平面图为_____平面图。

6. 建筑施工图包括_____、_____、_____、_____和_____。

7. 建筑平面图中外墙尺寸一般标注三道，里边一道标注墙及门窗洞口尺寸，称为_____；中间一道标注房间的_____，称为_____尺寸；外边一道标注建筑的总长、总宽，称为总尺寸。

8. 建筑立面图是平行于建筑物各个立面（外墙面）的正投影图。它是表示建筑物的_____图样。

9. 一般房屋有四个立面，通常把反映房屋主要出入口的立面图称为_____图，其背后的立面图称为_____图，两侧的立面图称为_____图。也可按房屋立面的朝向来定立面图的名称，如_____图，或用立面图两端_____墙的_____来定立面图的名称。

10. 建筑剖面图是建筑物的垂直剖面图，它是表示建筑物内部垂直方向的_____等情况的图样。剖面图的剖切位置一般选择在_____的部位。表示剖切面剖切位置的剖切线及其编号就表示在_____层平面图中。

第 7 章　建筑施工图

7-2　作业指导：第五次作业　　　班级　　姓名　　成绩

一、目的

要求学生熟练掌握建筑施工图的平面图、立面图、剖面图的画法。

二、要求

1. 仔细阅读该别墅的平面图、立面图、剖面图及详图，弄清该建筑的内外形状（门窗、雨篷、阳台、楼梯等）；

2. 图纸：2 号图幅；

3. 比例：1:100；

4. 图线：要求粗、中、细各线宽度分明；

5. 字体：汉字用仿宋体，书写端正整齐，尺寸标注无误，图面整洁。

三、绘图步骤

1. 先绘制定位轴线；

2. 画墙线；

3. 画门窗洞口位置；

4. 参照楼梯详图尺寸画楼梯；

5. 标注尺寸及注写文字。

四、完成内容

1. ①~⑥轴立面图；

2. 一层平面图；

3. 1—1 剖面图。

第7章 建筑施工图

7-3 阅读某别墅建筑施工图   班级　　姓名　　成绩

1. 阅读某别墅正立面图。

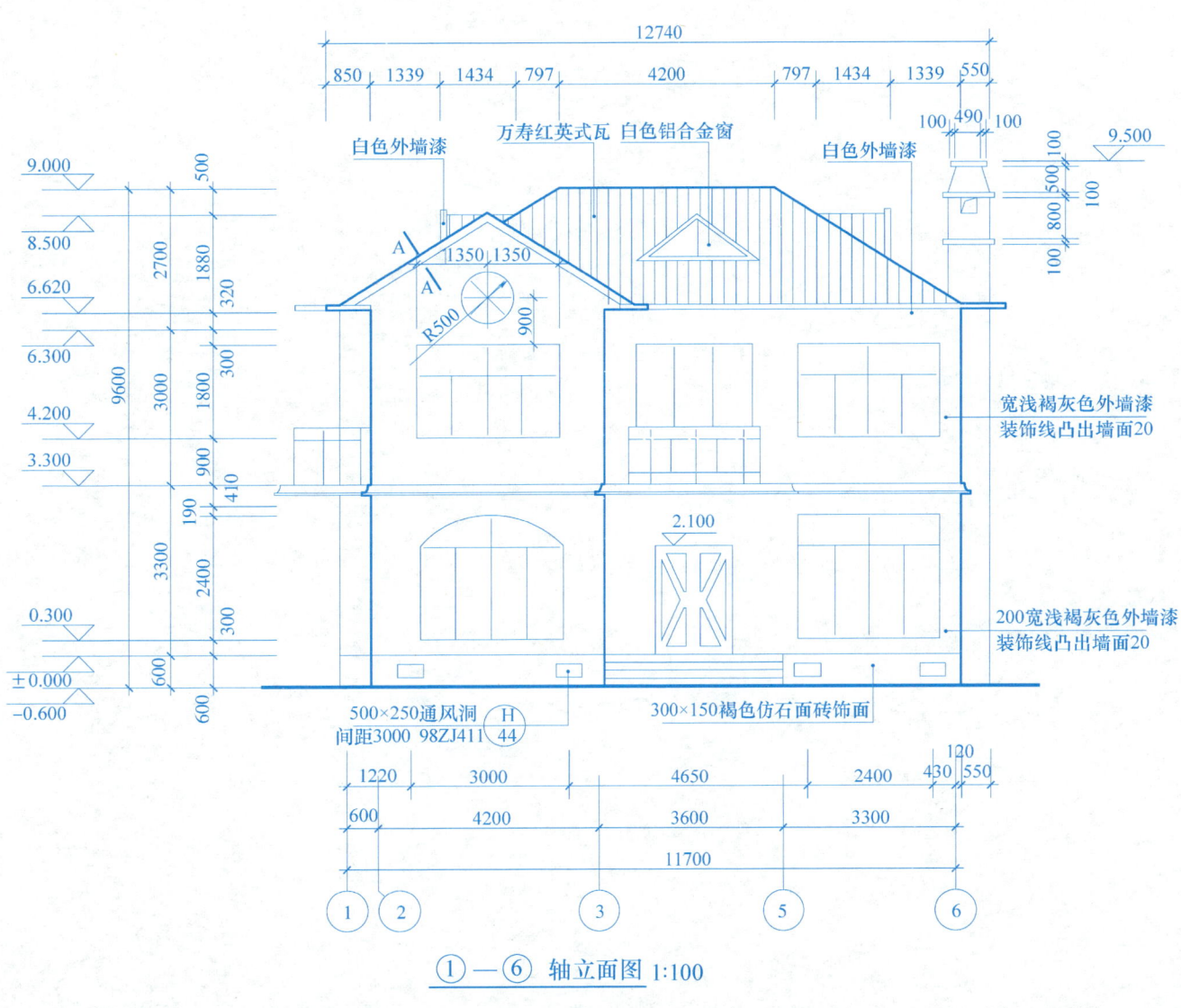

①—⑥轴立面图 1:100

第7章 建筑施工图

7-3 阅读某别墅建筑施工图

2. 阅读某别墅一层面图。

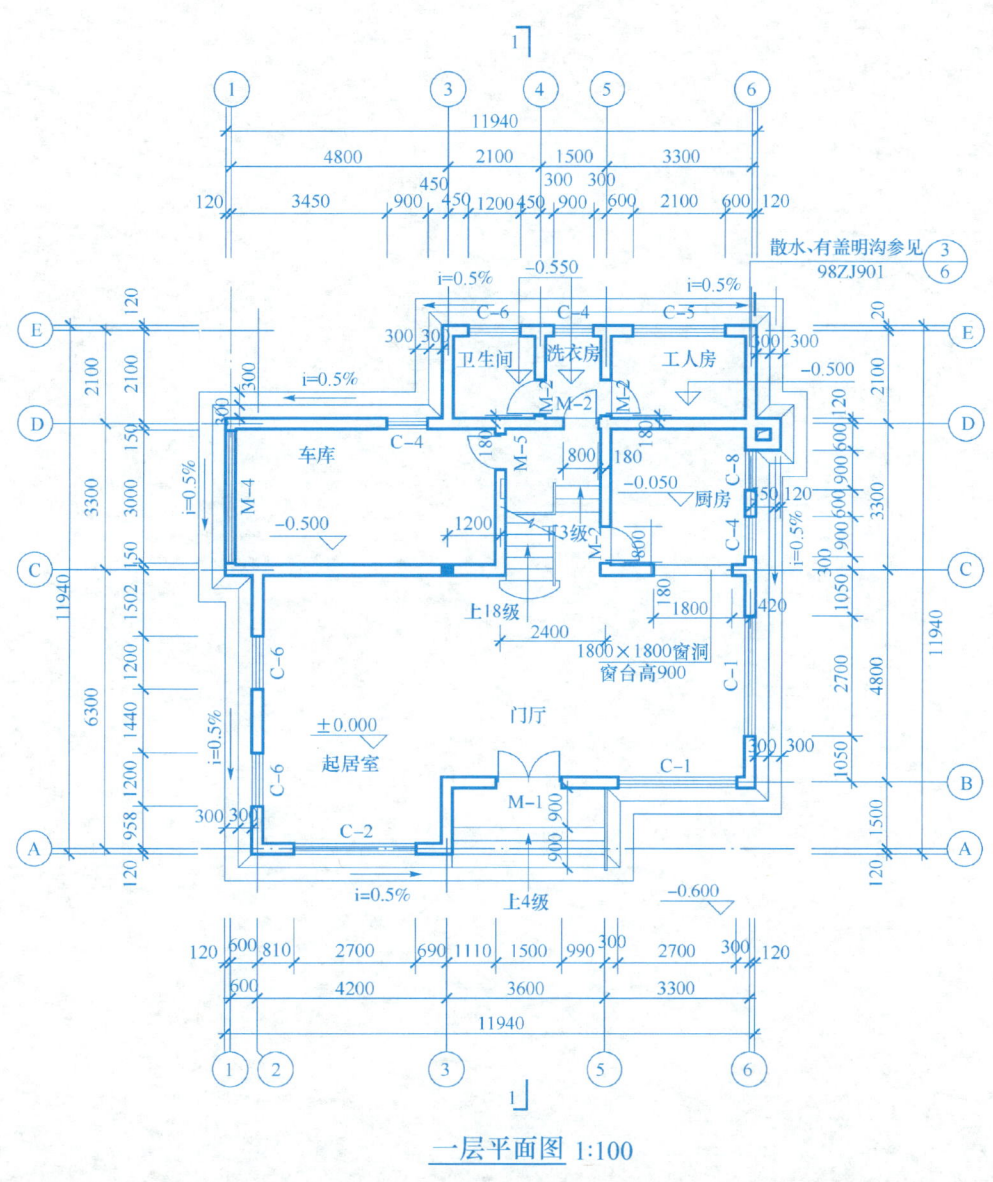

一层平面图 1:100

第7章 建筑施工图

7-3 阅读某别墅建筑施工图   班级   姓名   成绩

3. 阅读某别墅背立面图。

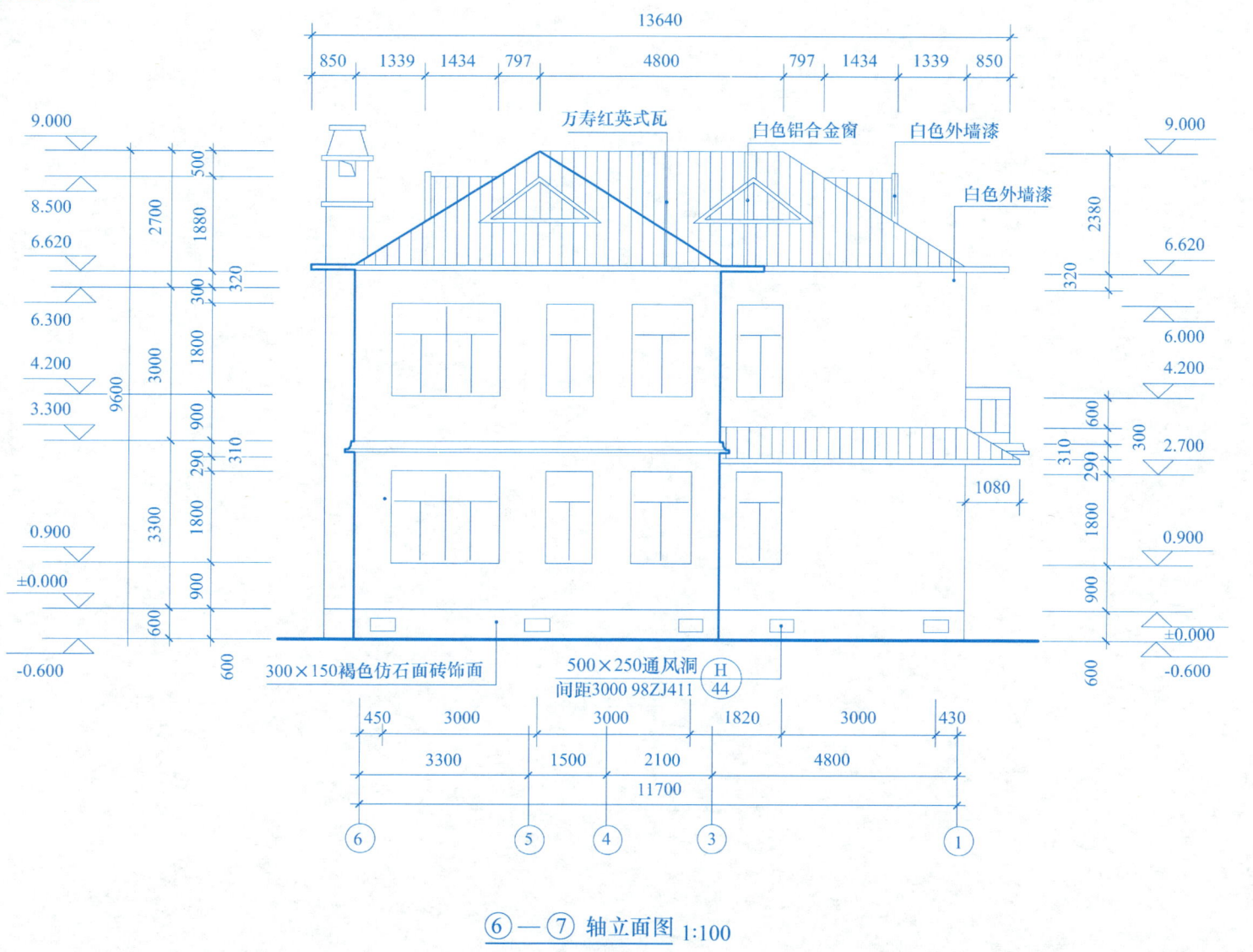

⑥—⑦ 轴立面图 1:100

第7章 建筑施工图

7-3 阅读某别墅建筑施工图

班级　　　　姓名　　　　成绩

4. 阅读某别墅二层平面图。

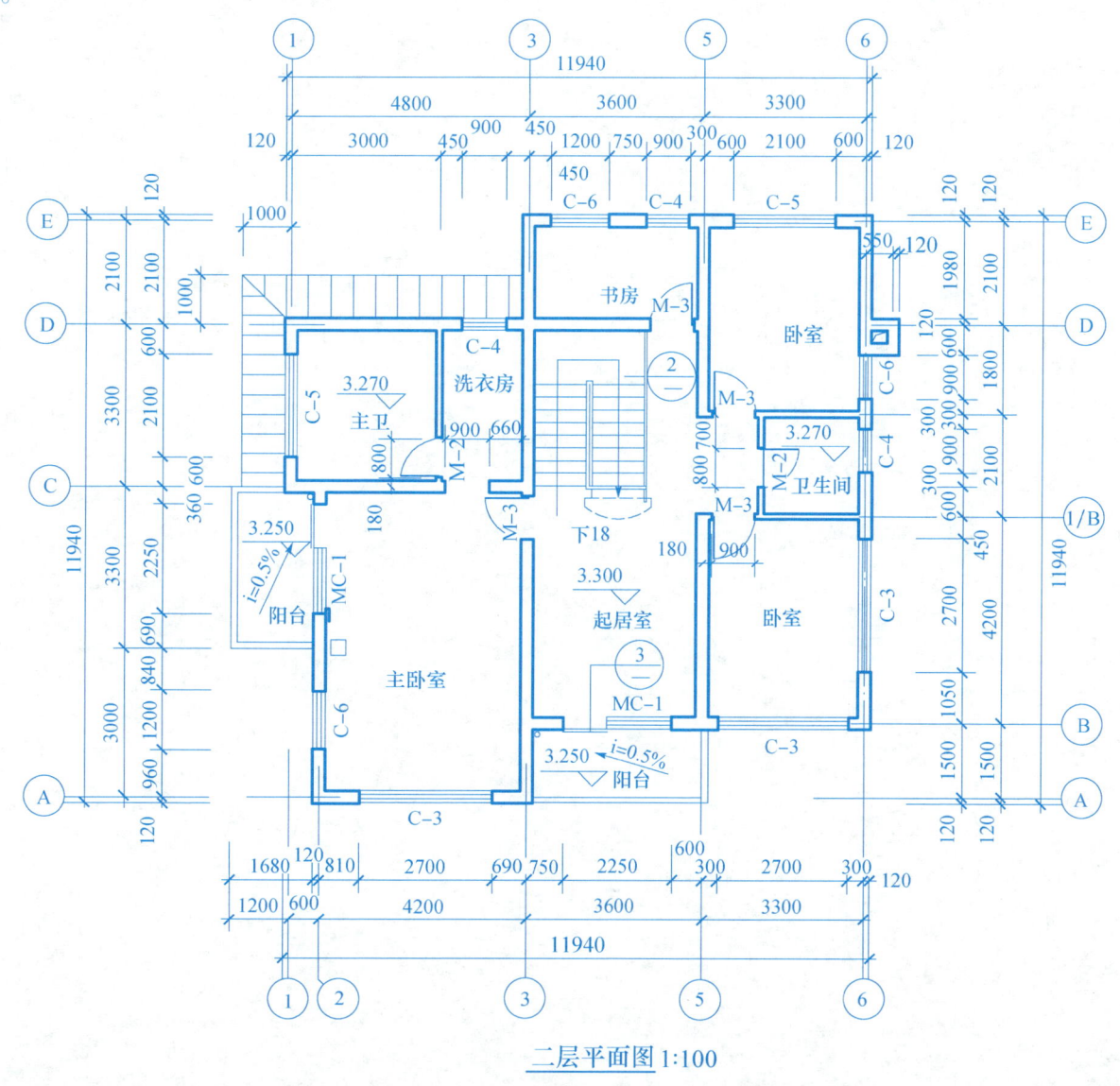

二层平面图 1:100

第7章 建筑施工图

7-3 阅读某别墅建筑施工图

班级　　　　姓名　　　　成绩

5. 阅读某别墅屋顶平面图。

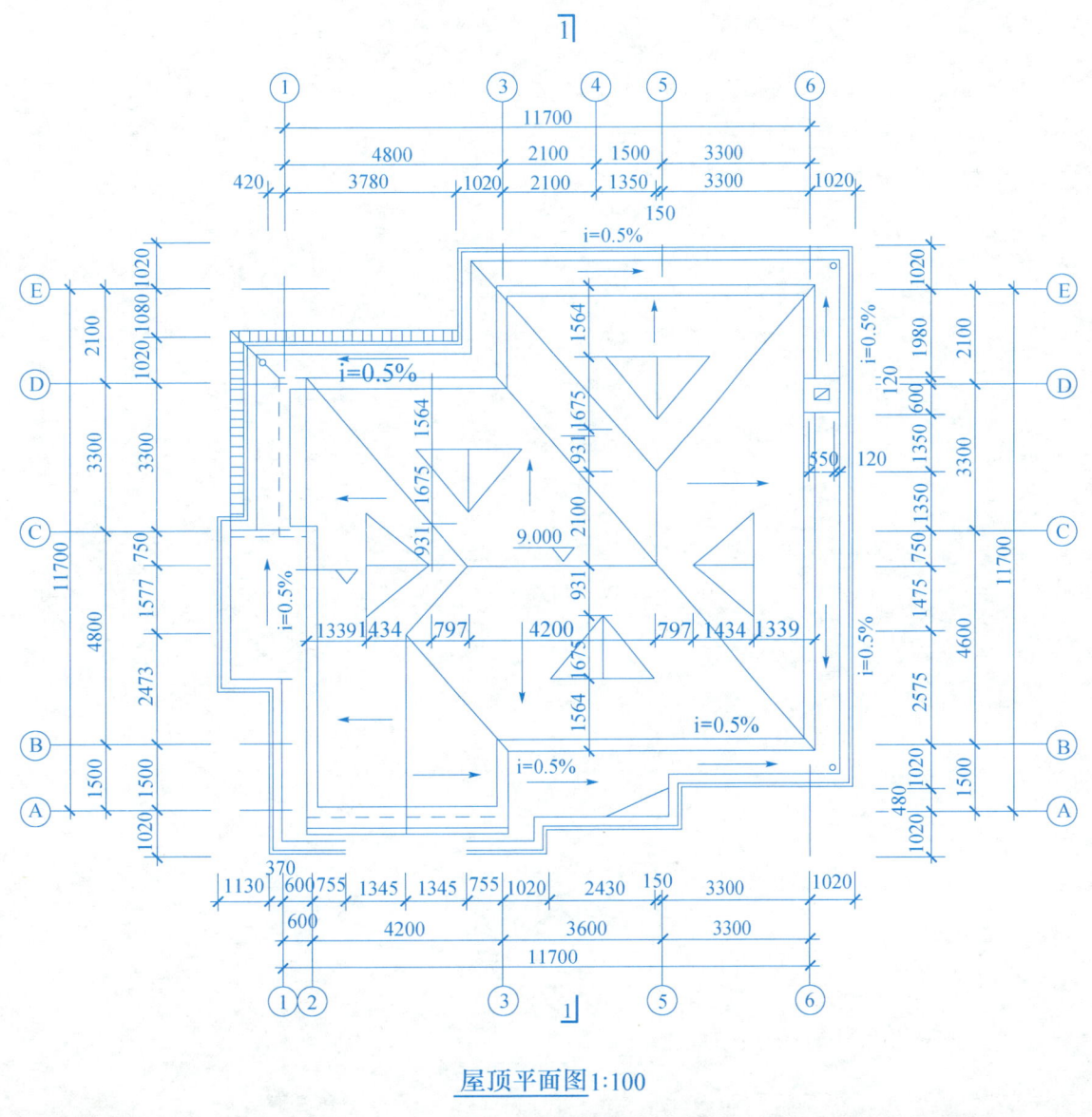

屋顶平面图 1:100

第7章 建筑施工图

7-3 阅读某别墅建筑施工图

5. 阅读某别墅剖面图。

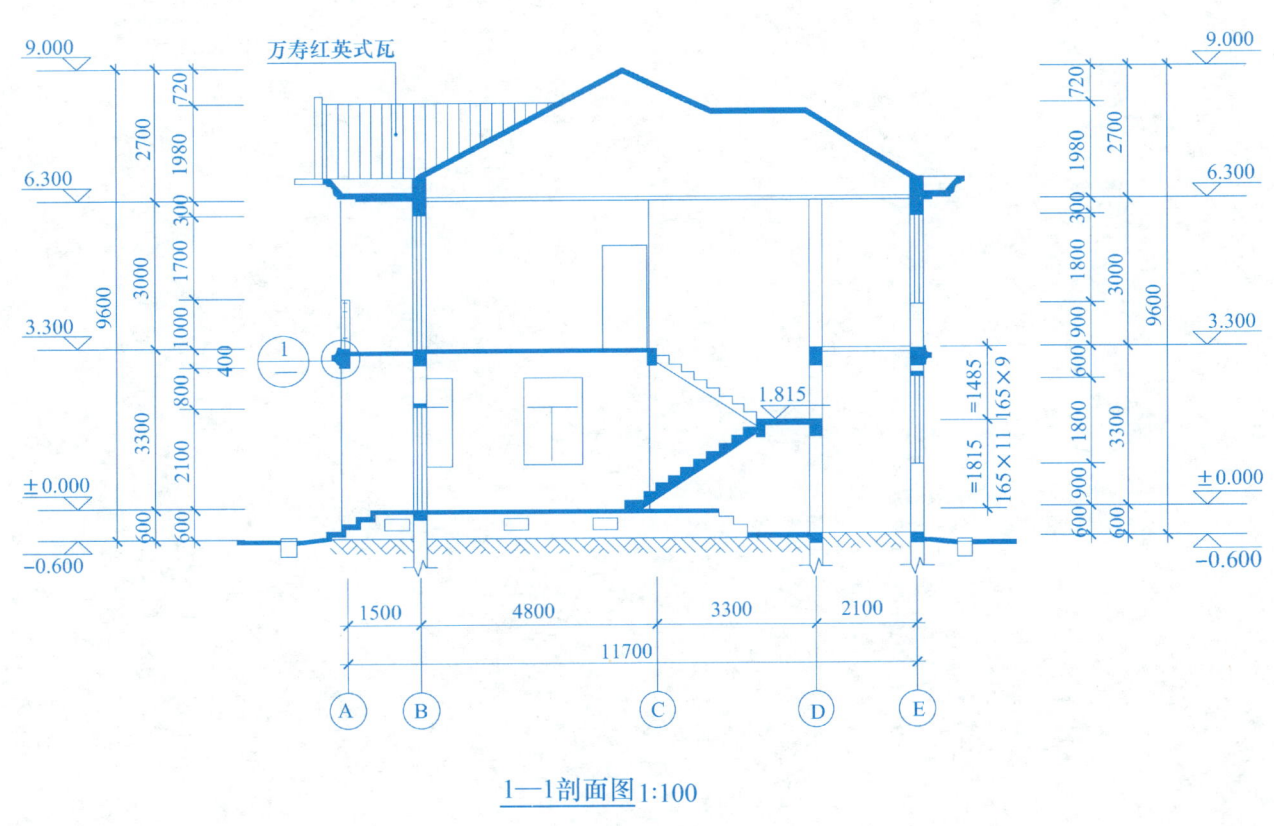

1—1剖面图 1:100

第7章 建筑施工图

7-3 阅读某别墅建筑施工图　　　　班级　　　姓名　　　成绩

7. 阅读某别墅右侧立面图。

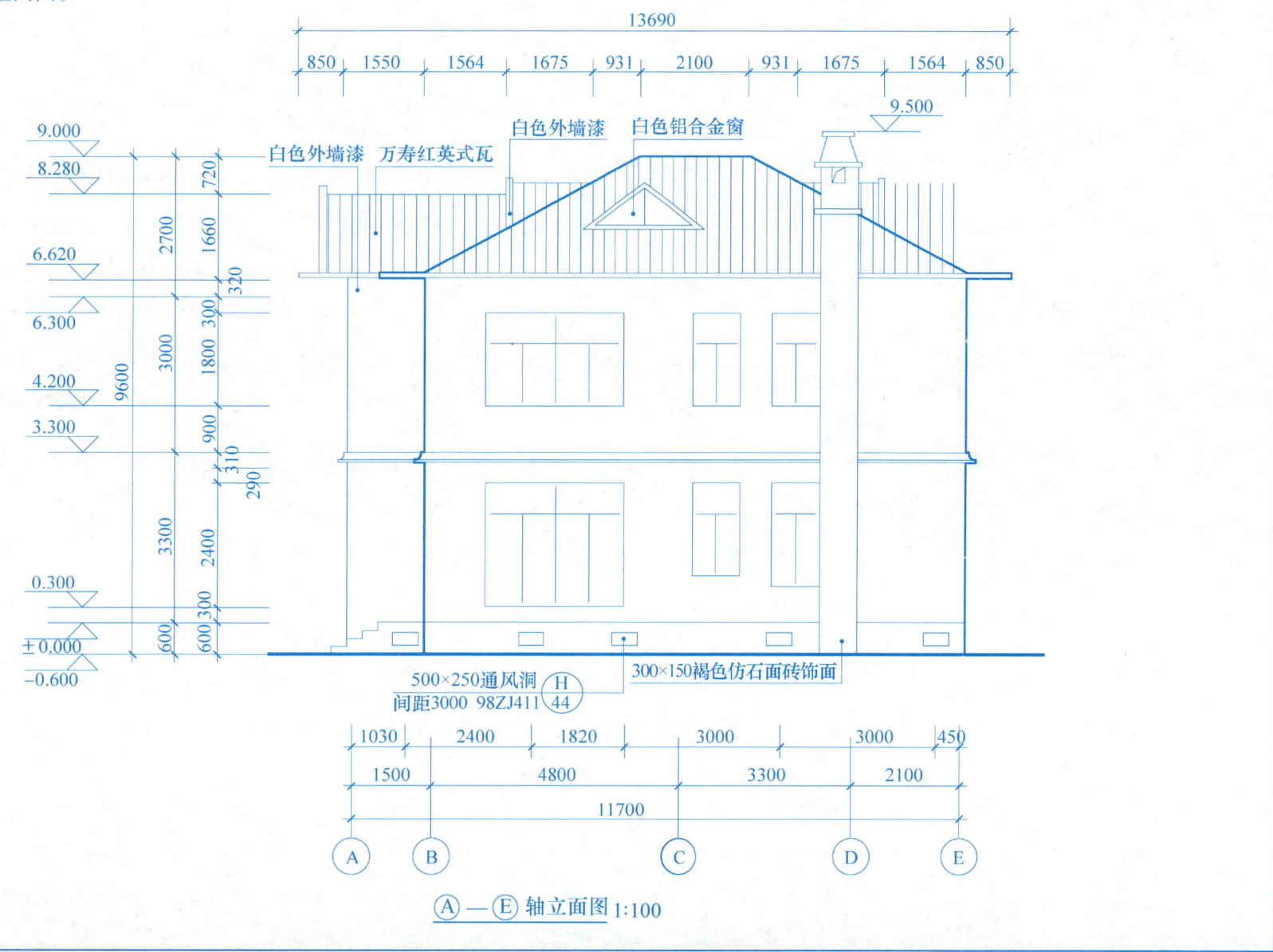

Ⓐ—Ⓔ轴立面图 1:100

第7章 建筑施工图

7-3 阅读某别墅建筑施工图

8. 阅读某别墅左侧立面图。

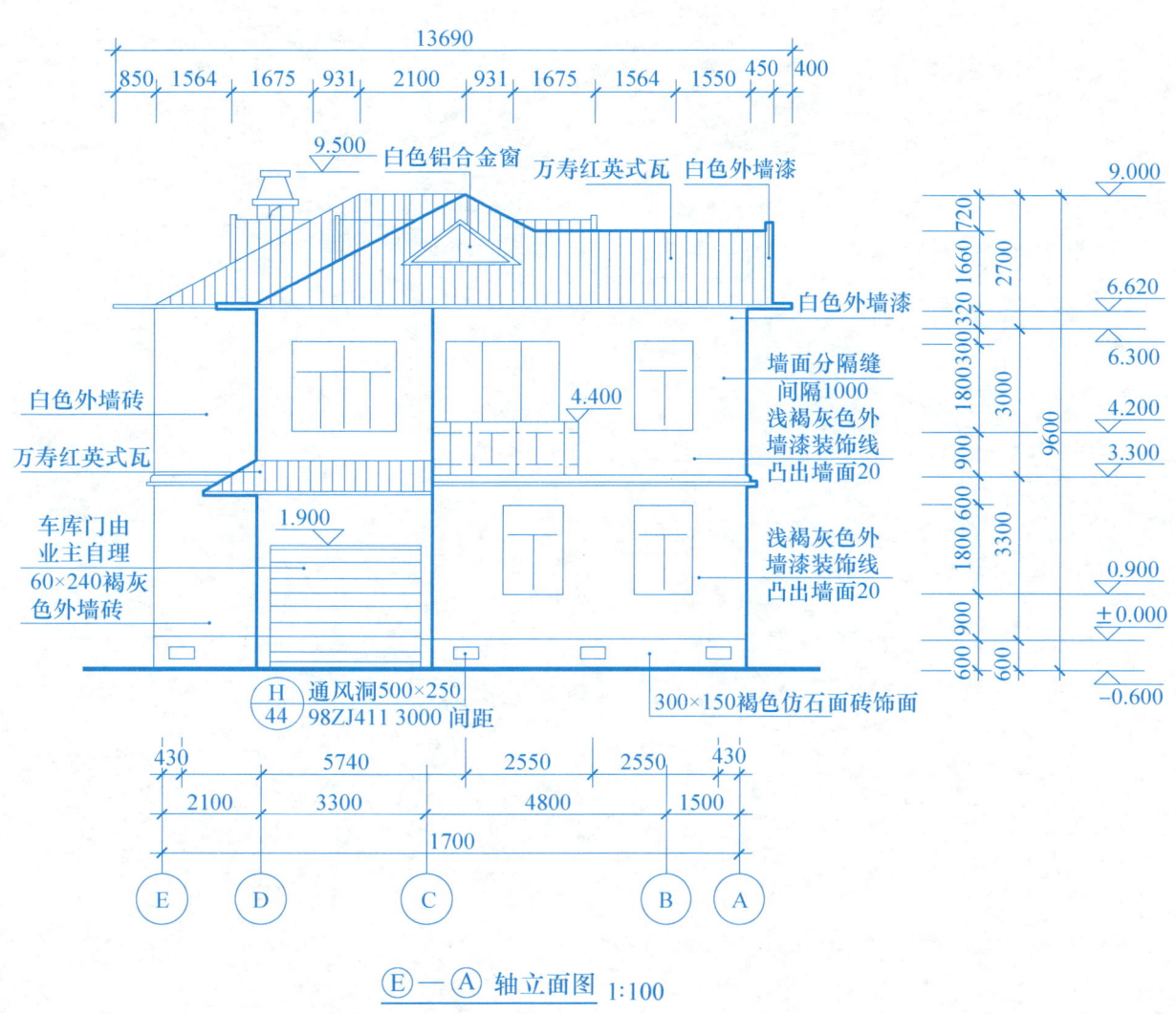

第7章 建筑施工图

7-3 阅读某别墅建筑施工图

班级　　　姓名　　　成绩

9. 阅读详图。

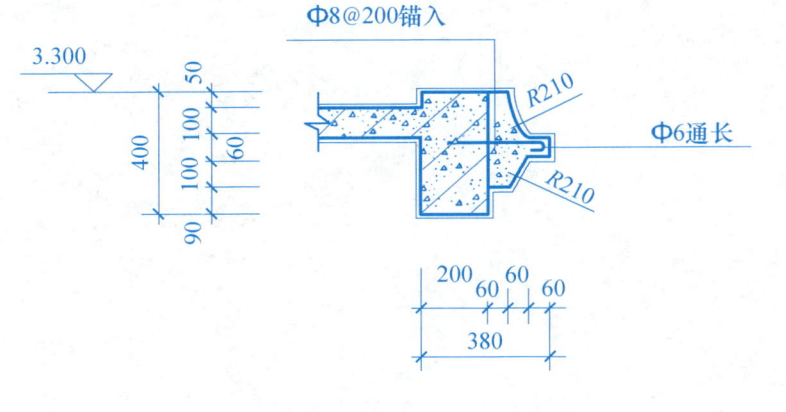

① 阳台剖面图 1:20

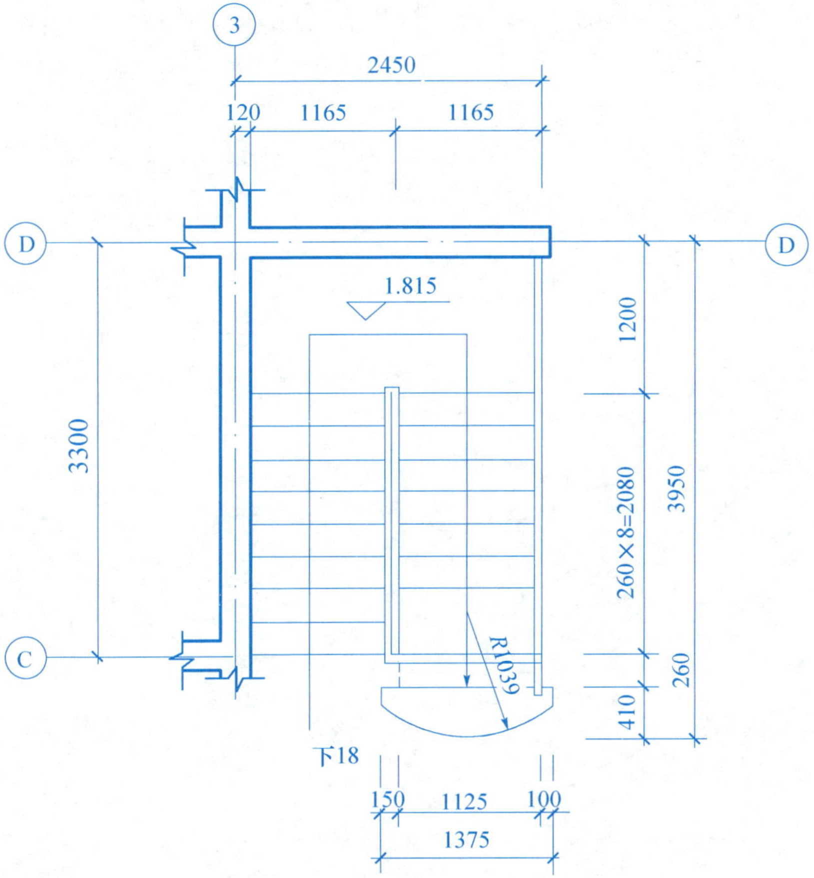

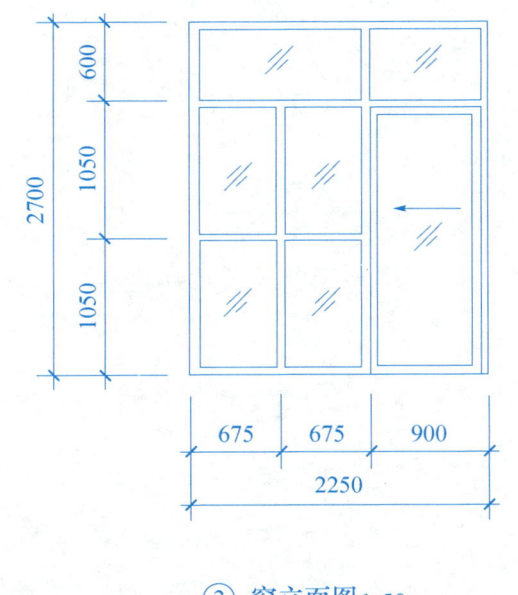

③ 窗立面图 1:50

② 楼梯平面示意图 1:60

第8章 结构施工图

8-1 问答填空

班级_____ 姓名_____ 成绩_____

1. 结构中建筑物的基本部分，是用一定的建筑材料建成的具有足够抵抗能力的空间骨架，这种骨架就是_____。

2. 建筑结构按使用的材料不同，可分为_____、_____、_____。

3. 钢筋混凝土是由_____组成的复合材料。钢筋的特点是_____，而混凝土抗拉强度低、抗压强度高。在钢筋混凝土结构中，钢筋主要承受_____，混凝土主要承受_____。

4. 用钢筋混凝土制成的板、梁、桥墩和桩等组成的结构物叫做_____。

5. 钢筋混凝土结构中的钢筋，有的是由于受力需要而配置的，有的则是因为构造要求而安放的，这些钢筋的形式及作用各不相同，一般可分为：
   (1)_____；(2)_____；
   (3)_____；(4)_____。

6. 为了保护钢筋，防止锈蚀、防火及加强钢筋与混凝土的黏结力，在构件中的钢筋外面要留有保护层。梁、柱的保护层最小厚度为_____，板和墙的保护层厚度为_____，且应小于受力筋的_____。

7. 钢筋布置图也就是钢筋混凝土构件详图中的配筋图，它包括_____、_____、_____。

8. 结构施工图主要表达结构设计的内容，它是表示建筑物_____的布置、形状、大小、材料、构造及其相互关系的图样。结构施工图一般有_____。

9. 结构平面图是表示建筑物_____的图样。楼层结构平面图是采用楼面上方的一个_____来表示。

10. 基础图是表示建筑物_____的图样。基础图一般有_____。基础平面图是表示_____的图样，它是采用剖切在建筑物_____图来表示，一般采用_____图来表示。

11. 基础的形式一般取决于上部承重构件的形式，如墙下的基础做成_____基础；柱下的基础做成_____基础。

12. 钢筋混凝土梁和板的钢筋，按其所起的作用给予不同的名称；梁内有_____；板内有_____。

第 8 章　结构施工图

8-2　作业指导：第六次作业	班级　　　姓名　　　成绩

一、目的

要求学生熟练掌握基础平面图、现浇梁、板配筋图；楼层结构平面图；楼梯结构平面图；楼梯结构剖面图；楼梯配筋图的画法。

二、要求

抄绘基础平面图；楼层结构平面图；楼梯结构剖面图等。

1. 图纸：3 号图幅；

2. 比例：1:100；

3. 图线：要求粗、中、细各线宽度分明；

4. 字体：汉字用仿宋体，书写端正整齐，尺寸标注无误，图面整洁。

三、绘图步骤

1. 绘制轴线；

2. 绘制基槽边线或楼板布置方向；

3. 绘制门窗洞口位置；

4. 标注尺寸。

四、完成内容

1. 抄绘基础平面图；基础详图；

2. 抄绘一层结构平面图；

3. 抄绘教材第八章图 8-16 楼梯结构剖面图和图 8-17 楼梯板及楼梯梁配筋图。

第8章 结构施工图

8-3 阅读某别墅结构施工图　　　　班级　　　姓名　　　成绩

1. 阅读桩基础平面图。

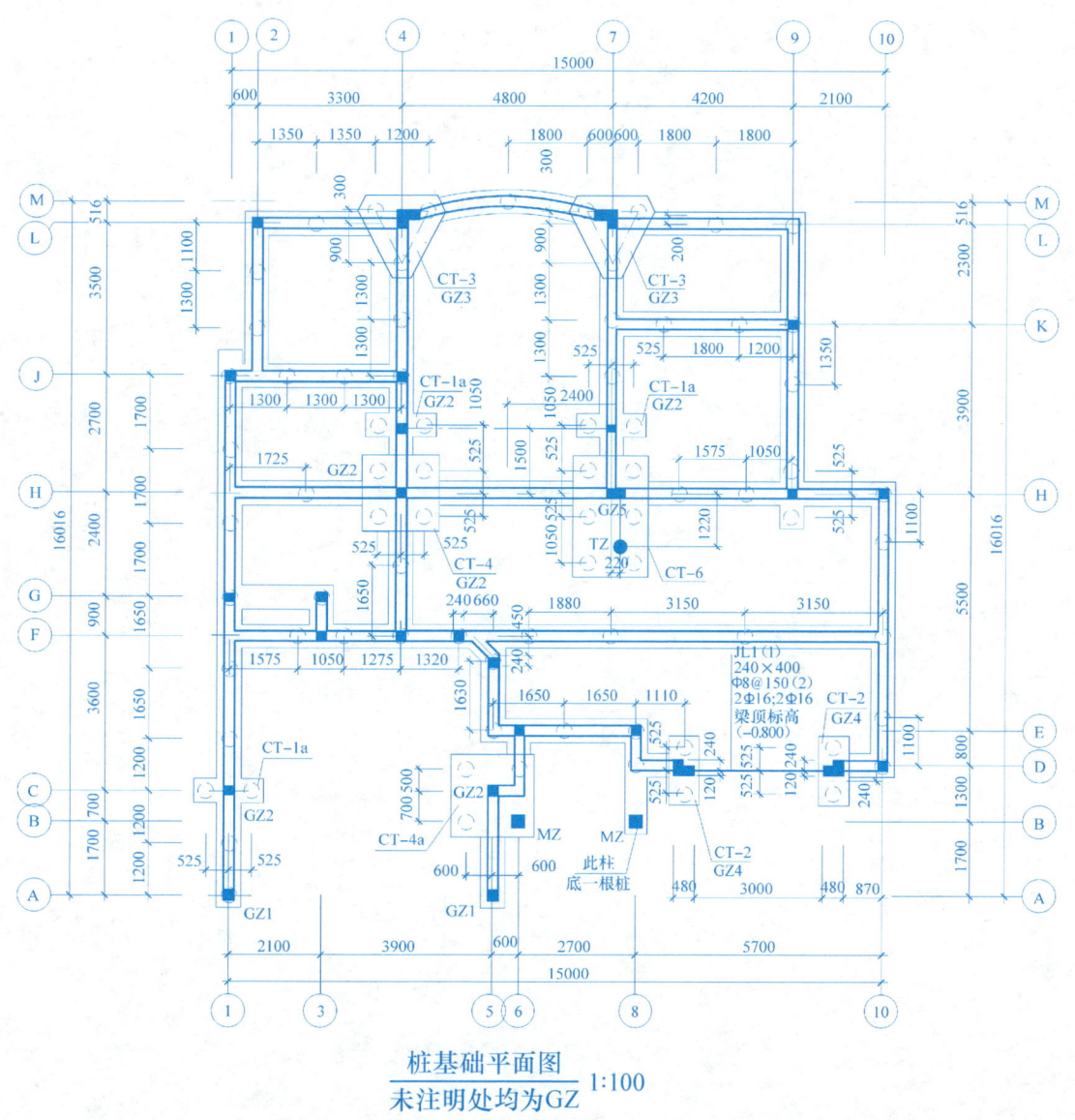

桩基础平面图 1:100
未注明处均为GZ

第8章 结构施工图

8-3 阅读某别墅结构施工图 班级　　　姓名　　　成绩

2. 阅读基础详图。

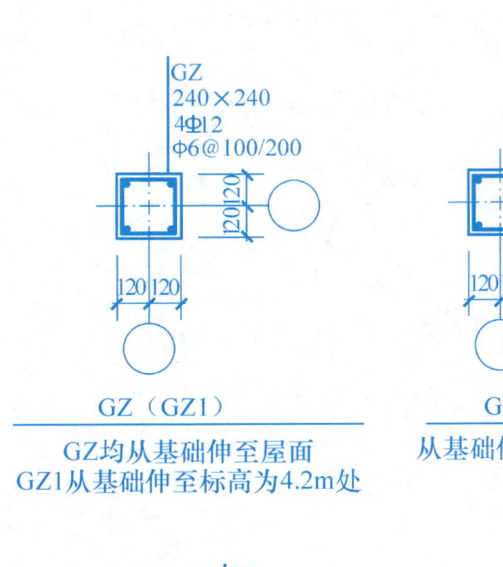

GZ（GZ1）
GZ均从基础伸至屋面
GZ1从基础伸至标高为4.2m处

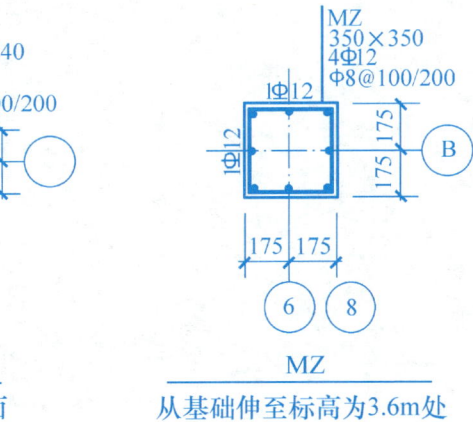

GZ2
从基础伸至屋面

MZ
从基础伸至标高为3.6m处

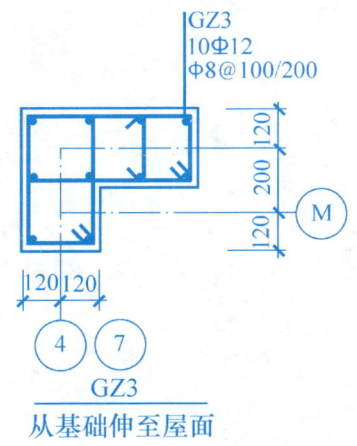

GZ3
从基础伸至屋面

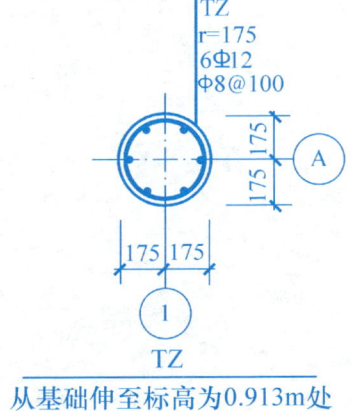

TZ
从基础伸至标高为0.913m处

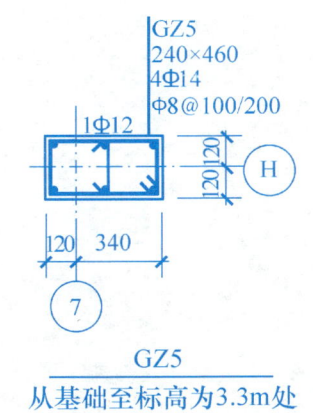

GZ5
从基础至标高为3.3m处

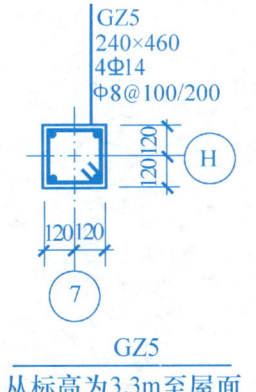

GZ5
从标高为3.3m至屋面

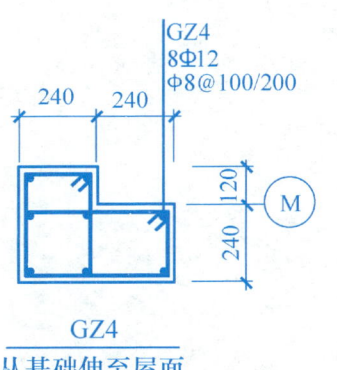

GZ4
从基础伸至屋面

第8章 结构施工图

8-3 阅读某别墅结构施工图

3. 阅读承台详图。

（1）

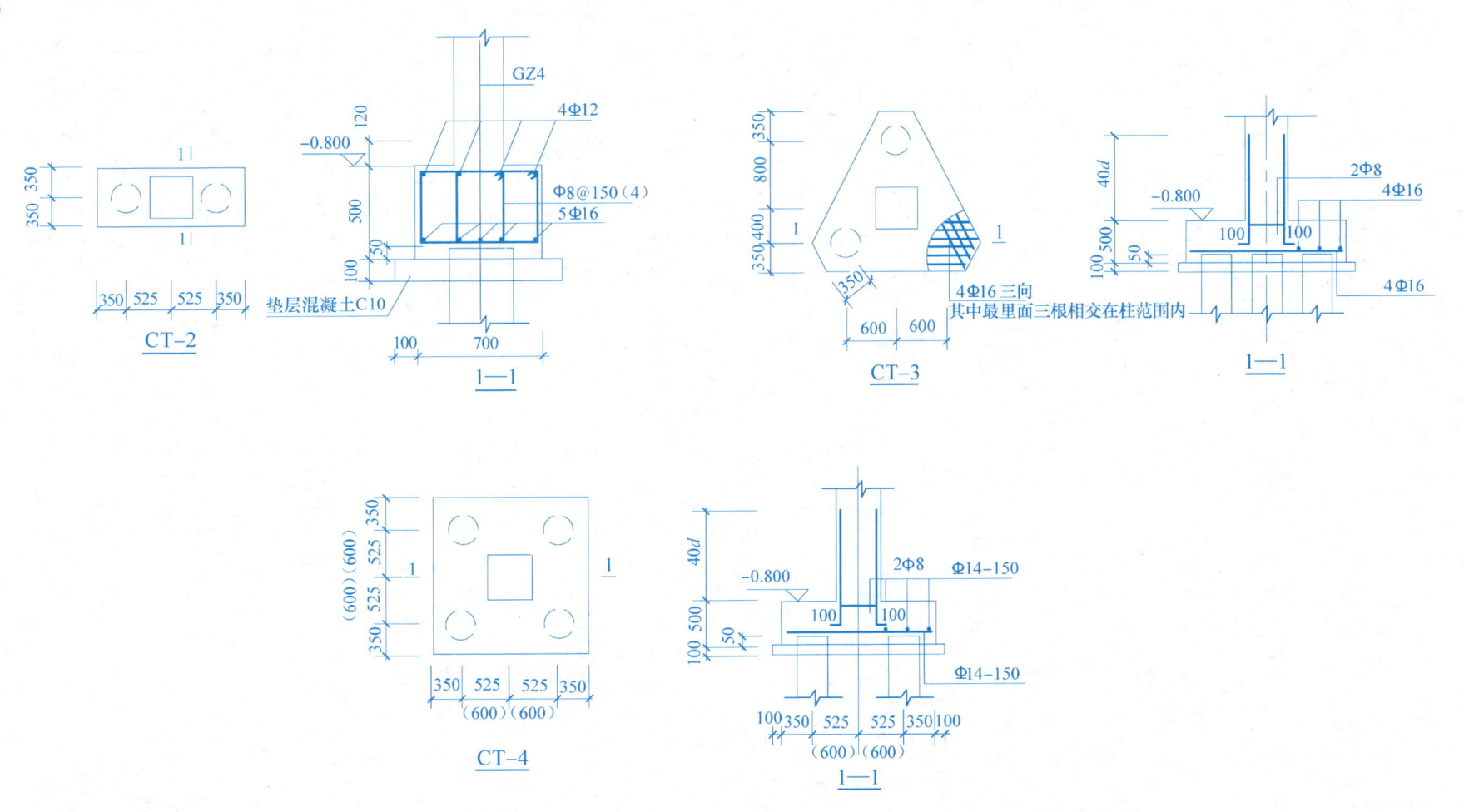

8-3 阅读某别墅结构施工图

(2)

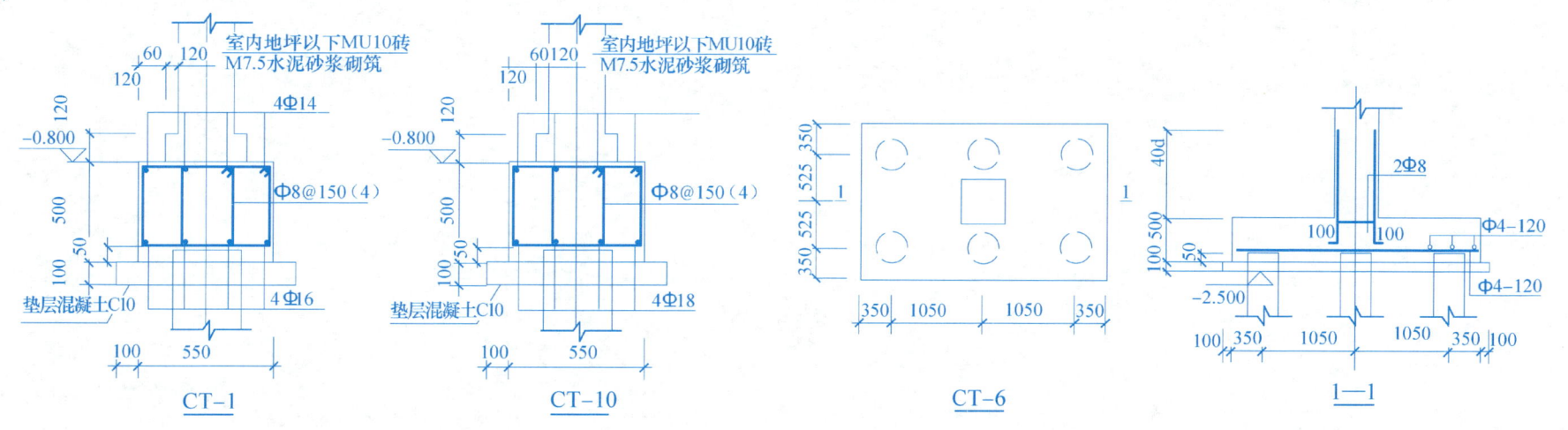

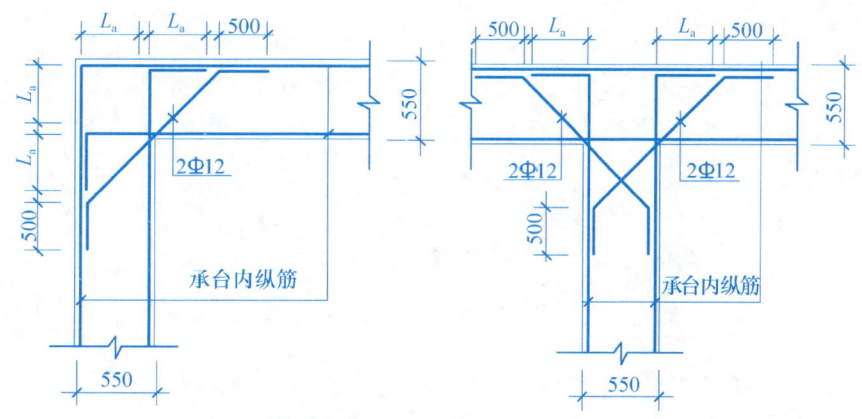

条形承台梁水平转角大样
L_a 为钢筋的锚固长度

8-3 阅读某别墅结构施工图

(3)

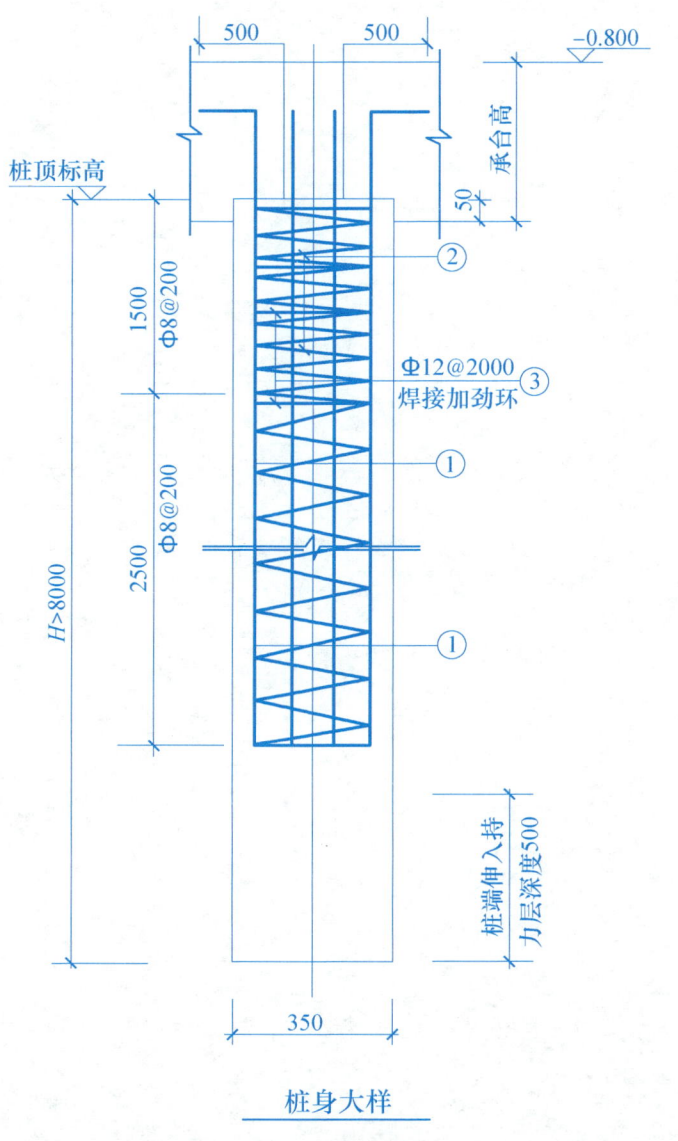

桩身大样

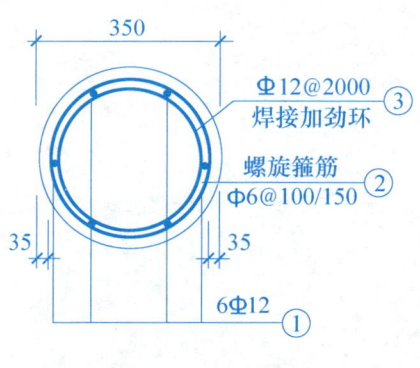

桩心截面形式

第8章 结构施工图

8-3 阅读某别墅结构施工图　　　　　班级　　　姓名　　　成绩

4. 阅读楼梯平面图和休息平台配筋大样，绘出休息平台配筋平面图。

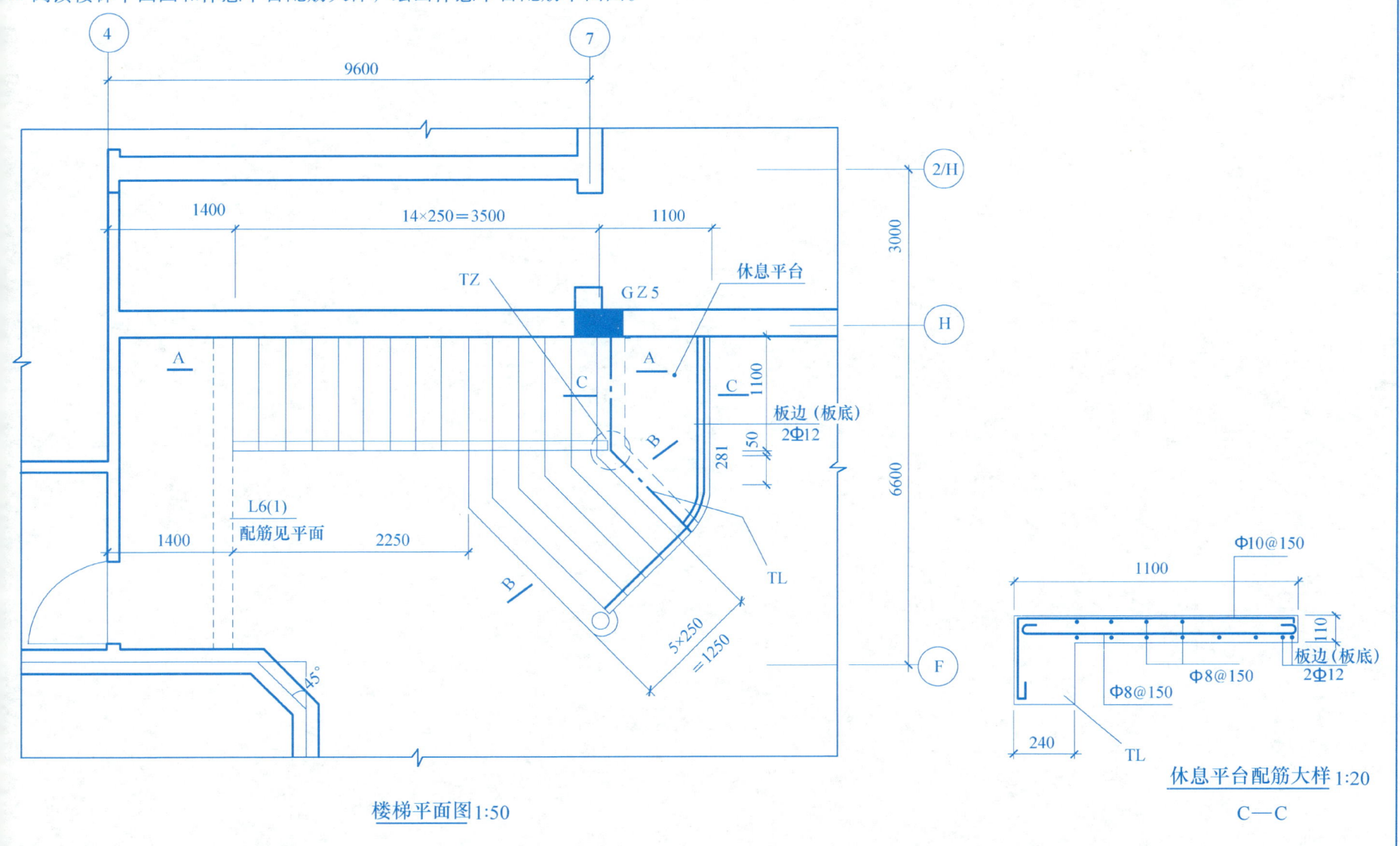

楼梯平面图 1:50

休息平台配筋大样 1:20
C—C

第8章 结构施工图

8-3 阅读某别墅结构施工图 班级   姓名   成绩

5. 阅读楼梯配筋图并在下页按要求的比例绘出。

(1)

A—A楼梯剖面图 1:30   B—B楼梯剖面图 1:30

第 8 章 结构施工图

8-3 阅读某别墅结构施工图

(2)

A—A 楼梯剖面图 1:30　　　　　　　　　　　B—B 楼梯剖面图 1:30

第 8 章 结构施工图

8-3 阅读某别墅结构施工图

班级　　　　姓名　　　　成绩

6. 根据钢筋混凝土梁的立面图，梁的断面为 240mm×600mm，画出 1-1 和 2-2 断面图及钢筋详图。

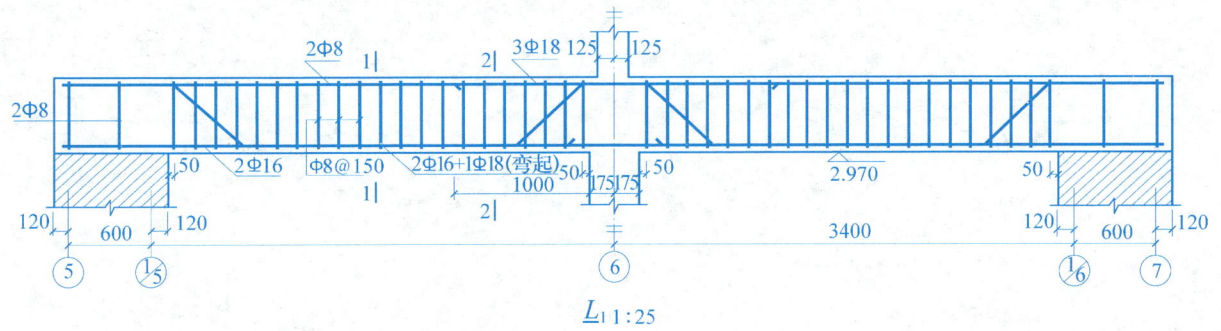

1—1断面图 1:20　　　　　　　2—2断面图 1:20

8-3 阅读某别墅结构施工图

班级　　　　姓名　　　　成绩

7. 阅读一层结构平面图,用 1:20 比例绘制 JL1、JL2、JL3 的断面图。

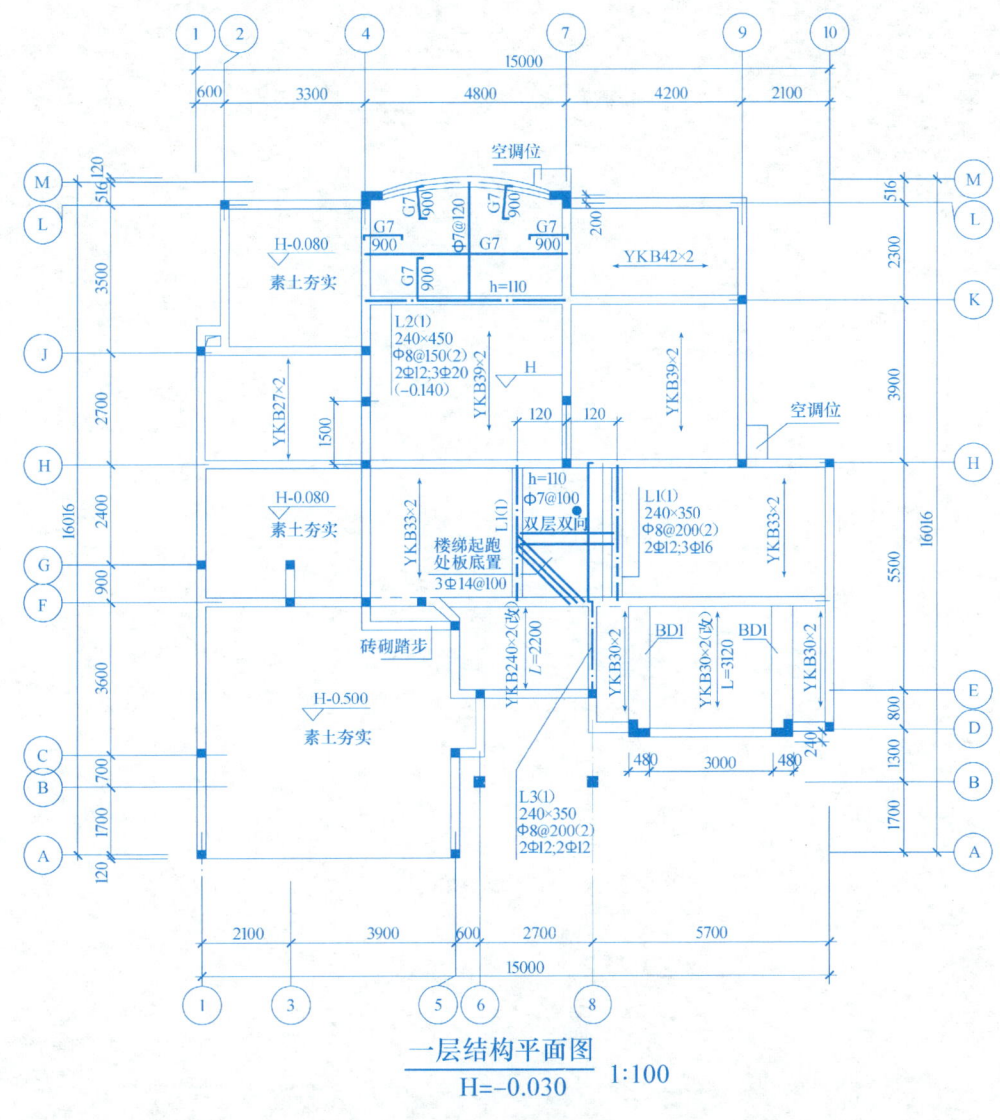

一层结构平面图 1:100
H=-0.030

第9章　给水排水施工图

9-1　问答填空　　　　　　　　　　　　　　　　　　　　　班级　　　　姓名　　　　成绩

1. 建筑给水排水工程图是表示建筑物内部各卫生器具、_____、_____及附件的_____、_____在建筑物中的_____及_____的图样。
2. 建筑给水排水工程图一般由室外给水排水工程图、_____、_____、_____、_____及施工总说明等组成。
3. 多层房屋的管道平面图原则上应_____绘制。但若楼层平面中管道布置相同，可绘制_____管道平面图。底层管道平面图均应_____绘出，屋面上的管道系统，可画在_____中，或另画_____。
4. 填写下列线型及画法（括弧内填写粗度）
   （1）给水管用_____表示，(　　)度；
   （2）污、废水管用_____表示，(　　)度；
   （3）管道立管用_____表示，其直径为(　　)，并在旁边标上立管代号，为_____。
5. 为了完整、全面地反映管道系统，可采用反映三维情况的_____来绘制管道系统图，一般采用_____。
6. 管内标高应标注_____标高，室外标高应标注_____标高。给水管应标注管_____标高，排水管应标注_____标高。
7. 说明下列图例的含义：

图例	名称	图例	名称	图例	名称
—J—		—⊘⊐		▭	
—W—		∽⌐		▭ ▫	
—T—		▷◁		▭	
不不不		▷◁—•		▭	
⊢		—•—⌐		○ ⌐	
—⊙▭⊏		⊠		○—▭	
↑ ⊙		⌓		▶	

9-2 作业指导：第七次作业　　　　班级　　　姓名　　　成绩

一、目的

要求学生熟练掌握室内给水排水平面图及系统图的画法。

二、要求

1. 仔细阅读该住宅楼室内给水排水平面图及系统图，弄清给水排水管道的平面布置及管道的连接情况；

2. 图纸：3号图幅；

3. 比例：1∶100；

4. 图线：要求粗、中、细各线宽度分明；

5. 字体：汉字用仿宋体，书写端正整齐，尺寸标注无误，图面整洁。

三、给水排水平面图绘图步骤

1. 先绘制定位轴线；

2. 画墙线；

3. 画门窗洞口位置；

4. 画给水及排水管道；

5. 标注尺寸。

四、完成内容

1. 抄绘储藏室给水排水平面图；

2. 抄绘给水系统图。

第 9 章 给水排水施工图

9-3 阅读某住宅给水排水施工图   班级   姓名   成绩

1. 储藏室给水排水平面图。

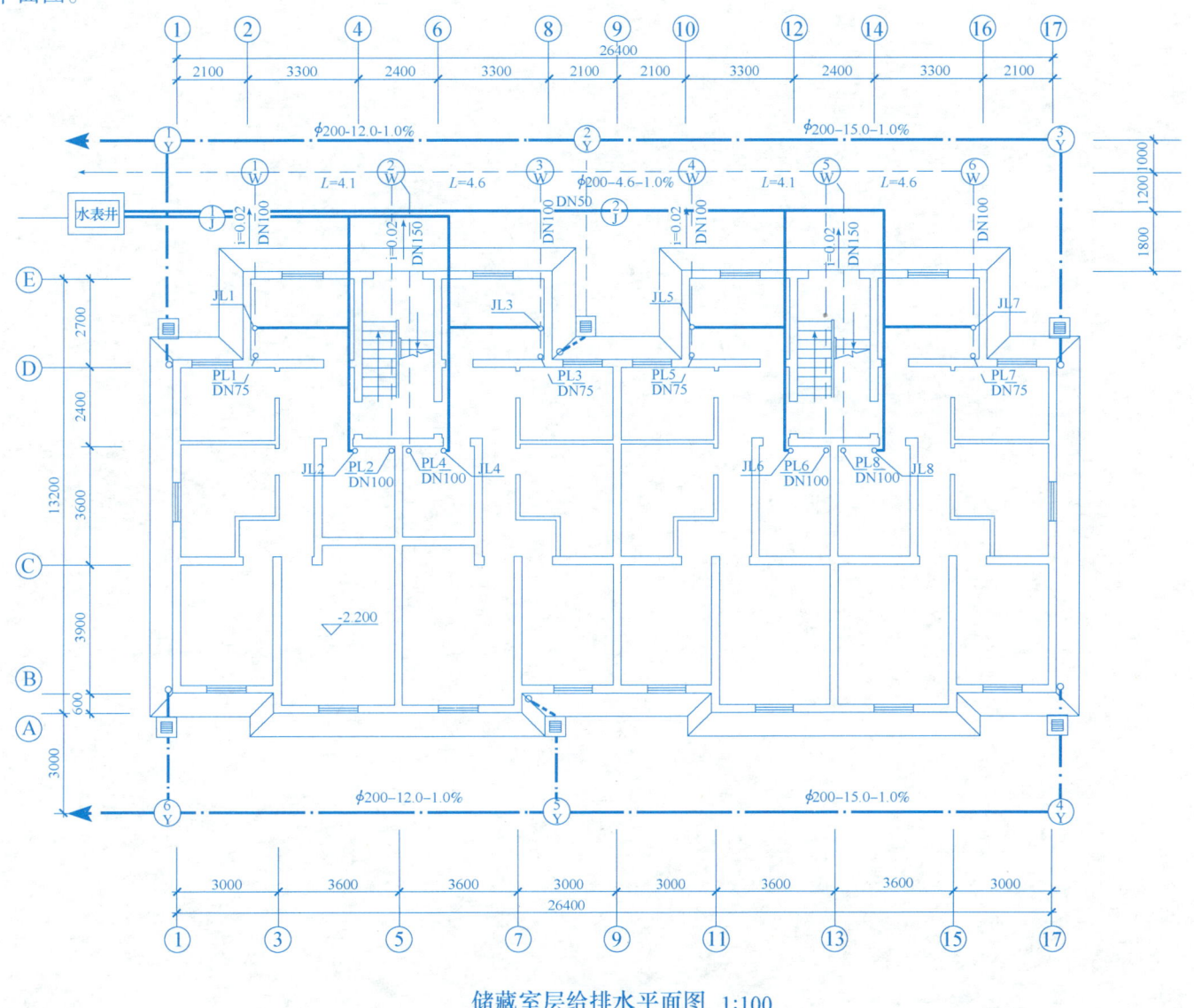

储藏室层给排水平面图 1:100

9-3 阅读某住宅给水排水施工图　　　　　　　　班级　　　　姓名　　　　成绩

2. 阅读某住宅给水系统图。

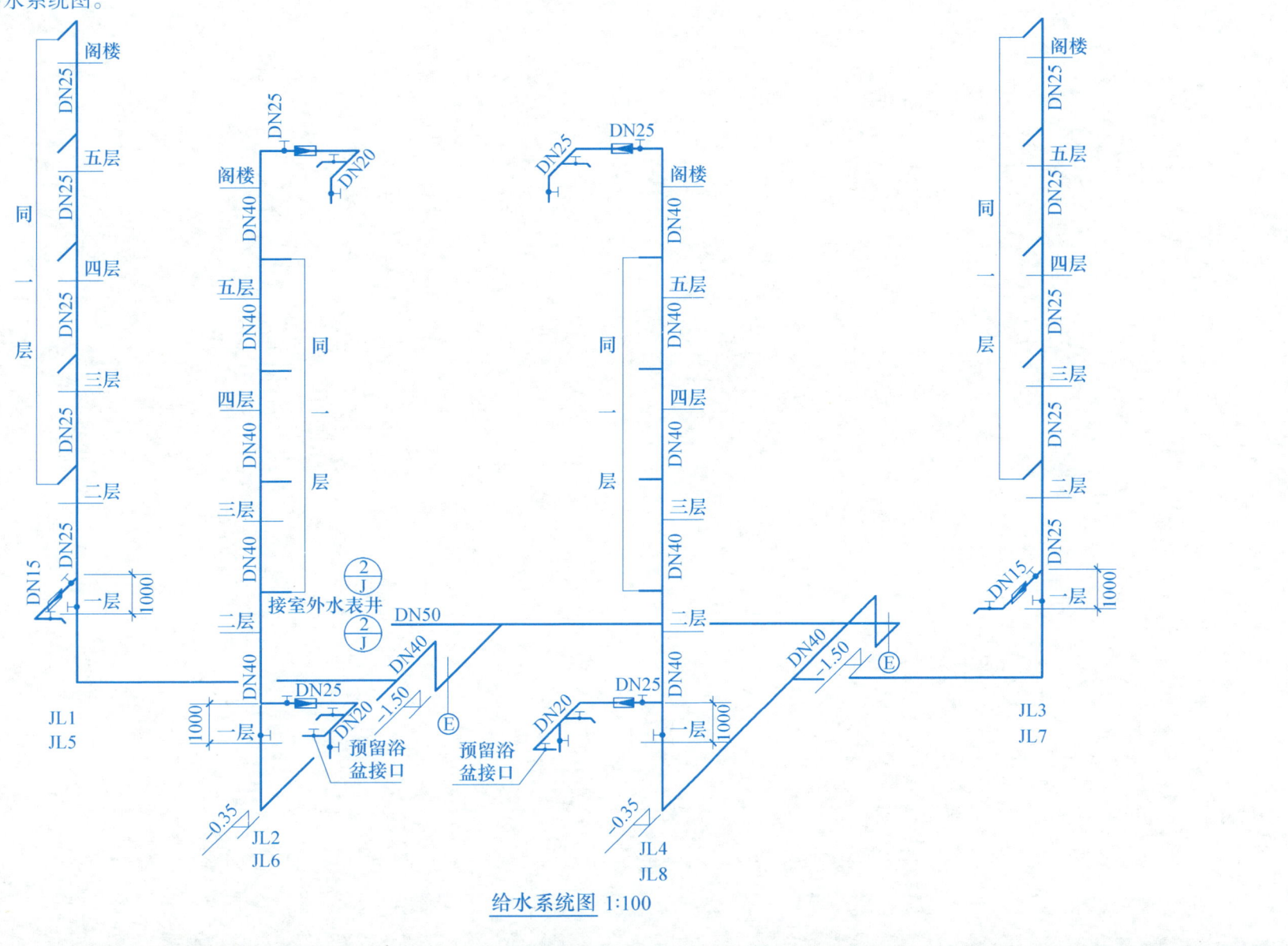

给水系统图 1:100

9-3 阅读某住宅给水排水施工图

班级　　　姓名　　　成绩

3. 阅读一～五层给水排水平面图。

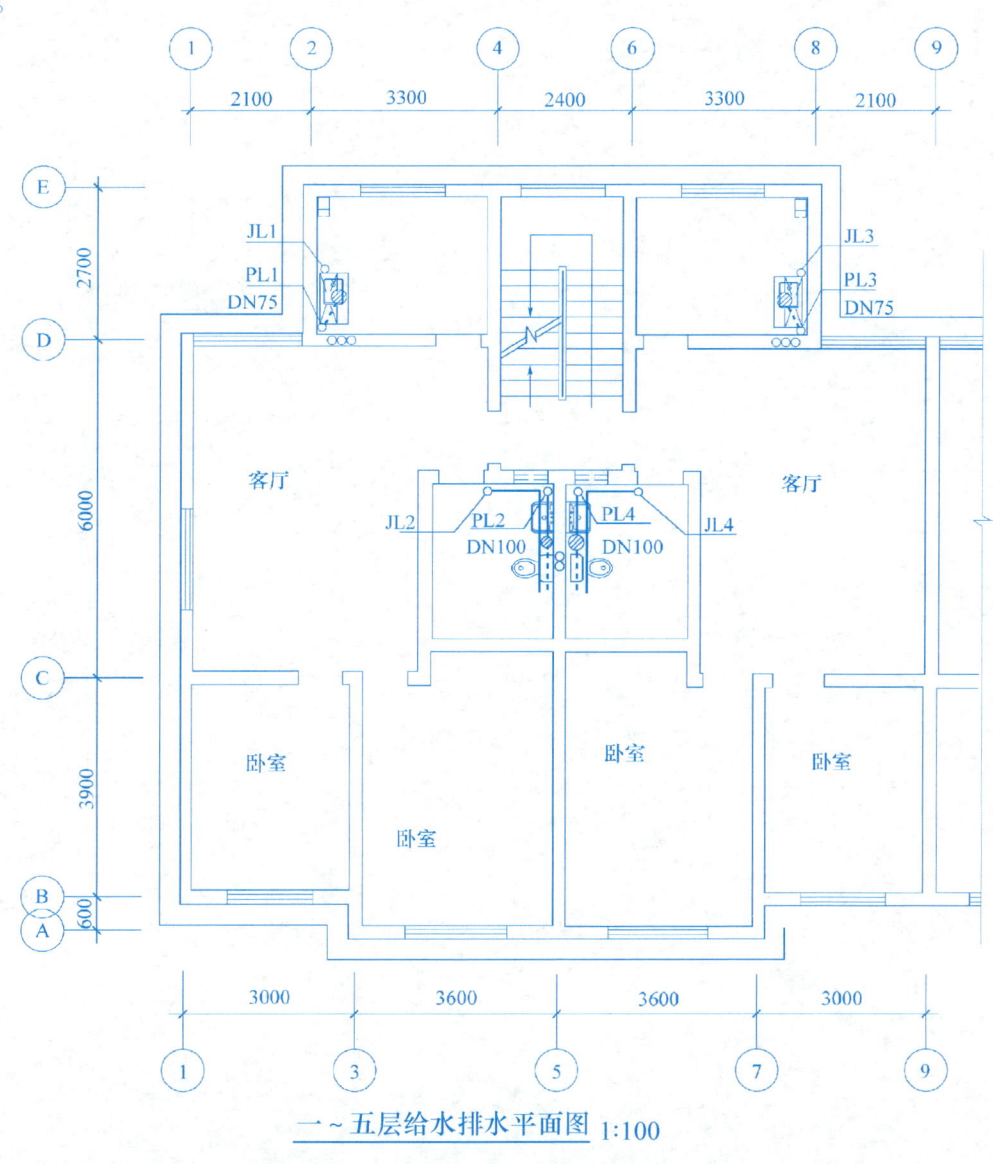

一～五层给水排水平面图 1:100

第 9 章 给水排水施工图

9-3 阅读某住宅给水排水施工图   班级   姓名   成绩

4. 阅读阁楼层给水排水平面图。

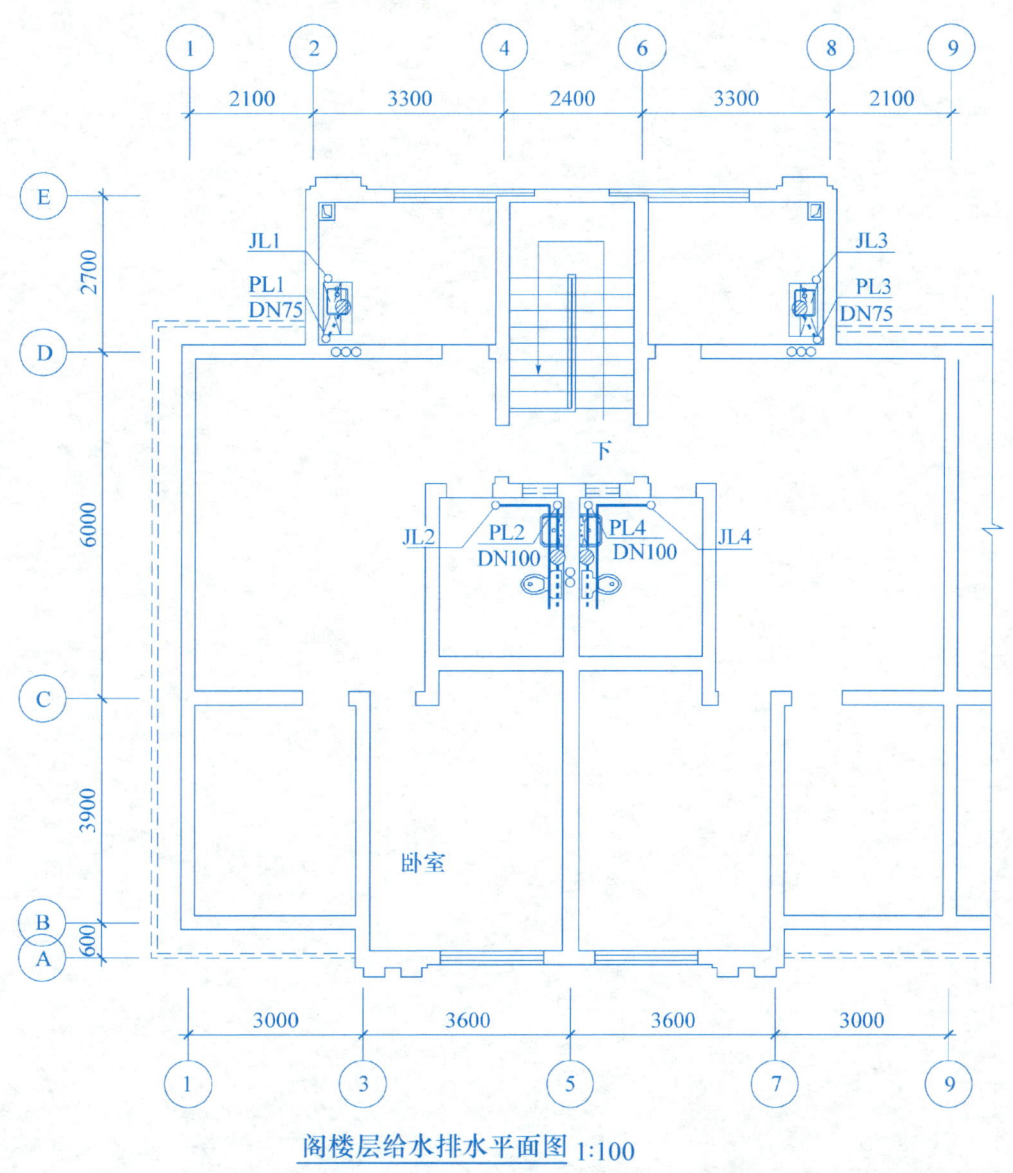

阁楼层给水排水平面图 1:100

第9章 给水排水施工图

9-3 阅读某住宅给水排水施工图

班级　　　姓名　　　成绩

5. 阅读该住宅楼排水系统图。

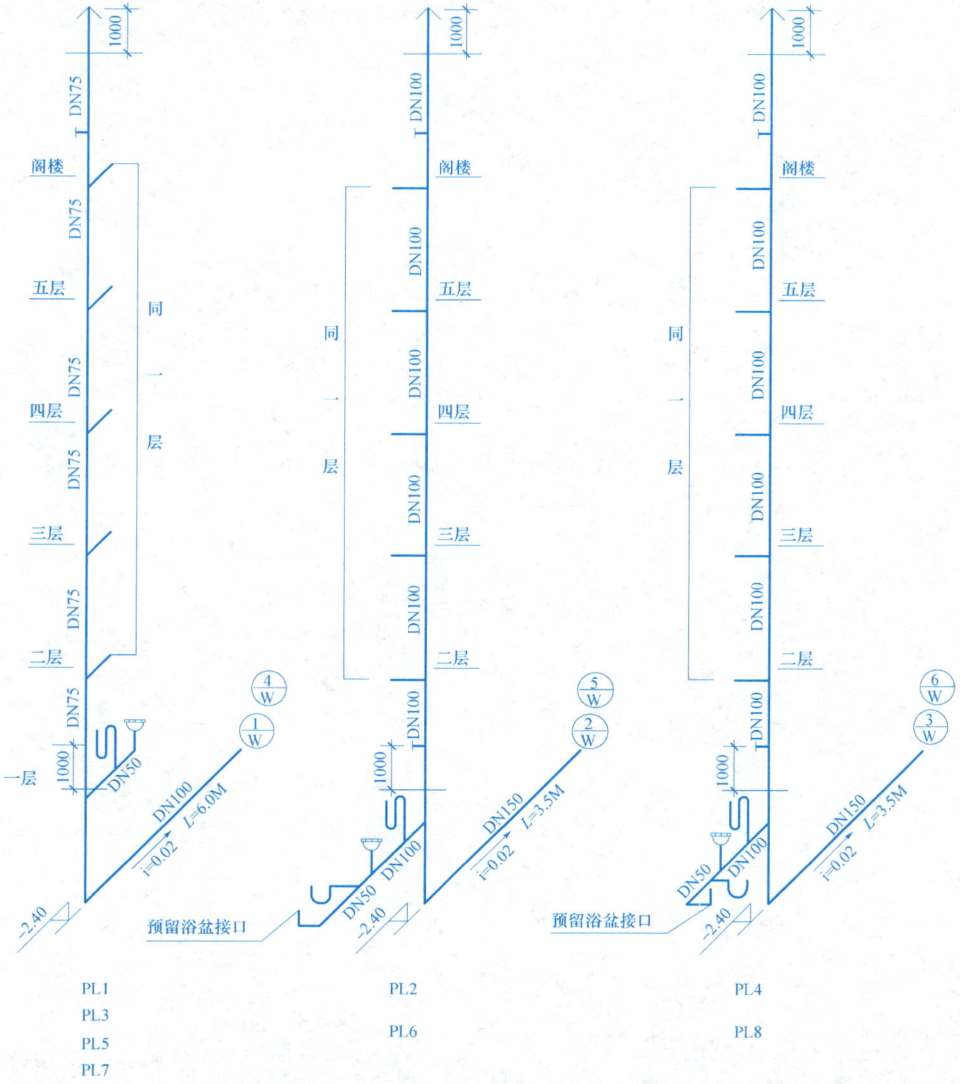

排水系统图 1:100

PL1
PL3
PL5
PL7

PL2
PL6

PL4
PL8

6. 由正立面图和平面图画出水箱管道的管道系统图。

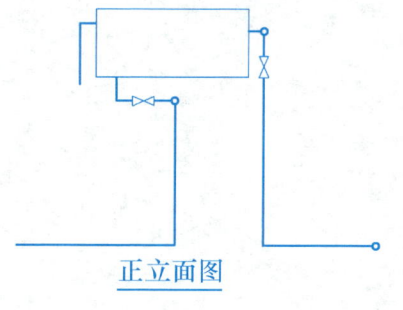

正立面图

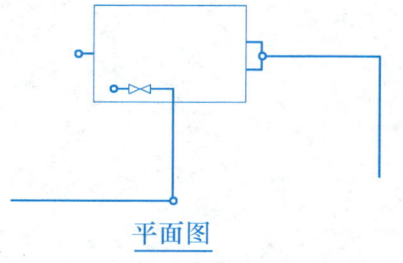

平面图

第10章 建筑透视图

10-1 作点和直线的透视图

1. 在直观图和投影图中求点 A 的透视 $A°$ 与基透视 $a°$。

2. 画面垂直线 AB 距基面 55mm，水平线 CD 距基面 50mm，求这两条直线的透视与基透视。

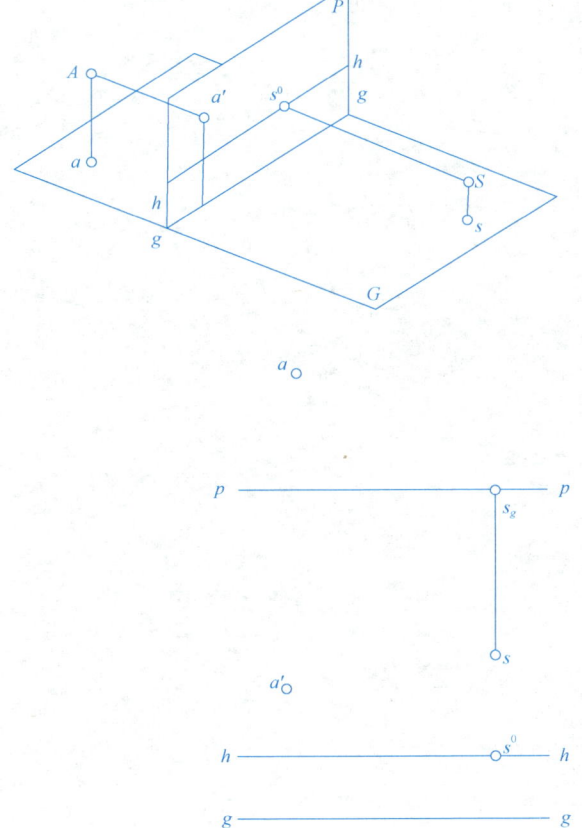

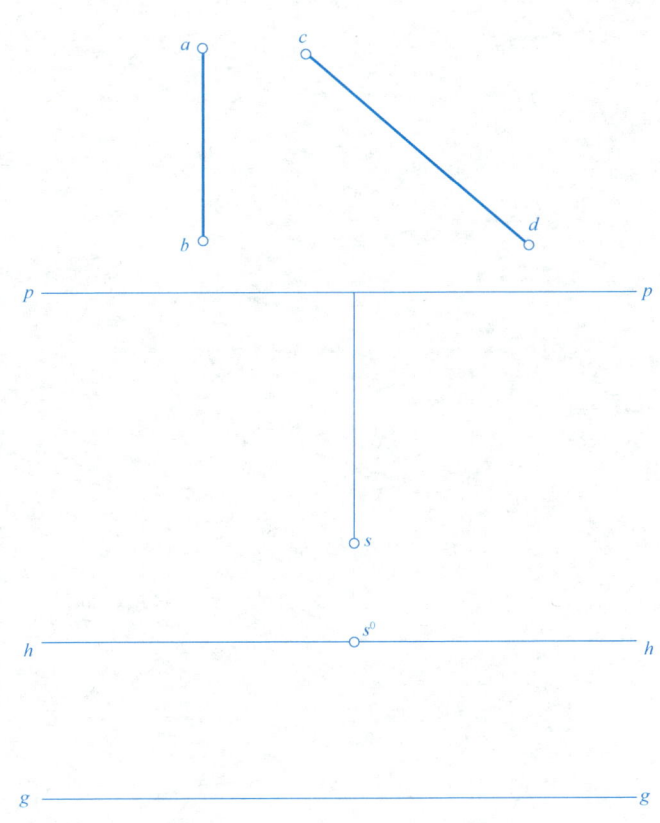

第10章 建筑透视图

10-2 作平面的透视图

1. 画面平行线 AB 对基面倾斜 30°，A 端高为 40mm；铅垂线 CD 长度为 45mm，下端点 B 在基面上，求这两条直线的透视与基透视。

2. 在三个不同高度的基面上以同一站点和视平线画出同一平面图形的三个基透视。

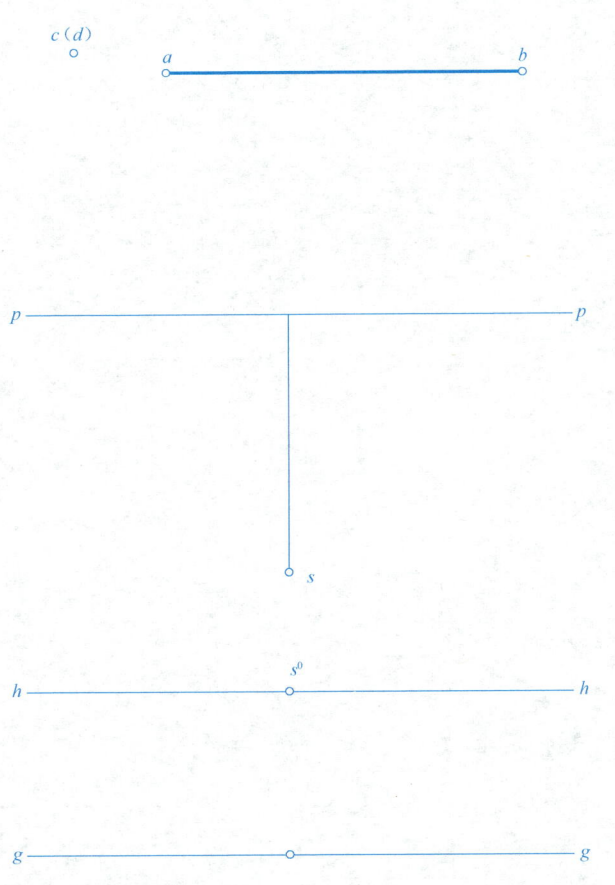

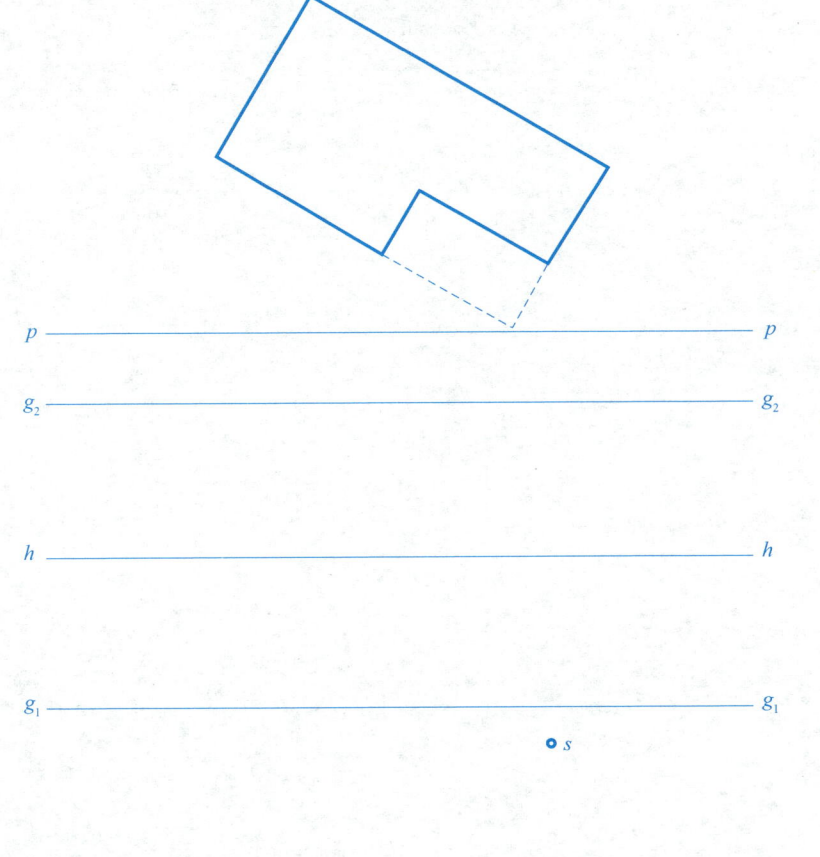

第 10 章 建筑透视图

10-3 作建筑形体的透视图

班级　　　　姓名　　　　成绩

1. 求作基面上平面图形的基透视。

2. 求作立体的透视图。

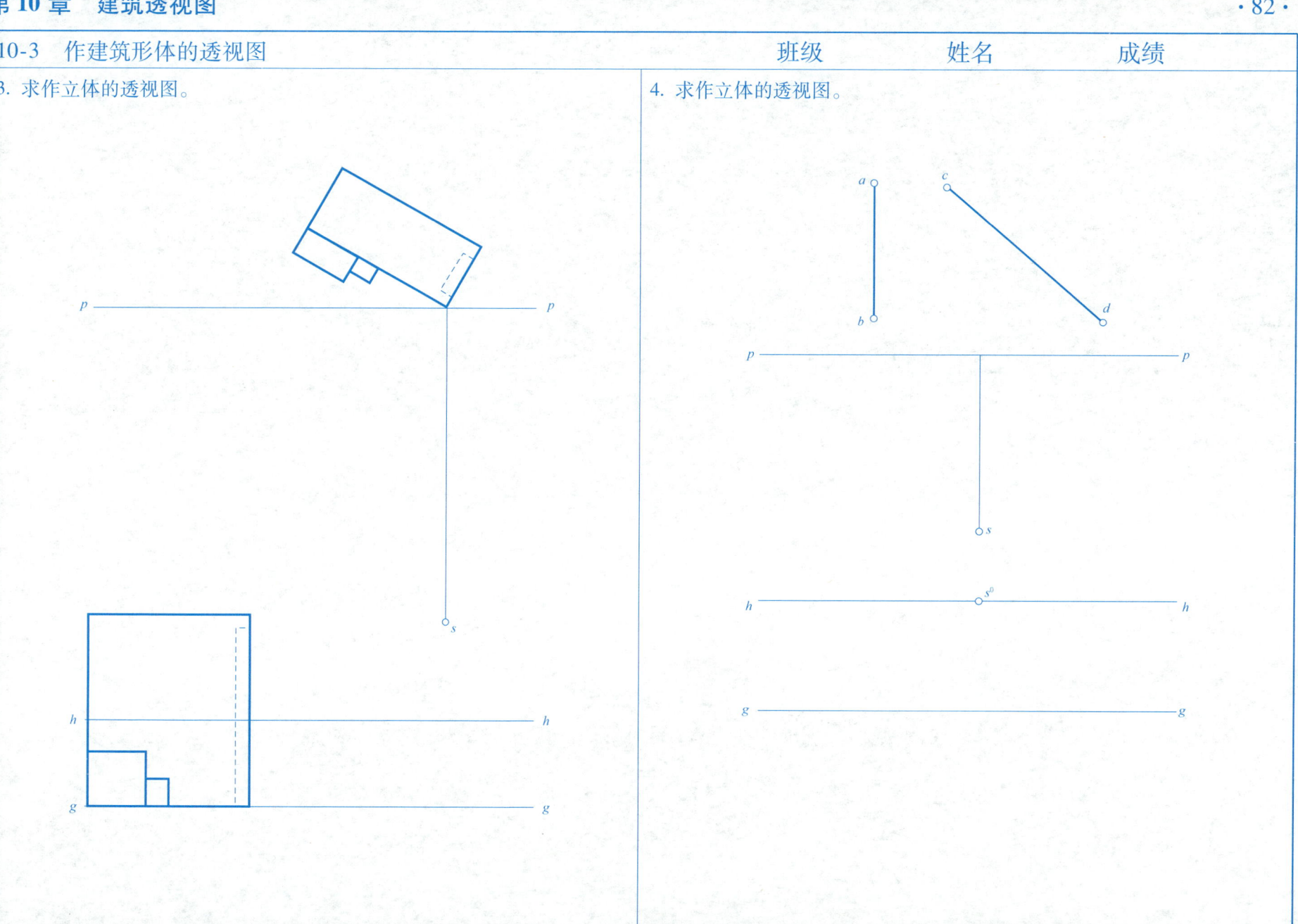

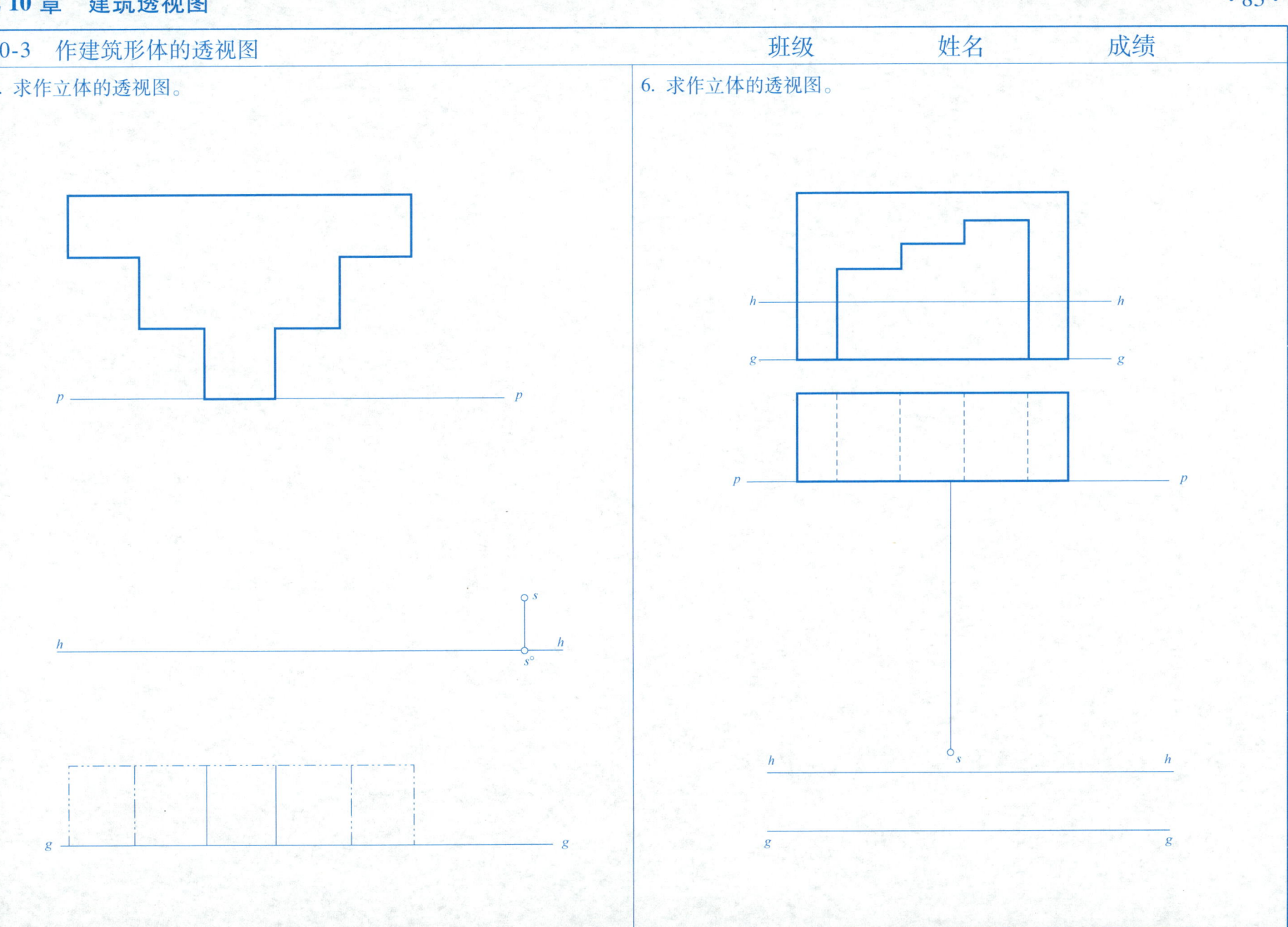

第 10 章 建筑透视图

10-3 作建筑形体的透视图   班级   姓名   成绩

7. 求作台阶的透视图。

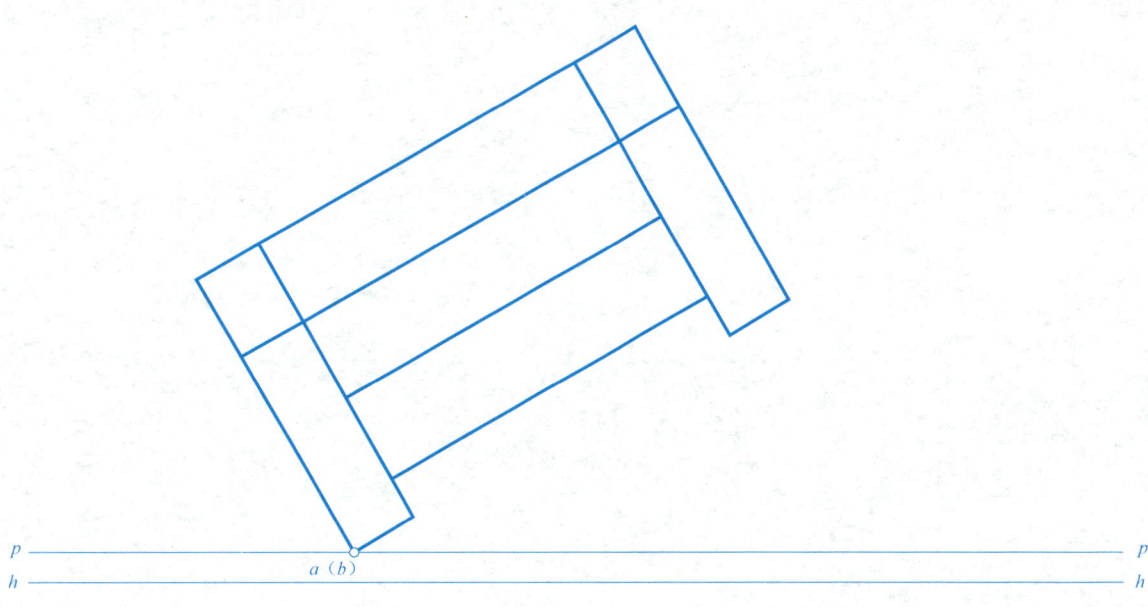

第 10 章 建筑透视图

10-3 作建筑形体的透视图　　班级　　姓名　　成绩

8. 求作形体的透视图。

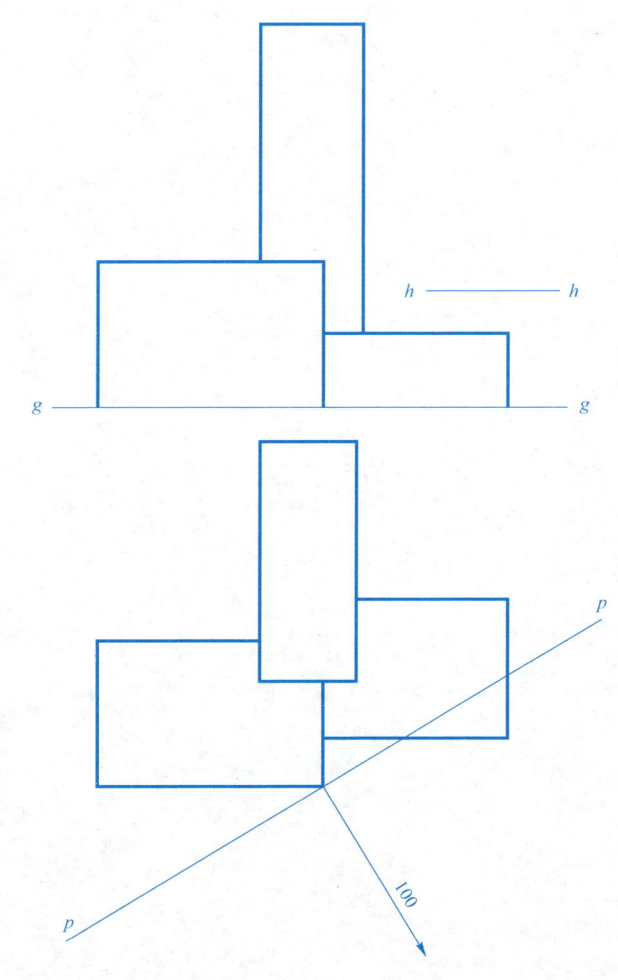

第 10 章 建筑透视图

10-3 作建筑形体的透视图

9. 求作窗洞和窗台的透视图。

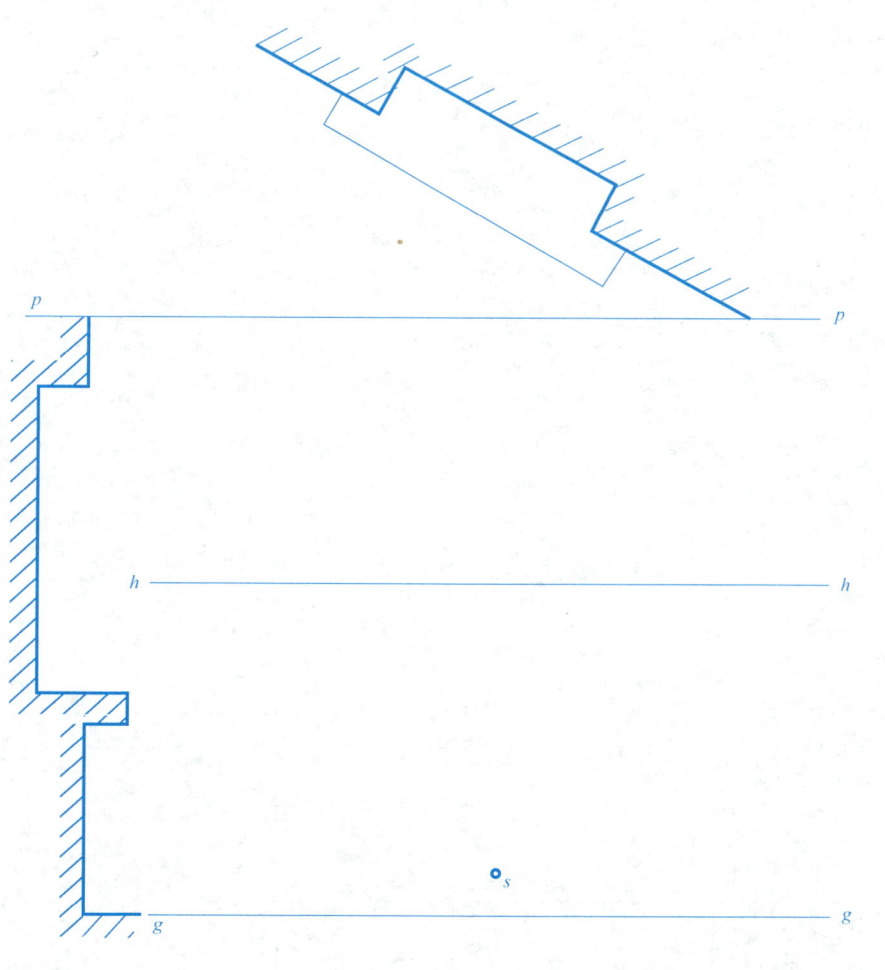

10. 放大一倍，在 A3 图纸上用距点法作形体的一点透视图。

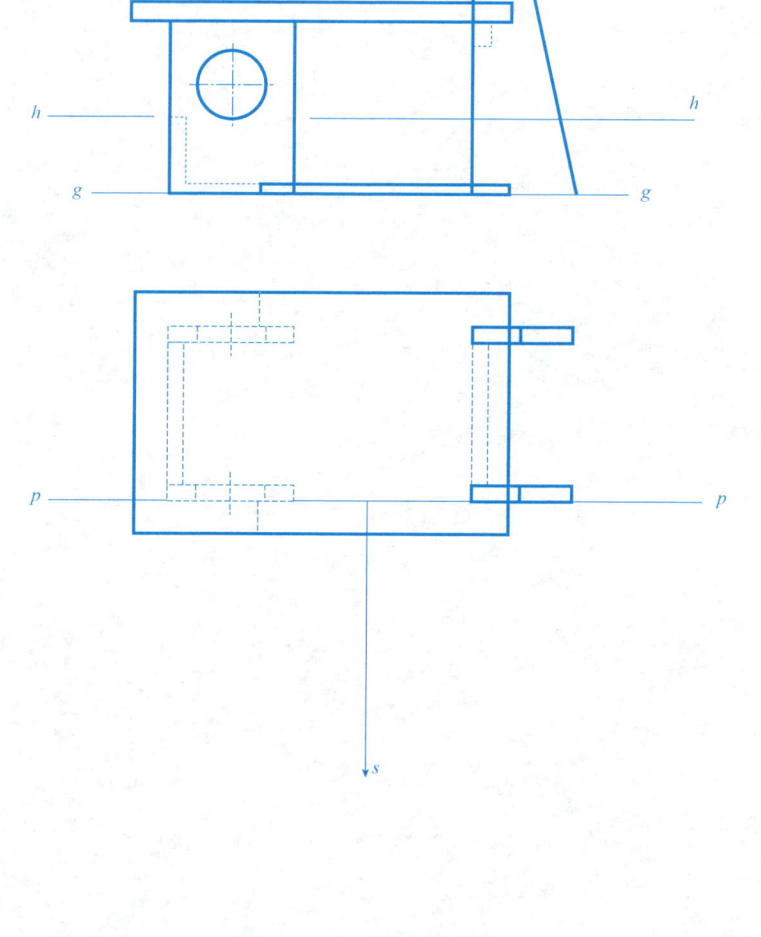

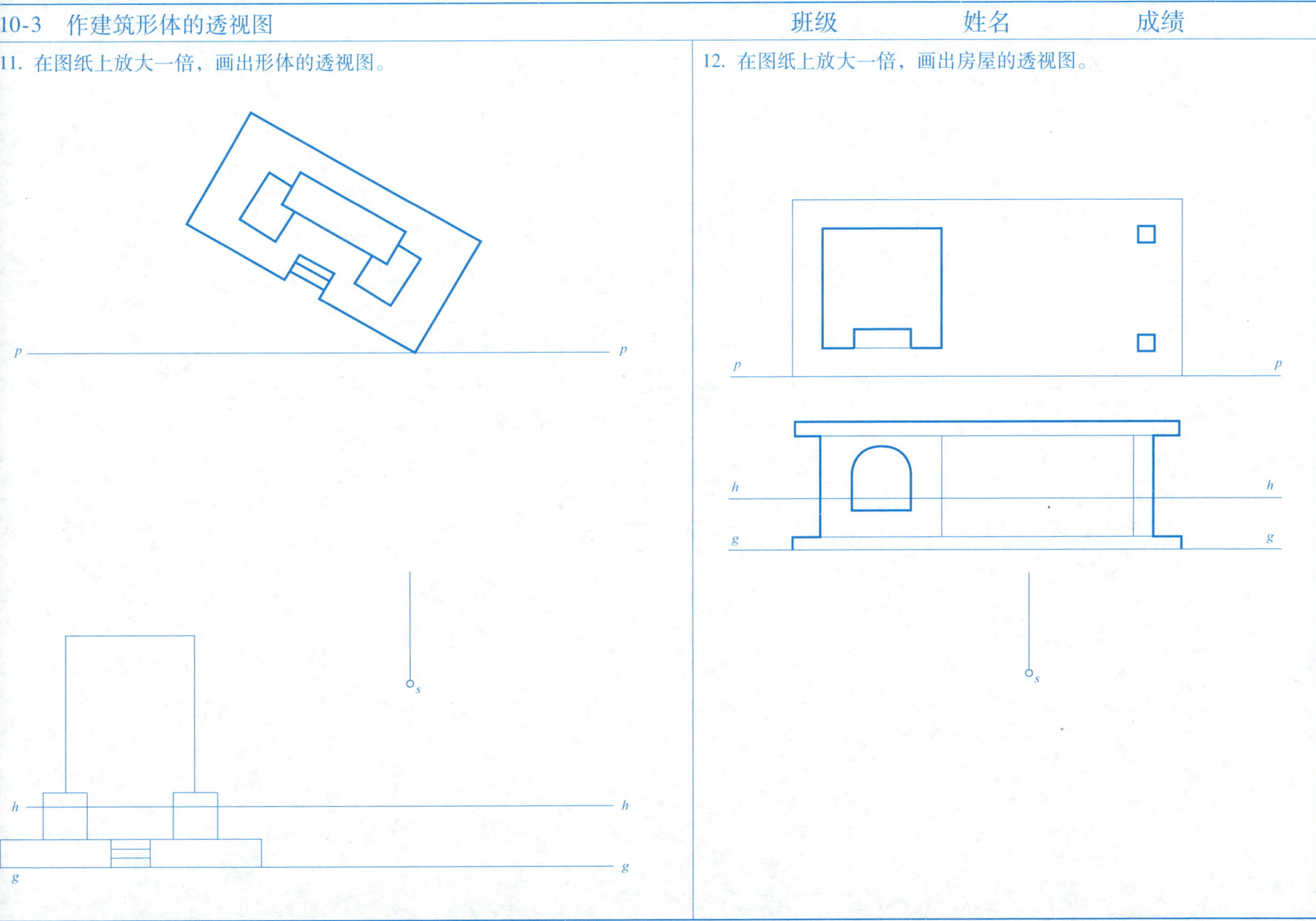

第 10 章 建筑透视图

10-3 作建筑形体的透视图

班级　　　　姓名　　　　成绩

13. 在图纸上放大一倍，画出大厅的透视图。

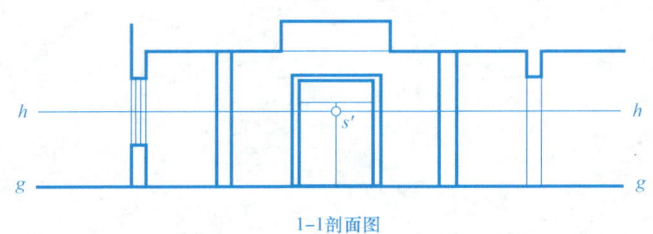

1-1剖面图

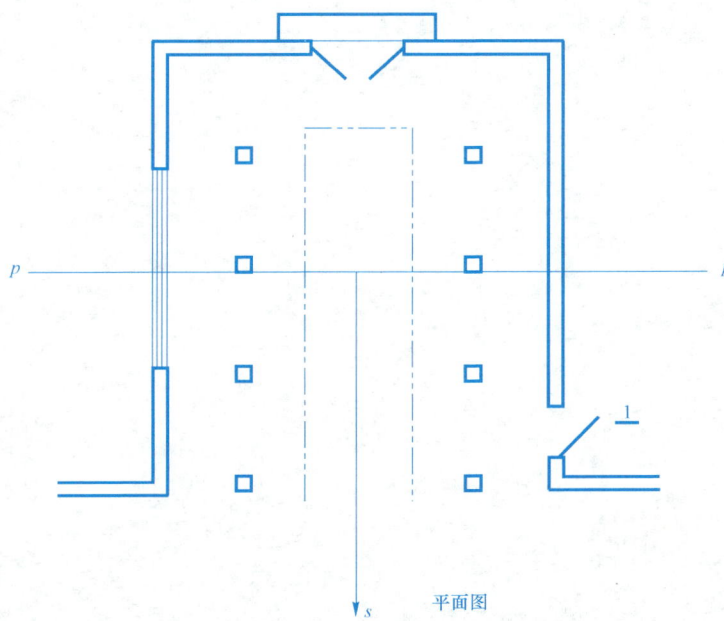

平面图

14. 在 A3 图纸上作建筑立面上圆拱门、圆拱窗的两点透视。

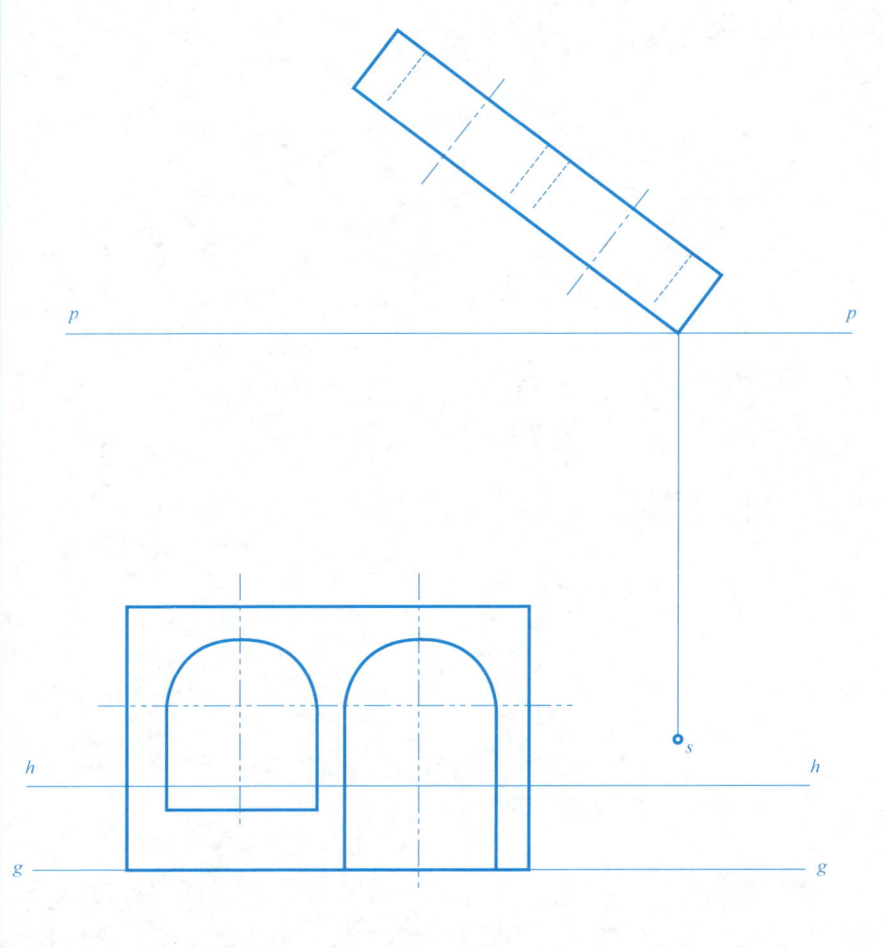

第 11 章　建筑阴影

11-1　作点和直线的阴影　　　　班级　　　姓名　　　成绩

1. 求点 A 在投影面上的落影。

2. 求点 B 在 Q 面上的落影。

3. 求直线 AB 在投影面上的落影。

4. 求直线 EF 在投影面上的落影。

第11章 建筑阴影

11-1 作点和直线的阴影

班级　　　　姓名　　　　成绩

5. 求直线 CD 的落影。

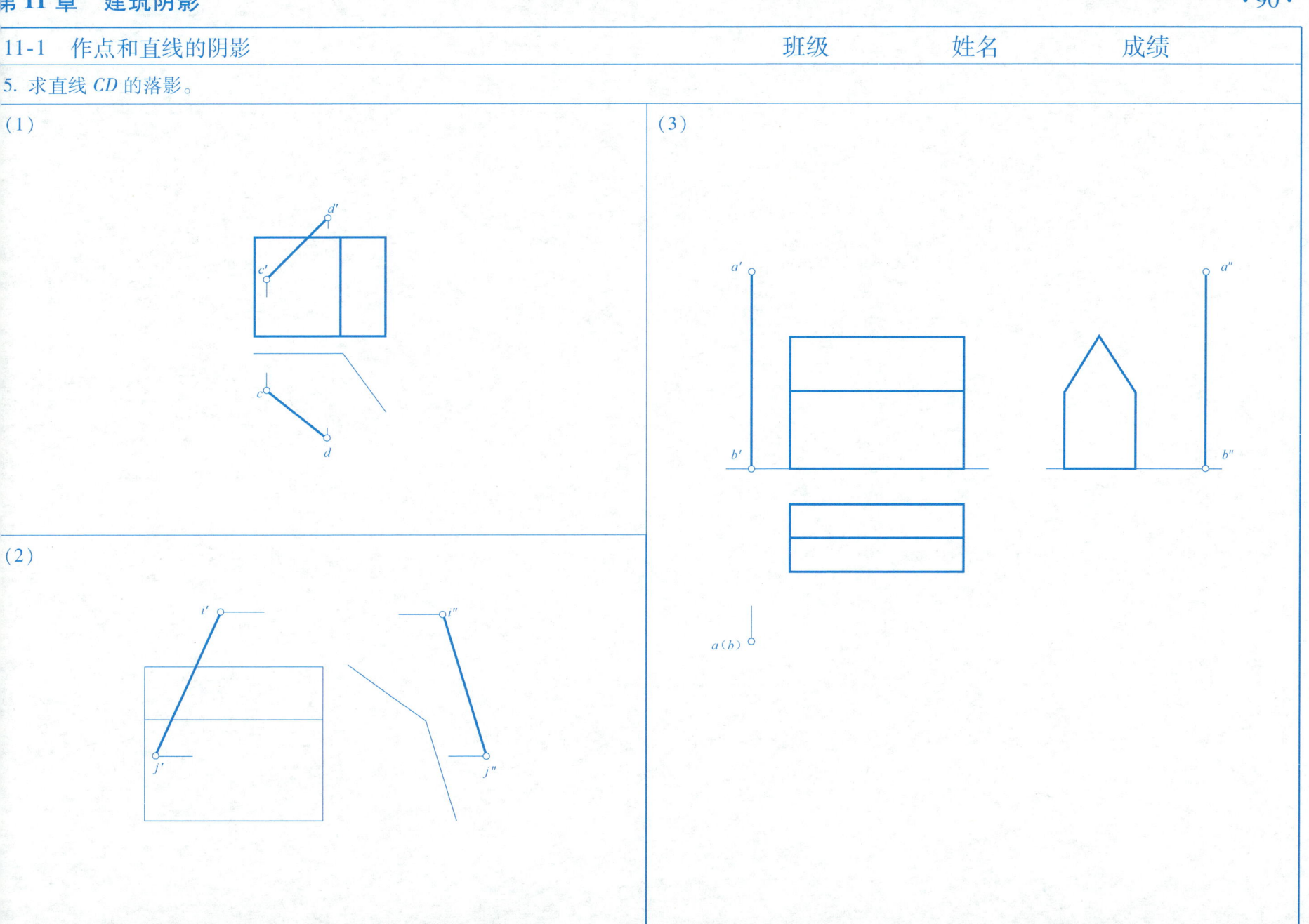

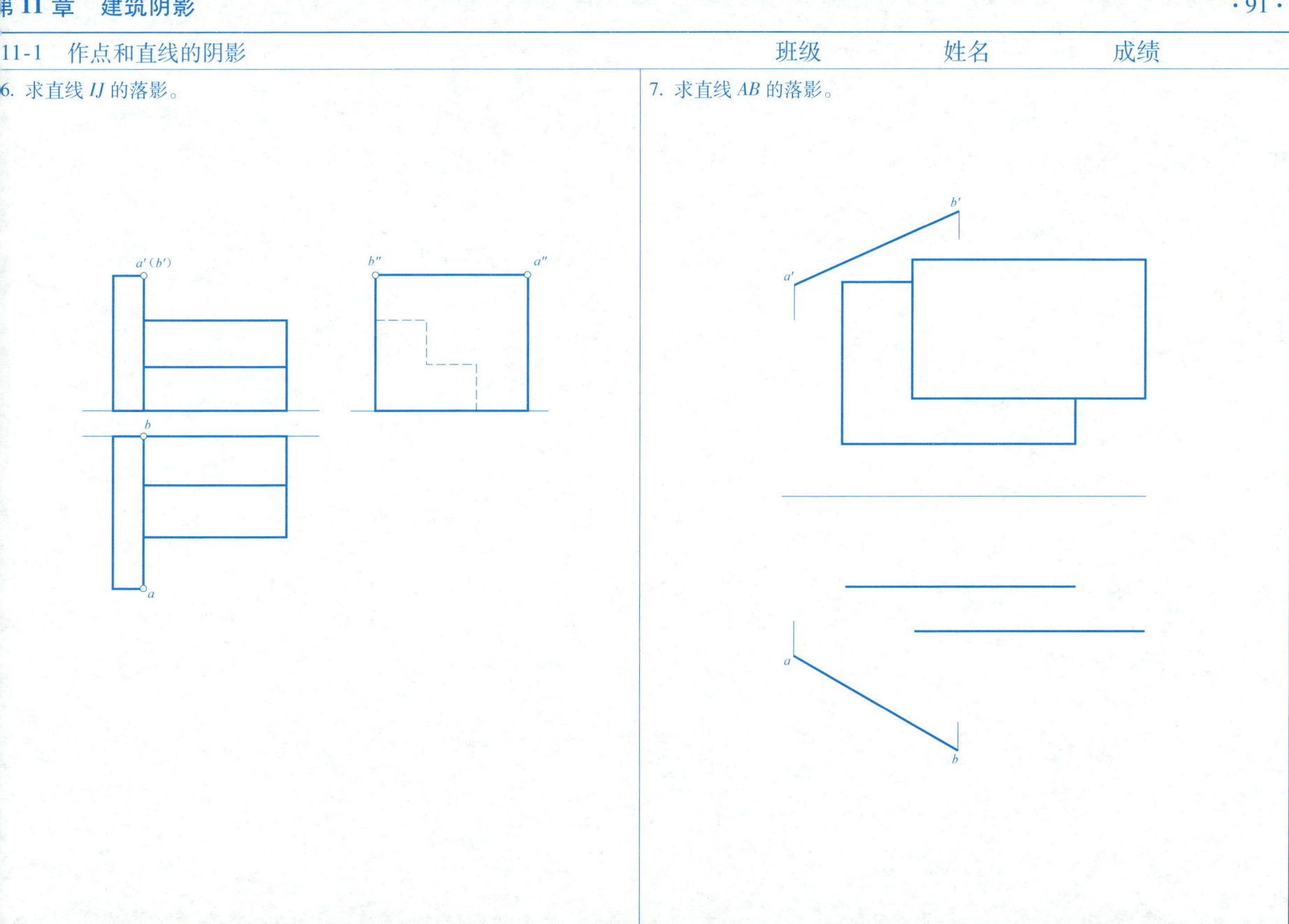

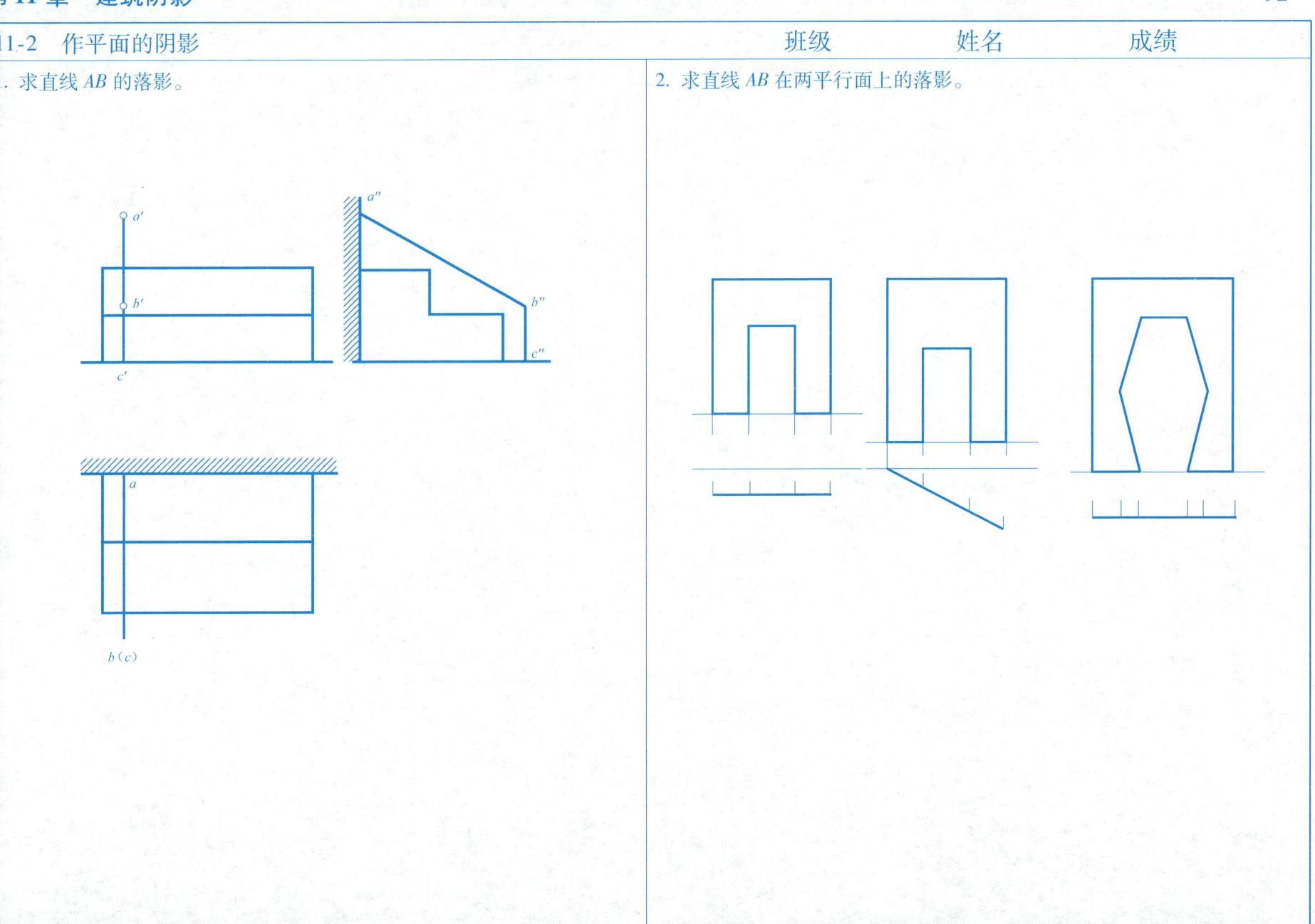

第 11 章 建筑阴影

11-2 作平面的阴影

班级　　　姓名　　　成绩

3. 求线段 ABC 的落影。

4. 求平面图形在投影面上的落影。

第 11 章 建筑阴影

11-3 作建筑形体的阴影

班级　　　姓名　　　成绩

1. 求平面图形在投影面上的落影。

第11章 建筑阴影

11-3 作建筑形体的阴影　　　　班级　　姓名　　成绩

(7)

(8)

(9)

(10)

第 11 章 建筑阴影

11-3 作建筑形体的阴影

班级　　　姓名　　　成绩

2. 求窗洞的阴影

(1)

(2)

(3)

(4)

第 11 章 建筑阴影

11-3 作建筑形体的阴影   班级   姓名   成绩

(5)

(6)

(7)

第 11 章 建筑阴影

11-3 作建筑形体的阴影   班级   姓名   成绩

3. 求立体的阴影。

(1)

(2)

第 11 章 建筑阴影

11-3 作建筑形体的阴影

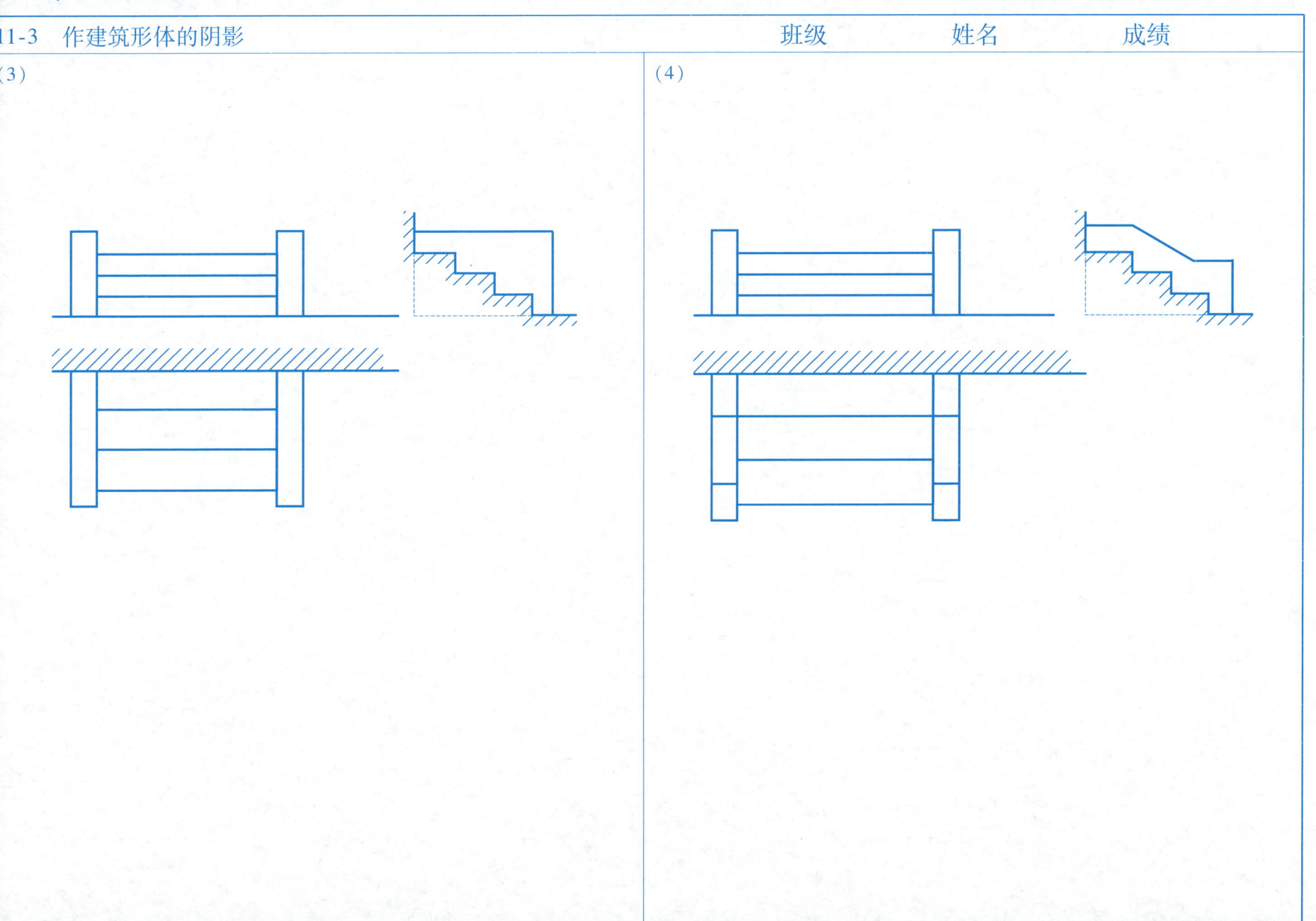

第 11 章 建筑阴影

11-3 作建筑形体的阴影

班级　　　姓名　　　成绩

4. 求台阶的阴影。

(1) 求台阶的阴影。

(2) 求台阶的阴影。

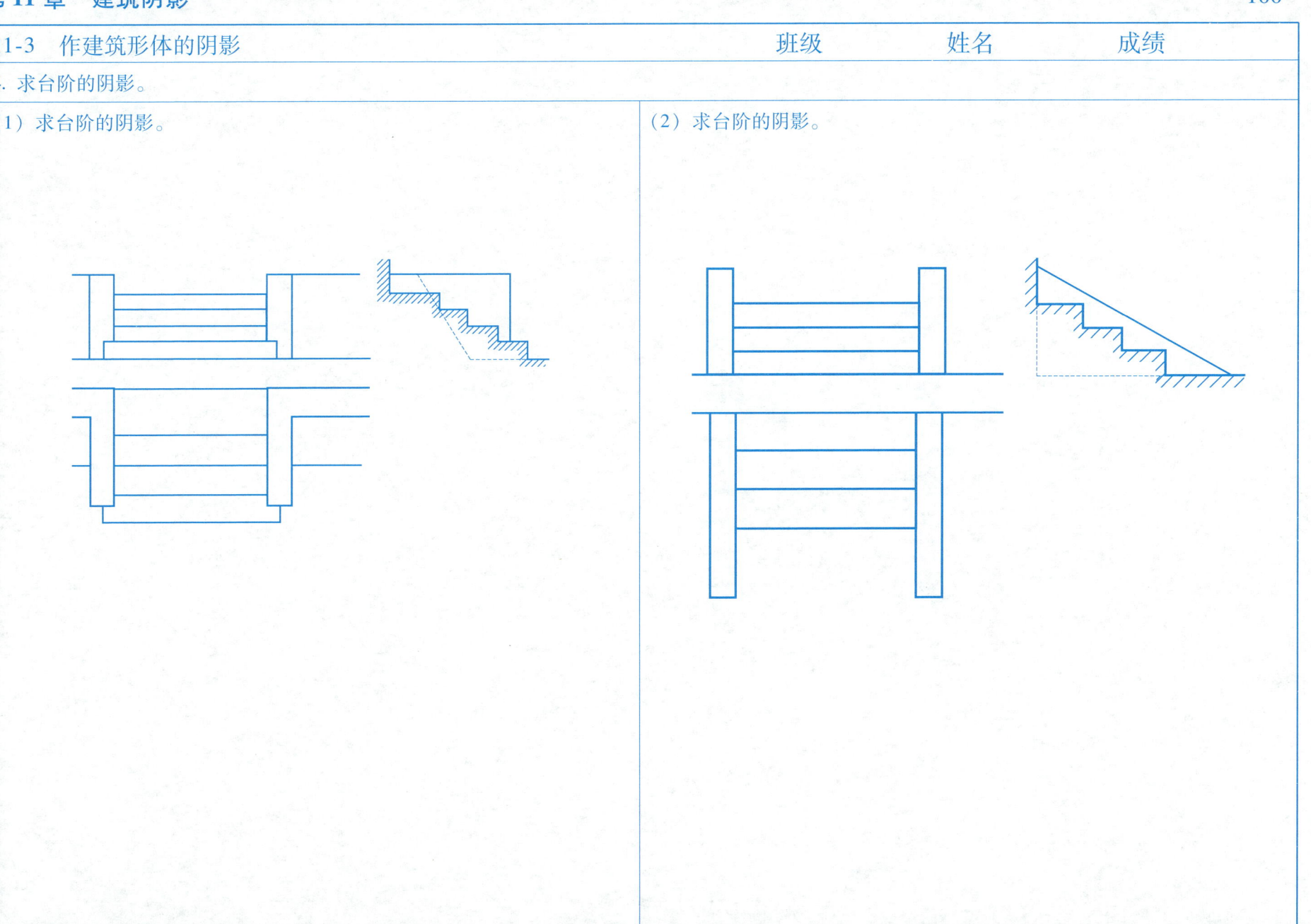

第 11 章 建筑阴影

11-3 作建筑形体的阴影

(3) 求坡屋面及烟筒在房屋上的阴影。

(4) 求烟筒在屋面上的阴影。

第 11 章 建筑阴影

11-3 作建筑形体的阴影　　　　　　　　　　班级　　　　姓名　　　　成绩

5. 求建筑形体阴影。

（1）求房屋立面的阴影。

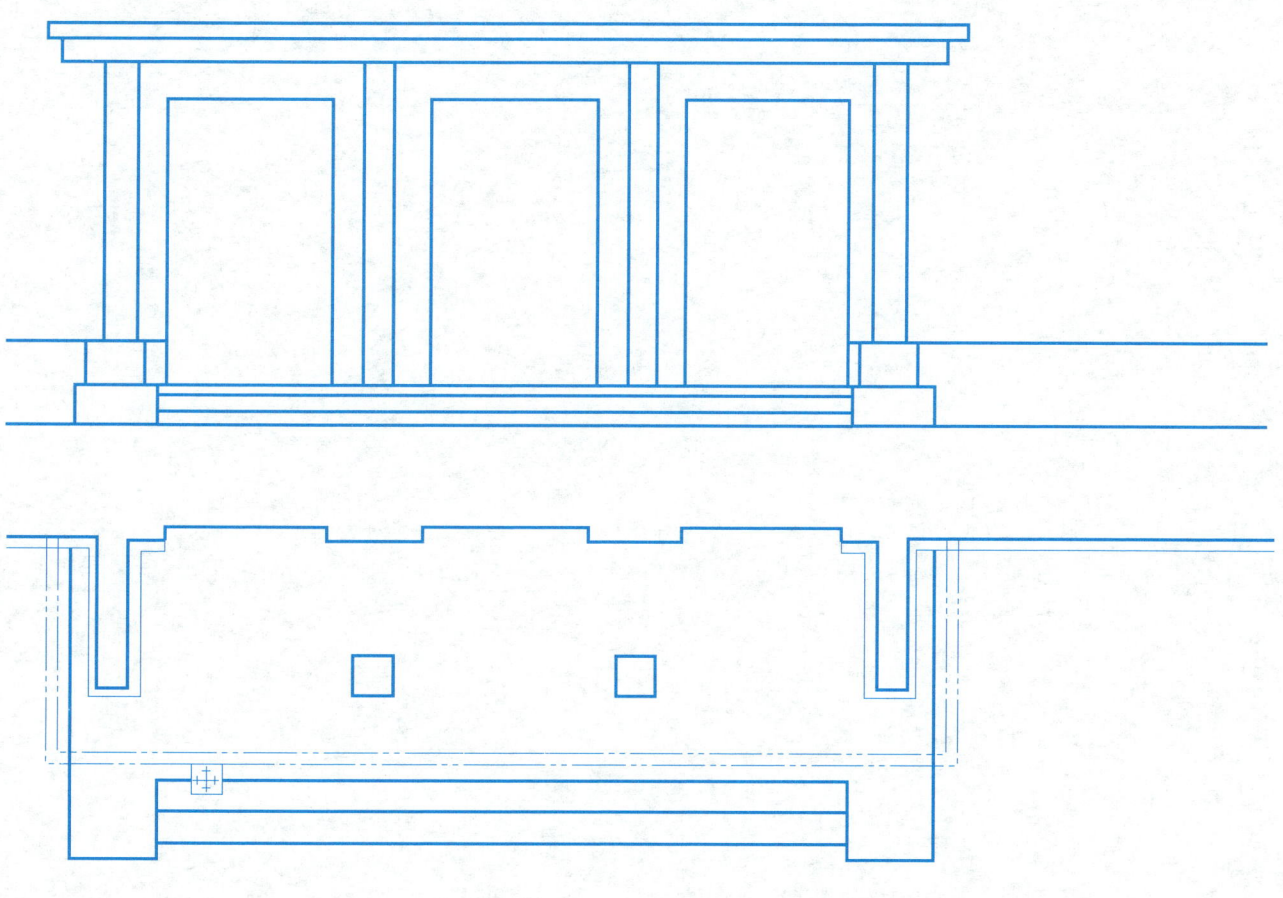

第 11 章 建筑阴影

11-3 作建筑形体的阴影   班级   姓名   成绩

（2）求房屋立面的阴影。

第 11 章 建筑阴影

11-3 作建筑形体的阴影　　　　　　　班级　　　姓名　　　成绩

（3）求房屋立面的阴影。

第 11 章　建筑阴影

11-3　作建筑形体的阴影　　　　　　　　　　　　　　班级　　　　姓名　　　　成绩

6. 求曲面组合体阴影。

(1)

(2)

11-3 作建筑形体的阴影

(3)

(4)

第 11 章 建筑阴影

11-3 作建筑形体的阴影　　　　班级　　　姓名　　　成绩

（5）求曲面组合体阴影。

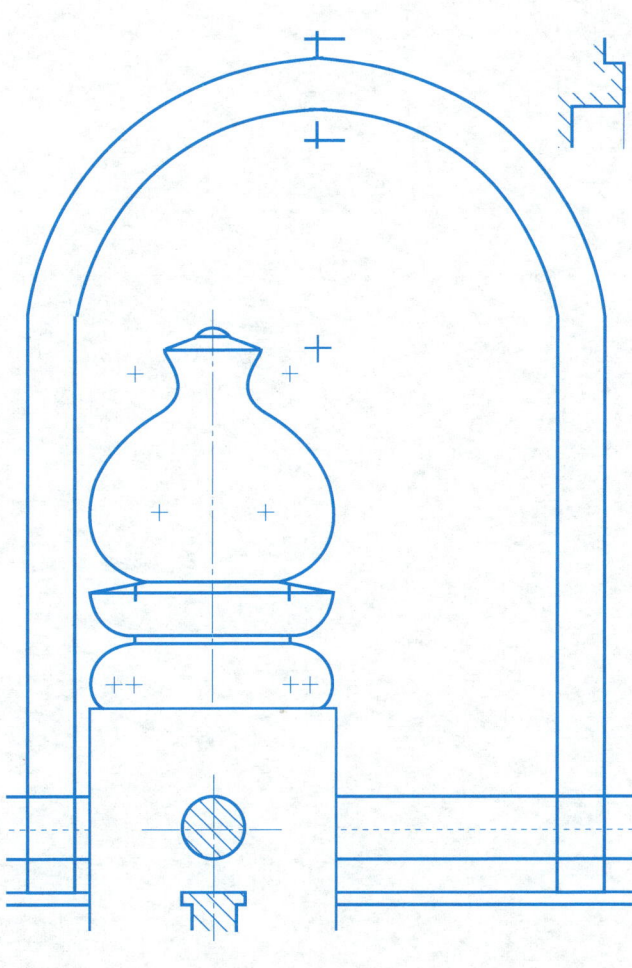

建筑制图与阴影透视

（含习题集）

张效伟 李海宁 邵景玲 编著

中国建材工业出版社

图书在版编目（CIP）数据

建筑制图与阴影透视：含习题集 / 张效伟，李海宁，邵景玲编著. —北京：中国建材工业出版社，2010.8（2024.8重印）

ISBN 978-7-80227-810-3

Ⅰ. ①建… Ⅱ. ①张… ②李… ③邵… Ⅲ. ①建筑制图—透视投影—高等学校—教材 Ⅳ. TU204

中国版本图书馆 CIP 数据核字（2010）第 130156 号

内 容 简 介

本书为土木建筑工程类专业以及艺术设计专业"建筑制图及阴影透视"课程编写。主要内容包括画法几何、建筑制图、阴影透视三部分。它具有如下特点：理论够用为主旨，突出实践及应用；图文并重叙述，便于读者理解；顺应社会发展需要，增加钢筋混凝土结构施工图平面整体表现方法内容；增加阴影透视章节，增强学生绘图技能训练，配套习题集，可配合教学使用。

本书可作为本科、高职教育、成人教育类培训学校相关专业教学用书，也可作为各类土建类专业技术人员参考。

建筑制图与阴影透视（含习题集）

张效伟　李海宁　邵景玲　编著

出版发行：中NB建材工业出版社

地　　址：北京市西城区白纸坊东街 2 号院 6 号楼

邮　　编：100054

经　　销：全国各地新华书店

印　　刷：北京雁林吉兆印刷有限公司

开　　本：787mm×1092mm 1/16（横 1/16）

印　　张：29.75

字　　数：568 千字

版　　次：2010 年 8 月第 1 版

印　　次：2024 年 8 月第 7 次

书　　号：ISBN 978-7-80227-810-3

定　　价：**69.00 元**（含习题集）

本社网址：www.jccbs.com　　微信公众号：zgjcgycbs

本书如有印装质量问题，由我社事业发展中心负责调换，联系电话：(010) 63567692

前 言

《建筑制图与阴影透视》是土木建筑类及艺术设计类专业的一门重要的专业技术基础课。本教材是在总结多所院校"建筑工程制图"和"阴影透视图"教学经验的基础上，着简明实用的原则编写而成。本教材与《建筑制图与阴影透视习题集》配套使用。

本书主要内容包括画法几何、建筑制图、阴影透视三部分。突破了建筑制图和阴影透视各自独立的学科框架，将两者有机融合，相得益彰。

本书的主要特点：

1. 图文并茂。多以图和表的形式说明绘图步骤及方法，使读者一目了然。
2. 简明实用。删除了工程实际中应用甚少的内容，增加了最新理论知识，以学生为本，注重实用。
3. 更新标准。全书采用了现行执行的最新六项建筑制图国家标准，使本书更符合当前设计和施工的生产实际。
4. 紧密联系工程实际，选择建筑设计研究院中最新的住宅楼作为典型图例，介绍建筑施工图、结构施工图、设备施工图及阴影和透视等内容，使学生对房屋建筑有一个完整的认识，使教学更加贴近工程应用和生产实际。

本书可由本科、高等职业教育及成人教育学生使用，也可作为各类培训学校相关专业的教学用书，亦可供有关工程技术人员参考。

本书由青岛理工大学张效伟、青岛房产学校李海宁、青岛理工大学部景玲编写。青岛理工大学杨月英、青岛房产学校任枫、青岛科技大学张召香担任副主编，参加编写工作的还有：马晓丽、滕昭光、莫正波、宋琦、刘平、於晖、张玲、高丽艳。书中部分图样由王清玉绘制。

在编写过程中，作者吸收和借鉴了国内外同行的一些先进经验和成果，也得到了中国建材工业出版社和青岛理工大学建筑设计研究院的热情帮助，在此表示衷心感谢！

本书是建筑表达类课程改革的一种尝试，由于水平有限，书中难免会有疏漏和不足之处，敬请广大同仁和读者批评指正。

编者
2010 年 5 月

目 录

绪 论 ……………………………………………………… 1
  0.1 本课程的学习任务 ……………………………… 1
  0.2 本课程的学习方法 ……………………………… 2

第一部分 画法几何

第 1 章 建筑制图的基本知识 ……………………………… 5
  1.1 制图标准的基本规定 …………………………… 5
  1.2 绘图仪器及使用方法 …………………………… 14
  1.3 几何作图 ………………………………………… 17
  1.4 平面图形画法 …………………………………… 21

第 2 章 正投影基础 ………………………………………… 23
  2.1 投影法概述 ……………………………………… 23
  2.2 正投影的特性 …………………………………… 26
  2.3 三面投影图 ……………………………………… 27
  2.4 点的投影 ………………………………………… 30
  2.5 直线的投影 ……………………………………… 34
  2.6 平面的投影 ……………………………………… 38

第 3 章 立体的投影 ………………………………………… 43
  3.1 平面立体的投影 ………………………………… 43
  3.2 曲面立体的投影 ………………………………… 46
  3.3 切割体的投影 …………………………………… 51
  3.4 相贯体的投影 …………………………………… 59

第 4 章 组合体的投影图 …………………………………… 67
  4.1 组合体的画法 …………………………………… 67
  4.2 组合体的尺寸标注 ……………………………… 70
  4.3 阅读组合体的投影图 …………………………… 72

第 5 章 轴测投影图 ………………………………………… 77
  5.1 轴测投影的基本知识 …………………………… 77

1

5.2	正等轴测图	79
5.3	正面斜二轴测图	83
5.4	水平面斜等轴测图	85

第6章 建筑形体的图样画法 ································ 87

6.1	视图	87
6.2	剖面图	89
6.3	断面图	95
6.4	简化画图	96
6.5	第三角画法简介	97

第二部分 建筑制图

第7章 建筑施工图 ································ 101

7.1	概述	101
7.2	总平面图	106
7.3	建筑平面图	108
7.4	建筑立面图	113
7.5	建筑剖面图	121
7.6	建筑平、立、剖面图的画法	127
7.7	建筑详图	130

第8章 结构施工图 ································ 143

8.1	概述	143
8.2	钢筋混凝土构件详图	149
8.3	楼层结构平面图	152
8.4	基础图	154
8.5	楼梯结构详图	163
8.6	钢筋混凝土结构施工图平面整体表示方法	166

第9章 给水排水施工图 ································ 171

9.1	概述	171
9.2	室内给水排水平面图	175
9.3	给水排水轴测图	180

第三部分 阴影透视

第10章 建筑透视 ································ 189

10.1	透视的基本知识	189

10.2	透视图的基本作图方法	197
10.3	透视图的辅助画法	208
10.4	曲面体的透视	213

第11章 建筑阴影 … 217

11.1	建筑阴影的基本知识	217
11.2	点线面的落影	218
11.3	平面体的建筑阴影	231
11.4	常见建筑形体的建筑阴影	234
11.5	曲面体的建筑阴影	237

绪 论

教学目标和要求

了解建筑工程图在建筑工程中的作用；

了解本课程的教学任务和目标；

掌握本课程的学习方法。

教学重点和难点

掌握本课程的学习方法。

图样是按照国家或相关部门有关标准的统一规定而绘制的，是"工程界的技术语言"。它是工程技术人员用来表达设计构思，进行技术交流的重要工具。各国的建筑工程技术界之间经常以建筑工程图为媒介，进行研讨、交流、竞赛、招标等活动。因此，图样是工程施工或建造的依据，是工程上必不可少的重要技术文件。

由于图样在工程技术上的重要作用，所以工程技术人员必须具备绘制和阅读工程图样的基本能力。

0.1 本课程的学习任务

"建筑制图与识图"是一门既有理论又有实践的建筑工程类专业必修的技术基础课。它研究绘制和阅读建筑工程图样。通过本课程的学习，学生应掌握正投影理论，掌握建筑工程制图的内容与特点，初步掌握绘制和阅读建筑工程图的方法；能正确、熟练地绘制和阅读中等复杂程度的建筑施工图，结构（如钢筋混凝土结构、砖混结构、钢结构等）施工图，给水排水施工图等。因此本课程的任务主要在于：培养绘制和阅读建筑工程图样的基本能力。

具体地说，就是要在下列几个方面进行训练：

1. 熟悉有关的制图标准及各种规定画法和简化画法的内容及应用。
2. 正确使用绘图仪器和工具，掌握用仪器绘图和徒手绘制草图的技巧和技能。
3. 培养绘制和阅读建筑工程图样的基本能力；掌握有关专业工程图样的主要内容及其特点，所绘图样符合国家标准。
4. 培养利用计算机生成和输出工程图样的基本能力。计算机图是适应现代化建设的新技术，它在工业及工程设计中得到了广泛的应用，掌握计算机图形技术已成为工程技术人员必须具备的一项基本技能。
5. 培养认真负责的工作态度和一丝不苟的工作作风。

0.2 本课程的学习方法

本课程由于具有相当强的实践性,只有通过认真完成一定数量的绘图作业和习题,正确运用各种投影规律,才能不断地提高空间想像能力和空间思维能力,主要体现在以下几方面:

1. 图样是重要的技术文件,是施工和建造的依据,不能有丝毫的差错。图中多画或少画一条线,写错或遗漏一个尺寸数字,都会给工程建设带来严重的损失。因此,在学习过程中,必须具备高度的责任心,养成实事求是的科学态度和严肃认真,耐心细致,一丝不苟的工作作风。

2. 绘图和读图能力的培养,主要是通过一系列的绘图实践,包括手工绘图和计算机绘图。因此,应认真对待并及时完成每一次的练习或作业,逐步掌握绘图和读图的方法和步骤,熟悉有关的制图标准规格。

3. 要养成正确使用绘图仪器和工具的习惯,严格遵守国家标准和规定,遵循正确的作图步骤和方法,不断提高绘图效率。

4. 投影制图部分,包括组合体三面投影图和建筑形体的表达方法两章的内容,是土木工程制图部分的重点,也是学好有关专业图的重要基础,因此必须达到熟练掌握的程度。特别要注意掌握形体分析法,学会把复杂形体分解为简单形体组合的思维方法,从而提高绘图和读图能力。

第一部分 画法几何

第 1 章 建筑制图的基本知识

教学目标和要求

熟悉国家标准对有关土建工程制图的规定；
掌握几何作图的正确画法；
了解各种制图工具、仪器的性能，熟练掌握正确的使用方法；
掌握绘图的步骤。

教学重点和难点

掌握几何作图的正确画法。

为了使房屋建筑制图规格基本统一，符合设计、施工、存档的要求，我国对原六项标准进行了修订并于 2002 年 3 月 1 日起颁布实施。这六项标准分别是：《房屋建筑制图统一标准》（GB/T 50001—2001）、《总图制图标准》（GB/T 50103—2001）、《建筑制图标准》（GB/T 50104—2001）、《建筑结构制图标准》（GB/T 50105—2001）、《给水排水制图标准》（GB/T 50106—2001）和《暖通空调制图标准》（GB/T 50114—2001）。所有建筑制图必须符合国家统一的建筑制图标准。本章将介绍建筑制图国家标准的一些基本规定、制图工具的使用、常用的几何作图方法以及建筑制图的一般步骤。

1.1 制图标准的基本规定

制图标准对施工图常用的图纸幅面、图线、字体、比例和尺寸标注等内容作了具体的规定，下面将逐一介绍这些规定的要点。

1.1.1 图纸幅面和格式

1. 图纸幅面

图纸幅面是指图纸本身的大小规格，图框是图纸上划定绘图范围的边线。图纸幅面及图框尺寸，应符合表 1-1 的规定。

表 1-1 图幅尺寸表

单位：mm

尺寸代号 图幅代号	A0	A1	A2	A3	A4
b×l	841×1189	594×841	420×594	297×420	210×297
c		10		5	
a			25		

图纸的短边一般不应加长，长边可加长，但应符合表 1-2 的规定。

表 1-2 图纸长边加长尺寸

单位：mm

幅面代号	长边尺寸	长边加长后尺寸
A0	1189	1486, 1635, 1783, 1932, 2080, 2230, 2378
A1	841	1051, 1261, 1471, 1682, 1892, 2102
A2	594	743, 891, 1041, 1189, 1338, 1486, 1635, 1783, 1932, 2080
A3	420	630, 841, 1051, 1261, 1471, 1682, 1892

2. 格式

图纸以短边作垂直边称为横式，以短边作水平边称为立式，一般 A0～A3 图纸宜采用横式，必要时也可采用立式，见图 1-1。A4 幅面常用立式，但 A4 幅面采用横式时，需要做缩复制的图纸，四个边上均应附有对中标志，对中标志应画在图纸各边长的中点处。

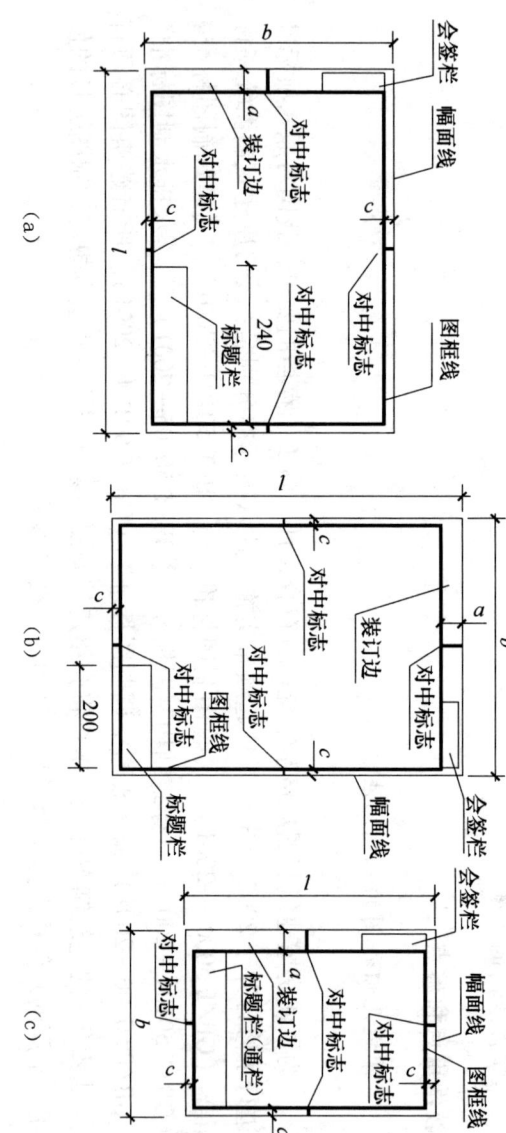

(a) A0—A3 横式幅面；(b) A0—A3 立式幅面；(c) A4 立式幅面

图 1-1 图纸幅面

3. 标题栏

图纸右下角一栏，称为图纸标题栏，图纸标题栏用于填写工程名称、图名、图号以及设计单位、设计人、制图人、审批人的签名和日期等，简称图标。标题栏的方向应与看图的方向一致。在学习阶段，标题栏可采取简化的格式，如图 1-2 所示，此时不设会签栏。

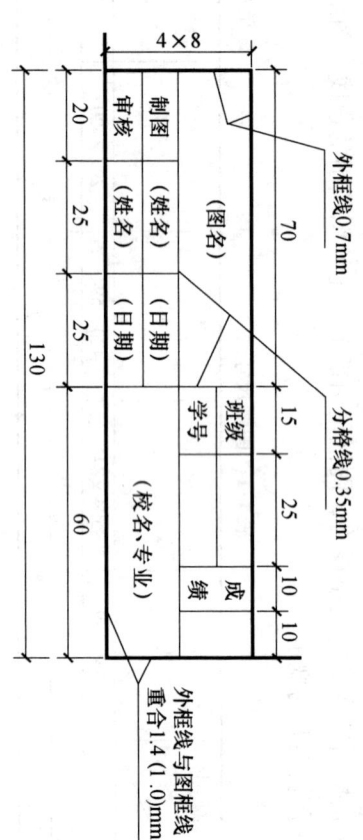

图 1-2 学习阶段的标题栏

4. 会签栏

会签栏应按图1-3的格式绘制，其尺寸应为100mm×16mm，栏内应填写会签人员所代表的专业、姓名、日期。一个会签栏不够时，可另加一个，两个会签栏应并列，不需要会签的图纸可不设会签栏。

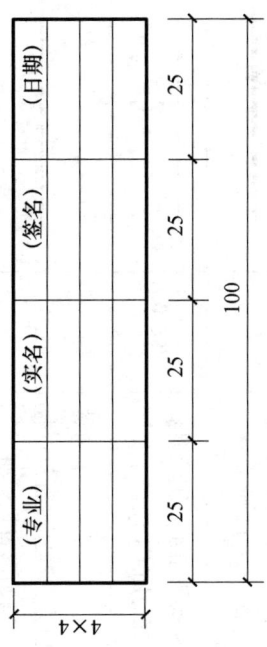

图1-3 会签栏

1.1.2 图线

在图纸上绘制的线条称为图线，图线对工程图很重要，不同的图线表示不同的含义。工程图中的内容，必须采用不同的线型和线宽来表示。

1. 线宽

每个图样，应当根据复杂程度与比例大小，先选定基本线宽b，再选用表1-3中相应的线宽组。应注意：需要微缩的图纸，不宜采用0.18mm及更细的线宽；在同一张图纸内，各不同线宽中的细线，可统一采用较细的线宽组中的细线；同一张图纸内相同比例的各图样，应选用相同的线宽组。

表1-3 线宽组 (mm)

线宽比	线 宽 组			
b	2.0	1.4	1.0	0.7
$0.5b$	1.0	0.7	0.5	0.35
$0.25b$	0.5	0.35	0.25	0.18

2. 线型

建筑工程中，常用的几种图线的名称、线型、线宽和一般用途见表1-4。

表1-4

名称	线型	线宽	一 般 用 途
实线 粗	——	b	主要可见轮廓线；平、剖面图中被剖切的主要建筑构造的轮廓线；建筑立面图或室内立面图的外轮廓线；详图中主要部分的断面轮廓线和外轮廓线等
中	——	$0.5b$	建筑平、立、剖面图中一般构配件的轮廓线；平、剖面图中次要建筑构造的轮廓线；总平面图中新建构筑物、道路、桥涵、围墙等设施的可见轮廓线；尺寸起止符号等
细	——	$0.25b$	尺寸线、尺寸界线，图例线，索引符号，引出线，标高符号，较小图形的中心线等

续表

名　称		线　型	线　宽	一　般　用　途
实线	粗	———	b	新建建筑物、构筑物轮廓线
	中	———	$0.5b$	一般可见轮廓线；建筑物、构筑物的可见轮廓线；平面图中起重机（吊车）轮廓线
	细	———	$0.25b$	总平面图上原有建筑物、构筑物的可见轮廓线；建筑构造及建筑构配件不可见轮廓线；平面图中起重机（吊车）轨道线；图例线
虚线	粗	- - - -	b	新建建筑物、构筑物不可见轮廓线
	中	- - - -	$0.5b$	一般不可见轮廓线；建筑物、构筑物不可见轮廓线
	细	- - - -	$0.25b$	总平面图上原有建筑物、构筑物、道路、桥涵、围墙等设施的不可见轮廓线；图例线
单点长画线	粗	—·—·—	b	起重机（吊车）轨道线；露天矿开采边界线
	中	—·—·—	$0.5b$	土方开挖区的零点线
	细	—·—·—	$0.25b$	分水线、中心线、对称线、定位轴线
折断线	细	(折断线)	$0.25b$	不需要画全的断开界线
波浪线	细	～～～	$0.25b$	不需要画全的断开界线；构造层次的断开界线

图线在工程中的实际应用如图1-4所示。

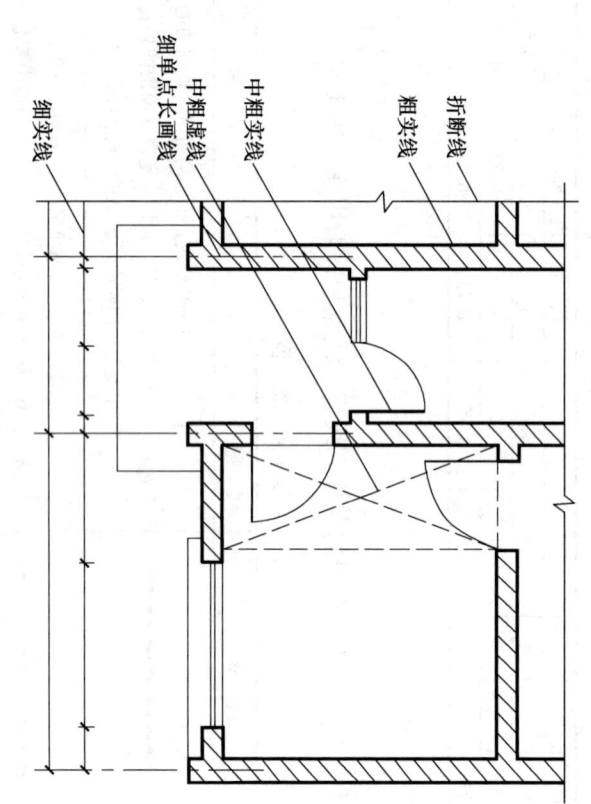

图1-4　图线的应用

3. 图线的画法

画图线时，还应注意以下几点：

(1) 图线不得与文字、数字或符号重叠、混淆。不可避免时，应首先保证文字等的清晰。

(2) 单点长画线或双点长画线的线段长度应保持一致，线段的间隔宜相等；虚线的线段和间隔也应保持长短一致，见表1-5。

表1-5 图线相交的画法

内容	正确	错误
虚线和虚线相交	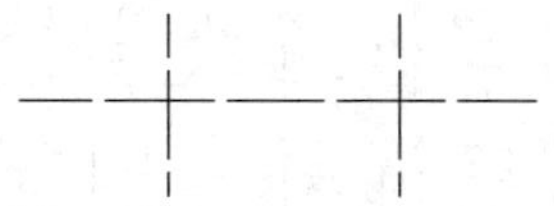	
两粗实线和两虚线相交	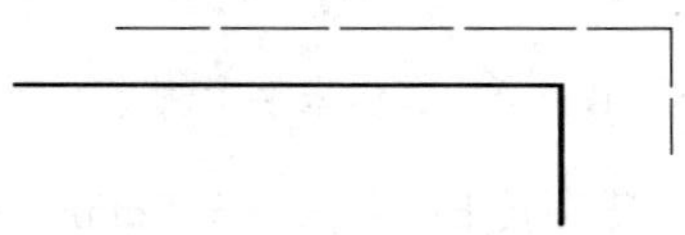	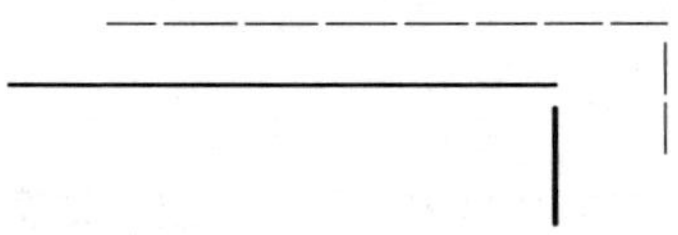
两单点长画线相交	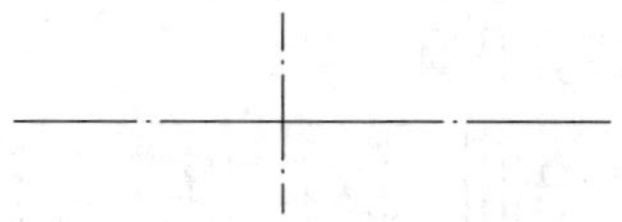	
虚线在实线的延长线上		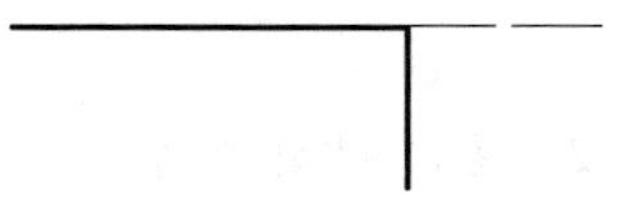

(3) 单点长画线、双点长画线的两端应是线段，而不是点，见表1-5。

(4) 虚线与虚线、点画线与点画线、虚线或点画线与其他图线交接时，应是线段交接；虚线与实线交接，当虚线在实线的延长线上时，不得与实线连接，应留有一间距，见表1-5。

(5) 在较小的图形中绘制单点长画线及双点长画线有困难时，可用细实线代替。

1.1.3 字体

图纸上的各种文字、数字、拉丁字母或其他符号等，均应用黑铅笔书写，且要达到笔画清晰、字体端正、排列整齐，标点符号应清楚正确。

1. 汉字

国标规定：图样及说明中的汉字，应遵守《汉字简化方案》和有关规定，书写成长仿宋体。长仿宋体字体的大小由字号（字高）决定，字号有六种，长仿宋字体高宽的关系见表1-6。长仿宋字体的字高与字宽的比例约为$\sqrt{2}:1$，如图1-5所示。

表1-6 长仿宋字（字号）与字宽关系

单位：mm

字号（字高）	20	14	10	7	5	3.5
字宽	14	10	7	5	3.5	2.5

建筑结构施工图平、剖面断面
房屋墙柱基础梁板楼层构件

工业民用土木工程给水排水环境设
备图各制图审核班级学校比例说明
砂浆水泥钢筋混凝土门窗砖瓦地基

图1-5 长仿宋字示例

10号字

工程图上书写的长仿宋汉字，其高度应不小于3.5mm。在写字前，应先用细线轻轻画出长方格再书写。效果见图1-6。长仿宋体字的特点是：笔画横平竖直，起落有锋，填满方格，结构匀称。书写时一定严格要求，认真书写。

建筑制图与识图

图1-6 画出字长方格再书写

7号字

2. 拉丁字母和数字

拉丁字母，阿拉伯数字或罗马数字同汉字并列书写时，它们的字高比汉字的字高宜小一号或两号，且不应小于2.5mm。

拉丁字母，阿拉伯数字或罗马数字都可以写成竖笔铅垂的直体字或竖笔与水平线呈75°的斜体字，如图1-7所示。

ABCDEFGHIJKLM
NOPQRSTUVWXYZ
abcdefghijklm
nopqrstuvwxyz
1234567890
1234567890

拉丁字母大写，小写
拉丁字直体、斜体

图1-7 拉丁字母、数字示例

1.1.4 比例和图名

1. 比例

比例是指图样中图形与实物相应要素的线性尺寸之比。绘制图样时，应根据图样的用途与所绘绘形体的复杂程度，从表 1-7 规定的系列中选用适当比例，优先采用常用比例。

表 1-7 比 例

图 名	常用比例	必要时可用比例
总平面图	1:100, 1:1000, 1:2000	1:2500
平面图、立面图、剖面图	1:50, 1:100, 1:150, 1:200	1:300, 1:400
详图	1:1, 1:2, 1:5, 1:10, 1:50	1:3, 1:4, 1:6, 1:15, 1:25, 1:30, 1:40, 1:60

比例的符号为 ":"，比例应以阿拉伯数字表示。比例的大小，是指其比值的大小，比值为 1，即 1:1，称为原值比例。比值大于 1，如 2:1，称为放大比例。比值小于 1，如 1:100，称为缩小比例。当一张图纸中的各图只用一种比例时，也可把该比例统一书写在图纸标题栏内。

2. 图名

按规定在图样下方应用长仿宋体字写上图样名称和绘图比例。比例宜注写在图名的右侧，字的基准线应取平；比例的字高宜比图名字高小一号或二号，图名下应画一条粗实线，长度应与图名文字所占长度相同，如图 1-8 所示。

建筑平面图 1:100

图 1-8 图名和比例

1.1.5 尺寸标注

建筑工程图中除了画出建筑物及其各部分的形状外，还必须准确、详尽和清晰地标注各部分实际尺寸，以确定其大小，作为施工的依据。

1. 尺寸标注的要求

图样上的尺寸，包括尺寸界线、尺寸线、尺寸起止符号和尺寸数字，如图 1-9 所示。

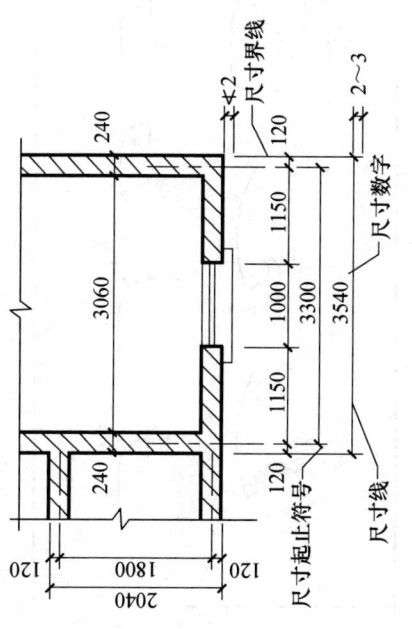

图 1-9 尺寸的组成

(1) 尺寸界线应用细实线绘制，一般应与被注长度垂直，其一端应离开图样轮廓线不小于 2mm，另一端宜超出尺寸线 2～3mm，必要时，图样轮廓线可用作尺寸界线。

(2) 尺寸线应用细实线绘制，应与被注长度平行，图样本身的任何图线均不得用作尺寸线。

(3) 尺寸起止符号一般用中粗斜短线绘制，其倾斜方向应与尺寸界线呈顺时针转 45°角，长度宜为 2～3mm。

(4) 尺寸数字应写在尺寸线的中部，水平方向尺寸应从左到右写在尺寸线上方，垂直方向尺寸应从下到上写在尺寸线左方。图样上的尺寸，不得从图上直接量取，图样上的尺寸数字除标高及总平面图以 m 为单位外，其他必须以毫米为单位，直径数字前加注符号"φ"，半径数字前加注符号"R"。

(5) 图样上的尺寸，以尺寸线的中部为准，字头逆时针转 90°。

(6) 相互平行的尺寸线，较小尺寸在里，较大尺寸在外，两平行排列的尺寸线之间的距离宜为 7～10mm，并应保持一致。

2. 尺寸标注示例

常见的尺寸标注形式见表 1-8。

表 1-8 尺寸标注示例

内 容	图 例	说 明
起止符号	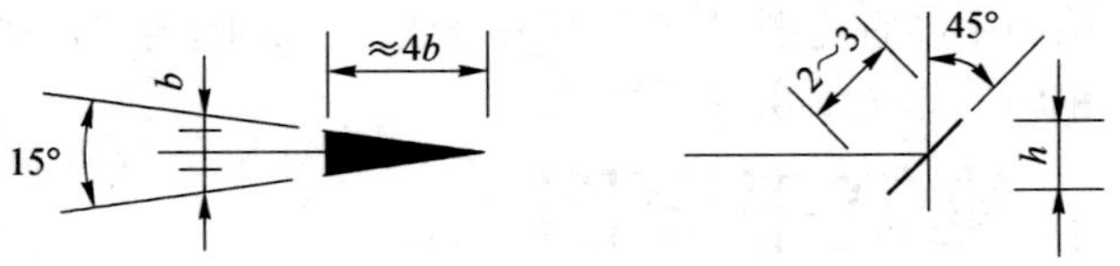 (a) 箭头　(b) 斜短线	尺寸标注端点的两种形式
标注直径	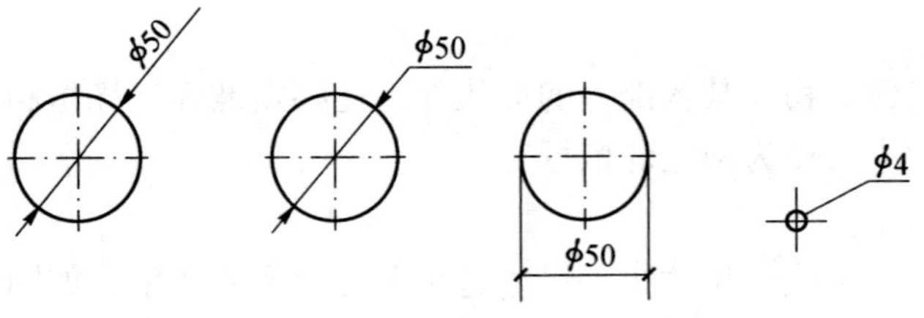 φ50　φ50　φ4	圆和大于半圆的弧，一般标注直径，尺寸线通过圆心，用箭头作尺寸线的起止符号，指向圆开始，直径数字前加注符号"φ"
标注半径	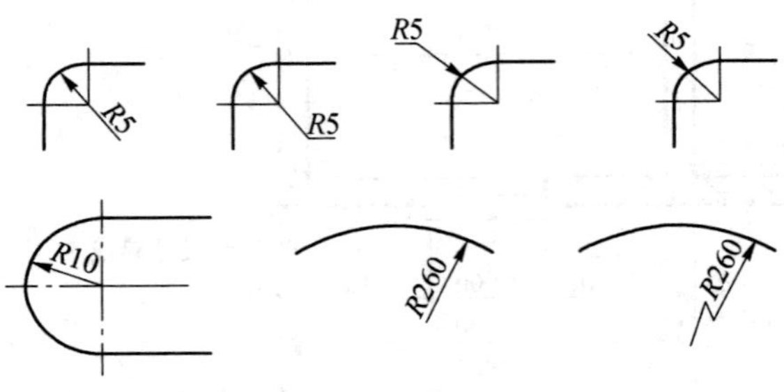 R5　R10　R5　R260　R260	半圆和小于半圆的弧，一般标注半径，尺寸线的一端从圆心开始，另一端用箭头指向圆弧，在半径数字前加注符号"R"

续表

内 容	图 例	说 明
标注圆球	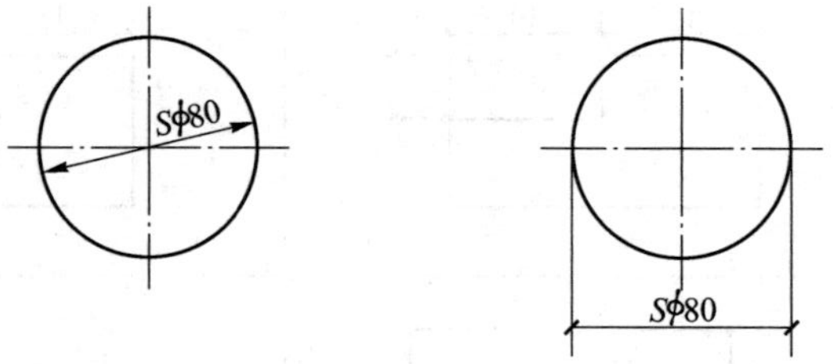	球的尺寸标注与圆的尺寸标注基本相同，只是在半径或直径符号（R或ϕ）前加注"S"
标注角度	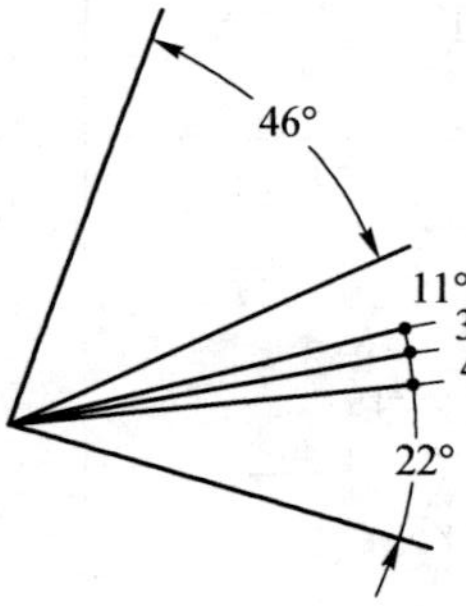	角度的尺寸线，应以圆弧表示。该圆弧的圆心应是该角的顶点，角的两边为尺寸界线，起止符号应以箭头表示，如没有足够位置画箭头，可用小黑点代替。角度数字应水平书写
标注弦长	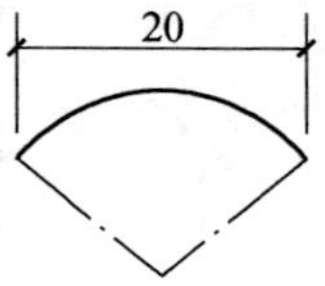	弦长的尺寸线应以平行于该弦的直线表示，尺寸界线应垂直于该弦，起止符号应以中粗斜短线表示
标注弧长	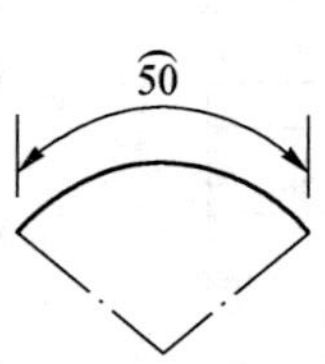	弧长的尺寸线为与该圆弧同心的圆弧，尺寸界线应垂直于该圆弧的弦，起止符号应以箭头表示，弧长数字的上方应加注圆弧符号"⌒"
标注坡度	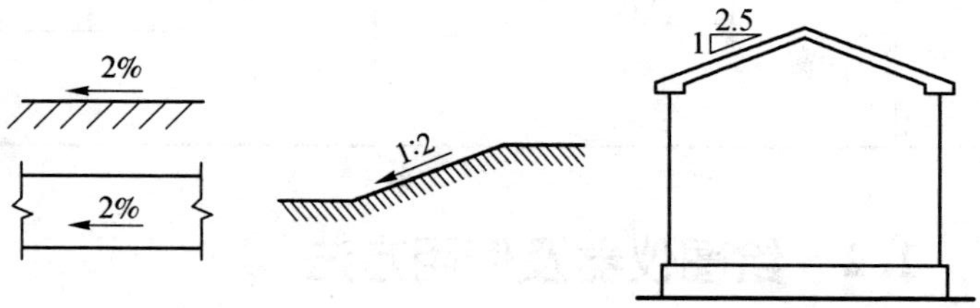	标注坡度时，在坡度数字下，应加注坡度符号，坡度符号的箭头一般应指向下坡方向。坡度也可用直角三角形形式标注

3. 尺寸标注的注意事项

标注尺寸时还应注意一些其他的事项，如表1-9所示。

表1-9 尺寸标注的其他注意事项

说 明	正 确	错 误
不能用尺寸界线作为尺寸线		
轮廓线、中心线等可用作尺寸界线，但不能用作尺寸线		
尺寸线倾斜时的数字方向应便于阅读，尽量避免在斜线范围内注写尺寸		
两尺寸线之间比较窄时，尺寸数字可标注在尺寸线外侧，或上下错开，或用引出线引出再标注		
同一张图纸内的尺寸数字大小应一致，任向图线与数字重叠时，应断开图线		
尺寸数字不得贴靠在尺寸线或其他线上，一般应离开约0.5～1mm		

1.2 绘图仪器及使用方法

制图所用的工具和仪器有图板、丁字尺、三角板、铅笔、圆规和分规等。充分了解各种制图工具、仪器的性能，熟练掌握正确的使用方法，经常注意保养维护，是保证制图质量，加快制图速度，提高制图效率的必要条件之一。

1.2.1 图板

图板是用作画图时的垫板,要求板面平坦,光洁。左边是导边,必须保持平整(图1-10)。图板的大小有各种不同规格,可根据需要而选定。0号图板适用于画A0号图纸,1号图板适用于画A1号图纸,四周还略有宽余。图板放在桌面上,板身宜与水平桌面呈10°~15°倾斜。

图板不可用水刷洗或在日光下暴晒。

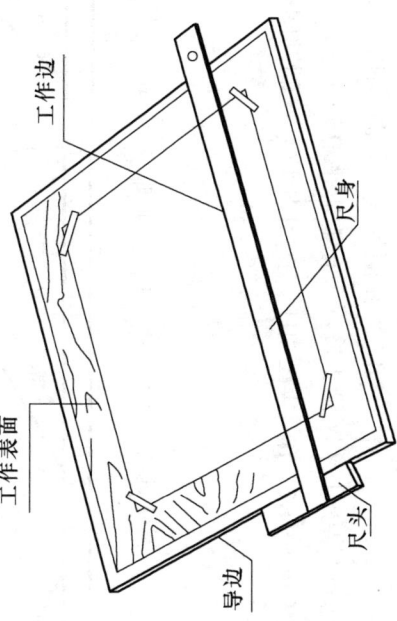

图1-10 图板与丁字尺配合的使用

1.2.2 丁字尺

丁字尺由尺头和尺身组成,与图板配合画水平线,尺身的工作边(有刻度的一边)必须保持平直光滑。在画图时,尺头只能紧靠在图板的左边(不能靠在右边、上边或下边)上下移动,画出一系列的水平线,或结合三角板画出一系列的垂直线,见图1-11。

丁字尺在使用时,切勿用小刀靠近工作边裁纸,用完之后要挂起,防止丁字尺变形。

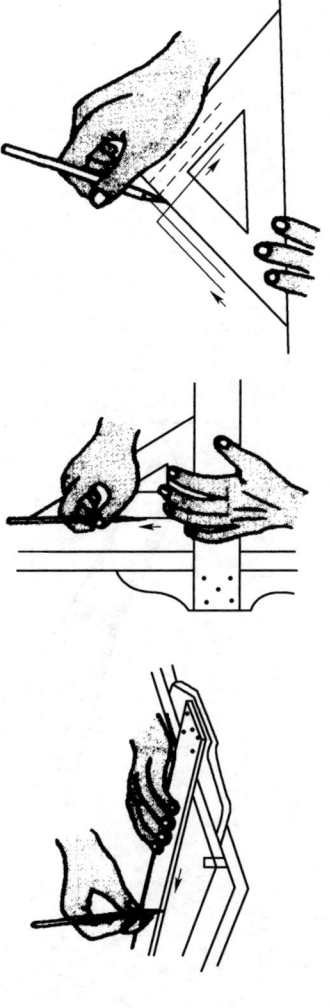

图1-11 图板、丁字尺与三角板配合的使用

1.2.3 三角板

一副三角板有30°×60°×90°和45°×45°×90°两块。三角板的长度有多种规格,如25cm、30cm等,绘图时应根据图样的大小,选用相应长度的三角板。三角板除了结合丁字

尺画出一系列的垂直线外,还可以配合画出15°、30°、45°、60°、75°等角度的斜线,如图1-12所示。

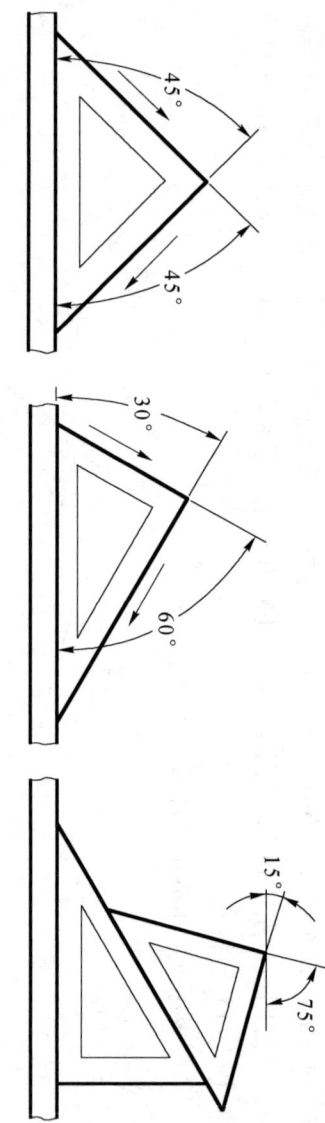

图1-12 画15°、30°、45°、60°、75°的斜线

1.2.4 铅笔

铅芯通常有不同的硬度,分别用B、H、HB表示。B、2B……6B表示软铅芯,数字越大表示铅芯越软;H、2H……6H表示硬铅芯,数字越大表示铅芯越硬。一般用H或2H、图形加深常用B或2B。

画底稿时,一般用H或2H,图形加深常用B或2B。

削铅笔时应将H或2H铅笔尖削成锥形,将B或2B削成扁形,如图1-13所示。铅芯露出长度约为10mm,注意不要削有标号的一端。

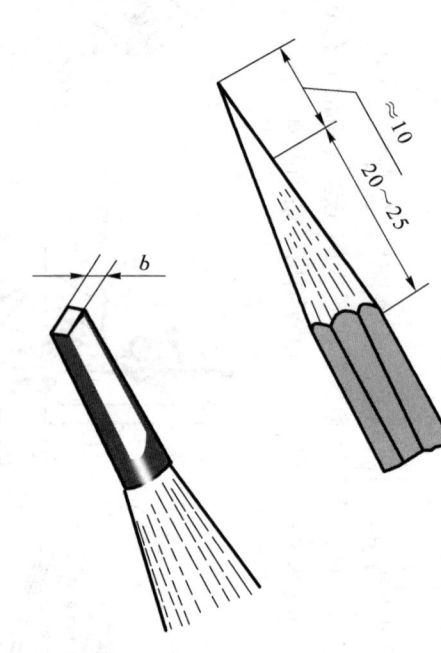

图1-13 铅笔使用

1.2.5 圆规和分规

圆规主要用来画圆或圆弧。定圆心的针脚上的钢针,应选用台肩的一端有台肩,另一端没有)放在圆心,并可按需要适当调节长度;另一条腿的端部可按需要装上有铅芯的插腿,可绘制铅笔线圆(弧);装上钢针的插腿,可作为分规使用。

当使用铅芯绘图时,应将铅芯磨成斜面状,斜面向外,并且应将定圆心的钢针台肩调整到与铅芯的端部齐平。圆规的用法如图1-14所示。

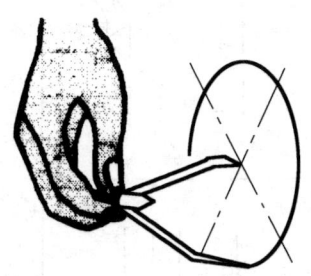

图 1-14 圆规的用法

分规的形状与圆规相似，只是两腿都装有钢针，用来等分直线段或圆弧。分规的用法如图 1-15 所示。

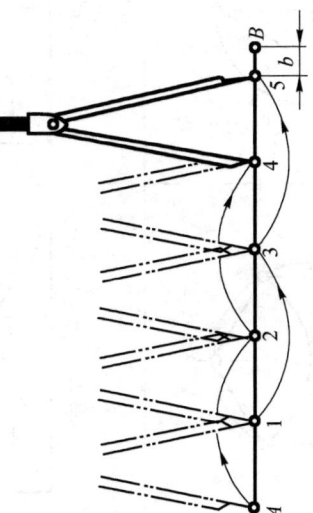

图 1-15 分规的用法

1.2.6 其他

绘图时常用的其他用品还有图纸、小刀、橡皮、擦线板、胶带纸、细砂纸、排笔、专业模板、数字模板、字母模板等。

1.3 几何作图

任何建筑物或构筑物的轮廓或细部形态，一般都是由直线、圆弧和非圆曲线组成的几何图形。因此，在绘制图样时，经常要运用一些基本的几何作图方法。

1.3.1 等分线段和圆周画法

等分线段、图幅和圆周的画图方法见表 1-10。

表 1-10 等分线段、图幅和圆周画法

等分任意线段	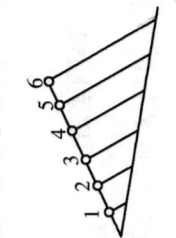 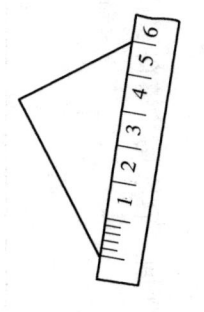 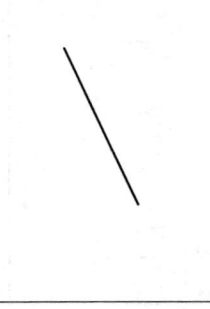

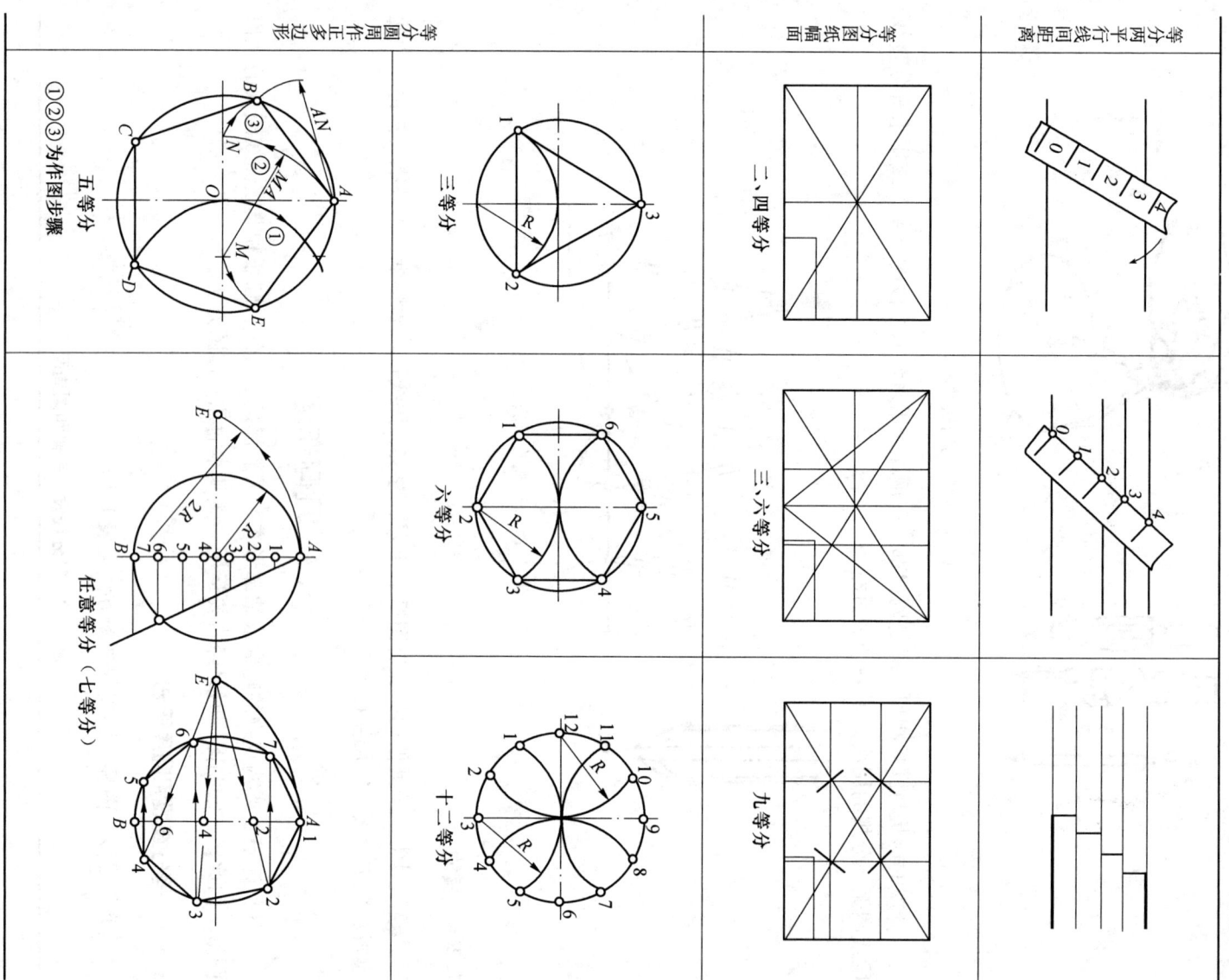

1.3.2 椭圆画法

椭圆的画法有四心法、四心近似法、绳索法、同心圆法、卵圆做法等，作图过程见表1-11。

表 1-11　椭圆画法

四心法

绳索法（园艺作法）

卵圆作法

四心近似法

同心圆法

应用实例（法圆）

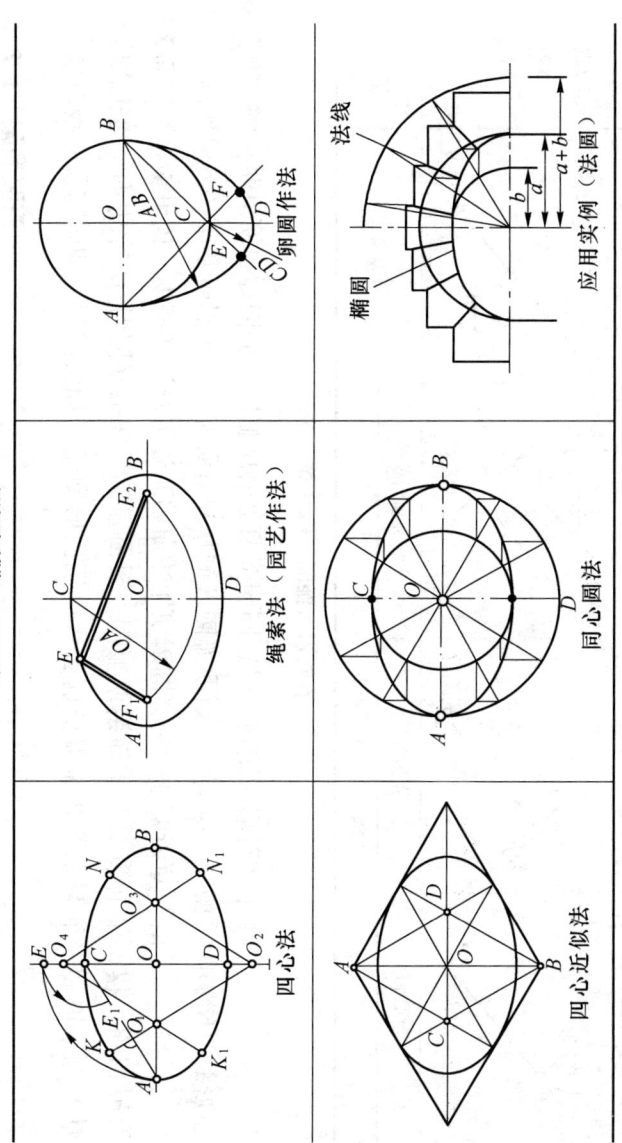

1.3.3　曲线画法

建筑形体常有曲线造型，如抛物线和螺旋线画法见表 1-12。

表 1-12　抛物线和螺旋线画法

抛物线

螺旋线

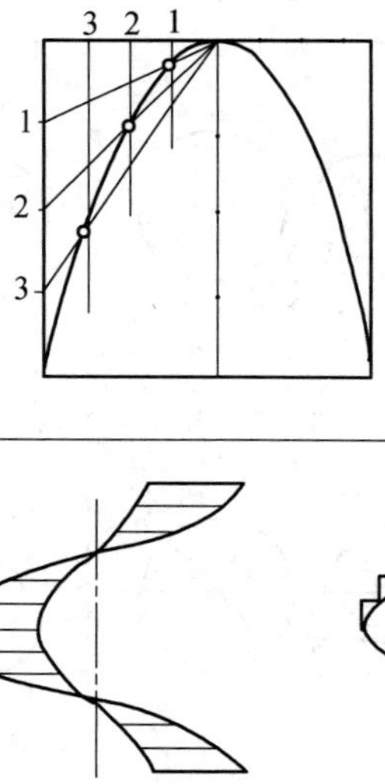

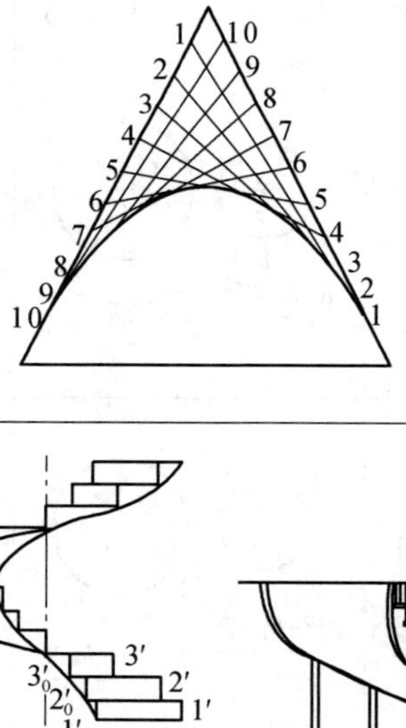

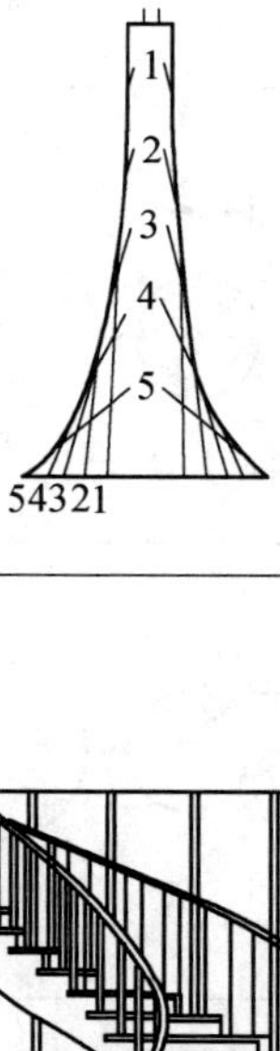

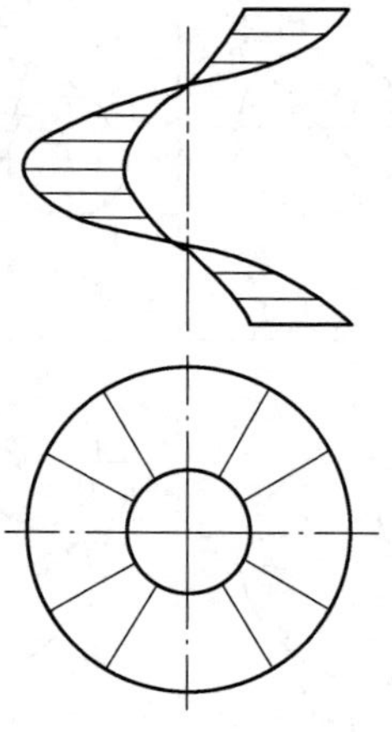

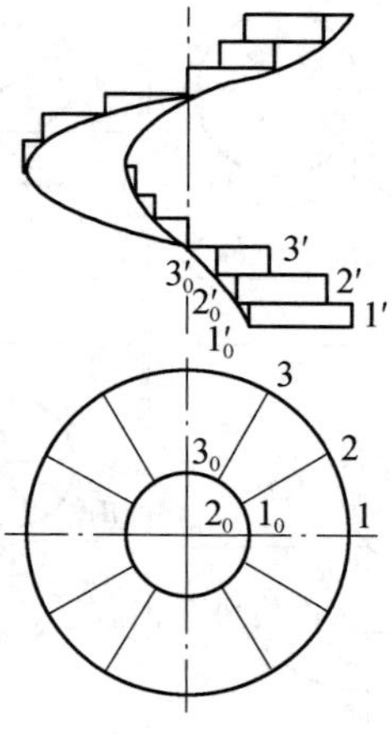

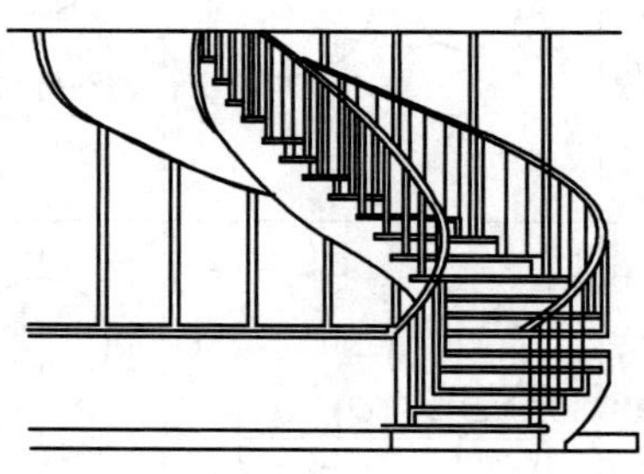

1.3.4 圆弧连接

在绘制建筑物的平面图形时，常遇到用已知半径的圆弧光滑地连接两条已知线段（直线或圆弧）的情况，其作图方法称为圆弧连接。圆弧连接要求在连接处两线段要相切。作图的关键是要准确地求出连接圆弧圆心和连接点（切点）。圆弧连接分为五种情况，圆弧连接两直线、圆弧连接一直线和一圆弧、圆弧外切连接两圆弧、圆弧内切连接两圆弧、圆弧内外切连接两圆弧，其画图方法见表1-13。

表1-13 圆弧连接画法

种类	已知条件	求连接圆弧圆心	求切点	画连接弧
圆弧连接两直线				
圆弧内连接一直线和圆弧	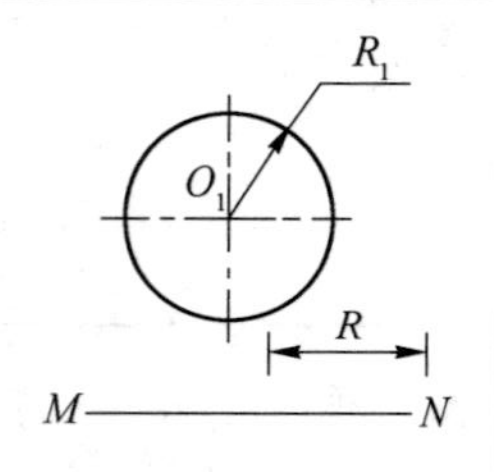	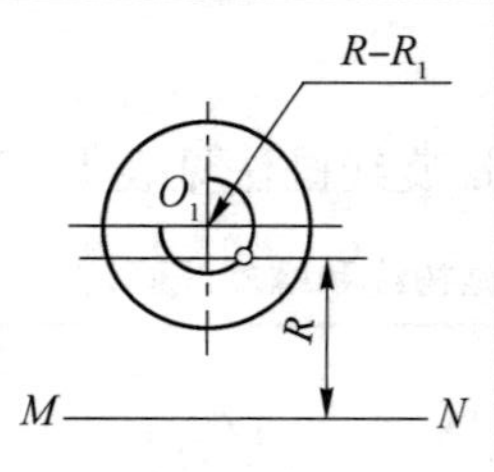	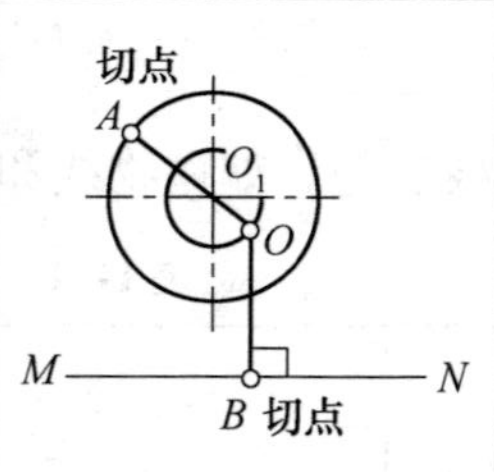	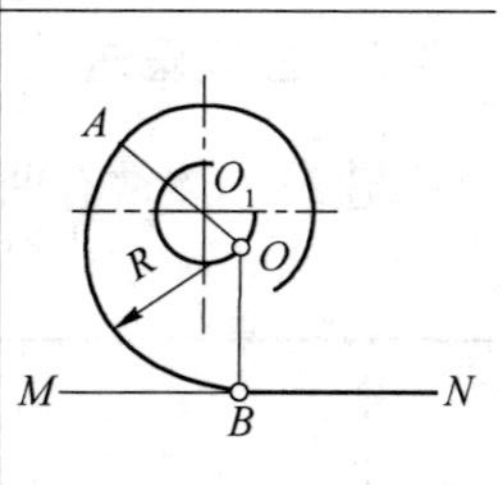
圆弧外连接两已知圆弧	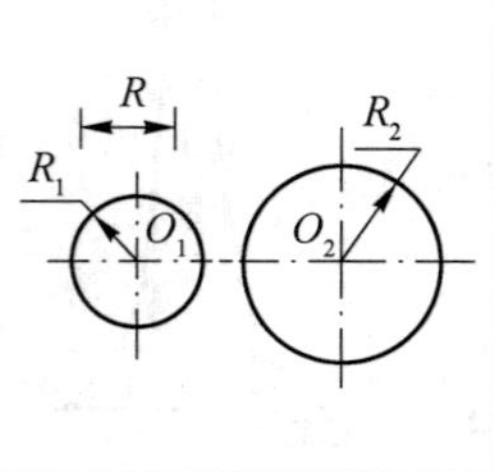	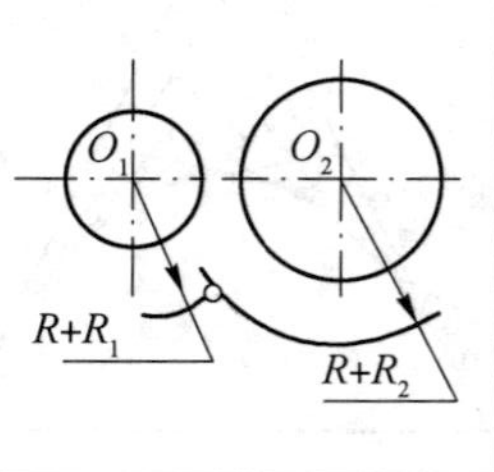	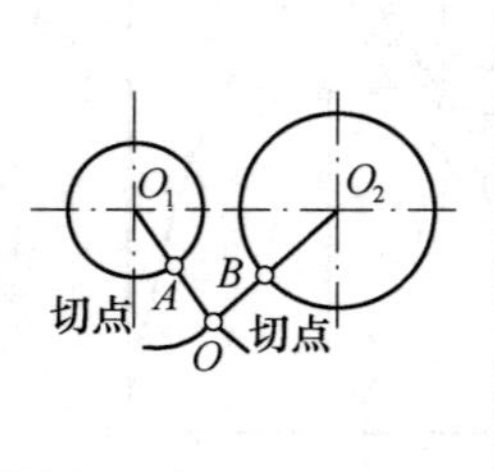	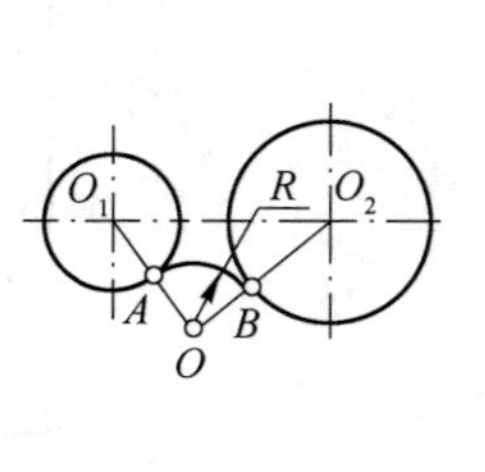
圆弧内连接两已知圆弧	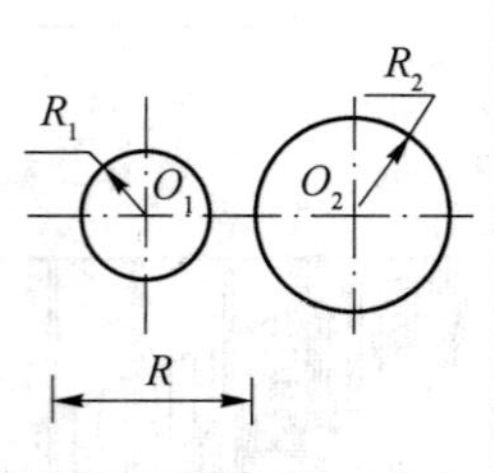	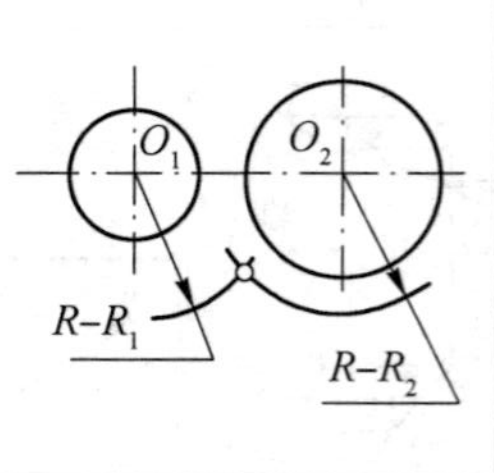	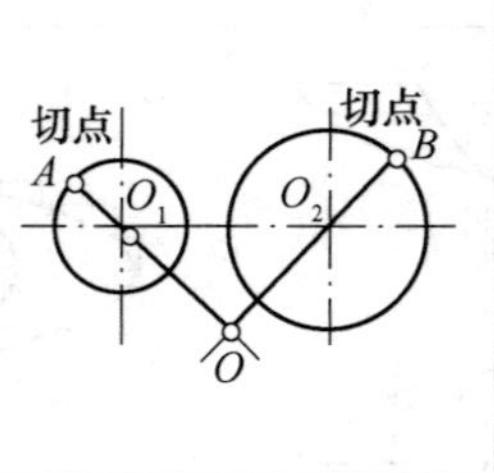	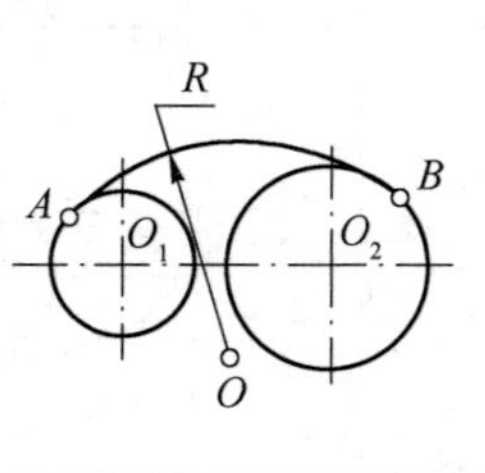
圆弧分别连接内外两已知圆弧				

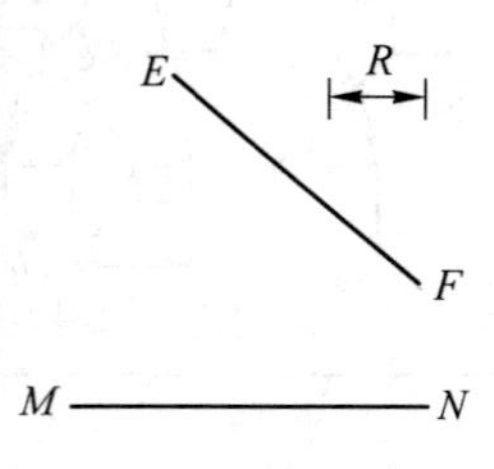

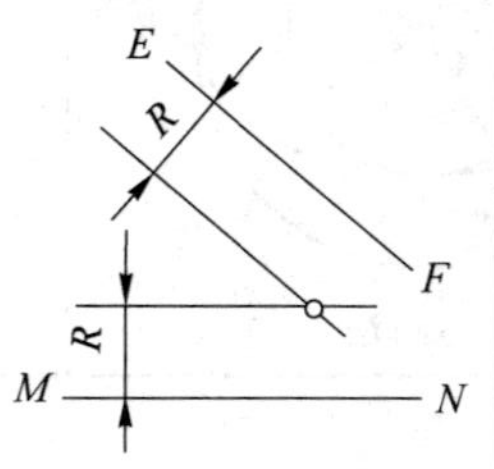

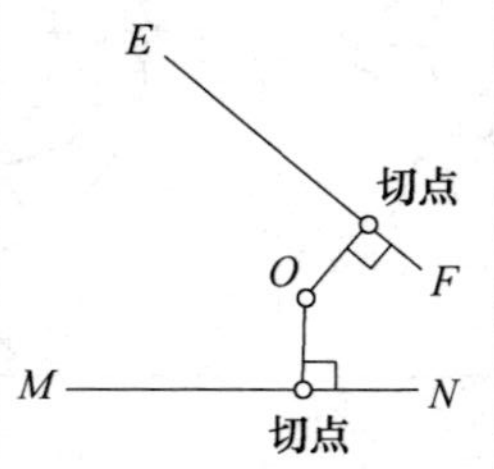

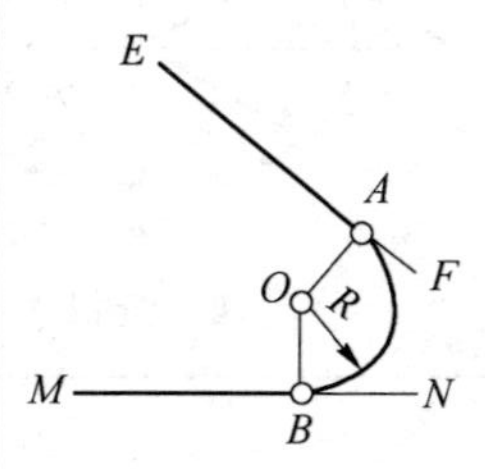

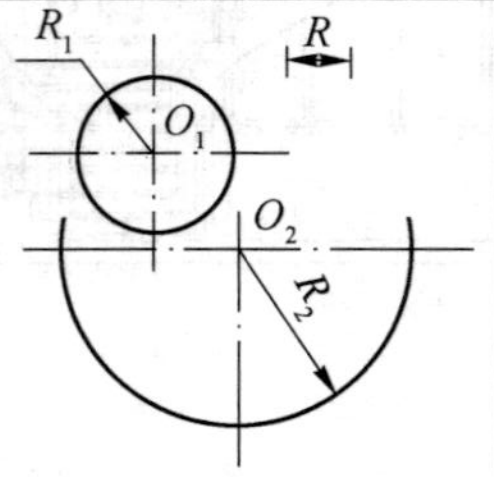

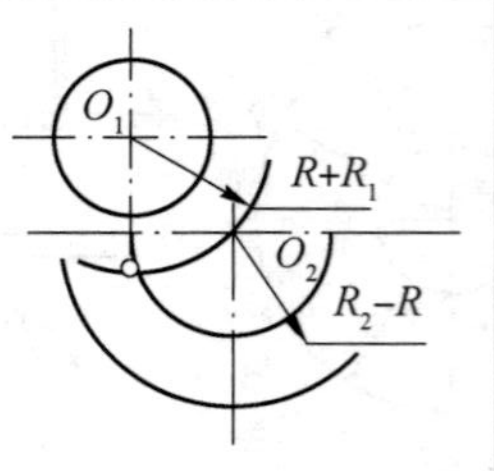

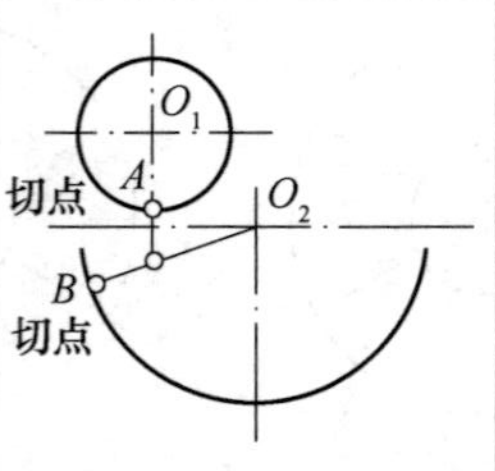

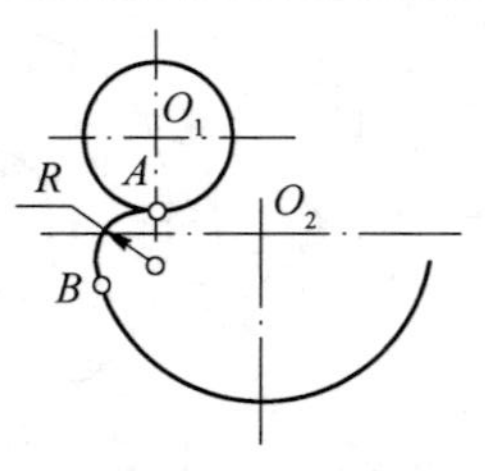

1.4 平面图形画法

一般平面图形都是由若干线段（直线或曲线）连接而成。要正确绘制一个平面图形，必须对平面图形进行尺寸分析和线段分析，从而确定平面图形的画图顺序和步骤。

1.4.1 平面图形的尺寸分析

尺寸按其在平面图形中所起的作用，可分为定形尺寸和定位尺寸。

1. 定形尺寸

确定平面图形各组成部分形状、大小的尺寸，称为定形尺寸，如平面图形各组成部分直线的长度、角度的大小、圆弧的半径（直径）等的尺寸。图1-16中 R8、R9、R49、40等都是定形尺寸。

2. 定位尺寸

确定平面图形各组成部分相对位置的尺寸，称为定位尺寸。图1-16中11、24、38等都是定位尺寸。

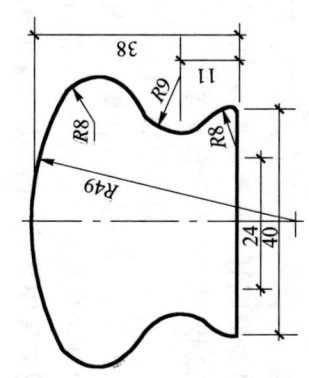

图1-16 平面图形的尺寸分析

1.4.2 平面图形的线段分析

根据线段在图形中的细部尺寸和定位尺寸是否齐全，通常分成三类线段，即已知线段、中间线段、连接线段。

1. 已知线段

已知线段是根据给出的尺寸可直接画出的线段。如图1-16中 R49 圆弧，作图时只要在图形对称线上定出圆心，就可以画出这个圆。又如图1-16中下部分 R8 圆弧和24、40直线也是已知线段。

2. 中间线段

中间线段是指缺少一个尺寸，需要依据相切相接的条件才能画出的线段，如图1-16中 R9 圆弧。

3. 连接线段

连接线段是指缺少两个尺寸，完全依据两端相切或相接的条件才能画出的线段，如图1-16的上部分 R8 圆弧。

在绘制平面图形时，应先画已知线段，再画中间线段，最后画连接线段。

1.4.3 平面图形的画图步骤

(1) 选定比例，布置图面，使图形在图纸上位置适中；
(2) 画出基准线；
(3) 画出已知线段；
(4) 画出中间线段；
(5) 画出连接线段；
(6) 分别标注定形尺寸和定位尺寸。

现以图1-16所示的平面图形（扶手）为例，介绍绘图的方法与步骤。画平面图形的步骤如下：

(1) 充分做好各项准备工作

布置好绘图环境，准备好圆规、铅笔、橡皮等绘图工具和用品；所有的工具和用品都要擦拭干净，不要有污迹，要保持两手清洁。

(2) 固定图纸

将平整的图纸放在图板的偏左下部位，用丁字尺画下一条水平线时，应使大部分尺头在图板的范围内。微调图纸使其下边缘与尺身工作边平行，用胶带纸将四角固定在图板上，如图 1-17 所示。

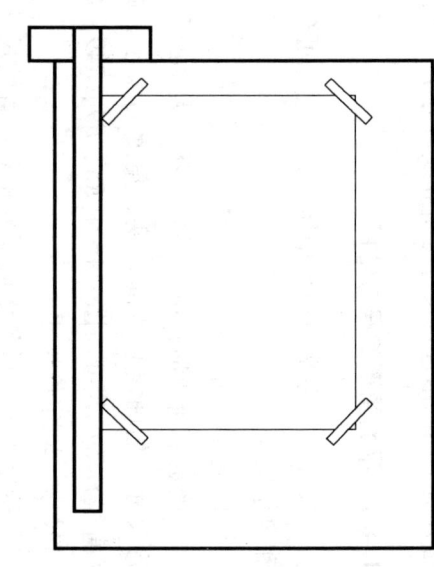

图 1-17 贴图纸

(3) 绘制底图

画底稿时要用较硬的铅笔（2H 或 H），铅芯要削得尖一些，其图线要使绘图者自己能看得见即可，故要经常磨尖铅芯。

对每一图形应先画中心线、边线或底线，再画主要轮廓线及细部。有圆弧连接时，要根据尺寸分析先画已知线段，再画中间线段，最后画连接线段。

图 1-16 所示平面图形中 24、38、R8 和 R49 是已知线段；R9 是中间线段；R8 是连接线段。画底图的步骤如图 1-18 (b)、图 1-18 (c)、图 1-18 (d) 所示。

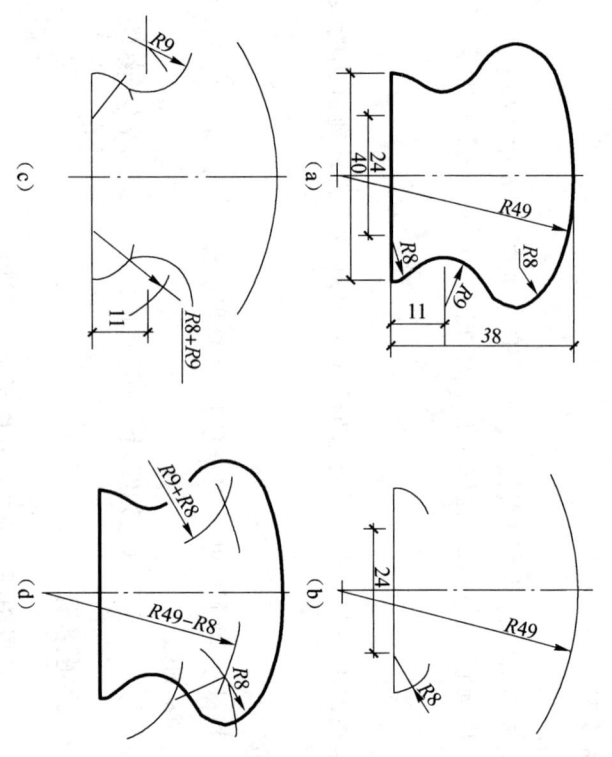

图 1-18 绘制平面图形的方法与步骤

(4) 检查加深

在加深前必须对底稿进行仔细检查，改正，直至确认无误。用 B 或 2B 铅笔加深的顺序是：自下而上，自左至右依次画出同一线宽的图线；先画曲线后画直线；对于同心圆应先画小圆后画大圆。

(5) 标注尺寸

图形完成后，再加深尺寸线、尺寸界线、箭头并注写尺寸数字，标注定形尺寸和定位尺寸。

第 2 章 正投影基础

教学目标和要求

熟悉投影的概念、方法和分类；
掌握正投影的特性；
掌握各种位置点、直线、平面投影图的画法；
根据点、线、面的投影图，能判断点、线、面的空间位置。

教学重点和难点

掌握各种位置点、直线、平面投影图的画法。

我们生活在一个三维空间里，一切形体都有长度、宽度和高度，用投影的方法我们可以把空间的三维形体转变为平面上的二维图形，而且准确、全面地表达出形体的形状和大小。

2.1 投影法概述

2.1.1 投影的形成

在日常生活中，我们常看到人被阳光照射后在地面上呈现影子的现象。如图 2-1（a）所示，将物体放在灯光和地面之间，在地面上就会产生影子，但是这个影子只反映了物体的外形轮廓，至于三个侧面的轮廓均未反映出来。假设光线能够透过形体而将各个顶点和各条侧棱都在平面上落下他们的影，这些点和线的影就能够反映出形体各部分形状的图形。

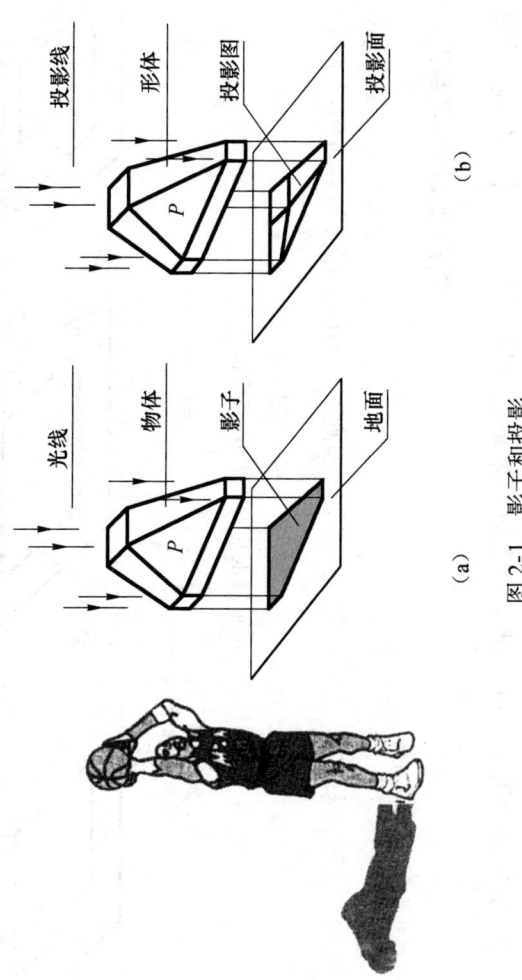

图 2-1 影子和投影
（a）影子；（b）投影

在图 2-1 (b) 中,我们将物体称为形体,光源称为投影中心,落影平面称为投影面,投影法可分为中心投影法和平行投影法两大类。

2.1.2 投影法分类

根据投影中心（S）与投影面的距离,投影法可分为中心投影法和平行投影法两大类。

1. 中心投影法

当投影中心距投影面为有限远时,所有的投影线都汇交于一点,这种形成的平面图形称为投影图,此种形成投影的方法称为投影法。

2. 平行投影法

当投影中心距离投影面为无限远时,用这种方法所得到形体的投影,如图 2-2 (a) 所示,用这种投影法所得投影称为中心投影。

平行投影法 (图 2-2)。根据投影线与投影面的倾角不同,平行投影法又分为斜投影法和正投影法两种。

(1) 斜投影法

当投影线倾斜于投影面时,称为斜投影法,如图 2-2 (b) 所示,用这种投影法所得的投影称为斜投影。

(2) 正投影法

当投影线垂直于投影面时,称为正投影法,如图 2-2 (c) 所示,用这种投影法所得的投影称为正投影。

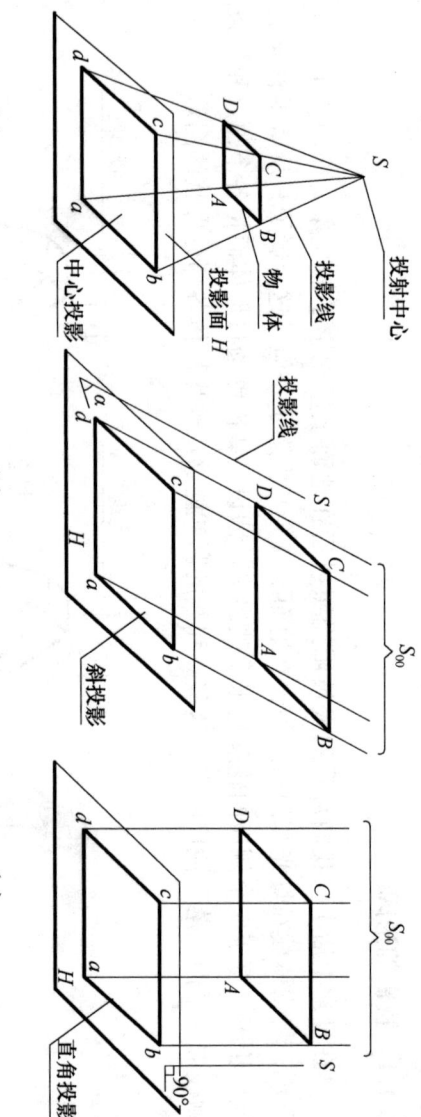

图 2-2 中心投影和平行投影
(a) 中心投影; (b) 斜投影; (c) 正投影

2.1.3 工程上常用的投影图

表达工程物体时,由于表达目的和被表达对象特性的不同,往往需要采用不同的投影图。

一般工程图都是按正投影的原理绘制的,为叙述方便起见,如无特殊说明,以后书中所指"投影"为"正投影"。

常用的投影图有四种:

1. 透视投影图

透视投影图简称为透视图，它是按中心投影法绘制的，如图 2-3 所示。这种图的优点是形象逼真，立体感强，其图样常用作建筑设计方案的比较、展览。缺点是绘图较繁，度量性差。

2. 轴测投影图

轴测投影图简称为轴测图，它是按平行投影法绘制的，如图 2-4 所示。这种图的优点是立体感较强。缺点是度量性较差，作图较麻烦，工程中常用作辅助图样。

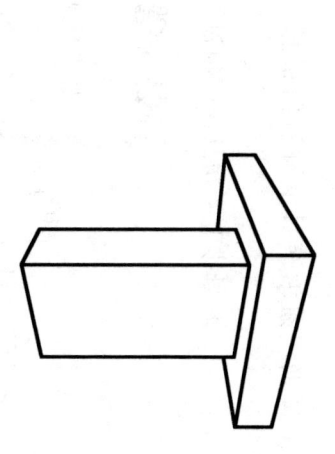

图 2-3 透视投影图　　图 2-4 轴测投影图

3. 正投影图

用正投影法把物体向两个或两个以上互相垂直的投影面进行投影所得到的图样称为多面正投影图，简称为正投影图，如图 2-5 所示。这种图的优点是能准确地反映物体的形状和大小，作图方便，度量性好，在工程中应用最广。缺点是立体感差，需要经过一定的训练才能看懂。

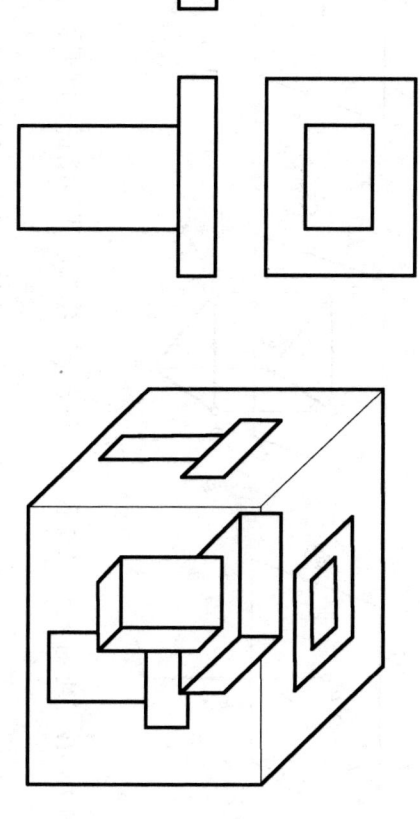

图 2-5 多面正投影图

4. 标高投影图

标高投影图是一种带有数字标记的单面正投影图，如图 2-6 所示。标高投影图常用来表达地面的形状。作图时用间隔相等的水平面截割地形面，其交线即为等高线，将不同高程的等高线投影在水平的投影面上，并标出各等高线的高程，即为标高投影图，从而表达出该处的地形情况。

大多数工程图是采用正投影法绘制的。正投影法是本课程研究的主要对象，以下各章所指的投影，如无特殊说明均指正投影。

25

2.2 正投影的特性

在工程实践中,最经常使用的是正投影,正投影一般有以下几个特性:

1. 实形性

当直线线段或平面图形平行于投影面时,其投影反映实长或实形,如图 2-7 (a)。

2. 积聚性

当直线或平面平行于投影线时(在正投影中垂直于投影面),其投影积聚为一点或一直线,如图 2-7 (b) 所示。

3. 类似性

当直线或平面倾斜于投影面而又不平行于投影线时,其投影小于实长或不反映实形,但与原形类似,如图 2-7 (c)、图 2-7 (d) 所示。

4. 平行性

互相平行的两直线在同一投影面上的投影保持平行,如图 2-7 (g) 所示,$AB /\!/ CD$,则 $ab /\!/ cd$。

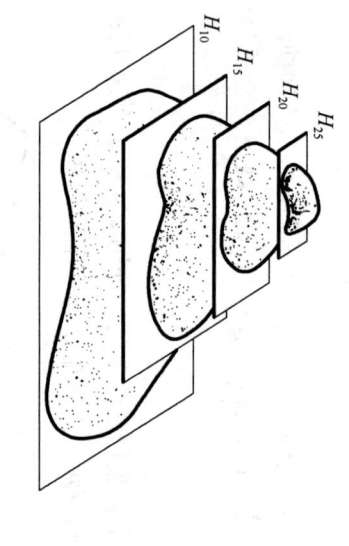

图 2-6 标高投影图

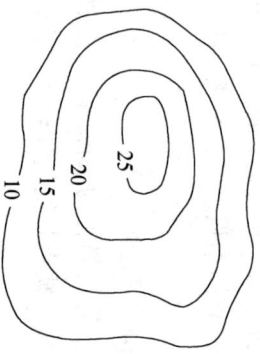

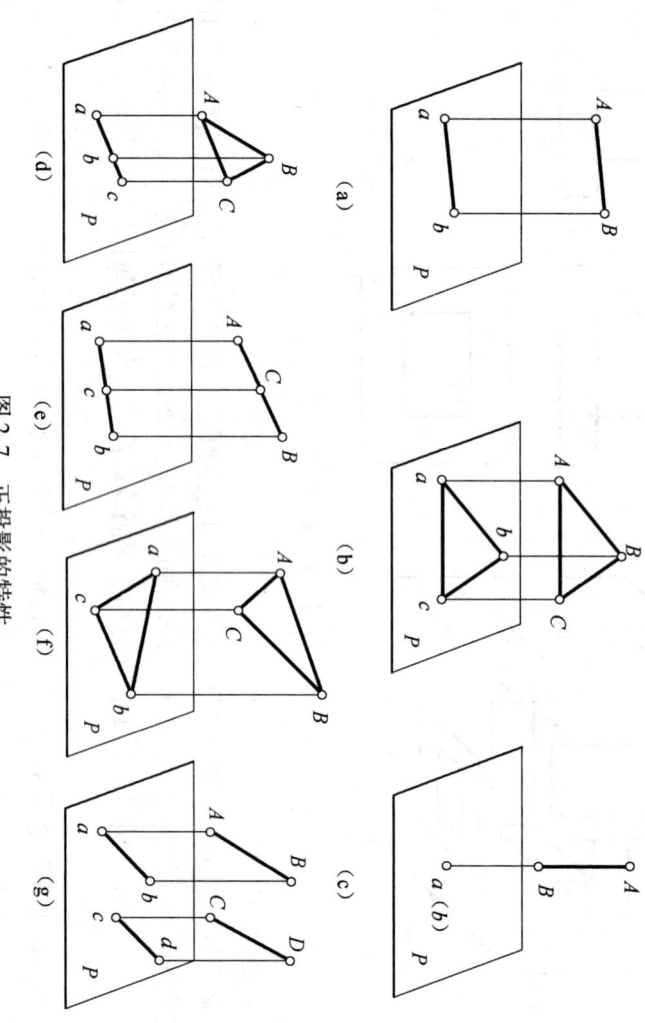

图 2-7 正投影的特性

5. 从属性

若点在直线上，则点的投影必在直线的投影上，如图 2-7（e）中 C 点在 AB 上，C 点的投影 c 必在 AB 的投影 ab 上。

6. 定比性

直线上一点所分直线线段的长度之比等于它们的投影长度之比；两平行线段的长度之比等于它们没有积聚性的投影长度之比。由此，我们可以得出结论，如图 2-7（e）中 AC:CB = ac:cb，图 2-7（g）中 AB:CD = ab:cd。

2.3 三面投影图

2.3.1 物体的一面投影

如图 2-8 所示，在长方体的下面放一个水平投影面用 H 表示，简称 H 面。在水平投影面上的投影称水平投影，简称 H 投影。从图中可看出，长方体的 H 投影只反映长方体的长度和宽度，不能反映其高度。由此，我们可以得出结论，物体的一面投影不能确定物体的形状。

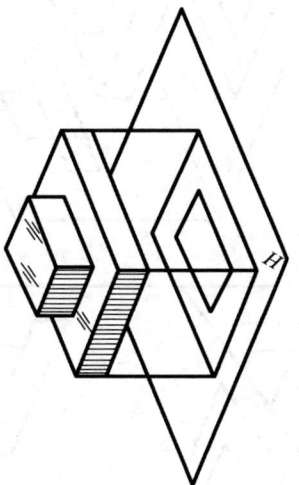

图 2-8 物体的一面投影图

2.3.2 物体的三面投影

如图 2-9 所示，在水平投影面 H 的基础上，增加两个投影面，一个正立投影面用 V 表示，简称 V 面。在正立投影面上的投影称正面投影，简称 V 投影。一个侧立投影面用 W 表示，简称 W 面。在侧立投影面上的投影称侧面投影，简称 W 投影。V 面、H 面和 W 面共同组成一个三面投影体系，三投影面两两相交的交线 OX、OY 和 OZ 称投影轴，三投影轴共同的交点 O 称为原点。

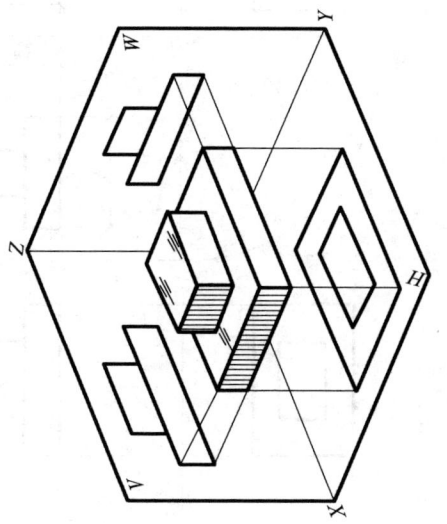

图 2-9 物体的三面投影

2.3.3 三面投影图展开

为使三个投影面处于同一个图纸平面上，我们需要把三个投影面展开。如图 2-10（a）所示，规定 V 面固定不动，H 面绕 OX 轴向下旋转 90°，W 面绕 OZ 轴向右旋转 90°，从而都与 V 面处在同一平面上。这时 OY 轴分为两条，一条随 H 面转到与 OZ 轴在同一铅直线上，标注为 OY_H；另一条随 W 面转到与 OX 轴在同一水平线上，标注为 OY_W，如图 2-10（b）所示。正面投影（V 投影）、水平投影（H 投影）和侧面投影（W 投影）组成的投影图，称为三面投影图。

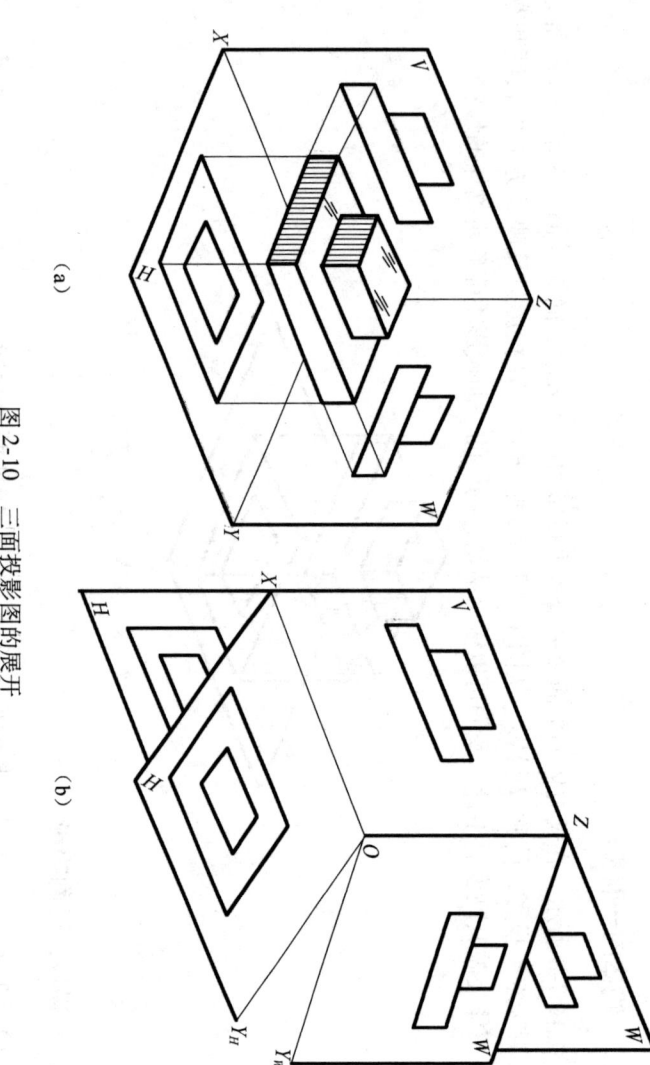

图 2-10 三面投影图的展开

实际作图时，只需画出物体的三个投影而不需画投影面边框线，如图 2-11 所示。熟练作图后，三条轴线亦可省去。

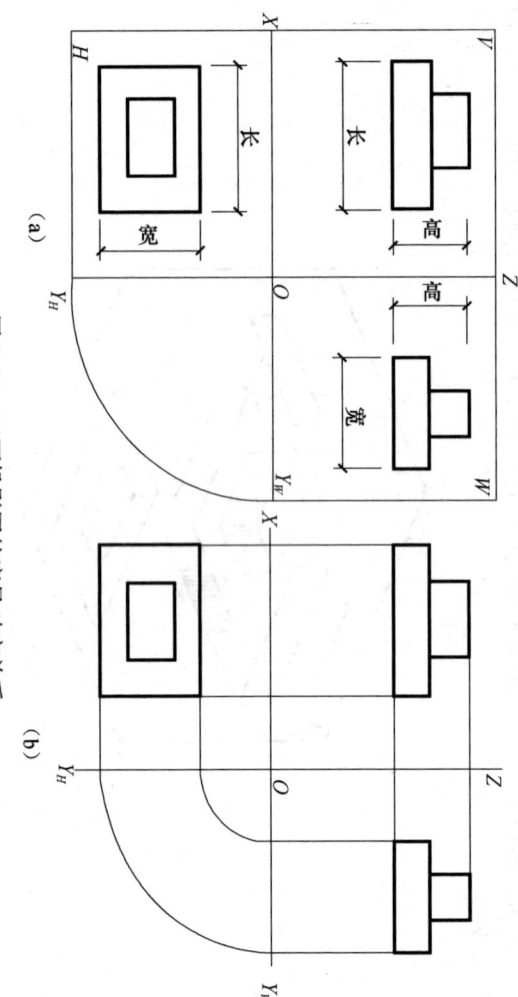

图 2-11 三面投影图的度量对应关系

2.3.4 三面投影图的特性

1. 度量相等

三面投影图共同表达同一物体,它们的度量关系为:

(1) 正面投影与水平投影长对正;
(2) 正面投影与侧面投影高平齐;
(3) 水平投影与侧面投影宽相等。

这种关系称为三面投影图的投影规律,简称三等规律。应该指出:三等规律不仅适用于物体总的轮廓,也适用于物体的局部。

2. 位置对应

从图 2-12 中可以看出:物体的三面投影图与物体之间的位置对应关系为:

(1) 正面投影反映物体的上、下、左、右的位置;
(2) 水平投影反映物体的前、后、左、右的位置;
(3) 侧面投影反映物体的上、下、前、后的位置。

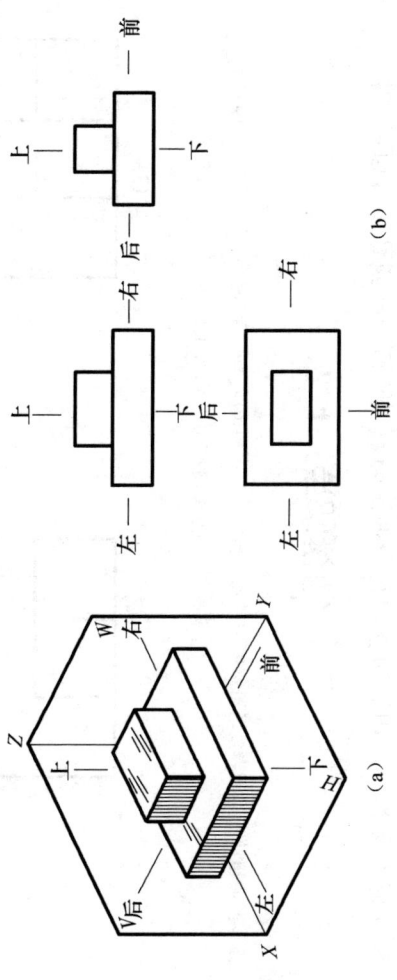

图 2-12 投影图和物体的位置对应关系

2.3.5 画三面投影图

1. 画图步骤

(1) 估计各投影图所占图幅的大小,在图纸上适当安排三个投影的位置。如对称图形,则先做出对称轴线;
(2) 先从最能反映形体特征的投影画起;
(3) 根据"长对正、高平齐、宽相等"的投影关系,做出其他两个投影。

2. 画法举例

以图 2-13 所示台阶模型的三面投影画法举例说明:

(1) 台阶模型立体图。它是由长方体切去两块长方体后形成的台阶。箭头表示 V 投影方向 [图 2-13 (a)];
(2) 绘出外形长方体的三面投影(用细实线打底稿)[图 2-13 (b)];
(3) 在长方体三面投影的轮廓线内加绘台阶的三面投影:先加绘台阶的 V 投影,据此再绘 H、W 投影 [图 2-13 (c) 箭头所示];
(4) 加粗线型完成全图 [图 2-13 (d)]。

任何形体都是由多个表面所围成的，这些表面都可以看成是由点、线等几何元素所组成的。因此，点是组成空间形体最基本的几何元素，要研究形体的投影问题，首先要研究点的投影。

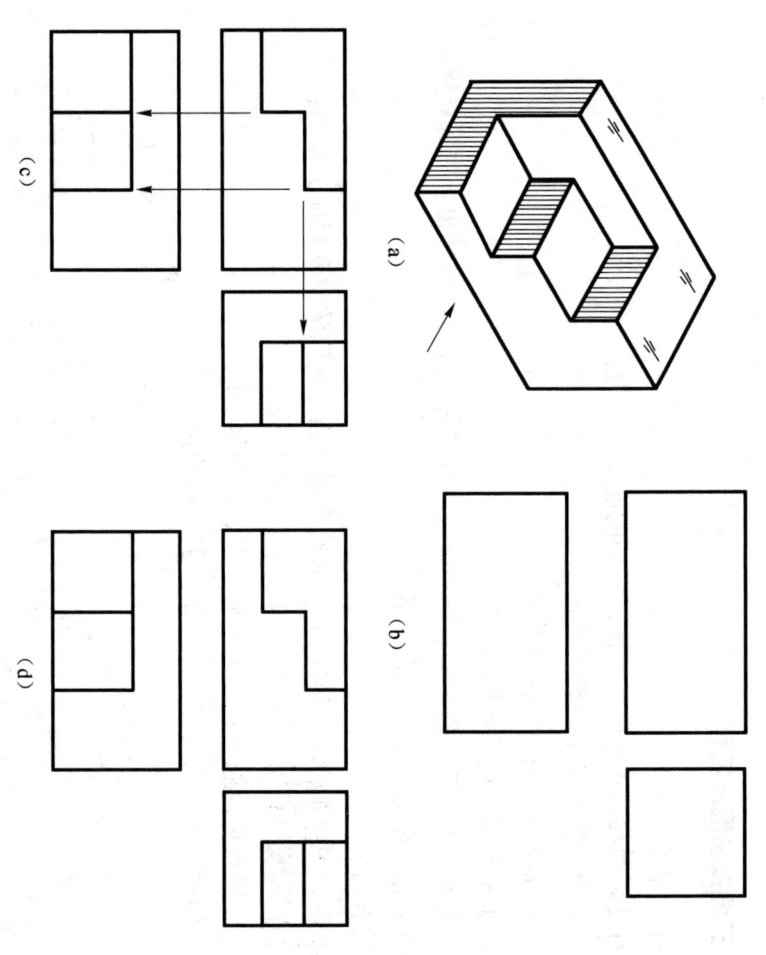

图 2-13 合阶模型的三面投影图
(a) 立体图；(b) 作长方体投影；(c) 切去两个长方体后的形状；(d) 擦去多余线条，加粗加深线型

2.4 点的投影

2.4.1 点的三面投影

1. 点的投影形成

图 2-14 (a) 是空间点 A 的三面投影的直观图，过 A 点分别向 H、V、W 面的投影约定：空间点用大写字母表示（如 A），其在 H 面上的投影称为水平投影，用相应的小写字母表示（如 a）；在 V 面上的投影称为正面投影，用相应的小写字母加一撇表示（如 a'）；在 W 面上的投影称为侧面投影，用相应的小写字母加两撇表示（如 a''）。

将三面投影体系按投影面展开规律展开，便得到 A 点的三面投影图，因为投影面的大小不受限制，所以通常不必画出投影面的边框。图 2-14 (b) 是点 A 的三面投影图。

2. 点的三面投影规律

从图 2-14 (a) 可看出：$aa_x = Aa' = a''a_z$，即 A 点的水平投影 a 到 OX 轴的距离和 A 点的侧面投影 a'' 到 OZ 轴的距离，都等于 A 点到 V 面的距离。由图 2-14 (a) 可看出，由 Aa' 和 Aa 确定的平面 Aaa_xa' 为一矩形，故得到：$aa_x = Aa'$（A 点到 V 面的距离）。

到 H 面的距离)。

同时,还可以看出:因 $Aa \perp H$ 面,$Aa' \perp V$ 面,故平面 $Aaa_xa' \perp H$ 面,$Aaa_xa' \perp V$ 面,则 $OX \perp a'a_x$,$OX \perp aa_x$。当两投影面体系按展开规律展开后,aa_x 与 OX 轴的垂直关系不变,故 $a'a_x$ 为一垂直于 OX 轴的直线,即 $a'a \perp OX$。

同理可知:$a'a'' \perp OZ$,如图 2-14 (b) 所示。

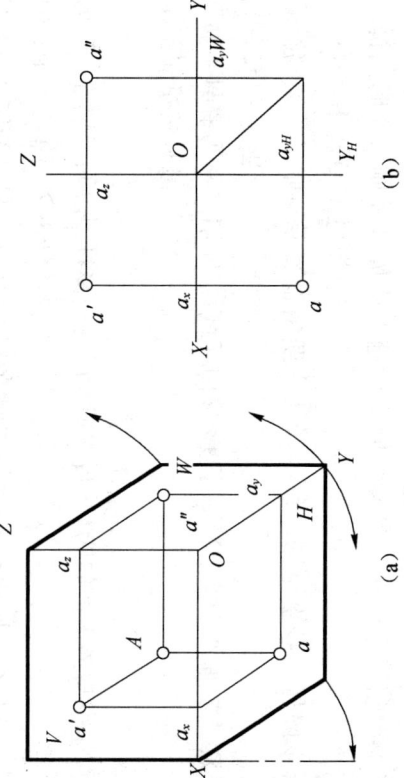

图 2-14 点的三面投影
(a) 空间状况;(b) 投影图

综上所述,可得点的三面投影规律如下:
(1) 一点的水平投影与正面投影的连线垂直于 OX 轴;
(2) 一点的正面投影与侧面投影的连线垂直于 OZ 轴;
(3) 一点的水平投影到 OX 轴的距离等于该点侧面投影到 OZ 轴的距离,都反映该点到 V 面的距离。

由上述规律可知,已知点的两个投影便可求出第三个投影。

3. 例题分析

下面用例题说明如何根据点的两个投影便可求出第三个投影。

【例 2-1】 见图 2-15 (a),已知点 A、B 的两面投影,求作第三面投影。

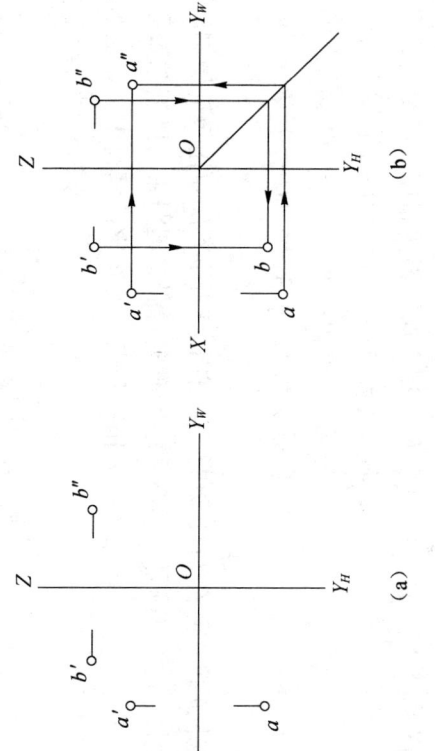

图 2-15 已知两面投影求第三面投影
(a) 已知条件;(b) 作图

(1) 分析

由三面投影规律可知：一点的水平投影与正面投影的连线垂直于 OX 轴；一点的水平投影与侧面投影的连线垂直于 OZ 轴；一点的正面投影到 OZ 轴的距离与侧面投影到 OX 轴的距离，都反映该点到 V 面的距离。

(2) 作图 [过程见图 2-15 (b)]

① 过 O 点作 45° 辅助线，过 $a'a'' \perp OZ$ 轴，过 a 作直线平行 OX 轴，与 45° 辅助线相交后作平行于 OZ 轴的直线且交 $a'a'' \perp a''$。

② 过 b' 作 $bb' \perp OZ$ 轴，过 b' 作直线平行 OZ 轴，与 45° 辅助线相交后作平行于 OX 轴的直线交 bb' 于 b。

4. 特殊点的投影规律

如果空间点处于特殊位置，比如点恰巧在投影面上或投影轴上，那么，这些点的投影规律又如何呢？如图 2-16 所示：

(1) 若点在投影面上，则点在该投影面上的投影与空间点重合，另两个投影均在投影轴上，如图 2-16 (b) 中的点 A 和点 C；

(2) 若点在投影轴上，则点的两个投影与空间点重合，另一个投影在投影轴原点，如图 2-16 (b) 中的点 C。

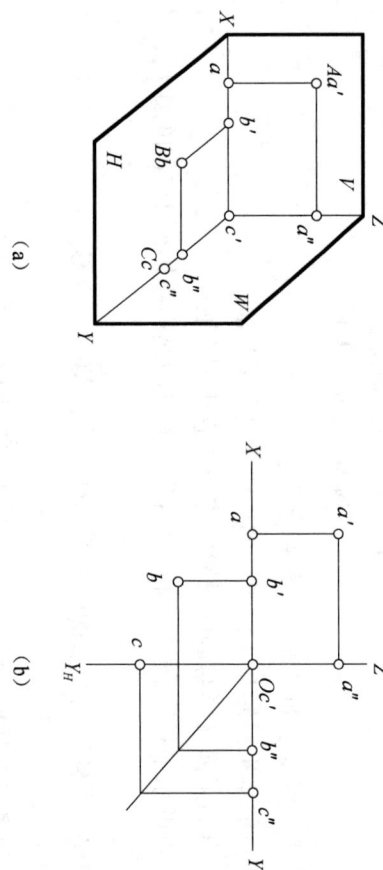

图 2-16 投影面、投影轴上的点的投影
(a) 空间状况；(b) 投影图

5. 点的投影与坐标的关系

空间点的位置除了用投影面表示以外，还可以用坐标轴来表示。

我们可以把投影面当作坐标面，把投影轴当作坐标轴，把投影原点当作坐标原点，则点到三个投影面的距离便可用点的三个坐标的关系如图 2-17 所示，点的投影与坐标的关系如下：

A 点到 H 面的距离 $Aa = Oa_z = a'a_x = a''a_y = Z$ 坐标
A 点到 V 面的距离 $Aa' = Oa_y = aa_x = a''a_z = Y$ 坐标
A 点到 W 面的距离 $Aa'' = Oa_x = a'a_z = aa_y = X$ 坐标

由此可见，已知点的三面投影就能确定该点的三个坐标；反之，已知点的三个坐标，就能确定该点的三面投影或空间点的位置。

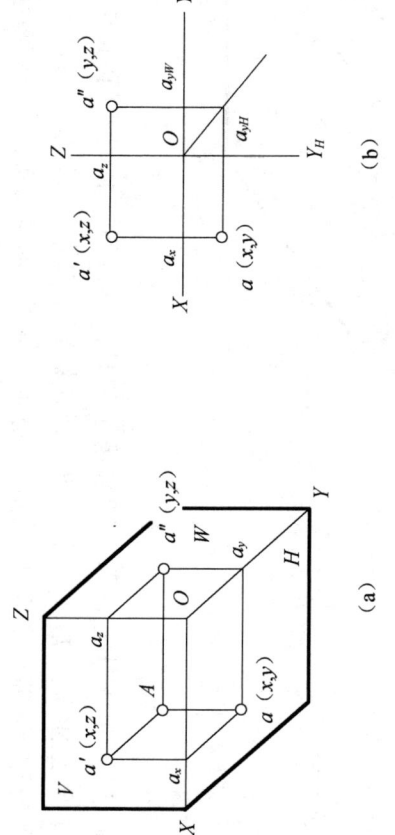

图 2-17 点的投影与坐标
(a) 空间状况；(b) 投影图

2.4.2 两点的相对位置

1. 两点的相对位置

根据两点的投影，可判断两点的相对位置。如图 2-18 所示，从图 2-18 (a) 表示的上下、左右、前后位置对应关系可以看出：根据两点的三个投影判断其相对位置时，可由正面投影或侧面投影判断上下位置，由正面投影或水平投影判断左右位置，由水平投影或侧面投影判断前后位置。根据图 2-18 (b) 中 A、B 两点的投影，可判断出 A 点在 B 点的左、上方；反之，B 点在 A 点的右、后、下方。

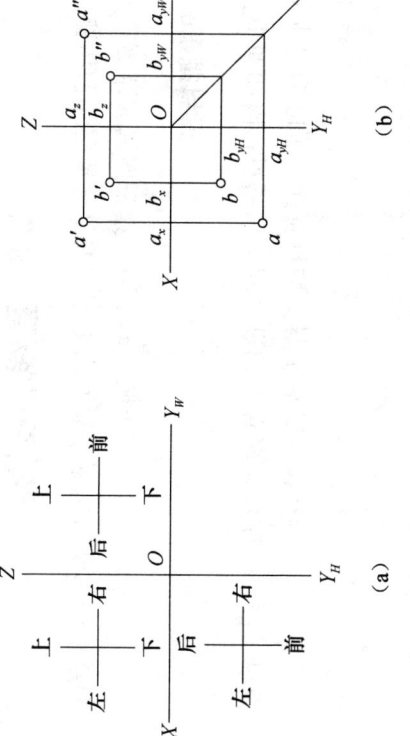

图 2-18 两点的相对位置
(a) 空间状况；(b) 作图

2. 重影点及可见性的判断

当空间两点位于某一投影面的同一条投影线上时，则此两点在该投影面上的投影重合，这两点称为对该投影面的重影点。

如图 2-19 (a) 所示，A、C 两点处为对 V 面的同一条投影线上，它们的 V 面投影 a'、c' 重合，A、C 两点就称为对 V 面的重影点。同理，A、B 两点处于对 H 面的同一条投影线上，两点的 H 面投影 a、b 重合，A、B 两点就称为对 H 面的重影点。

当空间两点在某一投影面上的投影重合时，其中必有一点遮挡另一点，这就存在着可见性的问题。如图 2-19 (b) 所示，A 点和 C 点在 V 面上的投影重合为 $a'(c')$，A 点在前遮挡

C 点，其正面投影 a' 是可见的，而 C 点的正面投影（c'）不可见，加括号表示（称前遮后，即前可见后不可见）。同时，A 点上遮挡 B 点，a 为可见，（b）为不可见（称上遮下，即上可见下不可见）。同理，也有左遮右的重影状况（左可见右不可见），如 A 点遮住 D 点。

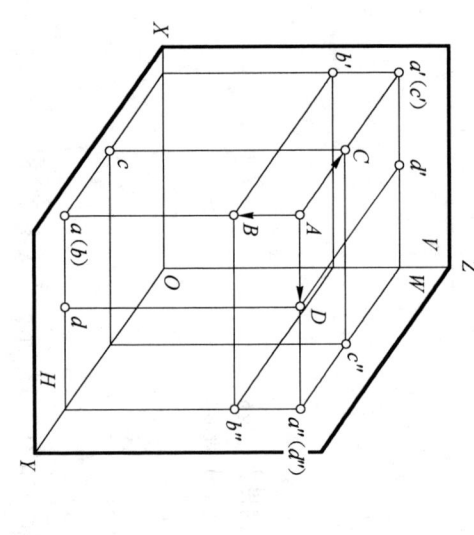

图 2-19 重影点的可见性
(a) 空间状况；(b) 投影图

2.5 直线的投影

直线的投影一般情况下仍然是直直线。由于空间两个点可以确定一条直线，所以直线的投影可以由直线上任意两点的同面投影连成直线来确定。

2.5.1 各类直线的投影特性

根据直线与投影面的相对位置的不同，直线可分为投影面平行线、投影面垂直线和一般位置直线。投影面平行线和投影面垂直线统称为特殊位置直线。

1. 一般位置直线

(1) 空间位置

一般位置直线对三个投影面都处于倾斜位置，它与 H、V、W 面的倾角 α、β、γ 均不等于 0°或 90°，如图 2-20 (a) 所示。

(2) 投影特性

如图 2-20 (a) 所示，通过直线 AB 上各点向投影面作投影，这些投影线在空间形成了一个平面，这个平面与投影面 H 的交线 ab 就是直线 AB 的 H 面投影。绘制一条直线的三面投影图，可将直线上两端点的各同面投影相连，便得该直线的投影。如图 2-20 (b) 所示。

根据一般位置直线的空间位置，我们可得其投影特性如下：一般位置直线，均不平行于投影轴，均倾斜于投影面，三个投影均不反映实长；三个投影与投影轴的夹角均不反映直线与投影面的夹角。

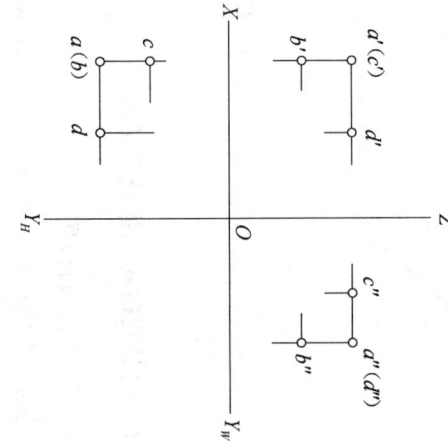

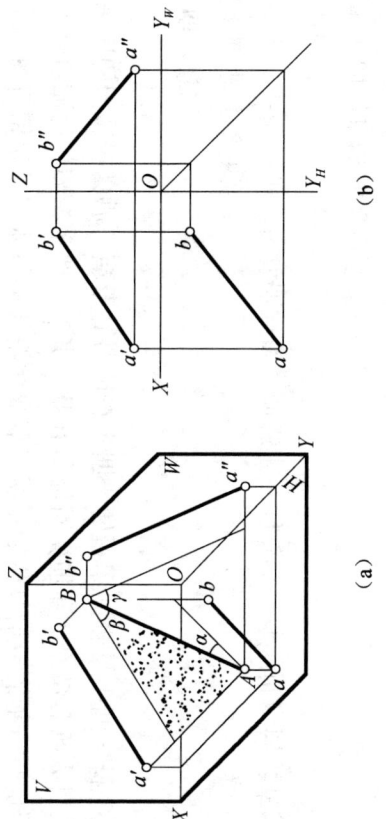

图 2-20 直线的投影
(a) 空间状况；(b) 投影图

2. 投影面平行线

(1) 平行面平行线分类

平行于某一个投影面，与其他两投影面都倾斜的直线，称为投影面平行线。可分为三种：

①平行于 H 面，与 V、W 面倾斜的直线称为水平线；
②平行于 V 面，与 H、W 面倾斜的直线称为正平线；
③平行于 W 面，与 H、V 面倾斜的直线称为侧平线。

(2) 投影特性

根据投影面平行线的空间位置，我们可以得出其投影特性。水平线、正平线及侧平线的直观图、投影图及投影特性见表 2-1。

表 2-1 投影面平行线的投影特性

直线的位置	正平线	水平线	侧平线
直观图			
投影图			
投影特性	1. 正面投影 $a'b'$ 反映线段实长，它与 OX、OZ 轴的夹角即 α、γ； 2. 其他两投影分别平行 OX 轴（或同垂直于 OY 轴）	1. 水平投影 ab 反映线段实长，它与 OX 轴、OY_H 轴的夹角即 β、γ； 2. 其他两投影分别平行 OZ 轴（或同垂直于 OY_W 轴）	1. 侧面投影 $a''b''$ 反映实长，它与 OY_W、OZ 轴的夹角即 α、β； 2. 其他两投影分别平行 OZ 轴（或同垂直于 OY_H 轴）

从表 2-1 可概括出投影面平行线的投影特性：投影面平行线在其所平行的投影面上的投影反映实长，并反映与另两投影面的夹角；在其他两投影面上的投影分别平行于该直线所平行的那个投影面的两条投影轴（或在其他两投影面上的投影同垂直于同一投影轴），且长度都小于其实长。

3. 投影面垂直线

（1）投影面垂直线分类

把垂直于某一个投影面，与其他两投影面都平行的直线，称为投影面垂直线。投影面垂直线分为三种：

①垂直于 V 面的直线称为正垂线；

②垂直于 H 面的直线称为铅垂线；

③垂直于 W 面的直线称为侧垂线。

（2）投影特性

根据投影面垂直线的空间位置，我们可以得出其投影特性。正垂线、铅垂线、侧垂线的直观图、投影图及投影特性见表 2-2。

表 2-2　投影面垂直线的投影特性

直线的位置	正垂线	铅垂线	侧垂线
直观图	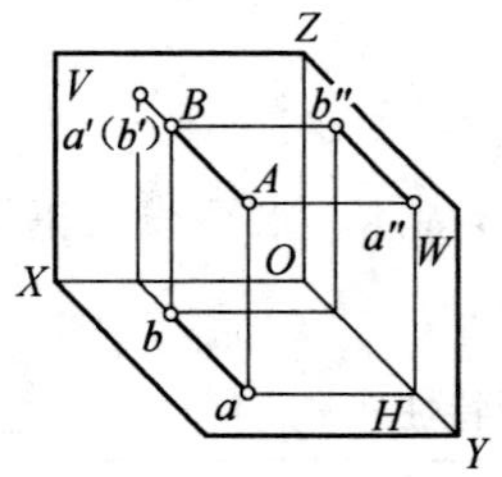	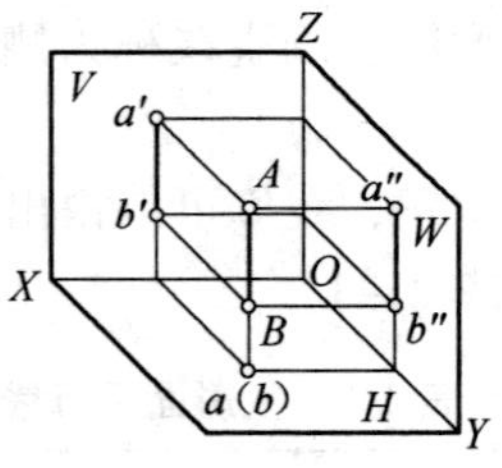	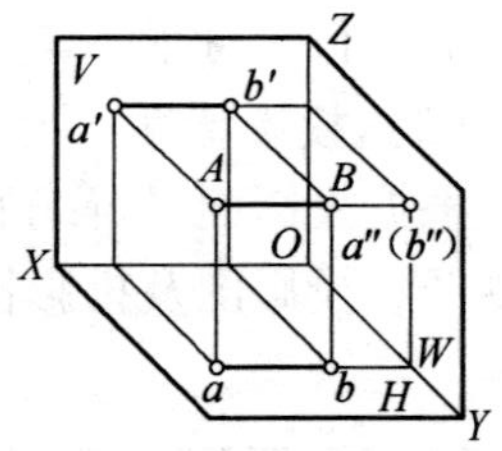
投影图	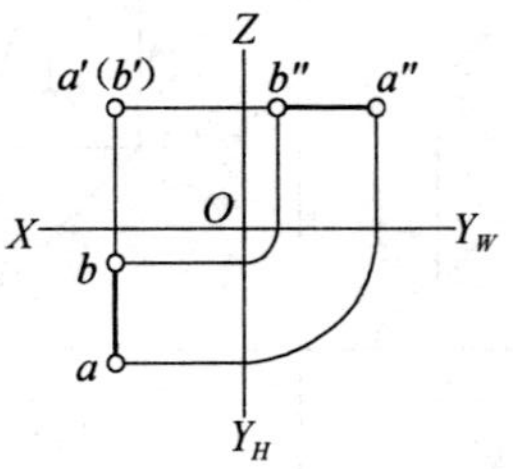	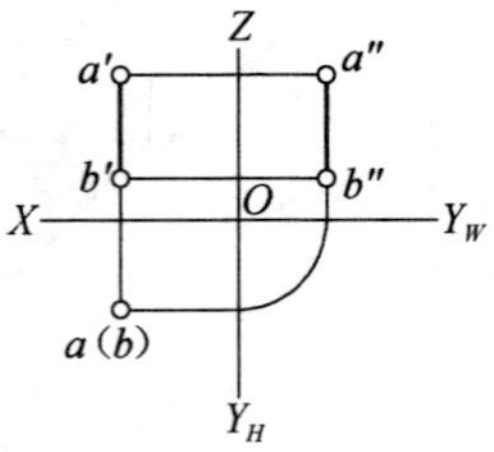	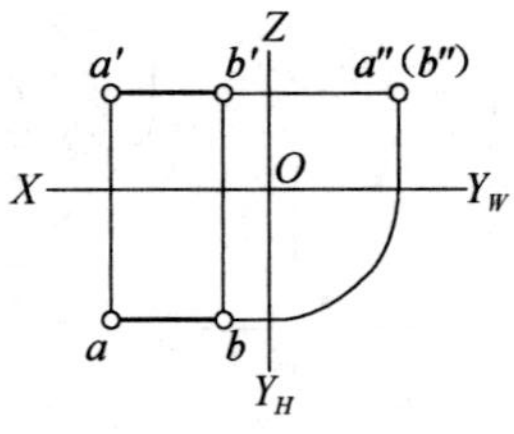
投影特性	1. 正面投影 a'（b'）积聚成一点； 2. 水平投影 $ab \perp OX$ 轴，侧面投影 $a''b'' \perp OZ$ 轴（即 ab、$a'b'$均平行于 OY 轴），并且都反映线段实长	1. 水平投影 a（b）积聚成一点； 2. 正面投影 $a'b' \perp OX$ 轴，侧面投影 $a''b'' \perp OY_W$ 轴（即 $a'b'$、$a''b''$均平行于 OZ 轴），并且都反映线段实长	1. 侧面投影 a''（b''）积聚成一点； 2. 正面投影 $a'b' \perp OZ$ 轴，水平投影 $ab \perp OY_H$ 轴（即 $a'b'$、ab 均平行于 OX 轴），并且都反映线段实长

从表 2-2 可概括出投影面垂直线的投影特性：投影面垂直线在其所垂直的投影面上的投影积聚成一点；在其他两个投影面上的投影分别垂直于该直线所垂直的那个投影面两条投影轴（或其他两投影同平行于同一投影轴），并且都反映线段的实长。

2.5.2 两直线的相对位置

两直线在空间的相对位置关系有三种情况：平行、相交、交叉。

1. 两直线平行

若空间两直线平行，则它们的同面投影必然互相平行，如图 2-21（a）和图 2-21（b）所示。

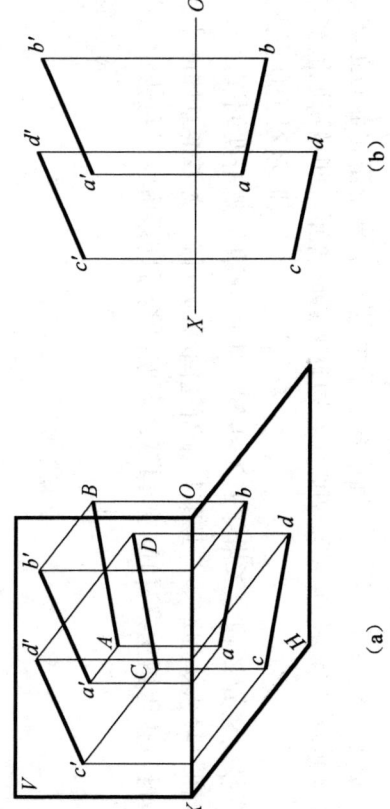

图 2-21 两直线平行

反过来，若两直线的同面投影互相平行，则此两直线在空间也一定互相平行。但当两直线均为某投影面平行线时，则需要观察两直线在该投影面上的投影才能确定它们在空间是否平行。见图 2-22（b），通过侧面投影可以看出 EF、CD 两直线在空间不平行。

2. 两直线相交

若空间两直线相交，则它们的同面投影也必然相交，并且交点的投影符合点的投影规律，如图 2-23（a）和图 2-23（b）所示。

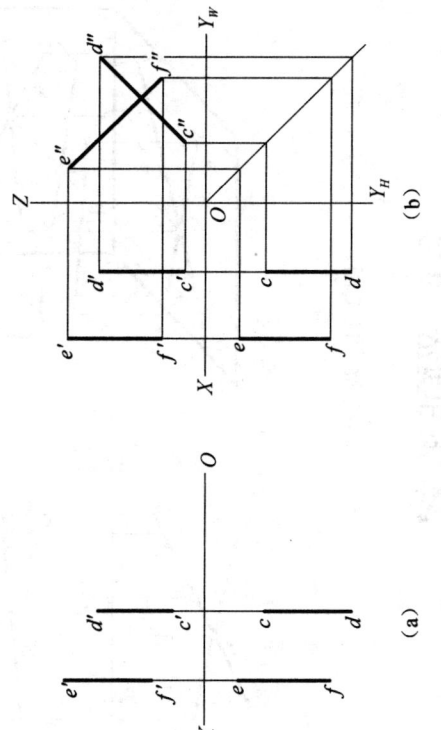

图 2-22 两直线不平行

37

3. 两直线交叉

空间两条直线既不相交也不平行的直线,称为交叉直线,其投影不满足平行和相交两直线的投影特点。若空间两直线交叉,则它们的同面投影可能有一个或两个相交,但交点不符合点的投影规律(交点的连线不垂直于投影轴)。

空间两直线交叉的投影的交点是两直线对该投影面的重影点的投影,对重影点需要判别可见性。如图 2-24(a)和图 2-24(b)所示,AB 与 CD 的 H 面投影按照前后遮后、上遮下、左遮右的原则来判断。重影点的可见性可根据重影点的其他投影来判别可见性。AB 与 CD 的 H 面投影 ab、cd 的交点为 CD 上的 I 点和 AB 上的 II 点的重合投影,从 V 面投影看,I 点在上,II 点在下,所以 1′可见,2′为不可见。同理,AB 与 CD 的 V 面投影 $a'b'$、$c'd'$ 的交点为 AB 上的 IV 点与 CD 上的 III 点在 V 面上的重合投影,从 H 面投影看,III 点在前,IV 点在后,所以 3′可见,4′不可见。

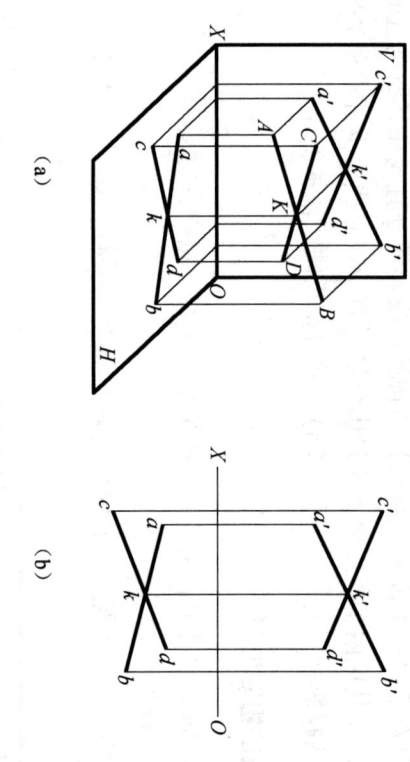

图 2-23 两直线相交

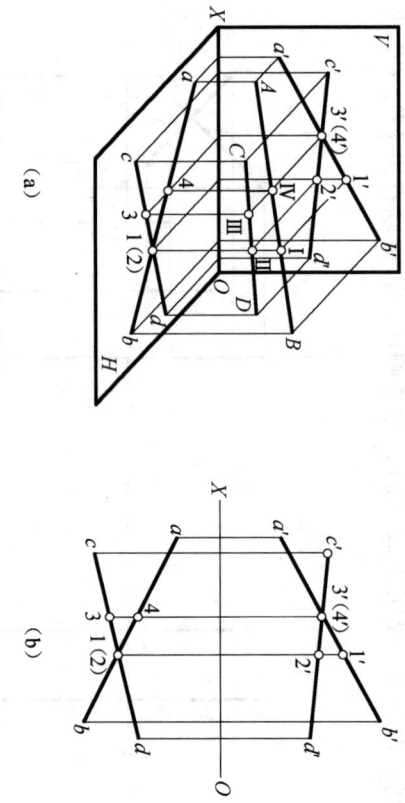

图 2-24 两直线交叉

2.6 平面的投影

2.6.1 平面的表示法

根据初等几何学所述,平面的表示方法有以下几种,如图 2-25 所示。
图 2-25(a)所示:不在同一直线上的三点;图 2-25(b)所示:一直线和直线外一点;

图 2-25（c）所示：两相交直线；图 2-25（d）所示：两平行直线；图 2-25（e）所示：任意平面图形（如四边形、三角形、圆等）。

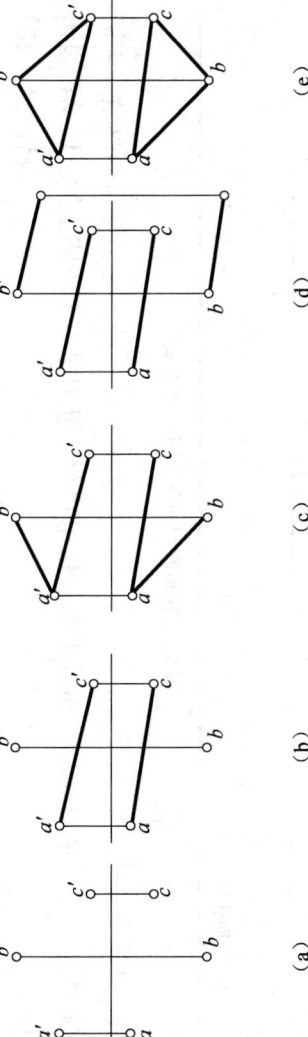

图 2-25 几何元素表示平面

2.6.2 各种位置平面的投影特性

根据平面与投影面相对位置的不同，平面可分为投影面平行面、投影面垂直面、一般位置平面。投影面平行面和投影面垂直面统称特殊位置平面。

1. 一般位置平面

(1) 空间位置

与三个投影面均倾斜，形成一定角度的平面，称为一般位置平面，如图如图 2-26（a）所示。

(2) 投影特性

因为一般位置平面与三个投影面既不平行，也不垂直。因此，可概括出一般位置平面的三个投影既不反映实形，也不积聚成直线，均是类似形。如图 2-26（b）所示。

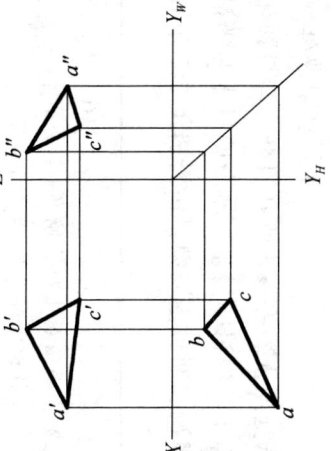

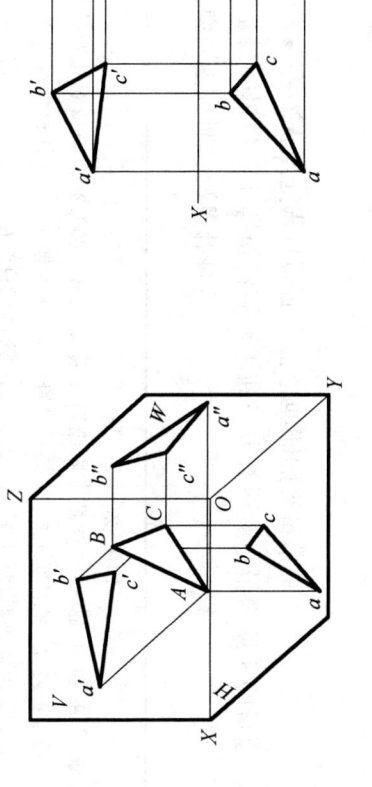

图 2-26 一般位置平面
(a) 空间示意；(b) 投影图

2. 投影面平行面

(1) 投影面平行面分类

把平行于某一个投影面，与其他两个投影面都垂直的平面，称为投影面平行面。投影面平行面分为三种：

① 平行于 H 面，与 V、W 垂直的平面称为水平面；
② 平行于 V 面，与 H、W 垂直的平面称为正平面；
③ 平行于 W 面，与 H、V 垂直的平面称为侧平面。

（2）投影特性

根据投影面平行面的空间位置，我们可以得出其投影特性。各种投影面平行面直观图、投影图及投影特性见表 2-3。

表 2-3 投影面平行面的投影特性

名 称	正平面	水平面	侧平面
直观图	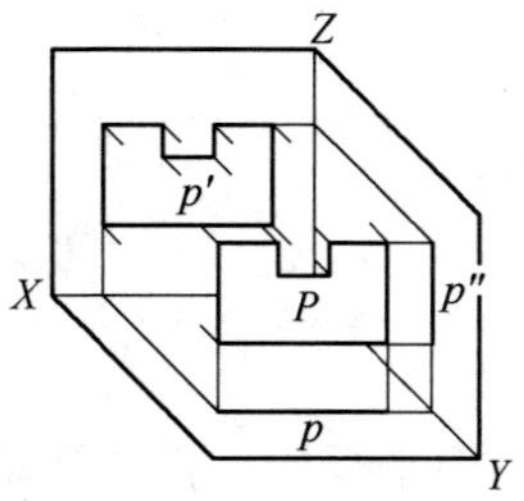	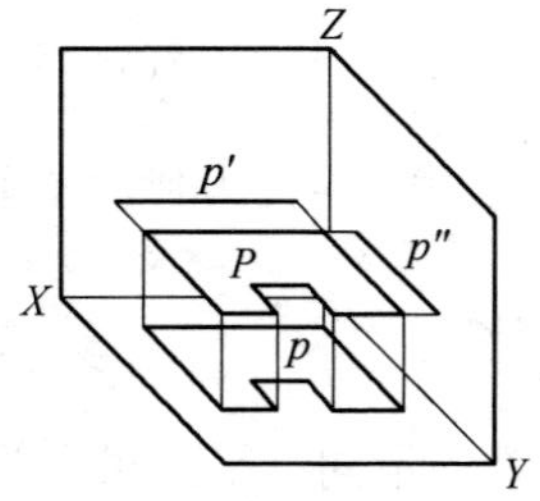	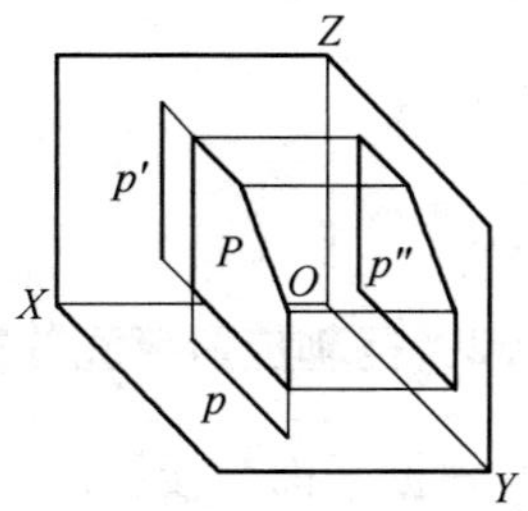
投影图	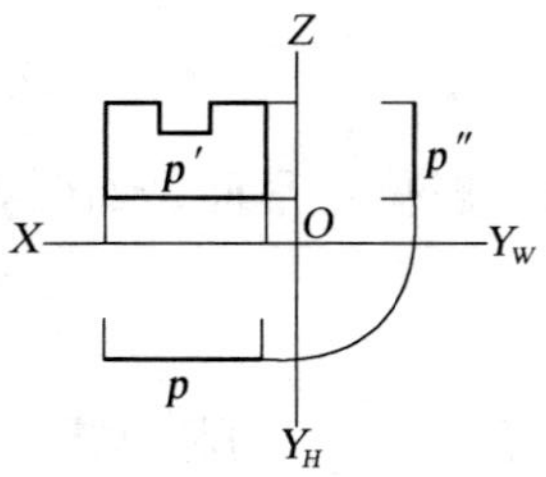	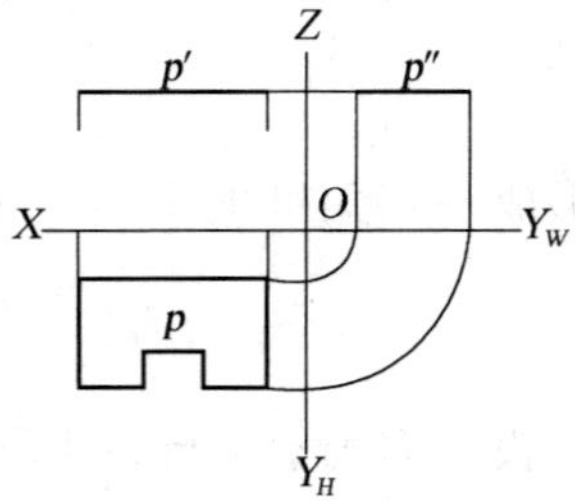	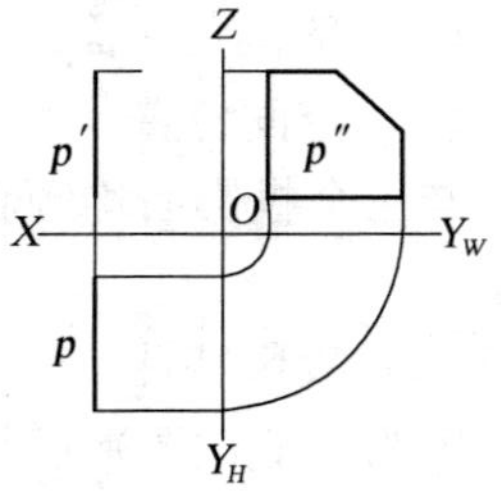
投影特性	1. V 面投影反映实形； 2. H 面投影，W 面投影积聚成直线，分别平行于投影轴 OX、OZ	1. H 面投影反映实形； 2. V 面投影，W 面投影积聚成直线，分别平行于投影轴 OX、OY$_W$	1. W 面投影反映实形； 2. V 面投影，H 面投影积聚成直线，分别平行于投影轴 OZ、OY$_H$

从表 2-3 可概括出投影面平行面的投影特性：

投影面平行面在它所平行平面的投影面上的投影反映实形；在其他两个投影面上的投影，分别积聚成直线，并且分别平行于该平面所平行的投影面的那两条投影轴。

3. 投影面垂直面

（1）投影面垂直面分类

把垂直于某一个投影面，与其他两个投影面都倾斜的平面，称为投影面垂直面。投影面垂直面分为三种：

① 垂直于 H 面，与 V、W 面倾斜的平面称为铅垂面；
② 垂直于 V 面，与 H、W 面倾斜的平面称为正垂面；
③ 垂直于 W 面，与 H、V 面倾斜的平面称为侧垂面。

（2）投影特性

各种投影面垂直面的直观图、投影图及投影特性见表 2-4。

表 2-4 投影面垂直面的投影特性

名称	正垂面	铅垂面	侧垂面
直观图			
投影图			
投影特性	1. V 面投影积聚成一直线,并反映与 H、W 面的夹角 α、γ; 2. 其他两投影为面积缩小的类似形	1. H 面投影积聚成一直线,并反映与 V、W 面的倾角 β、γ; 2. 其他两投影为面积缩小的类似形	1. W 面投影积聚成一直线,并反映与 H、V 面的倾角 α、β; 2. 其他两投影为面积缩小的类似形

从表 2-5 可概括出投影面垂直面的投影特性:
投影面垂直面在它所垂直的投影面上的投影积聚成直线,它与投影轴的夹角,分别反映该平面对其他两投影面的夹角;在其他两投影面上的投影为面积缩小的类似形。

2.6.3 平面上的直线和点

1. 平面上的直线

直线在平面上的几何条件是:直线通过平面上的两点,或通过平面上一点且平行于平面上的一直线,如图 2-27 (a) 和图 2-27 (b) 所示。

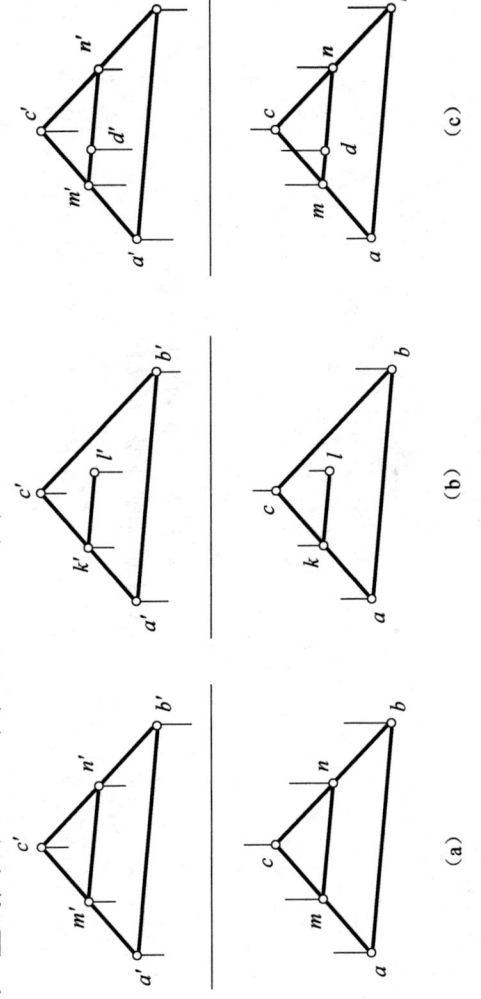

图 2-27 平面上的直线和点

2. 平面上的点

点在平面上的几何条件是：点在平面上的一条直线上。因此，要在平面上取点，必须先在平面上取线，然后再在此线上取点，即：点在线上，线在面上，那么点一定在此面上。如图 2-27 (c) 所示。

3. 特殊位置平面上的直线和点

因为特殊位置的平面在它所垂直的投影面上的投影积聚成直线，所以特殊位置平面上的点，直线和平面图形，在该平面所垂直的投影面上的投影，都位于该平面的有积聚性的同面投影上，如图 2-28 所示。

【例 2-2】 如图 2-29 (a) 所示，已知 △ABC 的两面投影，及 △ABC 内 K 点的水平投影 k，作正面投影 k'。

(1) 分析

由初等几何可知，过平面内一点可以在平面内作无数条直线，该平面的已知直线，则点的投影一定落在该直线的同面投影上。

(2) 作图 [过程如图 2-29 (b)，图 2-29 (c) 所示]

过 △ABC 的某一顶点与点 K 作一直线如 AL，k' 在直线 AL 的正面投影上。

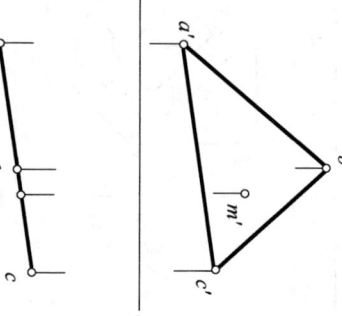

图 2-28 投影面垂直面上的点

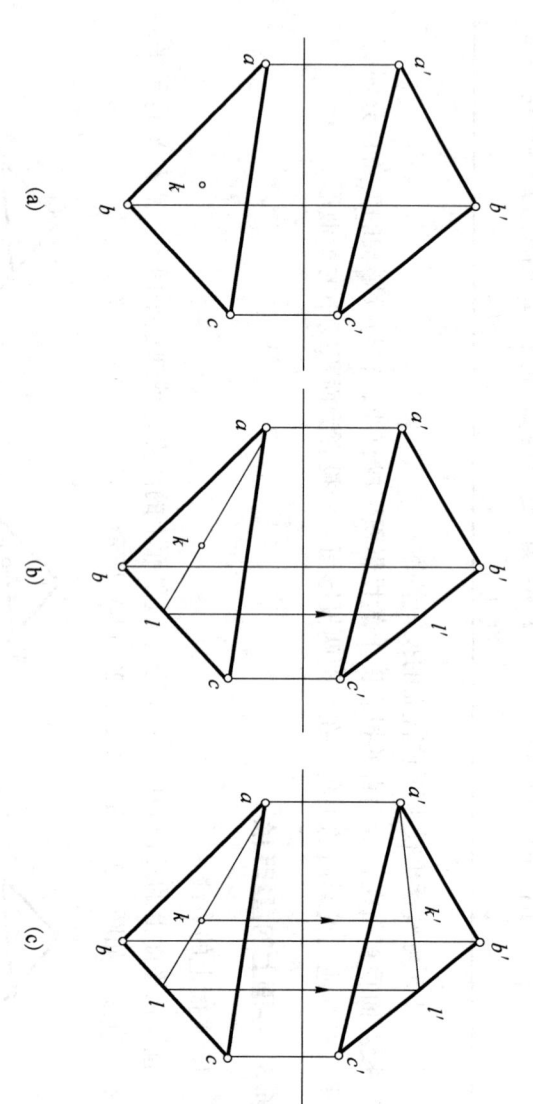

图 2-29 作平面内点的投影
(a) 已知；(b) 作图过程一；(c) 作图过程二

第3章 立体的投影

教学目标和要求

掌握平面立体投影图的画法；
掌握曲面立体投影图的画法；
掌握立体截交线的画法；
掌握立体相贯线的画法。

教学重点和难点

掌握立体截交线的画法；
掌握立体相贯线的画法。

建筑形体是由基本立体叠加、切割、相交构成的。常见的基本立体分为平面立体和曲面立体两大类。在这一章将介绍基本立体本身的投影，平面切割基本立体后的投影以及两基本立体相交后的投影。

3.1 平面立体的投影

平面立体的每个表面都是平面，如棱柱、棱锥，由底面和侧面围成。立体的侧面称为棱面，棱面的交线称为棱线，棱线的交点称为顶点。平面立体的投影实质就是画出组成立体各表面的投影。看得见的棱线画成实线，看不见的棱线画成虚线。

3.1.1 棱柱

棱柱的棱线互相平行，上底面和下底面互相平行且大小相等。常见的棱柱有三棱柱、四棱柱、五棱柱和六棱柱。

现以图 3-1 所示的五棱柱为例说明棱柱的投影特征和作图方法。

1. 棱柱的投影

(1) 分析

图 3-1 (a) 所示正五棱柱的顶面和底面平行于水平面，后棱面平行于正面，其余各棱面均垂直于水平面。在这种位置下，五棱柱的投影特征是：顶面和底面的水平投影重合，并反映实形——正五边形。五个棱面的水平投影分别积聚为五边形的五条边。正面和侧面投影是大小不同的矩形分别是各棱面的投影，不可见的棱线画虚线。

(2) 作图

①先画出对称中心线，如图 3-1 (b) 所示。

②再画出两个底面的三面投影：其 H 投影重合，反映正五边形实形，是五棱柱的特征投影。它们的 V 投影和 W 投影均积聚为直线。

③ 画出各棱线的三面投影：H 投影积聚为正五边形的五个顶点，其 V 投影和 W 投影均反映实长。

④ 三面投影满足长对正、高平齐、宽相等三等定律，省略三根投影轴。如图 3-1 (b) 所示。

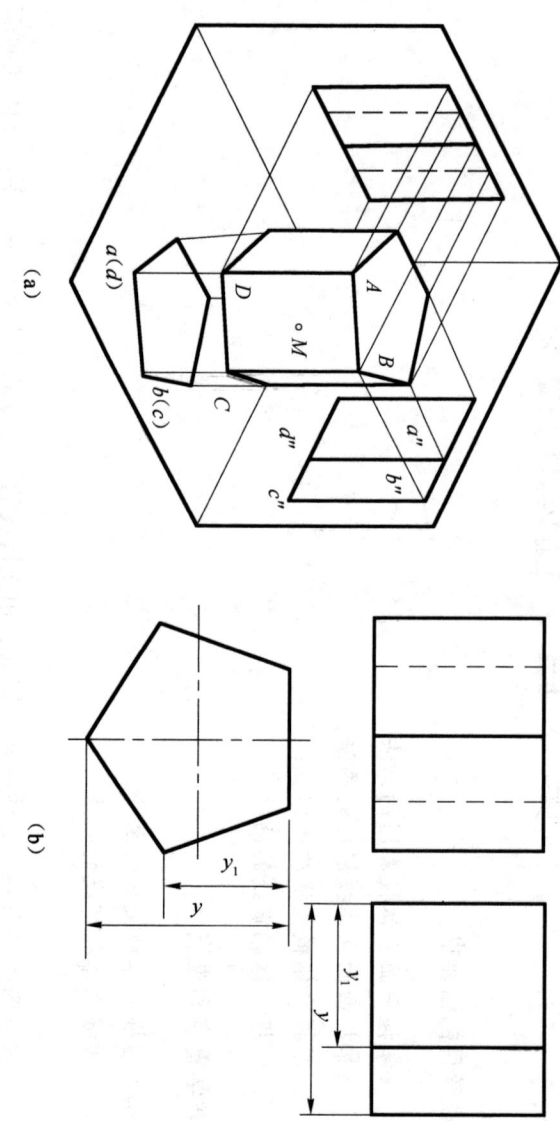

图 3-1 五棱柱的投影
(a) 空间示意；(b) 投影图

2. 棱柱表面取点、取线

由于组成棱柱的各表面都是平面，因此，在平面立体表面上取点、取线的问题，实质上就是在平面上取点、取线的问题。

判别立体表面上点和线可见与否的原则是：如果点、线所在表面的投影可见，那么点、线的同面投影可见，否则不可见。

【例 3-1】 如图 3-2 (a) 所示，已知五棱柱棱面上点 M 的正面投影 m'，求作另外两投影 m、m''。

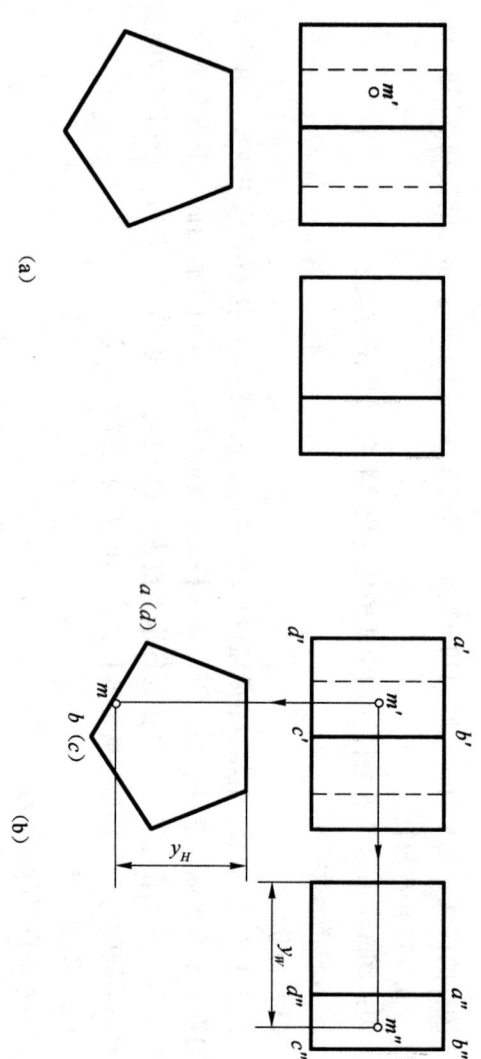

图 3-2 五棱柱表面上取点
(a) 已知条件；(b) 作图

(1) 分析

从图3-2中可知：M点的正面投影m'可见，由此判断M点在五棱柱的左前面$ABCD$上，左前面为铅垂面，H投影有积聚性，其M点H投影m必在该侧面的积聚投影上。

(2) 作图 [过程如图3-2 (b) 所示]

① 分别过m'向下引垂线交积聚投影$abcd$于m点。

② 根据已知点的两面投影求第三投影的方法（二补三）求得m''。

③ 判别可见性：因M点在左前侧面，则m''可见。

3.1.2 棱锥

棱锥的棱线交于一点。常见的棱锥有三棱锥、四棱锥、五棱锥等。现以图3-3所示的三棱锥为例说明棱锥的三面投影。

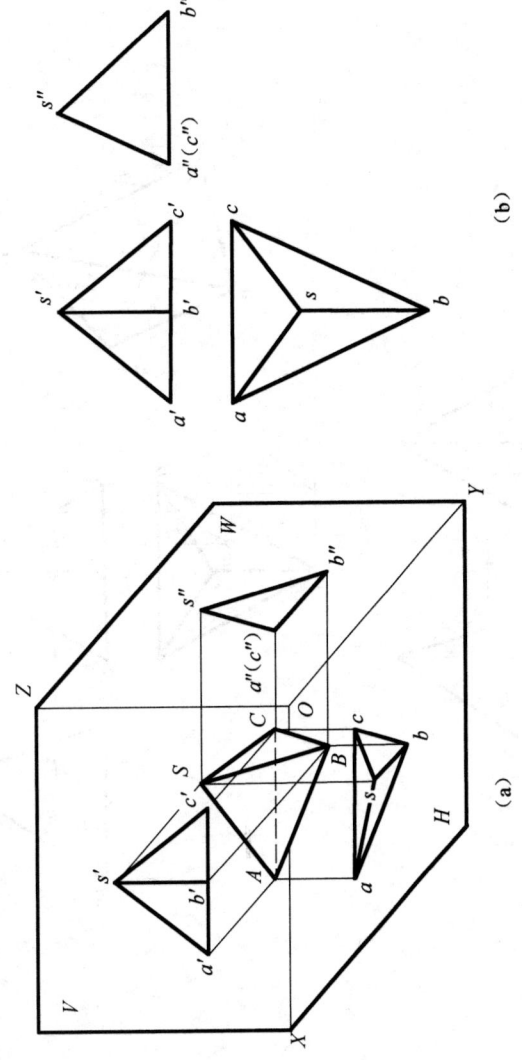

图3-3 三棱锥的投影
(a) 空间示意；(b) 投影图

1. 棱锥的投影

(1) 分析

三棱锥是由一个底面和三个侧面所组成。底面及侧面均为三角形。三条棱线交于一个顶点，三棱锥的底面为水平面，侧面△SAC为侧垂面。

(2) 作图

① 画出底面△ABC的三面投影：H投影反映实形，V、W投影均积聚为直线段。

② 画出顶点S的三面投影：将顶点S和底面△ABC的三个顶点A、B、C的同面投影两两连线，即得三条棱线的投影，三条棱线围成三个侧面，完成三棱锥的投影。

2. 棱锥表面上取点、取线

棱锥的棱面是一般位置平面，其三面投影没有积聚性，解题时应首先确定所给点、线在哪个表面上，再根据表面所处的空间位置利用辅助线作图。

【例3-2】 如图3-4 (a) 所示，已知三棱锥棱面SAB上点M的正面投影m'和棱面SAC上点N的水平投影n，求作另外两个投影。

(1) 分析

M点所在棱面SAB是一般位置平面，其投影没有积聚性，必须借助在该平面上作辅助线的方法求作另外两个投影,如图3-4(b)所示。也可以在棱面SAB上过M点作AB的平行线为辅助线作出其投影。N点所在棱面SAC是侧垂面,可利用积聚性画出其投影。

(2) 作图 [过程如图3-4(b)、图3-4(c)所示]

① 过m'作m'd'//a'b',由d'作得d,过d作ab的平行线,再由m'求得m。
② 由m'、m作出m",宽相等求得m"。
③ N点在三棱锥的后面侧垂面上,其侧面投影n"必在s"a"上,因此不需要作辅助线,利用"高平齐"可直接作出n'。
④ 再由n'、n",根据"宽相等"直接作出n。如图3-4(c)所示。
⑤ 判别可见性:m、n、m"可见。

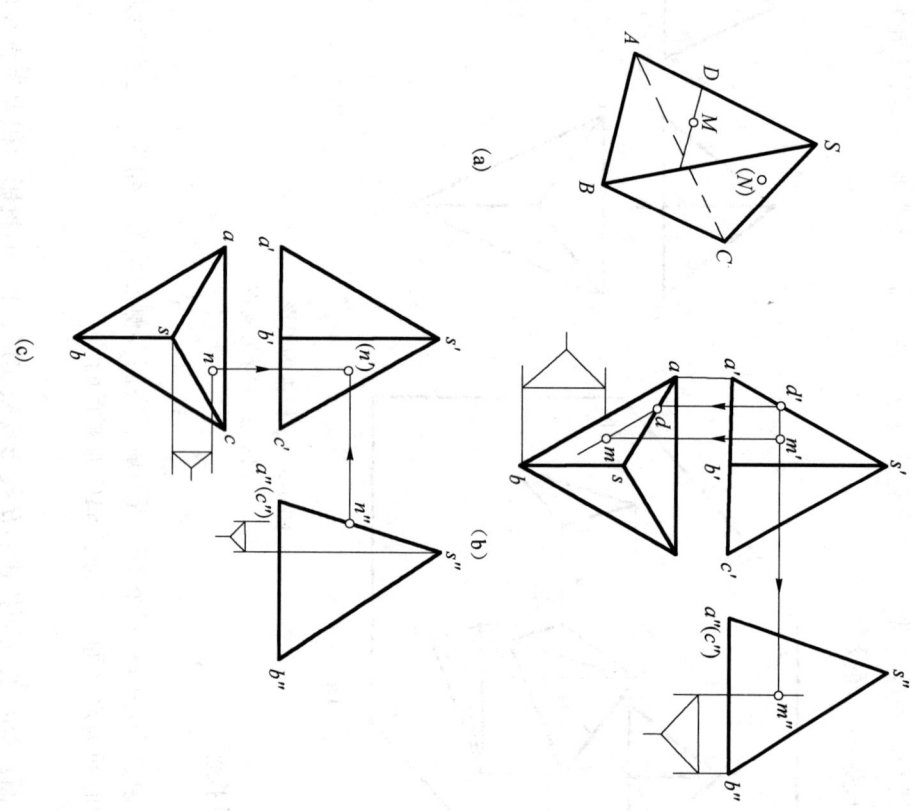

图3-4 三棱锥表面上取点

3.2 曲面立体的投影

常见的曲面立体是回转体,主要有圆柱体、圆锥体、圆球体等。曲面立体是由曲面或曲面与平面围成的。

在投影面上表示回转体就是把组成回转体的曲面与平面表示出来,然后判别其可见性。曲面上可见与不可见的分界线称为回转面对该投影面的转向轮廓线。

见性。曲面上可见与不可见的分界线称为回转面对该投影面的转向轮廓线。因为转向轮廓线是对某一投影面而言,所以它们的其他投影不应画出。

46

3.2.1 圆柱体

圆柱体由圆柱面和上下两底面围成。圆柱面可看成由一条母线绕平行于它的轴线回旋而成，圆柱面上任意一条平行于轴线的直母线称为圆柱面的素线。下面以图3-5（a）所示的圆柱为例说明圆柱体的三面投影。

1. 圆柱体的投影

（1）分析

圆柱体由圆柱面、顶面、底面围成。圆柱面是由直线与其平行的轴旋转一周形成的。因此圆柱也可看作是由无数条相互平行且长度相等的素线所围成。圆柱轴线垂直于 H 面、底面、顶面为水平面，顶面的水平投影反映圆的实形，其他投影积聚为直线段。

（2）作图 [过程如图3-5（b）所示]

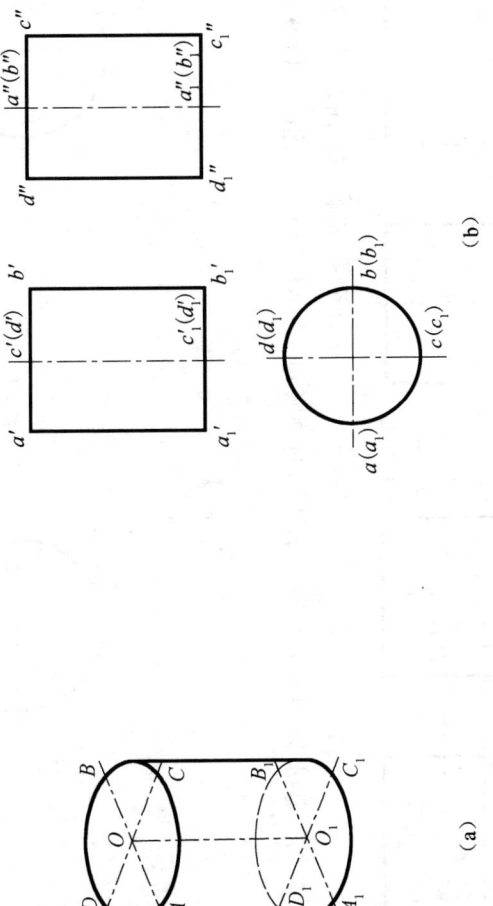

图3-5 圆柱体的投影
(a) 空间示意；(b) 投影图

① 用点画线画出圆柱体的轴线、中心线；
② 画出顶面、底面圆的三面投影；
③ 画转向轮廓线的三面投影，该圆柱对正面的转向轮廓线（正视转向轮廓线）为 AA_1 和 BB_1，其侧面投影与轴线重合，对侧面的转向轮廓线（侧视转向轮廓线）为 DD_1 和 CC_1，其正面投影与轴线重合；
④ 还应注意圆柱体的 H 投影是整个圆柱面积聚成的圆周，圆柱面上所有的点和线的 H 投影都重合在该圆周上。圆柱体的三面投影特征为一个圆对应两个矩形。

2. 圆柱面上取点、取线

在圆柱体表面上取点、取线，可直接利用圆柱投影的积聚性作图。

【例3-3】 如图3-6（a）所示，已知圆柱面上的点 M、N 的正面投影，求其另两个投影。

（1）分析

M 点的正面投影 m' 可见，又在点画线的左面，由此判断 M 点在左前半圆柱面上，侧面投影可见；N 点的正面投影 (n') 不可见，又在点画线的右面，又在点画线的右半圆柱面上，由此判断 N 点在右后半圆柱面上，侧面投影不可见。

(2) 作图 [过程如图 3-6 (b) 所示]

① 求 m，m''。过 m' 向下作垂线交于圆周上一点为 m，根据 y_1 坐标求出 m''；

② 求 n，n''。作法与 M 点相同。

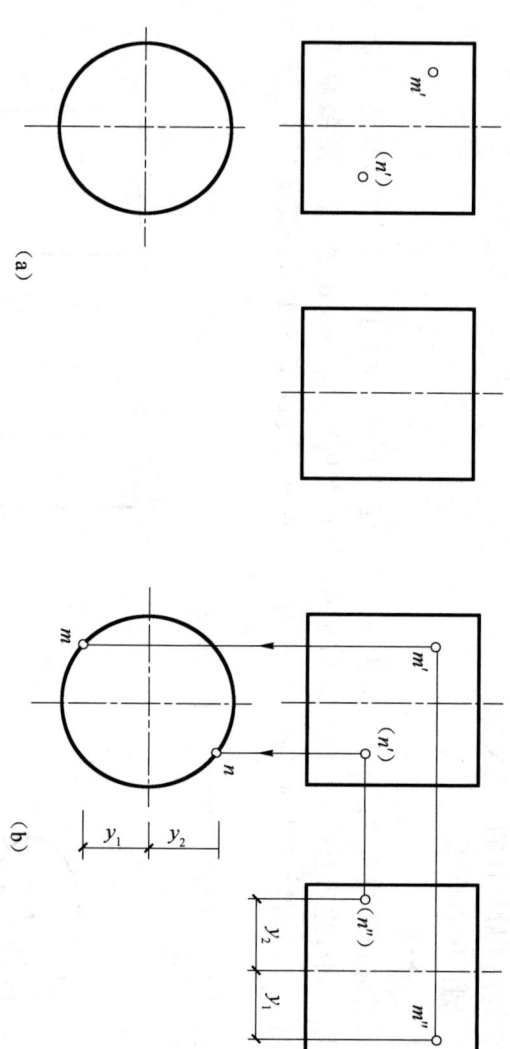

图 3-6 圆柱表面上取点
(a) 已知条件；(b) 作图

【例 3-4】 如图 3-7 (a) 所示，已知圆柱面上的三点 ABC 的一个投影 a'、b'、c'，求其另两个投影，并把 ABC 顺序连接起来。

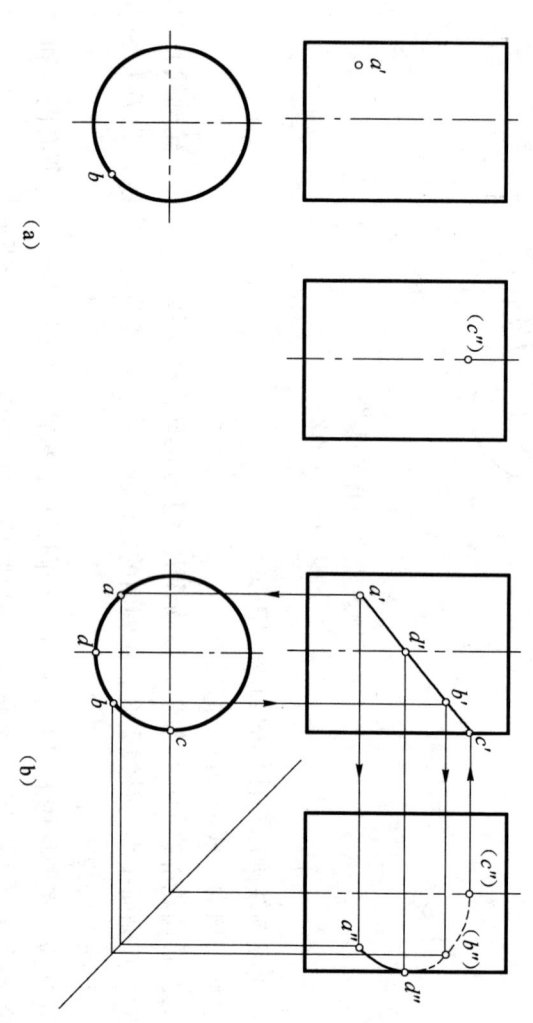

图 3-7 圆柱表面上取线
(a) 已知条件；(b) 作图

(1) 分析

圆柱面上的线除了素线外均为曲线，由此判断线段 ABC 是圆柱面上的一段曲线。AB 位于前半圆柱面上，C 位于最右的转向轮廓线上，因此 $a'b'c'$ 可见。为了准确地画出曲线 ABC 的投影，找出转向轮廓线上的点（如 D 点），把它们光滑连接即可。

(2) 作图 [过程如图 3-7 (b) 所示]

① 求端点 A、C 的投影。利用积聚性求得 H 投影 a、c，再根据 y 坐标求得 a''、c''；

② 求侧转向轮廓线上的点 D 的投影 d、d''；

③ 求中间点 B 的投影 b、b''；

④ 判别可见性并连线。D 点为侧面投影可见与不可见分界点，曲线的侧面投影 $c''b''d''$ 为不可见，画成虚线。$a''d''$ 为可见，画成实线。

3.2.2 圆锥体

圆锥体由圆锥面和底面围成。圆锥面可看成由一条母线绕与它斜交的轴回旋而成，圆锥面上任意一条与轴斜交的直母线称为圆锥面的素线。以图 3-8 (a) 所示的圆锥为例说明圆锥的三面投影。

1. 圆锥体的投影

(1) 分析

圆锥体是由圆锥面和底面围合而成。圆锥面可看作由一条母线绕与其相交的轴线旋转而成，因此圆锥面可看成由无数条交于顶点的素线所围成，也可看作是由无数个平行于底面的纬圆所组成。圆锥面轴线垂直于 H 面，底面为水平面，H 投影反映底面圆的实形，其他面投影均积聚为直线段。

(2) 作图（过程如图 3-8 (b) 所示）

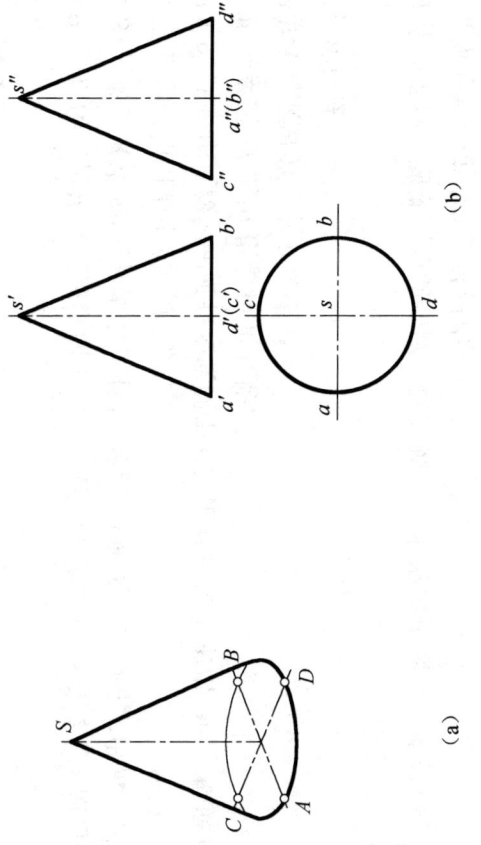

图 3-8 圆锥体的投影
(a) 空间示意；(b) 投影图

① 用点画线画出圆锥体各投影轴线、中心线；

② 画出底面圆和圆锥顶 S 的三面投影；

③ 画出各转向轮廓线的投影。正视转向轮廓线的 V 投影 $s'a'$、$s'b'$，侧视转向轮廓线的 W 投影为 $s''c''$、$s''d''$；

④ 圆锥面的三个投影都没有积聚性。圆锥面三面投影的特征为一个圆对应两个三角形。

2. 圆锥面上取点，取线

由于圆锥面的三个投影都没有积聚性，求表面上的点时，需要采用辅助线法。为了作图方便，在曲面上作的辅助线应尽可能是直线（素线）或平行于投影面的圆（纬圆）。因此

【例3-5】如图3-9所示,已知圆锥面上点M的正面投影m',求m, m"。在圆锥面上取点的方法有两种:素线法和纬圆法。

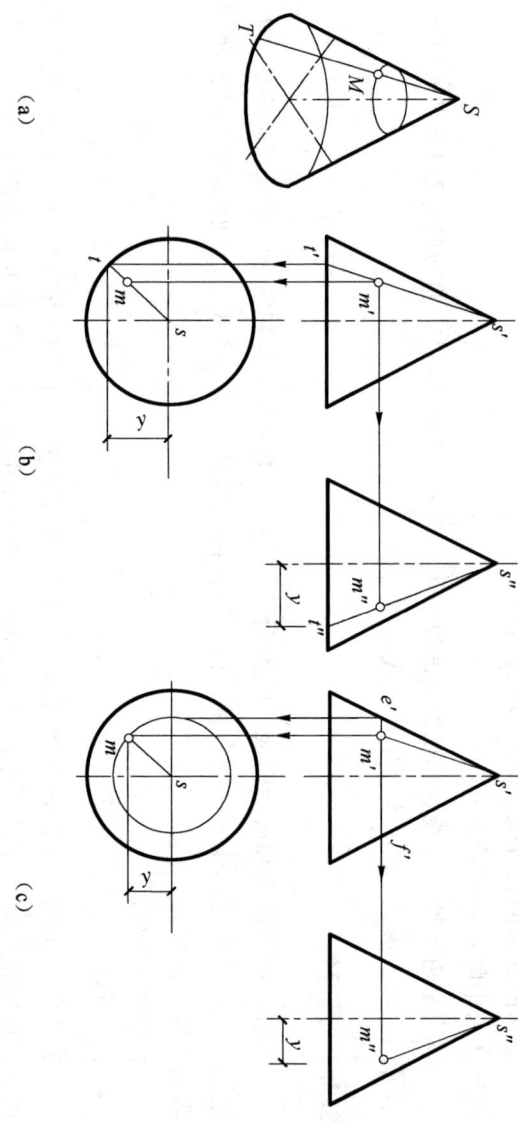

图3-9 圆锥面上取点
(a) 空间示意; (b) 素线法; (c) 纬圆法

方法一:素线法

(1) 分析

如图3-9 (a) 所示,M点在圆锥面上,一定在圆锥面的一条素线ST上,故过锥顶S和点M作一素线ST,求出素线ST的各投影,根据点线的从属关系,即可求出m, m"。

(2) 作图

① 在图3-9 (b) 中连接s'm'延长交底圆于t',在H投影上求出t点,根据t, t'求出t",连接st, s"t"即为素线ST的H投影和W投影。

② 根据点线的从属关系求出m, m"。

方法二:纬圆法

(1) 分析

过点M作一平行于圆锥底面的纬圆,该纬圆的水平投影为圆,正面投影、侧面投影为一直线。M点的投影一定在该圆的投影上。

(2) 作图

① 在图3-9 (c) 中,过m'作与圆锥轴线垂直的线e'f',它的H投影为一直径等于e'f',圆心为s的圆,m点必在此圆周上。

② 由m', m求出m"。

3.2.3 圆球体

圆球体由圆球面围合而成,圆球表面可看作由一条圆母线绕其直径回转而成。以如图3-10 (a) 所示的圆球为例说明圆球体的三面投影。

1. 圆球体的投影

(1) 分析

圆球的三个投影均为大小相等的圆,其直径等于圆球的直径。正面投影圆是前后半球的分界圆,也是球面上最大的正平圆;水平投影圆是上下半球的分界圆,也是球面上最大的水平圆;侧面投影圆是左右半球的分界圆,也是球面上最大的侧平圆。三投影图中的三个圆分别是球面对 V 面、H 面、W 面的转向轮廓线。

(2) 作图 [过程如图 3-10 (b) 所示]

① 确定球心位置,并用点画线画出它们的对称中心线。各中心线分别是转向轮廓线圆的投影的位置;

② 分别画出球面上对三个投影面的转向轮廓线圆的投影。

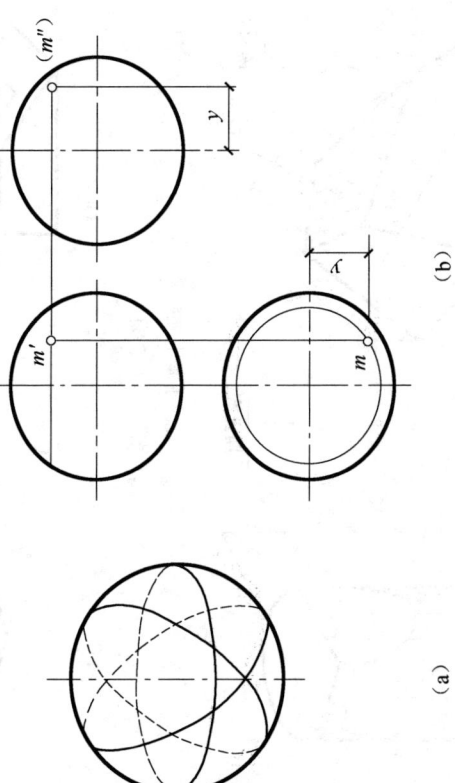

图 3-10 圆球体的投影及圆球面上取点
(a) 空间示意;(b) 投影图

2. 圆球面上取点、取线

球面的三个投影均无积聚性。过表面上一点,可作属于球面上的无数个纬圆。为作图方便,选用平行于投影面的纬圆作辅助纬圆,即过球面上一点可作正平纬圆、水平纬圆或侧平纬圆。

【例 3-6】 如图 3-10 (b) 所示,已知属于球面上的点 M 的正面投影 m',求其另两投影。

(1) 分析

根据 m' 的位置和可见性,可判断 M 点在上半球的右前部,因此 M 点的水平投影 m 可见,侧面投影 m'' 不可见。

(2) 作图

在 V 面过 m' 作一水平纬圆的积聚投影线,作出水平纬圆的 H、W 投影,从而求得 m、m''。当然,也可采用过 m' 作正平纬圆或侧平纬圆来解决,这里不再详述。

3.3 切割体的投影

立体被平面切割后剩余部分的投影,叫做切割体的投影。在工程中常常会遇到这样的形体。如图 3-11 (a) 所示木楔头和图 3-11 (b) 所示顶尖。

截割立体的平面称为截平面;截平面与立体表面的交线称为截交线;由截交线所围成的平面图形称为截面(断面)。如图 3-12 (a)、图 3-12 (b) 所示。

根据截平面的位置以及立体形状的不同，所得截交线的形状也不同，但任何截交线都具有以下基本性质：

(1) 封闭性。立体表面上的截交线总是封闭的平面图形（平面多边形、平面折线、平面曲线或两者组合）。

(2) 共有性。截交线既属于截平面，又属于立体的表面。

从以上性质可知：求画截交线实质就是要求画出截平面与立体表面上一系列共有点的问题。

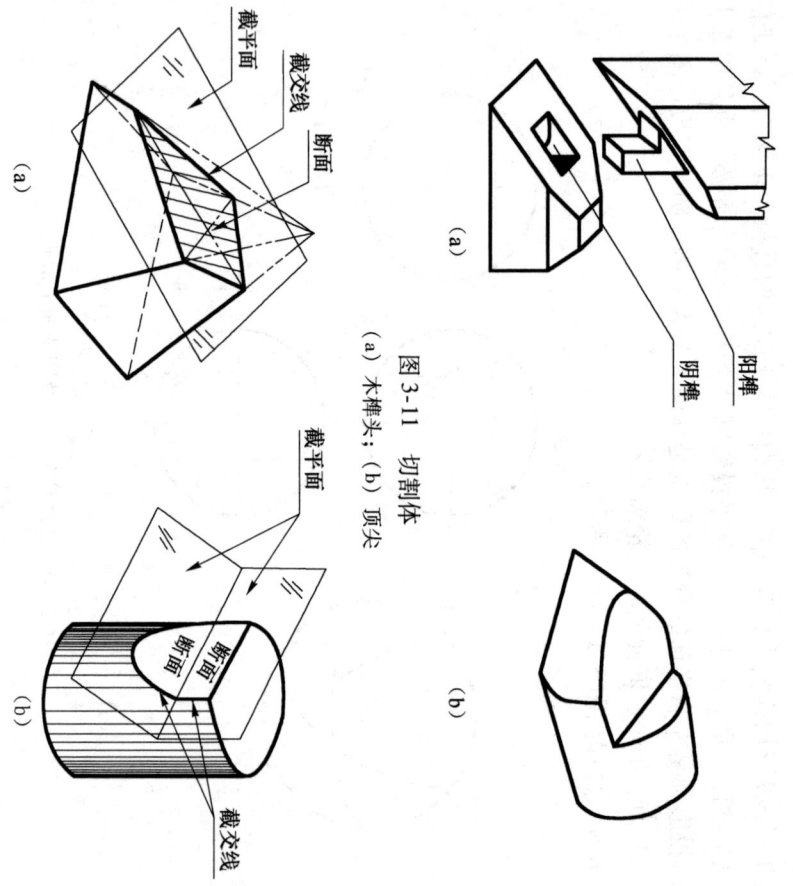

图 3-11 切割体
(a) 木榫头；(b) 顶尖

图 3-12 截交线概念
(a) 平面体的截交线；(b) 曲面体的截交线

3.3.1 平面截割体的投影

1. 截交线分析

平面截切平面所得的截交线，是由直线段组成的封闭的平面多边形的每一条边是平面体的表面与截平面的交点，或直接求出平面体的表面与截平面的交线。画截交线的实质就是求出平面体的棱线与截平面的交点，一个顶点是平面体的棱线与截平面的交点。

2. 平面截切棱锥

【例 3-7】 如图 3-13 所示，求四棱锥被正垂面 P 截割后，截交线的投影。

(1) 分析

由图 3-13 (a) 可见，截平面 P 与四棱锥的四个侧面都相交，所以截交线为四边形。四边形的四个顶点是四棱锥的四条棱线与截平面的交点。由于截平面 P 为正垂面，故截交线的 V 面投影积聚为直线，可直接确定，然后再由 V 投影求出 H 和 W 投影。

(2) 作图 [过程如图 3-13 (b) 所示]

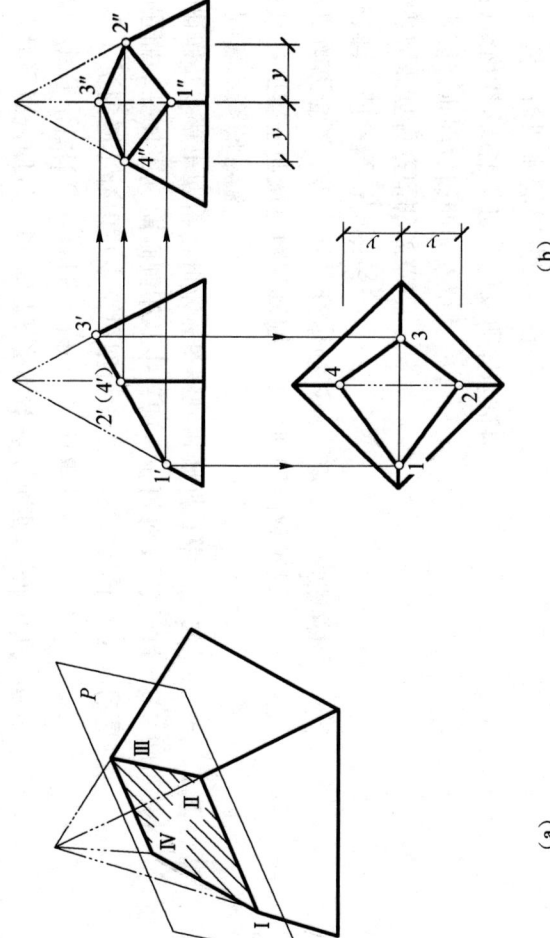

图 3-13 平面截割四棱锥
(a) 立体图；(b) 投影图

① 根据截交线投影的积聚性，在 V 面投影中直接求出截平面 P 与四棱锥四条棱线交点的 V 面投影 $1'$、$2'$、$3'$、$4'$。

② 根据从属性，在四棱锥各条棱线的 H、W 面投影上，求出交点的相应投影 1、2、3、4 和 $1''$、$2''$、$3''$、$4''$。

③ 将各点的同面投影依次相连（注意同一侧面上的两点才能相连），即得截交线的各投影。由于四棱锥去掉了被截平面切去的部分，所以截交线的三个投影均为可见。

3. 平面截切棱柱

【例 3-8】 如图 3-14 (a) 所示，求作被截五棱柱的三面投影图。

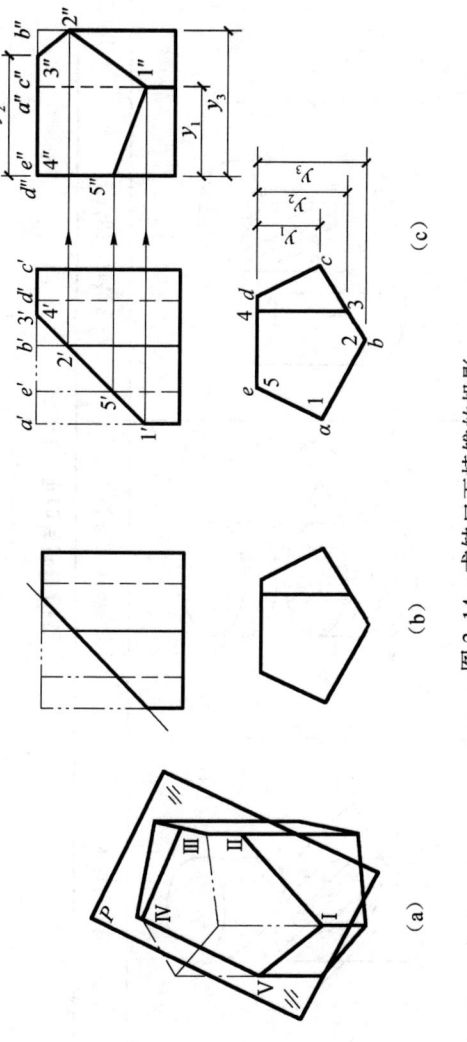

图 3-14 求缺口五棱锥的投影
(a) 立体图；(b) 已知条件；(c) 投影图

（1）分析

由于截平面是一个正垂面，所以截交线的 V 面投影与截平面的正面投影重合，从 V 面投影中可以看出，五棱柱被平面截的是上顶面和四个棱面，故截交线是一个五边形。五边形的五个顶点就是截平面与五棱柱的三条侧棱及上顶面的两条边的交点。

（2）作图［具体过程如图 3-14（c）所示］

①在 V 投影面上找出五个点正面投影 1′、2′、3′、4′、5′的位置；

②根据“长对正”原则画出五个点的水平投影 1、2、3、4、5 的位置；

③根据五个点正面投影和水平投影画出侧面投影 1″、2″、3″、4″、5″的位置。

4. 画截交线的步骤

（1）分析截平面数目以及它们与投影面的相对位置。

（2）确定截交线的形状，找出截交线上顶点的一面投影。

①求截平面与棱线的交点；

②求截平面与底边的交点；

③求两截平面与棱面的交点。

（3）找出截交线上顶点的其他两面投影。

（4）同一棱面上的相邻两点相连。

（5）判别可见性。可见表面上的交线可见，否则不可见；不可见的交线用虚线表示。

（6）整理立体的棱线。

3.3.2 曲面切割体的投影

1. 截交线分析

平面与曲面立体相交，其截交线一般为封闭的平面曲线，特殊情况为直线或曲线。其形状取决于曲面立体的几何特征，以及截平面与曲面立体的相对位置。截交线是截平面与曲面立体表面的共有线，求截交线时只需求出若干共有点，然后按顺序光滑连接成封闭的平面图形即可。因此，求曲面体的截交线实质上就是在曲面立体表面上取点。

2. 平面截切圆柱

平面截切圆柱时，根据截平面与圆柱轴线的相对位置的不同，截交线有三种不同的形状，见表 3-1。

表 3-1　平面与圆柱相交

截平面位置	截平面与轴线平行	截平面与轴线垂直	截平面与轴线倾斜
立体图	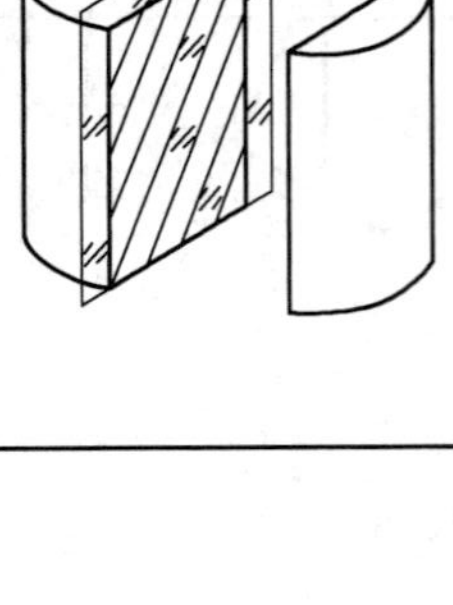	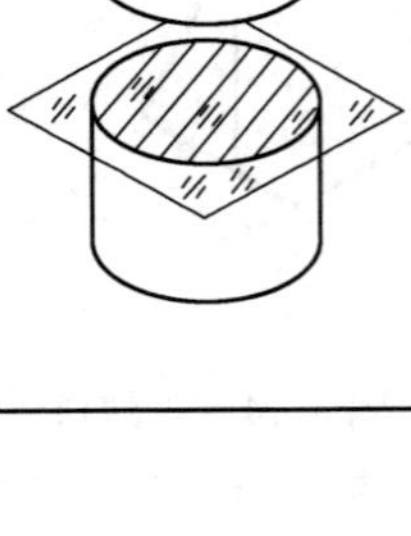	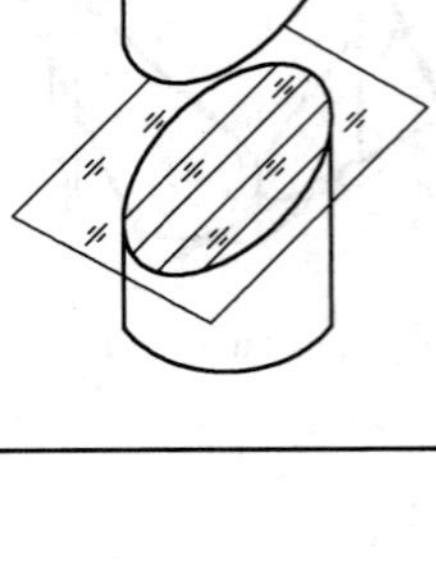

续表

截平面位置	截平面与轴线平行	截平面与轴线垂直	截平面与轴线倾斜
投影图			
特点	截交线为直线	截交线为圆	截交线为椭圆

【例 3-9】 如图 3-15 所示，求正垂面 P 截切圆柱所得的截交线的投影。

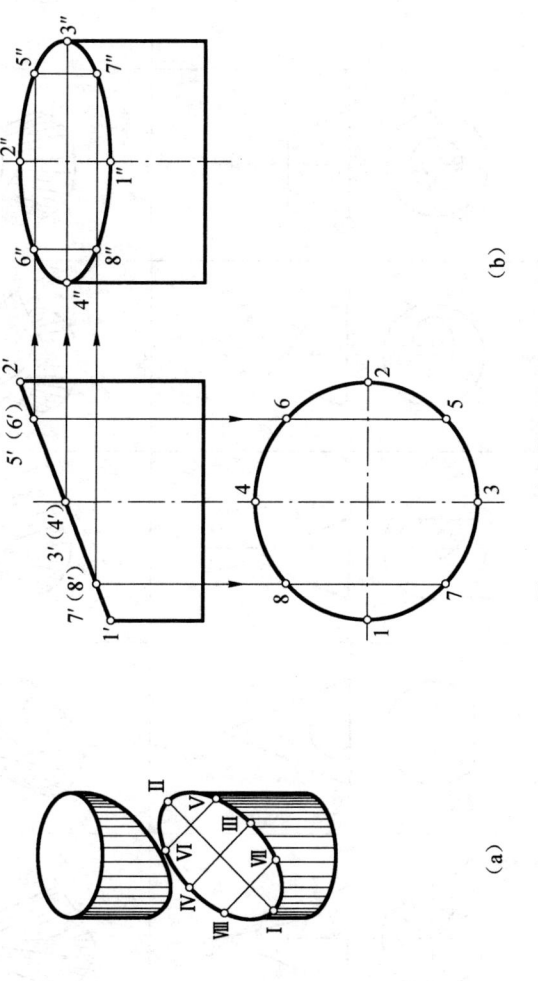

图 3-15 平面截切圆柱
(a) 立体图；(b) 作图

(1) 分析

正垂面 P 倾斜于圆柱轴线，截交线的形状为椭圆。平面 P 垂直于 V 面，所以截交线的 V 投影和平面 P 的 V 投影重合，积聚为一段直线。由于圆柱面的水平投影具有积聚性，所以截交线的水平投影也有积聚性，与圆柱面 H 投影的圆周重合。截交线的侧面投影仍是一个椭圆，需要作图求出。

(2) 作图（过程如下）

①求特殊点。要确定椭圆的形状，需要找出椭圆的长轴和短轴。椭圆短轴投影 1′2′、3′(4′)、I、II、III、IV 分别为椭圆的长轴和短轴。椭圆短轴投影 1、2、3、4 可直接求出 H 投影 1、2、3、4 和 W 投影 1″、2″、3″、4″；

②求一般点。为作图方便，在 V 投影上对称地取 5′(6′)、7′(8′) 点，H 投影 5、6、

7、8一定在柱面锥面的积聚投影上,由 H、V 投影再求出其 W 投影 5″、6″、7″、8″。取点的多少一般可根据作图准确程度的要求而定;

③依次光滑连接 1″、8″、4″、6″、2″、5″、3″、7″、1″即得截交线的侧面投影,将不到位的轮廓线延长到 3″和 4″。

3. 平面截切圆锥

平面截切圆锥时,根据截平面相对位置的不同,其截交线有五种不同的情况,见表 3-2。

表 3-2 平面与切圆锥相交

截平面位置	截平面垂直于轴线	截平面倾斜于轴线	截平面平行于圆锥轴线的一条素线	截平面平行于两条素线(平行于两条素线)	截平面通过锥顶
立体图		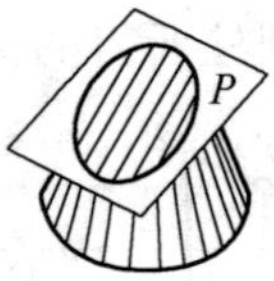	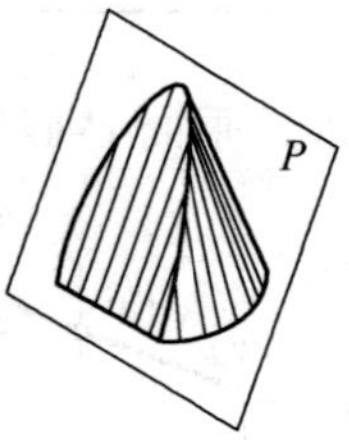	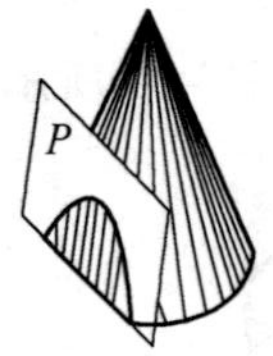	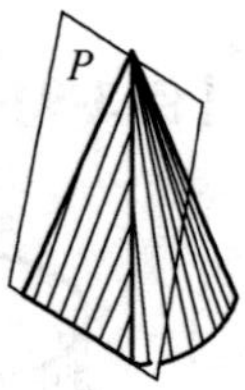
投影图	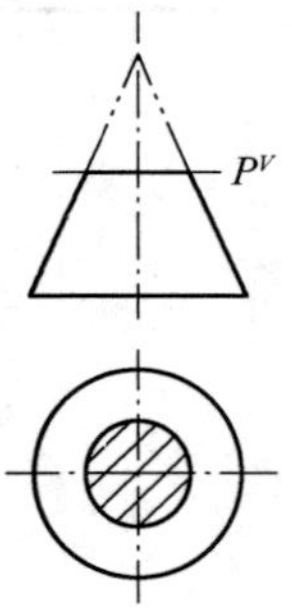	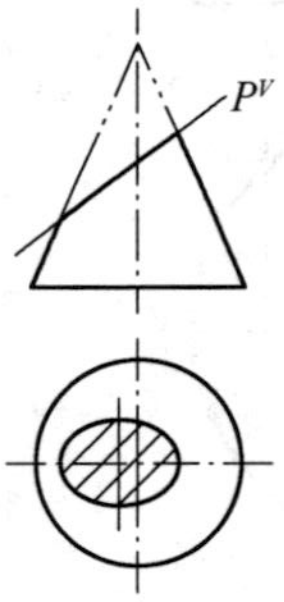	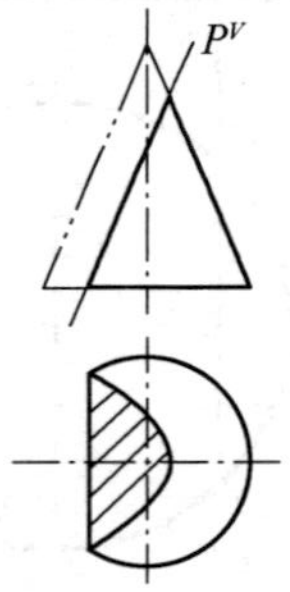	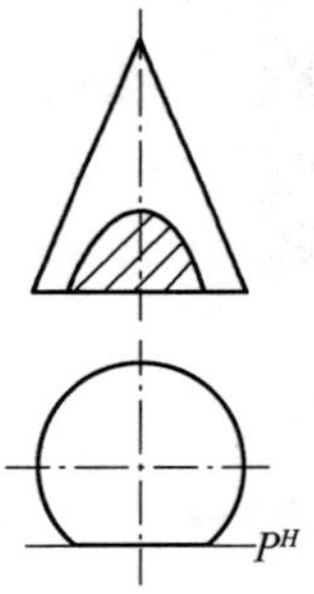	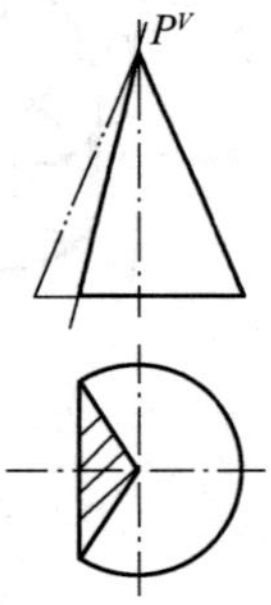
特点	截交线为圆	截交线为椭圆	截交线为抛物线	截交线为双曲线	截交线为两素线

【例 3-10】 如图 3-16 所示,求正平面 P 截切圆锥所得的截交线的投影。

(1) 分析

由图 3-16 可看出,截平面 P 为平行于正平面的正平面,截切圆锥所得的截交线的 H 投影和 W 投影与正平面 P 的积聚投影重合,为一直线段,均不反映实形。

双曲线、双曲线的顶点和端点。

(2) 作图(过程如下)

①求特殊点。确定双曲线的顶点和端点,图 3-16(b)中点 I 和 V 为双曲线的端点,位于圆锥底面圆周上;点Ⅲ为双曲线的顶点(最高点);这三点均可直接求出三面投影。

②求一般点。再找出两个一般位置的点Ⅱ和Ⅳ,作辅助圆 R 与截平面 P 相交于 2、4 两点,用纬圆法求出其余两面投影。

③依次光滑连接 1′、2′、3′、4′、5′,即得截交线的 V 投影。

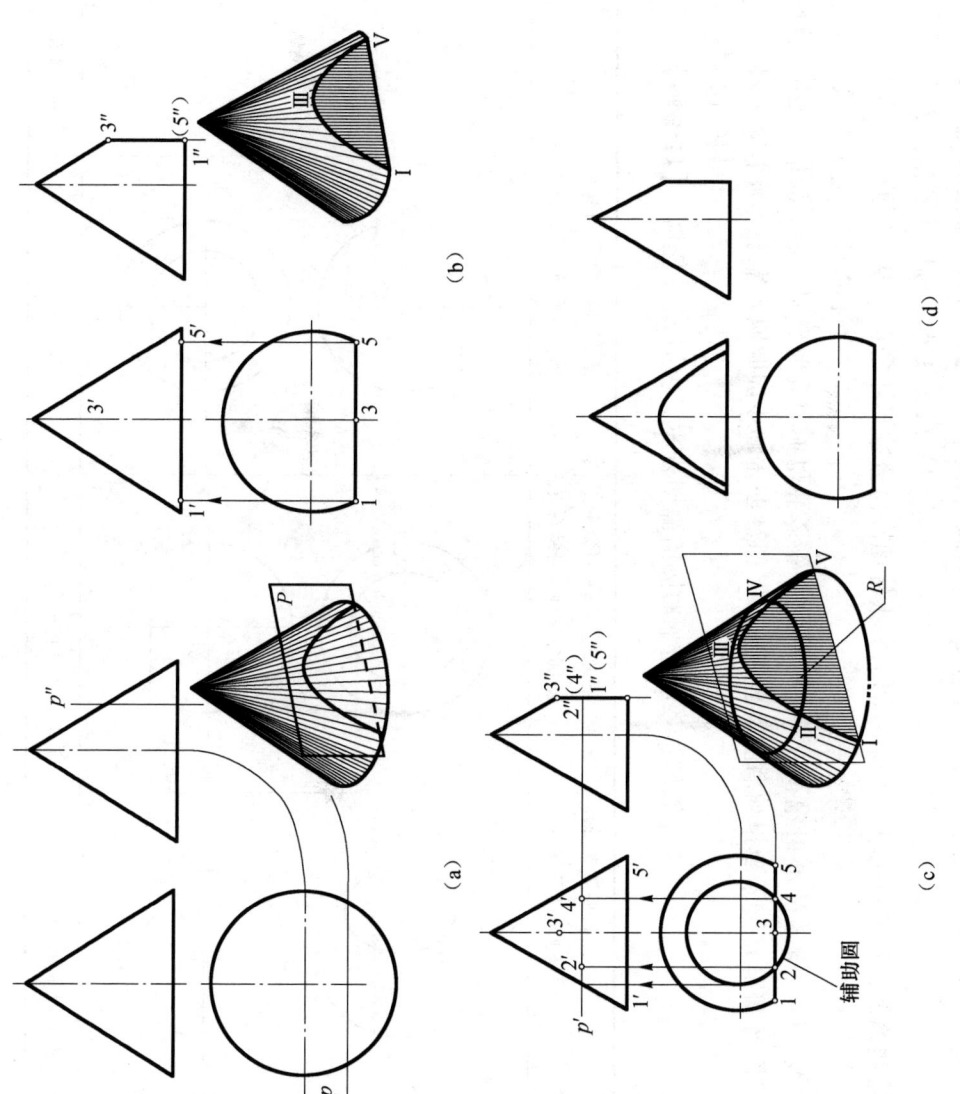

图 3-16 平面截切圆锥

(a) 已知条件；(b) 画出特殊点；(c) 画出一般点；(d) 完成全图

4. 平面截切圆球

平面与球面相交，不管截平面的位置如何，其截交线均为圆。而截交线的投影可分为三种情况，见表 3-3。

表 3-3 平面截切球

截平面位置	与 V 面平行	与 H 面平行	与 V 面垂直
轴测图			

续表

截平面位置	与 V 面平行	与 H 面平行	与 V 面垂直
投影图	 V 投影是反映实形的圆 H 投影是反映圆的直径	 H 投影是反映实形的圆 V 投影是反映圆的直径	 V 投影是反映圆的直径 H 投影是椭圆
特点	V 投影是反映实形的圆 H 投影是反映圆的直径	H 投影是反映实形的圆 V 投影是反映圆的直径	V 投影是反映圆的直径 H 投影是椭圆

【例 3-11】

如图 3-17 所示，求平面截切圆球所得截交线的投影。

（1）分析

该半球体被一个水平面和两个侧平面截切，水平面截切圆球所得截交线为圆，W 投影积聚为直线。侧平面截切圆球所得截交线为圆，H 投影和 W 投影积聚为直线。

（2）作图（过程如下）

① 画水平面圆。在 V 投影上、水平切割面与半球体的交线是水平圆的直径，圆规量取该直径在 H 投影面上画圆，见图 3-17 (b)；

② 画侧平面圆。在 W 投影上，侧平切割面与半球体的交线是侧平圆的直径，圆规量取该直径在 W 投影面上画圆，见图 3-17 (c)；

③ 判断虚实。水平圆在 W 投影面上有部分被遮挡，画成虚线。

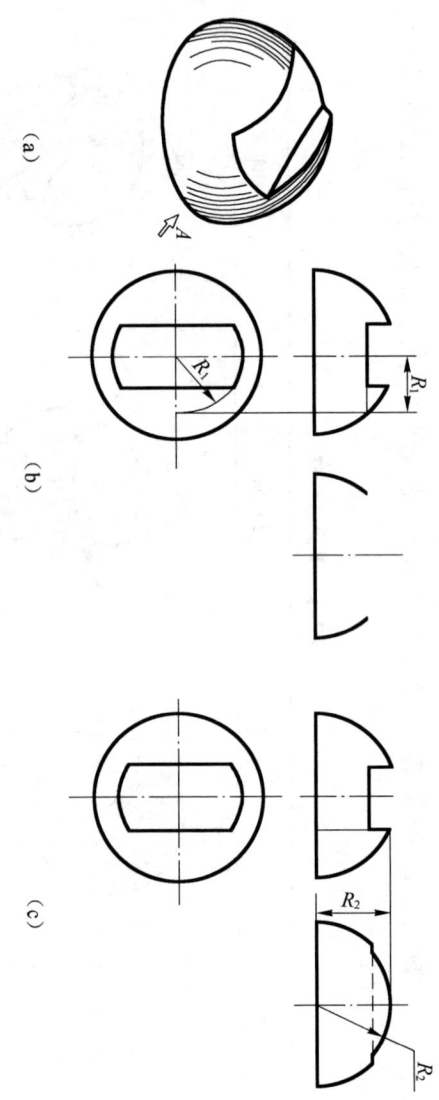

图 3-17　平面截切圆球
(a) 立体图；(b) 画水平圆；(c) 画侧平圆

5. 画截交线的具体步骤

(1) 分析截平面数目以及它们与投影面的相对位置。
(2) 确定截交线的形状，找出截交线上特殊点的一面投影。
  ① 极限点：最高点，最低点，最左点，最右点，最前点，最后点；
  ② 转向点：求截平面与转向轮廓线的交点。
(3) 找出截交线上一般点的一面投影。
(4) 找出截交线上特殊点和一般点的其他两面投影。
(5) 相邻两点相连。
(6) 判别可见性。可见表面上的交线可见，否则不可见；不可见的交线用虚线表示。
(7) 整理立体的转向轮廓线。

3.4 相贯体的投影

工程形体常常是由两个或更多基本几何形体组合而成，见图 3-18。两立体相交又称两立体相贯，两相交的立体称为相贯体。相贯体表面的交线称为相贯线。其相贯线是两立体表面的共有线，相贯线上的点为两立体表面的共有点。掌握相贯线的画法对绘制和阅读建筑图很有帮助。立体相贯分为两平面立体相贯，平面立体与曲面立体相贯，两曲面立体相贯三种情况。

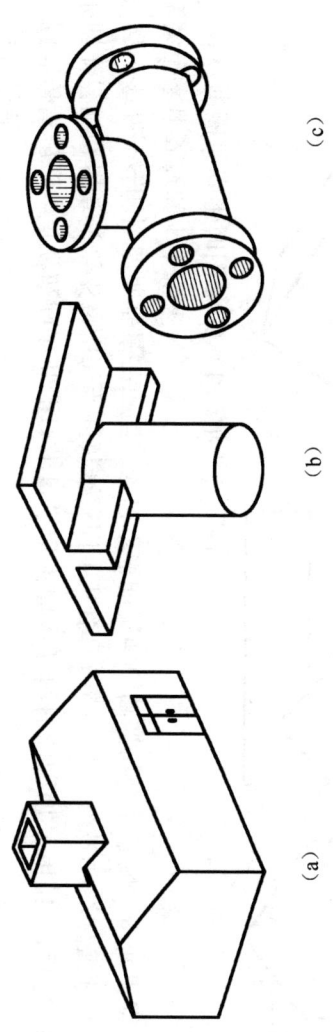

图 3-18 立体与立体相交
(a) 坡顶屋（平面立体相贯）；(b) 柱头（平面立体与曲面立体相贯）；(c) 三通管（曲面立体相贯）

3.4.1 两平面立体相贯

1. 相贯线分析

两平面立体相贯时，相贯线为封闭的空间折线或平面多边形，每一段折线都是两平面立体某两侧面的交线，每一个转折点为一平面立体的某棱线与另一平面立体某侧面的交点。因此，求两平面立体相贯线，实质上就是求直线与平面交点或求两平面交线的问题。

2. 例题分析

【例 3-12】 如图 3-19 (a) 所示，已知屋面正面上老虎窗的正面和侧面投影，求作老虎窗与坡屋面的交线以及它们的水平投影。

(1) 分析

从图 3-19 (a) 中老虎窗的实例可看出，老虎窗的正面投影与老虎窗（五边形）重合。坡屋面是侧垂面，交线的正面投影与老虎窗可看作棱线垂直于正面的五棱柱与坡屋面相交，交线的正面投影与坡屋面的正面投影（五边形）重合。坡屋面是侧垂面，侧面投影和影聚成斜线，交线的侧面投影也在此斜线上。因此，根据已知交线的正面和侧面投影，便可作出水平投影。

(2) 作图（如图 3-19 (b) 所示）

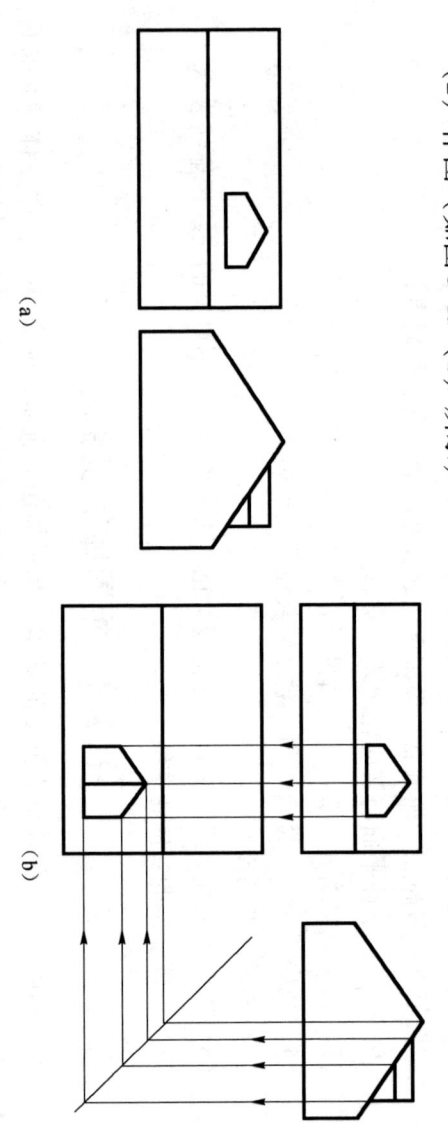

图 3-19 老虎窗与屋面相交
(a) 已知；(b) 作图

【例 3-13】求作高低房屋相交的表面交线，见图 3-20 (a)。

(1) 分析

高低房屋相交，可看成两个五棱柱相交。两个五棱柱中的一个五棱柱的底面（相当于地面）在同一平面上，所以相贯线是不封闭的空间折线。两个五棱柱的棱面都垂直于侧面，另一个五棱柱的棱面都垂直于正面，所以交线的正面、侧面投影可求作交线的水平投影。

(2) 作图 [结果如图 3-20 (b) 所示]

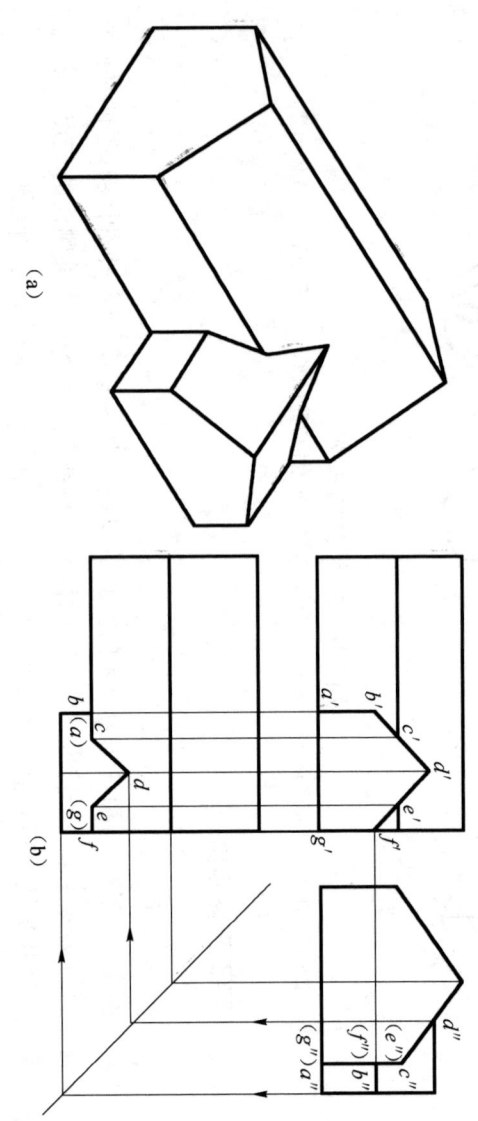

图 3-20 高低屋面的交线
(a) 已知；(b) 作图

3. 画相贯线的步骤

(1) 分析两立体表面特征及与投影面的相对位置；
(2) 确定相贯线的形状及特点，找出相贯线上转折点的一面投影，即求出一平面立体的棱线与另一平面立体侧面的交点；

60

(3) 求出相贯线上转折点的其他两投影；

(4) 位于两立体同一侧面上的相邻两点相连；

(5) 判别可见性。每条相贯线段，只有当所在的两立体的两个侧面同时可见时，它才是可见的；否则，若其中的一个侧面不可见，或两个侧面均不可见时，则该相贯线段不可见；

(6) 将相贯的各棱线延长至相贯点，完成两相贯体的投影。

3.4.2 平面和曲面立体相交

1. 相贯线分析

平面立体与曲面立体相交，相贯线一般情况下为若干段平面曲线所组成，特殊情况下，如平面立体与曲面立体的底面相交给定顶面相交或顶面相交巧交于曲面立体上的直素线时，相贯线有直线部分。每一段平面曲线或直线均是平面立体上各侧面截切曲面立体所得的截交线，每一段曲线或直线的转折点，均是平面立体上的棱线与曲面立体表面的贯穿点。因此，求平面立体和曲面立体的相贯线可归结为求平面立体的侧面与曲面立体的截交线，或求平面立体的棱线与曲面立体表面的交点。

2. 例题分析

[例3-14] 见图3-21，求四棱柱与圆锥的相贯线。

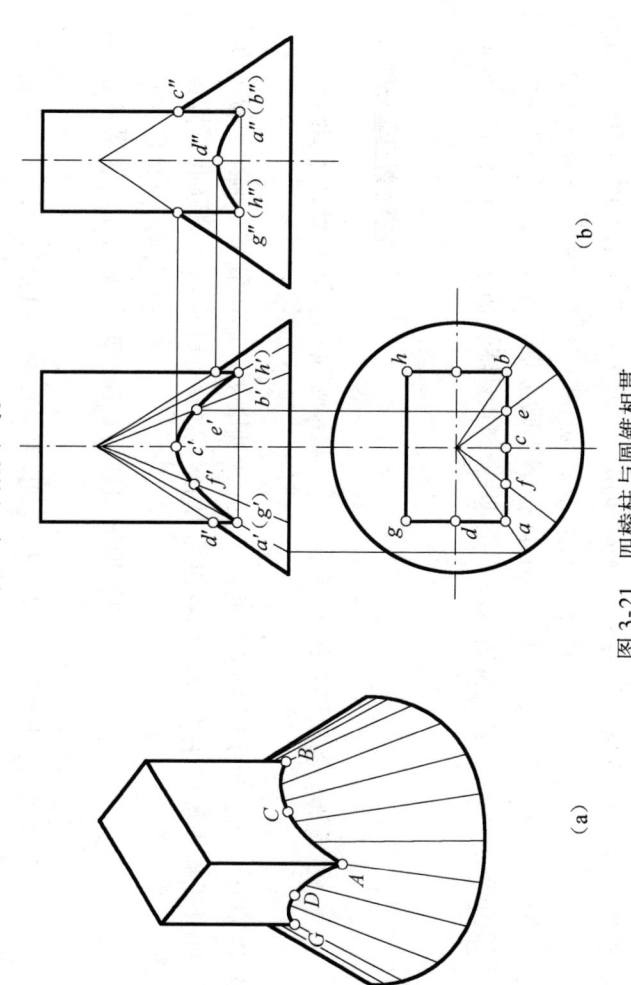

图 3-21 四棱柱与圆锥相贯
(a) 已知；(b) 作图

(1) 分析

四棱柱与圆锥相贯，其相贯线是四棱柱四个侧面截切圆锥所得的截交线，由于截交线为四段双曲线，所以四段双曲线的四条棱线的贯穿点。由于四棱柱四个侧面垂直于 H 面，所以相贯线的 H 投影与四棱柱的 H 投影重合，只需作图求相贯线的 V、W 投影。从立体图可看出，相贯线前后、左右对称，作图时，只需作出四棱柱的前侧面、左侧面与圆锥的截交线的投影即可，并且 V、W 投影均反映双曲线实形。

(2) 作图（过程如下）

① 根据 "三等" 规律画出四棱柱和圆锥的 W 投影。由于相贯体是一个实心的整体，在相贯体内部对实际上不存在的圆锥 W 投影轮廓线及未确定的四棱柱的棱线的投影，暂时画成用细双点画线表示的假想投影线或细实线；

② 求特殊点。连接 $a'\to f'\to c'\to e'\to b'$，$W$ 投影连接 $a''\to d''\to g''$ 可根据已知的 H 投影，用素线法求出四条双曲线的最高点和最低点；

③ 同理，用素线连接出两对称的一般点 E、F 的 V 投影 e'、f'；

④ 连点。V 投影连接 $a'\to f'\to c'\to e'\to b'$，$W$ 投影连接 $a''\to d''\to g''$；

⑤ 判别可见性。相贯线的 V、W 投影都可见，相贯线的后面部分和右面部分和左面双曲线的最高点 C、D；

⑥ 补全相贯线的 V、W 投影。圆锥的 V、W 投影都可见，相贯线的后面部分和右面部分同时可见到与圆锥面同时可见的最前、最左、最右素线均应画到相贯线穿点为止。四棱柱的一面投影，与前面和左面部分重合；

3. 画相贯线的具体步骤

(1) 分析两立体表面的形状特征及相对位置。

(2) 确定相贯线的形状特征及特殊点，找出相贯线每段所在平面曲线的一面投影。

(3) 找出一般点。为能较准确地作出轮廓线延长至相贯点，完成两相贯体的投影。

(4) 求出相贯线上特殊点和一般点的其他投影。

(5) 顺次将各点光滑连接。

(6) 判别其可见性。每条相贯线段，只有当其所在两立体的两个侧面均可见时，它才是可见的；否则不可见。若其中的一个侧面不可见，或两个侧面均不可见时，则该相贯线段不可见。

(7) 将相贯线实质上就是两曲面立体表面的共有线，相贯线上每一点都是两曲面立体表面的共有点，求相贯线实质上就是求两曲面立体表面的共有点（在曲面立体表面上取点），将这些点光滑地连接起来即得相贯线。

3.4.3 两曲面立体相交

1. 相贯线分析

两曲面立体的相贯线一般是封闭的空间曲线，特殊情况下为平面曲线或直线段（当两同轴回转体相贯时，相贯线是垂直于轴线的平面纬圆（见表 3-4）；当两个轴线平行的圆柱相贯时，其相贯线为直线——圆柱面上的素线）。

2. 例题分析

【例 3-15】 如图 3-22 所示，利用积聚性求作轴线垂直相交的两圆柱的相贯线。

(1) 分析

两个圆柱正交且轴线分别垂直于投影面时，则圆柱在该投影面上的投影积聚为圆，相贯线的投影重合在圆上，由此我们可利用已知点的两个投影求第三投影的方法求出相贯线的投影。

小圆柱与大圆柱的轴线正交,相贯线是前、后、左、右对称的一条封闭的空间曲线。根据两圆柱轴线的位置,大圆柱面的侧面投影及小圆柱面的水平投影具有积聚性,因此,相贯线的水平投影和小圆柱面的水平投影重合,是一个圆;相贯线的侧面投影和大圆柱的侧面投影重合,是一段圆弧。因此通过分析我们知道要求的只是相贯线的正面投影。

(2) 作图(过程如下)

① 求特殊点

由于已知相贯线的水平投影和侧面投影,故可直接求出相贯线上的特殊点。由 W 投影和 H 投影可看出,相贯线的最高点为 Ⅰ、Ⅲ,Ⅰ、Ⅲ 同时也是最左、最右点;最低点为 Ⅱ、Ⅳ,Ⅱ、Ⅳ 也是最前、最后点。由 1″、3″、2″、4″可直接求出 H 投影 1、3、2、4,再求出 V 投影 1′、3′、2′、4′。

② 求一般点

由于相贯线水平投影为已知,所以可直接取 a、b、c、d 四点,求出它们的侧面投影 $a''(b'')$、$c''(d'')$,再由水平、侧面投影求出正面投影 $a'(c')$、$b'(d')$。

③ 判别可见性,光滑连接各点

相贯线前后对称,后半部与前半部重合,只画前半部相贯线的投影,依次在特殊点之间作出一定数量的一般点,位于转向轮廓线上的点 1′、a'、2′、b'、3′各点,即为所求。

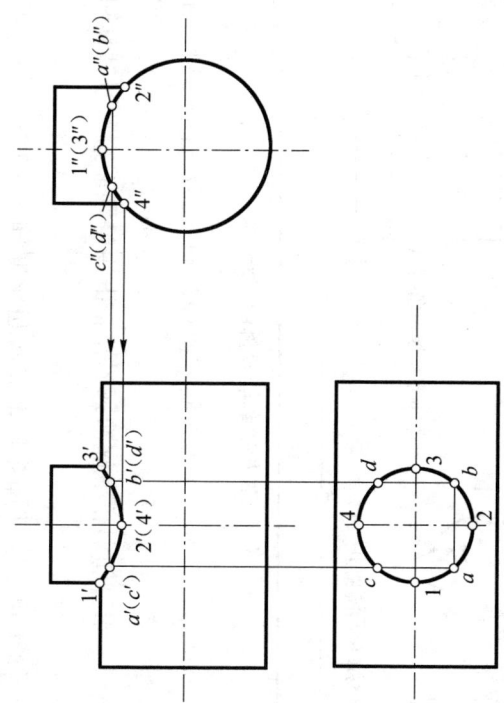

图 3-22 正交两圆柱相贯

3. 画相贯线的步骤

(1) 分析两立体表面特征及与投影面的相对位置。

(2) 确定相贯线的形状及特点,找出相贯线上特殊点的一面投影。

① 极限点:如最高、最低点、最前、最后点、最左、最右点等;

② 转向点:位于轮廓线上的点。

(3) 找出一般点:为能较准确地作出相贯线的投影,还应在特殊点之间作出一定数量的一般点。

(4) 求出相贯线上特殊点和一般点的其他两面投影。

(5) 顺次将各点光滑连接。

(6) 判别其可见性。每条相贯线段,只有当所在的两立体的两个曲面同时可见时,它才是可见的；否则，若其中的一个曲面轮廓线延长至相贯点，或两个曲面均不可见时，则该相贯线段不可见。

(7) 将相贯的各转向轮廓线延长至相贯点，完成两相贯体的投影。

4. 特殊相贯线

在特殊情况下，相贯线是直线，圆或椭圆，见表3-4。

表3-4 相贯线的特殊情况

说 明	投 影 图
相贯线是圆，水平投影为圆的实形	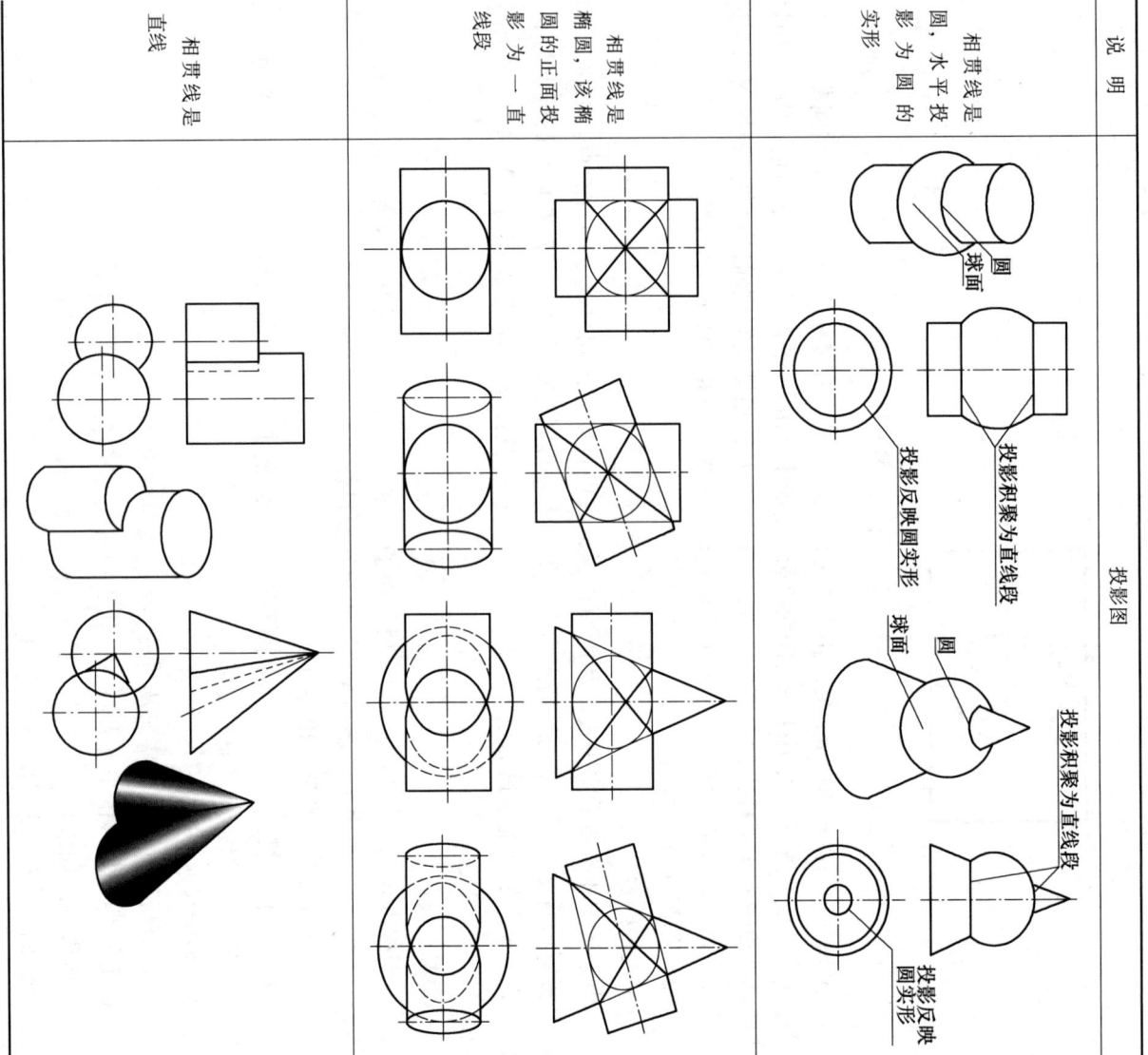
相贯线是椭圆，该椭圆的正面投影为一直线段	
相贯线是直线	

5. 圆柱、圆锥相贯线的变化规律

圆柱，圆锥相贯时，其相贯线空间形状和投影形状的变化，取决于其尺寸大小的变化和相对位置的变化。下面分别以圆柱与圆柱相贯，圆柱与圆锥相贯为例说明尺寸变化和相对位置变化对相贯线的影响。

(1) 两圆柱轴线正交，见表 3-5。

表 3-5　两圆柱相交相贯线变化情况

	$d_1 < d_2$	$d_1 = d_2$	$d_1 > d_2$
立体图	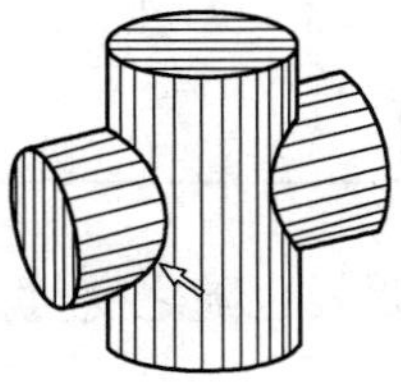	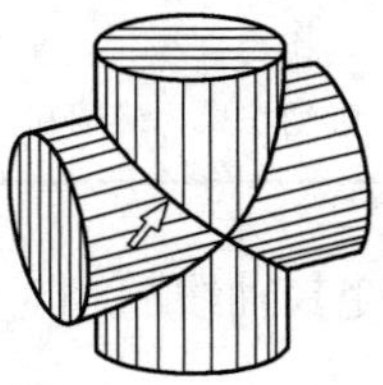	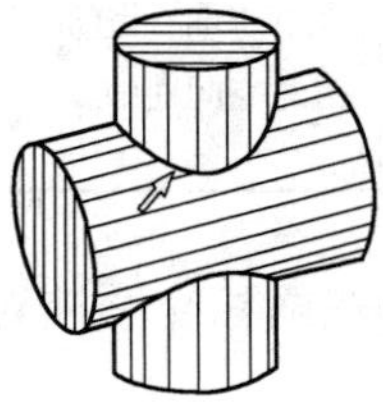
投影图	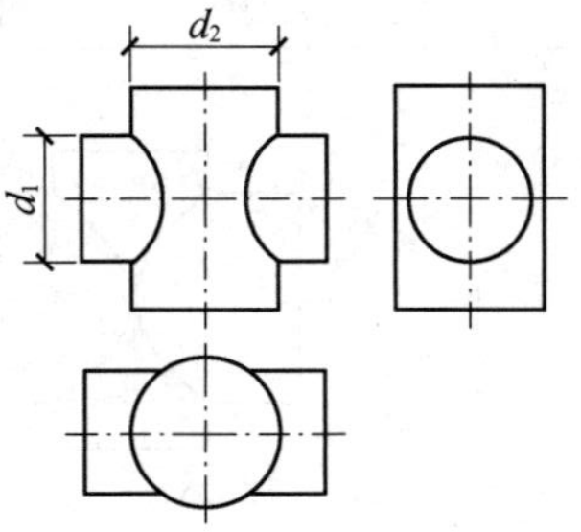	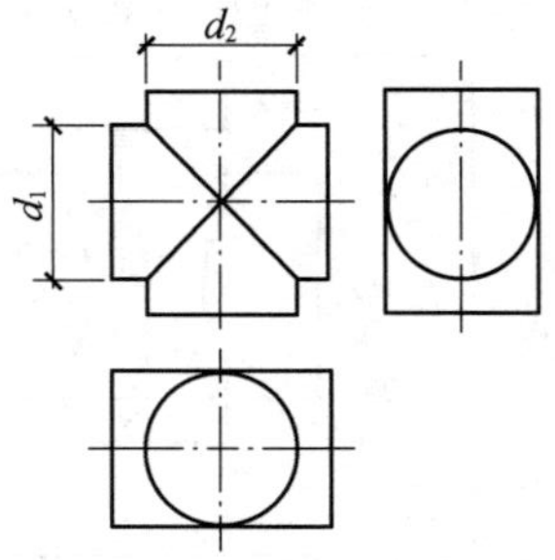	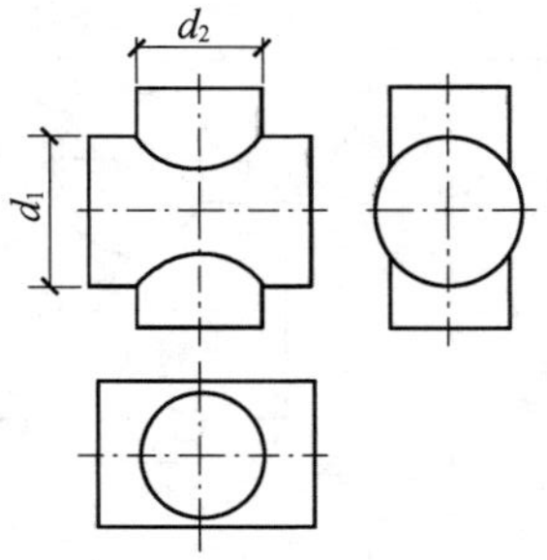
弯曲趋势	其相贯线的弯曲趋势总是向大圆柱里弯曲，为左右两条封闭的空间曲线	相贯线从两条空间曲线变成两条平面曲线——椭圆，其正面投影为两条相交直线，水平投影和侧面投影均积聚为圆	相贯线为上下两条封闭的空间曲线

(2) 圆柱与圆锥轴线正交。当圆锥的大小和其轴线的相对位置不变，而圆柱的直径变化时，相贯线的变化情况见表 3-6。

表 3-6　圆柱与圆锥相交相贯线的三种情况

	圆柱穿过圆锥	圆柱与圆锥公切于一球面	圆锥穿过圆柱
立体图	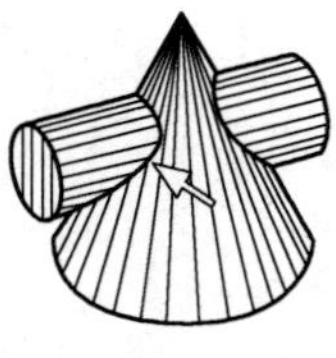	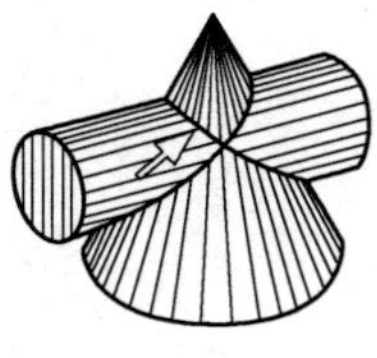	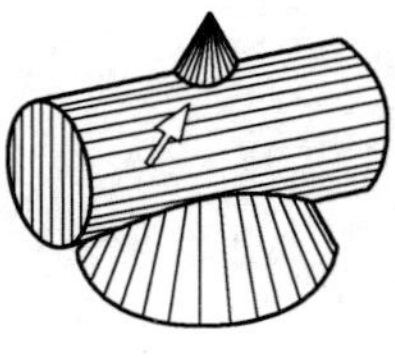
投影图	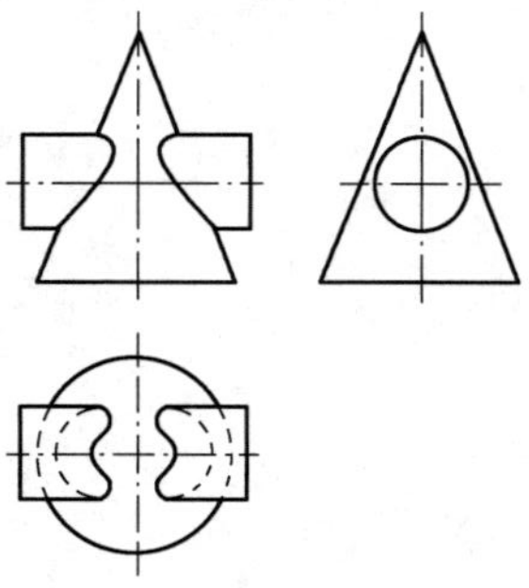	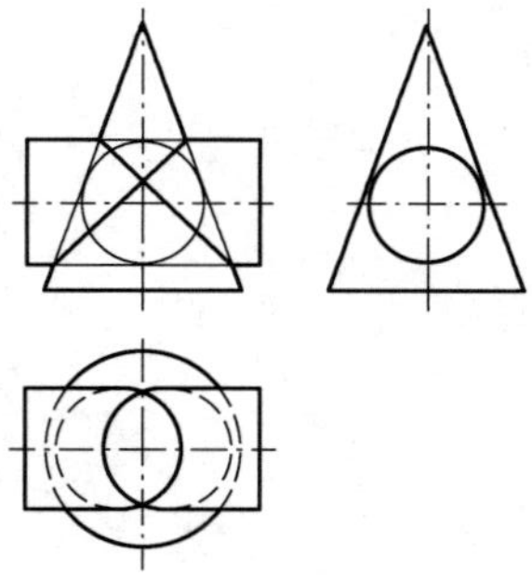	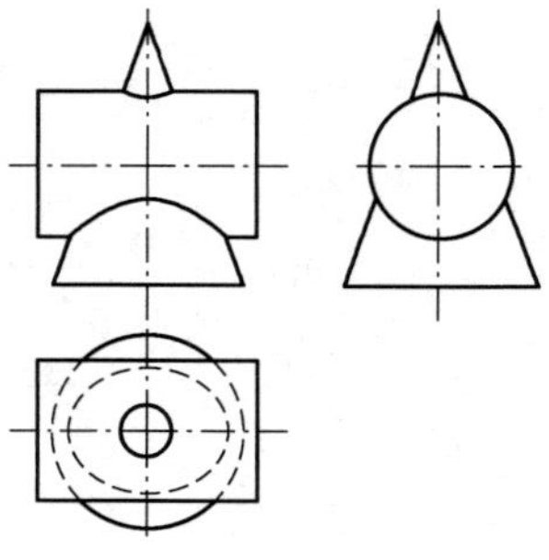

弯曲趋势	圆柱穿过圆锥	圆柱与圆锥
	相贯线的弯曲趋势总是向大圆锥里弯曲，相贯线为左右两条封闭的空间曲线	圆锥与圆柱公切于一球面相贯线从两条空间曲线——椭圆，其正面投影和侧面投影均为椭圆和圆	圆锥穿过圆柱相贯线为上、下两条空间曲线

(3) 两相交圆柱直径不变，改变其轴线的相对位置，则相贯线也随之变化，见表3-7。

表3-7 两圆柱相交相贯线变化情况

投影图	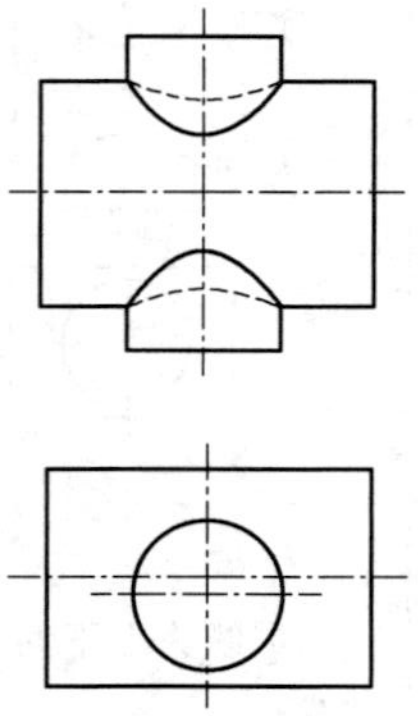	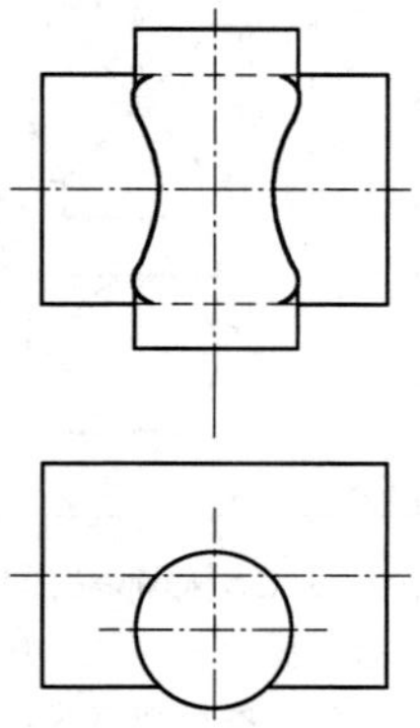	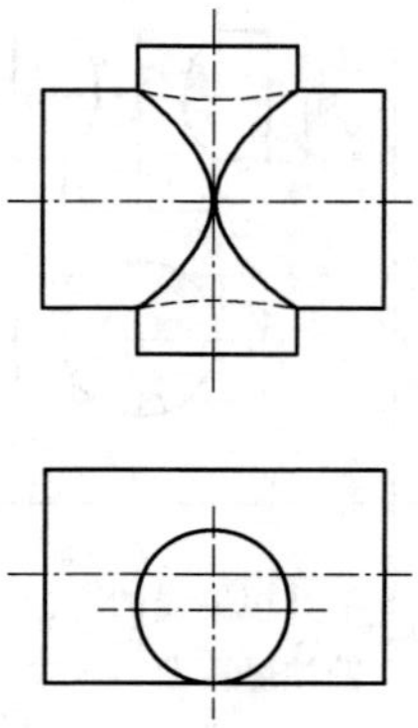
弯曲趋势	大圆柱与小圆柱全贯	大圆柱与小圆柱互贯	大圆柱与小圆柱相切
	相贯线为上下两条封闭的空间曲线	相贯线为一条封闭的空间曲线	相贯线由两条空间曲线变为一条空间曲线，并相交于切点

第4章 组合体的投影图

教学目标和要求

掌握组合体的形成及形体分析法；
掌握组合体投影图的画法；
掌握组合体投影图的尺寸标注；
掌握组合体投影图的读法。

教学重点和难点

掌握组合体投影图的画法；
掌握组合体投影图的读法。

由基本立体按一定的组合方式组合而成的立体，称为组合体。任何一个建筑形体都可以看成是组合体。组合体投影图的画法，看组合体投影图，是整个制图课的重点，起承上启下的作用。本章我们将介绍如何画组合体投影图，看组合体投影图，并对组合体投影图进行尺寸标注。

4.1 组合体的画法

组合体的画图方法是形体分析法，即将一个复杂的建筑形体分解为若干个基本形体，分析它们的组合形式和相对位置，并据此进行画图。

4.1.1 组合体的形体分析

工程建设中一些比较复杂的形体，一般都可看作是由基本几何体（如棱柱、棱锥、圆柱、圆锥、球等）通过叠加、切割、相交或相切而形成的。如图4-1所示的肋式杯形基础的形体，可以分解为四棱柱、6块梯形块、楔形块等基本形体。

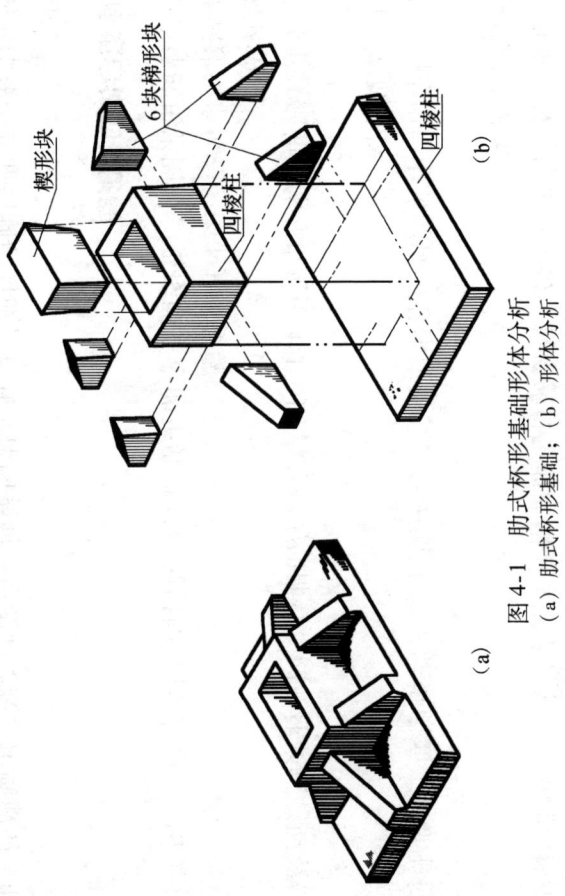

图4-1 肋式杯形基础形体分析
(a) 肋式杯形基础；(b) 形体分析

形体，可以看成由四棱柱底板，中间四棱柱（其中挖去一楔形块）和 6 块梯形块叠加组成。

4.1.2 组合体的组合方式

组合体的组合方式有两种。

1. 叠加式

由基本形体叠加而成，这种组合方式称为叠加式。

2. 截割式

由基本形体被一些面切割后而成，在相交处表面会形成截交线，用画截交线的方法作出截交线的投影。

各基本形体叠加时其表面结合处有三种方式：平齐（共面）、相切、相交，在画投影图时，应注意这三种结合方式，正确处理两结合表面的投影，如图 4-2 所示。

（1）平齐（共面）是指两基本形体的表面位于同一平面上，两表面间不画线。

（2）相切分为平面与曲面相切和曲面与曲面相切，不论哪一种，都是两表面光滑过渡，不应画线。

（3）相交是指面与面相交时，在相交处表面必然形成交线，应画交线的投影。

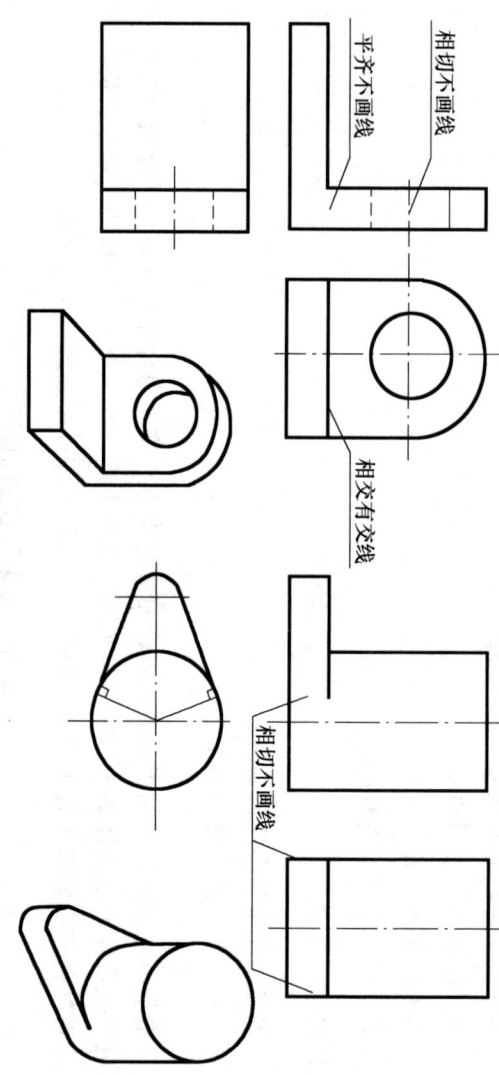

图 4-2 组合体两结合表面的结合处理

4.1.3 画组合体的投影图

画组合体的投影图时，要按照一定的步骤进行。现以肋式杯形基础 [图 4-1（a）] 为例，说明画建筑形体投影图的具体步骤：

1. 形体分析

肋式杯形基础的形体分析见图 4-1（b），分解为四部分，四棱柱底板、四棱柱、梯形块和楔形块。

2. 确定安放位置

根据基础在房屋中的位置，形体应平放，使 H 面平行于底板底面，V 面平行于形体的正面。

3. 确定投影的数量

确定投影的数量原则是用最少数量的投影把形体表达完整、清楚。基础形体由于形体前后左右对称，所以用三面投影即可。

68

板的侧面形状要在 W 投影中反映，因此需要画出 V、H、W 三个投影。

4. 画投影图

(1) 根据形体大小和注写尺寸所占的位置，选择适宜的图幅和比例。

(2) 布置投影图。先画出图框和标题栏线框，明确图纸上可以画图的范围，然后大致安排三个投影的位置，使每个投影在注写完尺寸后，与图框的距离大致相等。

(3) 画投影图底稿。按形体分析的结果，使用绘图仪器和工具，顺次画出四棱柱底板 [图 4-3 (a)]、中间四棱柱 [图 4-3 (b)]、6 块梯形块 [图 4-3 (c)] 和樱形杯口 [图 4-3 (d)] 的三面投影。画每一基本形体时，先画其最具有特征的投影，然后画其他投影。在 V、W 投影中杯口是看不见的，应画成虚线。

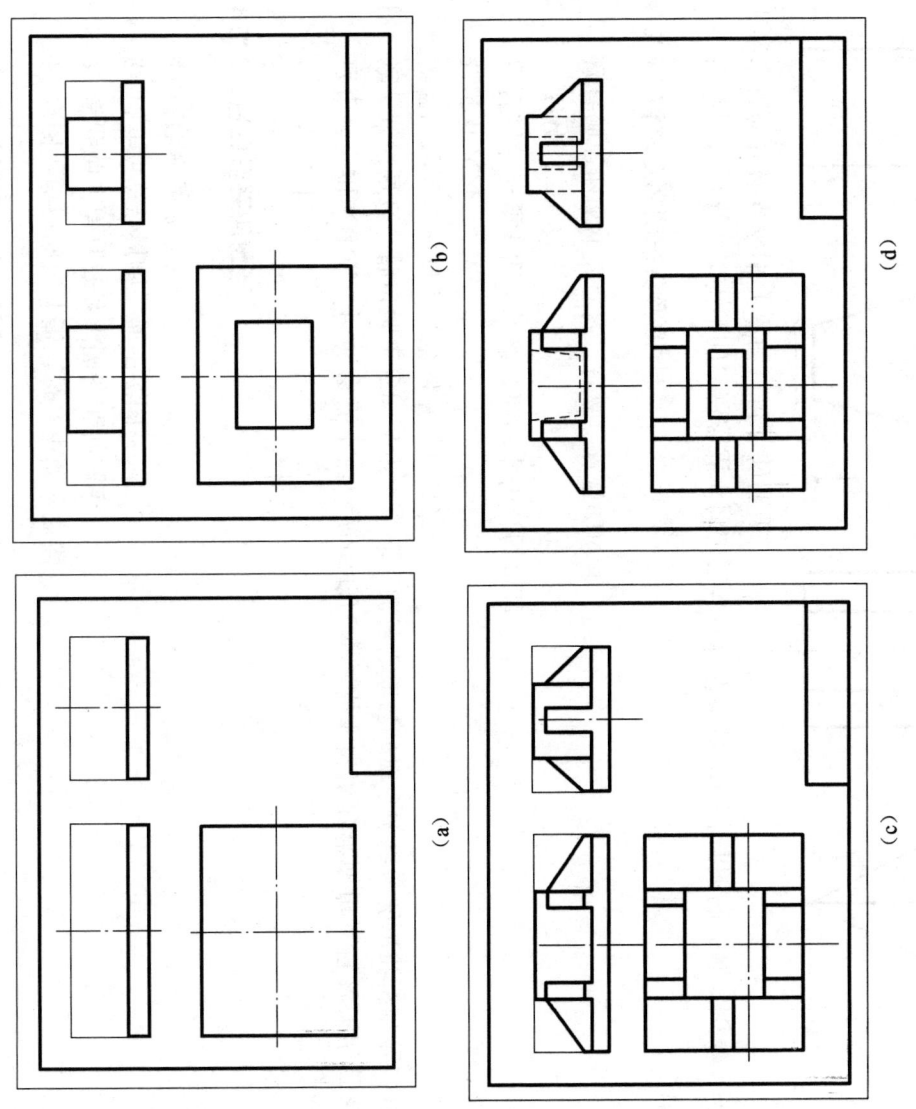

图 4-3 肋式杯形基础作图步骤
(a) 布图，画底板；(b) 画中间四棱柱；(c) 画 6 块梯形块；(d) 画大形杯口

必须注意，建筑物和构配件的形体，实际上是一个不可分割的整体，形体分析仅是一种假想的分析方法。如果建筑形体中两基本形体的侧面处于同一平面上，就不应该在它们之间画一条分界线。例如左边板的左侧面与底板的左侧面，前左侧板与中间四棱柱的左侧面，都处在同一个平面上，它们之间都不应画交线。

(4) 检查，加深图线。经检查无误之后，按各类线宽要求，用较软的 B 铅笔进行加深。

5. 标注尺寸

标注方法和步骤详见 4.2 节。

6. 最后填写标题栏的各项内容, 完成全图所画的图, 要求投影关系正确, 尺寸标注齐全, 布置均匀合理, 图面清洁整齐, 线型粗细分明, 字体端正无误, 符合"国标"规定。

4.2 组合体的尺寸标注

建筑形体的投影图, 仅仅表达形体的形状和各部分的相对位置, 但还必须注上足够的尺寸, 才能明确形体的实际大小和各部分的相对位置。组合体标注尺寸的方法, 采用形体分析法, 把建筑形体分解成若干基本立体, 先标注每一基本立体的尺寸, 然后标注建筑形体的总体尺寸。

4.2.1 尺寸标注的基本要求

1. 在图上所注的尺寸要完整, 不能有遗漏;
2. 要准确无误目符合制图标准的规定;
3. 尺寸布置要清晰, 便于读图;
4. 标注要合理。

4.2.2 尺寸标注的种类

1. 定形尺寸
这是确定组成建筑形体的各基本形体大小的尺寸。基本形体形状简单, 只要注出它的长、宽、高或直径, 即可确定它的大小。尺寸一般标注在反映形体特征的实形投影上, 并尽可能集中标注在一两个投影的下方和右方。

2. 定位尺寸
这是确定各基本形体在建筑形体中相对应位置的尺寸。

3. 总尺寸
这是确定形体外形总长、总宽、总高的尺寸。

4.2.3 基本立体的尺寸标注

组合体是由基本形体组成的, 熟悉基本形体的尺寸标注是组合体尺寸标注的基础。图 4-4 所示为常见的几种基本形体 (定形) 尺寸的标注。

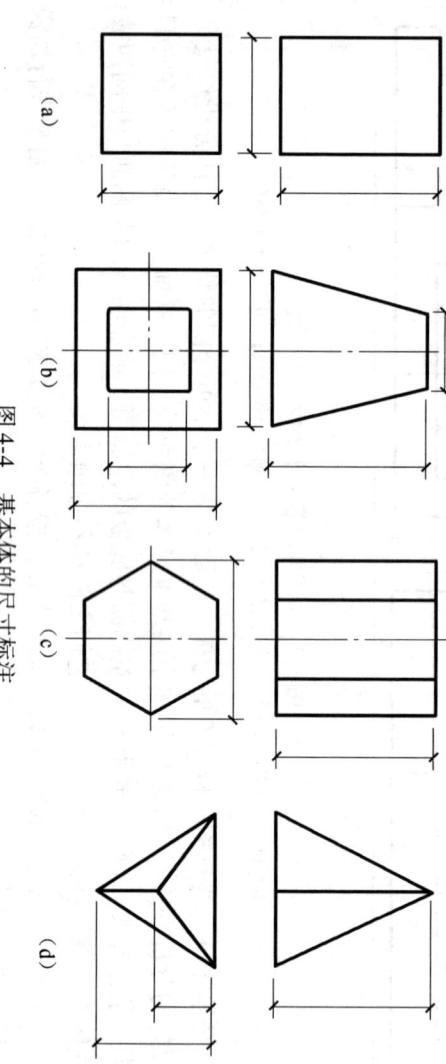

图 4-4 基本形体的尺寸标注
(a) 四棱柱; (b) 四棱台; (c) 六棱柱; (d) 三棱柱

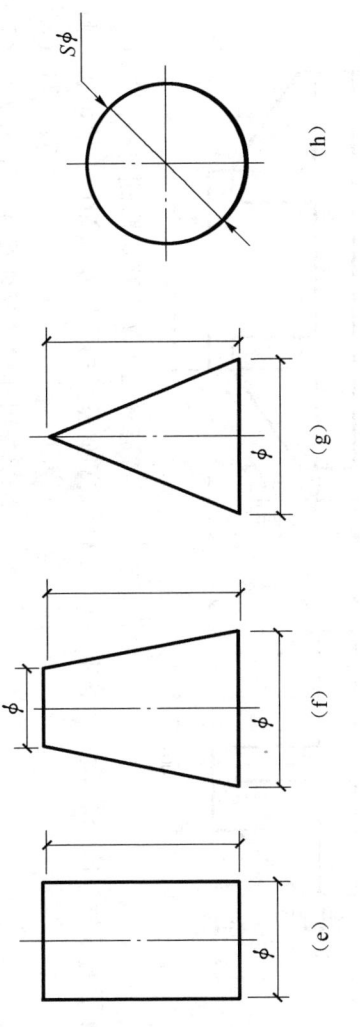

图 4-4 基本体的尺寸标注（续）
(e) 圆柱；(f) 圆台；(g) 圆锥；(h) 圆球

4.2.4 组合体的尺寸标注

下面以图 4-1 的肋式杯形基础为例，介绍标注尺寸的步骤：

1. 标注定形尺寸

肋式杯形基础各基本形体的定形尺寸是：四棱柱底板长 3000mm，宽 2000mm 和高 250mm；中间四棱柱长 1500mm，宽 1000mm 和高 750mm；前后肋板长 250mm，宽 500mm，高 600mm 和 100mm；左右肋板长 750mm，宽 250mm，高 600mm 和 100mm；楔形杯口上底 1000mm×500mm，下底 950mm×450mm，高 650mm 和杯口厚度 250mm 等。

2. 标注定位尺寸

先要选择一个或几个标注尺寸的起点。长度方向一般可选择左侧面或右侧面为起点，宽度方向可选择前侧面或后侧面为起点，高度方向一般以底面或顶面为起点。若物体是对称形，还可选择对称中心线作为标注长度和宽度尺寸的起点。

图 4-1 所示基础的中间四棱柱的长、宽、高定位尺寸是 750mm，500mm，250mm；杯口距离四棱柱的左右侧面 250mm，距离四棱柱的前后侧面 250mm。杯口底面距离柱顶面 650mm，的左右肋板的定位尺寸是宽方向的 875mm，长度方向的 250mm，前后肋板的定位尺寸是 750mm，250mm。

对于基础，还应标注杯口中线的定位尺寸，以便施工，如图 4-5 的投影图中所标注的尺寸是 1500mm 和 1000mm。

3. 标注总尺寸

基础的总长和总宽即底板的长度 3000mm 与宽度 2000mm，不用另加标注，总高尺寸为 1000mm。

4. 尺寸配置原则

确定了应标注哪些尺寸后，还应考虑尺寸如何配置，才能达到明显、清晰、整齐等要求。除遵照"国标"的有关规定外，不要到施工时还需要计算和度量。还要注意如下几点：

(1) 尺寸标注要齐全，不要到施工时还需要计算和度量；

(2) 一般应把尺寸布置在图形轮廓线之外（图 4-5），但又要靠近标注的基本形体。对某些细部尺寸，允许标注在图形内；

(3) 同一基本形体的定形、定位尺寸，应尽量标注在反映形体特征的投影图中，并把长、宽、高三个方向的定形、定位尺寸组合起来，排成几行。标注定位尺寸时，通常对圆形要定圆心的位置，多边形要定边的位置。

(4) 检查复核

标注尺寸是一项极严肃的工作，必须认真负责，一丝不苟。尺寸数字的书写必须正确无误和端正，同一张图幅内数字大小应一致。

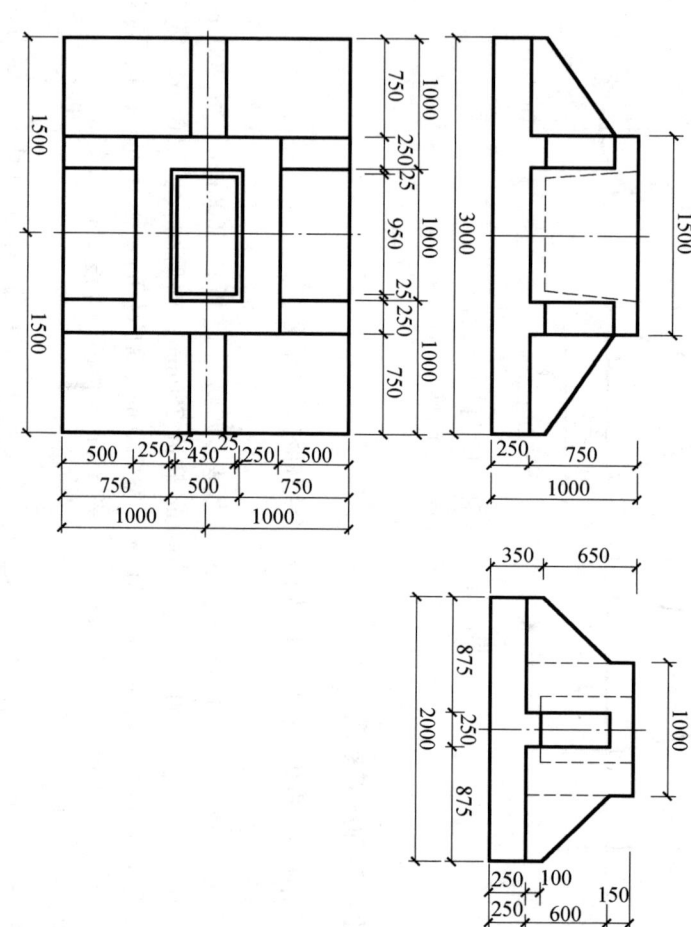

图 4-5 助式桥形基础的尺寸标注

4.3 阅读组合体的投影图

根据组合体的投影图想象出物体的空间形状和结构，这一过程就是读图。阅读建筑形体的投影图，就是根据投影图和所标注尺寸，想象出建筑形体的空间形状、大小，组成方式和构造特点。

4.3.1 读图前应掌握的基本知识

1. 掌握三面投影关系，即"长对正，高平齐，宽相等"的关系，了解建筑形体的长、宽、高三个方向的尺度和上、下、左、右、前、后六个方向在形体投影图上的对应位置。
2. 熟练掌握基本形体的投影特点及其读图方法，并能对建筑形体投影图进行形体分析。
3. 掌握各种位置的线、平面、曲面、截交线、相贯线的投影特点，能进行线面分析。
4. 掌握形体的各种表达方法，即掌握单面、两面、三面、多面投影图，辅助投影图，剖面图、断面图等的特性和画法。
5. 掌握尺寸标注法，并能用尺寸配合图形来确定建筑形体的形状和大小。

4.3.2 读图的基本方法和步骤

1. 读图的基本方法
(1) 形体分析法：即根据基本形体的投影特点，在投影图上分析建筑形体各个组成部分的形状和相对位置，然后综合起来确定建筑形体的总形状。

(2) 线面分析法：即从形体分析获得该形体的大致整体形象，如有局部投影仍弄不清楚时，可对该部分投影的线段和线框加以分析，运用线、面的投影规律，分析形体上线、面的空间关系，从而把握形体的细部。

(3) 恢复原形法：即恢复形体在切割之前的形状，进而分析切割切面的位置，确定表面交线的形状，帮助读懂投影图。

2. 读图的步骤

(1) 先要抓住最能反映形状特征的一个投影，结合其他投影，进行概略分析，然后再细致分析；

(2) 先进行形体分析，后进行线面分析；先外部分析，后内部分析；先整体分析，后局部分析，再由局部到整体；

(3) 最后综合起来想像出该组合体的整体形象。

3. 读图示例

【例 4-1】 运用形体分析法想像出图 4-6 中的组合体的整体形状。

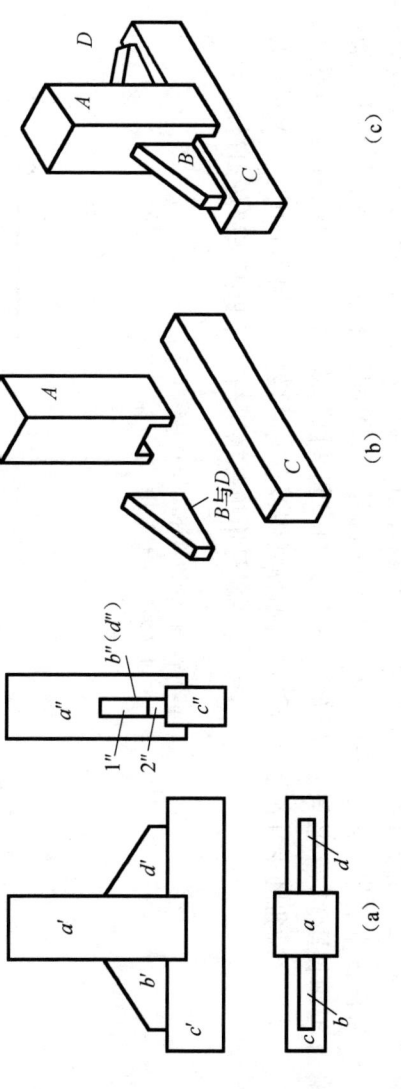

图 4-6 形体分析法读图
(a) 已知三面投影；(b) 形体分析；(c) 形体的立体图

读图过程如下：

(1) 将投影分成若干部分，分析出各部分的形状

如图 4-6 所示，将正立面图分成 a、b、c、d 四个部分。按照形体投影的"三等"关系和基本形体投影的特征可知，四边形 a' 在平面图与左侧面图所对应的是 a、a'' 线框，这就可以确定该建筑形体的正中间是一个如图 4-6 (b) 所示的四棱柱 A。正立面图与左侧面图中所对应的是平面图中矩形 b 和侧面图中矩形 b''，由此可知正立面图中四边形 d'，其所对应的其他两投影与四边形 b' 的其他两投影是完全相同的，所以可以分析出正立面图中四边形 d' 与 B 形状是完全相同的，再看正立面图中的 c' 线框，在平面图中与之对应的是矩形 c，在侧面图中与之对应的是矩形 c''，所以它的空间形状是如图 4-6 (b) 所示的四棱柱 C。

(2) 根据投影确定各组成部分在整个形体中的相对位置

由投影可知，V 面图反映了建筑形体各组成部分（基本形体）的上下左右位置；H 面图反映了建筑形体各组成部分的前后左右位置；W 面图反映了建筑形体各组成部分的上下前后关系。于是从各投影图中可知 C 形体在最下面，A 形体在 C 形体的中间上方，且 C 形体上方的方槽中通过。B、D 形体对称地放在 A 形体的两侧，最后只需将这些组成部分按投影图所示位置组合后即可。组合后的形状如图 4-6（c）中的立体图所示。

（3）综合以上分析，想像出整个形体的形状与结构
由以上分析，知道建筑形体各组成部分的形状以及相对应 A 形体的前面、后面距离相等。

【例 4-2】 运用线面分析法想像出图 4-7（a）中组合体的整体形状。

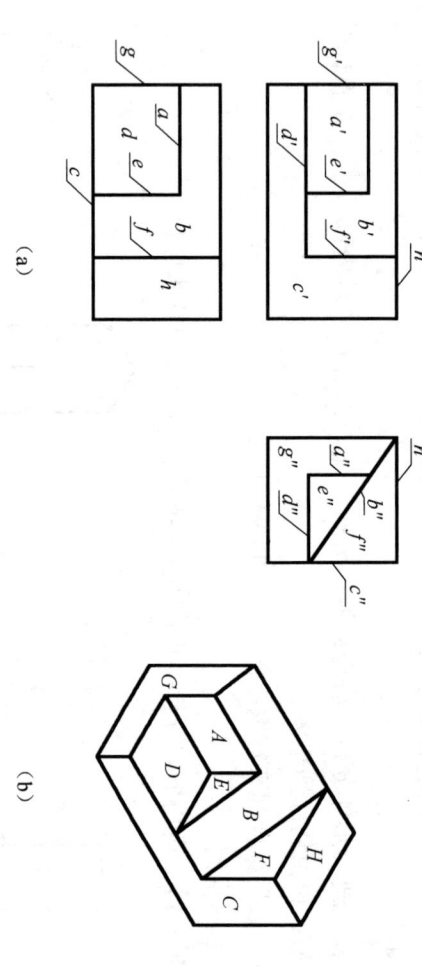

图 4-7 组合体的线面分析
(a) 线面分析读图；(b) 读图分析结果

（1）将投影分成若干部分，按投影分析出各部分的形状

① 将正立面图中封闭的线框编上号并找出其对应投影。

正立面图中有 a'、b'、c' 三个封闭线框，根据平面图中的投影规律按"高平齐"的投影关系，a' 线框对应 W 投影上的一条竖直线 a_0。正立面图中的投影的 L 形 b' 线框，按"高平齐"的投影关系，它的水平投影与之长对正的一条水平线 b''，因此 B 平面应为铅垂面。根据平面图的投影的类似形，所以就可以确定平面图中的 L 形 b 线框是它的水平投影。根据正面投影为平面图中的水平线 c_0。

② 将平面图中剩下的封闭线框编上号，并找出其对应投影。

同理可以分析出各组成部分的 d 线框的对应投影为水平面的 h' 线；h 线框的对应投影为矩形的水平面 d'、d''，可确定它为矩形的水平面；e、e' 可确定它为侧平面；g'' 线框的对应投影为竖线 g'、g，可确定它为侧平面。

（2）根据投影，分析各组成部分的相对位置，并综合起来想像出整体形状
由投影图可知各组成部分的上、下、左、右、前、后关系，因此不难想像出其整体形状为长方体的左上方切割去一个大的三棱柱体，再在余下形体的左、上、前方又切割去了一个小的三棱柱体，如图 4-7（b）所示的立体。

上面虽然采用了两种不同的读图方法，但这只是为了说明两种读图方法的特点，其实这

两种方法并不是截然分开的,它们既相互联系,又相互补充,读图时往往要同时用到这两种方法,并借助尺寸分析解决。

总的来说,读图步骤常常是先作粗略分析大概肯定后,再作细致分析;先用形体分析法,后用线面分析法;先外部后内部;先整体后局部;再由局部回到整体,有时也可由轴测图来帮助读图。

4.3.3 根据两投影图补画第三投影

一些建筑形体,给出其两个投影已能完整、清晰地表达其形状和构造,但为了培养和提高读图能力,往往需要画出其第三投影。下面举例说明。

【例 4-3】 试根据建筑形体的 V、W 投影(图 4-8),补绘 H 投影。

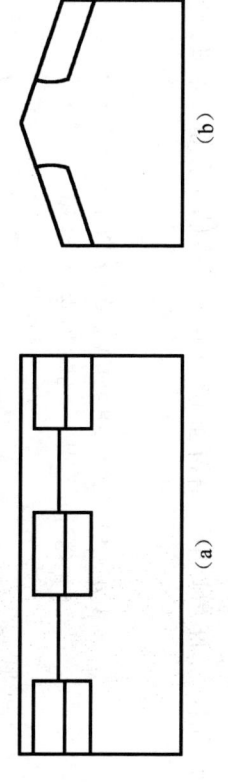

图 4-8 已知屋外形的 V、W 投影
(a) V 投影; (b) W 投影

1. 分析(先要确定该建筑形体的形状,才能补作 H 投影)
(1) 形体分析

根据图 4-8 所示房屋外形轮廓线的 V、W 投影分析,其投影如图 4-9 所示。

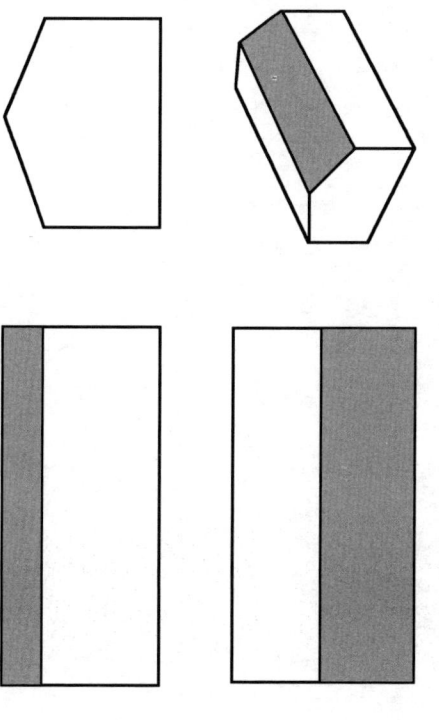

图 4-9 形体分析——两坡顶房屋外形的投影

比较图 4-8 和图 4-9 的两坡顶房屋面可看出,前者的 V 投影比后者多了三个小方块线框,前者的 W 投影比后者多了左右对称的两个平行四边形线框,需要作进一步分析。

(2) 线面分析

先分析图 4-8 中 V 投影左边一个小方块。如图 4-10 (a) 所示,这小方块内又分成两个线框,上面一个线框 r',根据"高平齐"的投影关系,对应于 W 投影上一条竖直线的 r'' 可知这是一个正平面 R。小方块内下面一个线框 q',对应 W 投影上一条斜线,可知这是一个侧垂面 Q。小方块线框右边的竖直线 p'，与 W 投影上的平行四边形 p″ 对应，可知这是一个侧平面 P。

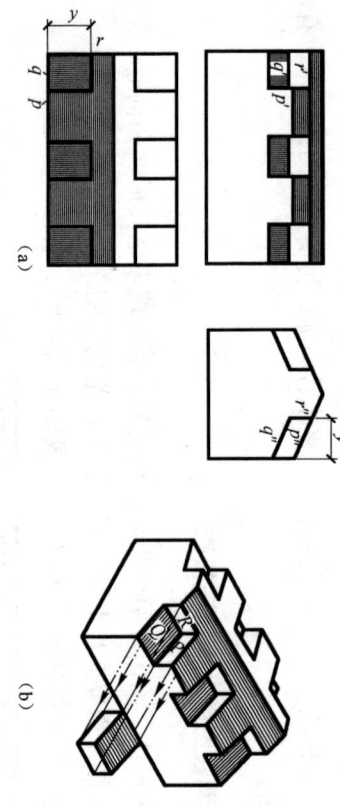

图 4-10 线面分析——补绘 H 投影
(a) 分析 R，P，Q 平面并画出 H 投影；(b) 立体图

2. 作图

由上述分析可知，V 投影上的小方块线框和 W 投影上相对应的平行四边形线框，是在两坡屋面上用一个正平面 R，一个侧垂面 Q 和一个侧平面 P 切去了一个小四棱柱 [图 4-10 (b) 的立体图] 所产生的截交线的投影。经过六处同样切割之后，两坡顶屋面就形成了具有六个纵横天窗的屋面，如图 4-10 所示。根据"长对正，宽相等"的投影关系，在两坡顶房屋的投影上画出截交线的 H 投影。

第 5 章 轴测投影图

教学目标和要求

理解轴测投影图的形成；
掌握正等轴测投影图的画法；
掌握斜二轴测投影图的画法；
掌握剖切轴测投影图的画法。

教学重点和难点

掌握正等轴测投影图的画法；
掌握斜二轴测投影图的画法。

图 5-1（a）是物体的正投影图，能够完整、准确地表示形体的形状和大小，作图也比较简便。但是，这种图立体感不强，缺乏读图能力的人们很难看懂。图 5-1（b）是物体的轴测投影图，它能在一个投影图中同时反映物体的长、宽、高，具有较强的立体感。但由于它不易反映物体各个表面的实形，工程上常将轴测投影图作为辅助图样。本章主要介绍几种常用轴测投影图的画法。

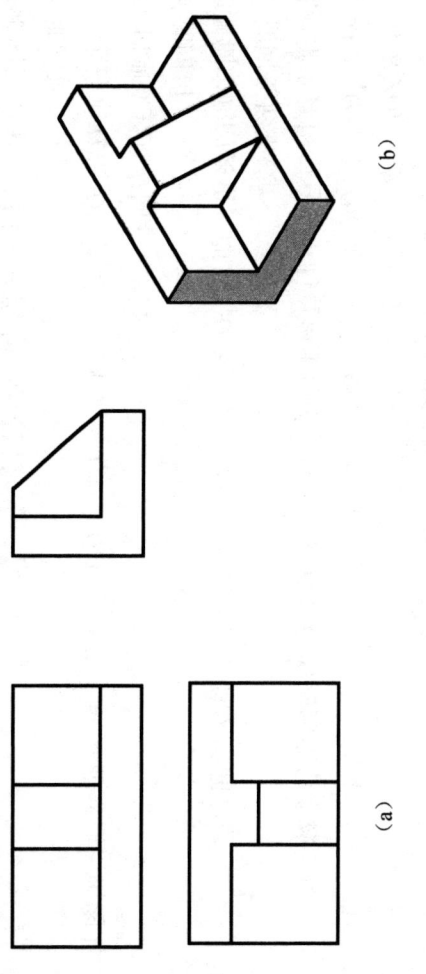

图 5-1 投影图与轴测图的对比
(a) 投影图；(b) 轴测图

5.1 轴测投影的基本知识

5.1.1 轴测投影的形成

根据平行投影的原理，把形体连同确定其空间位置的三条坐标轴 OX、OY、OZ 一起，沿着不平行于这三条坐标轴的方向，投影到新投影面 P 上，所得到的投影称为轴测投影，如图 5-2 所示。

5.1.2 轴测投影的有关术语

1. 轴测投影面

在轴测投影中，投影面 P 称为轴测投影面。

2. 轴测轴

把 O_1X_1、O_1Y_1、O_1Z_1 的轴测投影 O_1X_1、O_1Y_1、O_1Z_1 称为轴测轴，画图时，规定 O_1Z_1 轴画成竖直方向，见图 5-2。

3. 轴间角

轴测轴之间的夹角，即 $\angle X_1O_1Z_1$、$\angle X_1O_1Y_1$、$\angle Y_1O_1Z_1$，称为轴间角。

4. 轴向变形系数

轴测轴上某段与它在空间直角坐标轴上的实长之比，称为轴向变形系数。即

$p = O_1A_1/OA$，称 OX 轴向变形系数；
$q = O_1B_1/OB$，称 OY 轴向变形系数；
$r = O_1C_1/OC$，称 OZ 轴向变形系数。

轴间角和轴向变形系数决定轴测图的形状和大小，是画轴测投影图的基本参数。

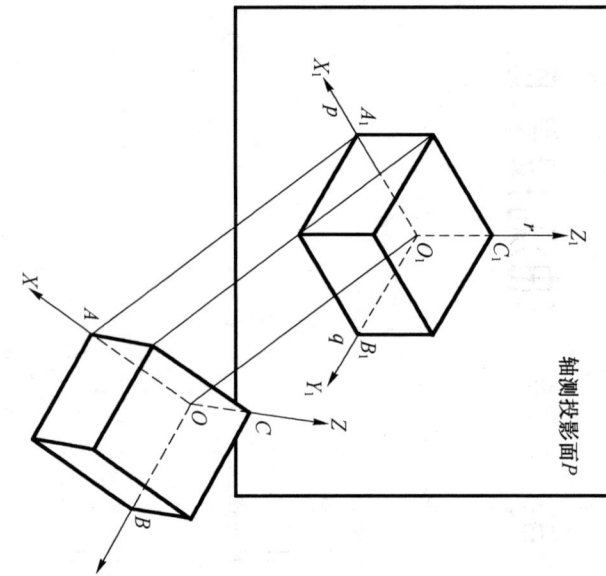

图 5-2 轴测投影的形成

5.1.3 轴测投影的分类

根据投影方向与轴测投影面的相对位置可分为两大类：

1. 正轴测投影

正轴测投影的投影方向垂直于轴测投影面。

2. 斜轴测投影

斜轴测投影的投影方向倾斜于轴测投影面。

根据轴向变形系数是否相等,两类轴测图又分为三种:

(1) 正(或斜)等轴测图 ($p=q=r$);
(2) 正(或斜)二轴测图 ($p=q\neq r$ 或 $p=r\neq q$ 或 $p\neq q=r$);
(3) 正(或斜)三轴测图 ($p\neq q\neq r$)。

上述类型中,由于三轴测投影作图比较繁琐,所以很少采用,这里只介绍常用的正等轴测图、正面斜二轴测图和水平面斜二轴测图的画法。

5.1.4 轴测投影的特性

1. 直线的轴测投影一般仍为直线;互相平行的直线其轴测投影仍互相平行;直线的分段比例在轴测投影中仍不变。

2. 与坐标轴平行的直线,轴测投影后其长度可沿轴量取;与坐标轴不平行的直线,轴测投影就不可沿轴量取,只能先确定两端点,然后再画出该直线。

5.1.5 轴测投影的画法

根据形体的正投影图画其轴测图时,一般采用下面的基本作图步骤:

1. 进行形体分析并在形体上确定直角坐标系,坐标原点一般设在形体的角点或对称中心上。

2. 选择轴测图的种类与合适的投影方向,确定轴测轴及轴向变形系数。

3. 根据形体特征选择合适的作图方法,常用的作图方法有:坐标法、叠加法、切割法、网格法等。

   (1) 坐标法:利用形体上各顶点的坐标值画出轴测图的方法;
   (2) 叠加法:先把形体分解成基本形体,再逐一画出每一基本形体的方法;
   (3) 切割法:先把形体看成是一个长方体,再逐一画出截面面的方法;
   (4) 网格法:对于曲面立体先找出曲线上的特殊点,过这些点作平行于坐标轴的网格线,得到这些点的坐标值,然后把这些点连接起来的方法。

4. 画底稿。

5. 检查底稿加深图线。

5.2 正等轴测图

正等测轴测图属正轴测投影中的一种类型。由于它画法简单、立体感较强,所以在工程上较常用。

5.2.1 正等轴测图的形成

投射方向垂直于轴测投影面,而且参考坐标系的三根坐标轴对投影面的倾斜角都相等,在这种情况下画出的轴测图称为正等轴测图,简称正等测。

5.2.2 正等轴测图的画图参数

可以证明:正等测图的轴间角都相等,即 $\angle X_1O_1Z_1 = \angle X_1O_1Y_1 = \angle Y_1O_1Z_1 = 120°$,各轴向变形系数 $p=q=r\approx 0.82$,为了作图简便,习惯上简化为1,即 $p=q=r=1$,作图时可

以直接按形体的实际尺寸量取。这种简化了轴向变形系数的轴测投影比实际的轴测投影放大了1.22倍，如图5-3所示正四棱柱的正等轴测图。

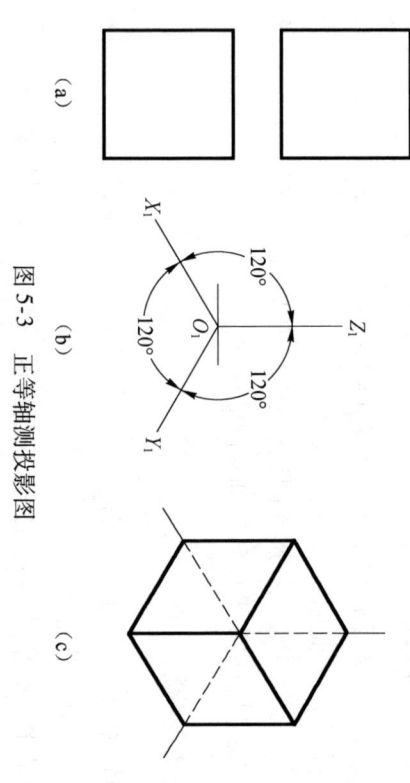

图5-3 正等轴测投影图
(a) 正四棱柱投影图；(b) 画轴测轴；(c) $p=q=r≈0.82$

5.2.3 基本立体正等轴测图画法

1. 正六棱柱

(1) 分析

如图5-4所示，正六棱柱的前后、左右对称，将坐标原点 O_0 定在上底面六边形的中心，以六边形的中心线为 X_0 轴和 Y_0 轴。这样便于直接作出上底面六边形各项点的坐标，从上底面开始作图。

(2) 作图

① 定出坐标原点及坐标轴，如图5-4 (a) 所示。

② 画出轴测轴 OX、OY，由于 a_0、d_0 在 X_0 轴上，可直接量取并在轴测轴上作出 a、d。

③ 作出 b 点的坐标值 X_b 和 Y_b，定出其轴测投影 b，见图5-4 (b)。

④ 根据项点 b_0 的坐标值 X_b，Y 轴对应的对称点 f，连接 a、b、c、d、e、f 即为六棱柱上底面的可见轮廓线。由项点 a、b、c、d、e、f 向下画出高度为 h 的可见轮廓线，得下底面各点，连接下底面各点，擦去作图线，描深，完成六棱柱正等轴测图，见图5-4 (c)。

由作图可知，因轴测图只要求画出不可见轮廓线一般不要画出，故常将原标注的原点取在顶面上，直接画出可见轮廓，使作图简化。

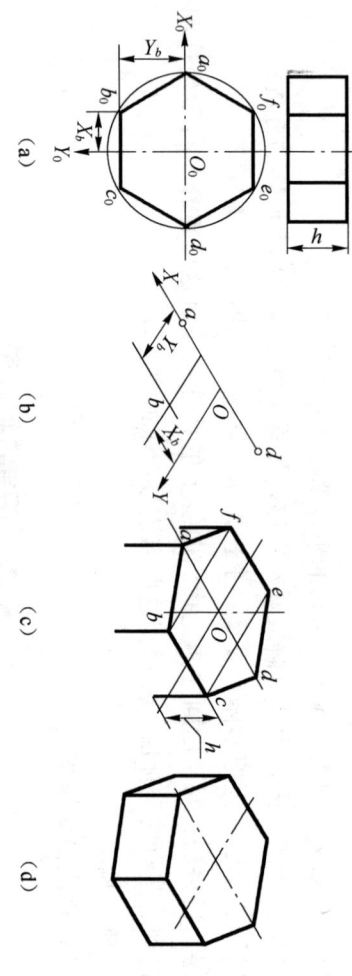

图5-4 正六棱柱的正等测画法

2. 圆柱

(1) 分析

如图 5-5 所示，直立圆柱的轴线垂直于水平面，上、下底为两个与水平平面平行且大小相同的圆，在轴测图中均为椭圆。可根据圆的直径和圆柱高作出两个形状、大小相同，中心距为 h 的椭圆，然后作两椭圆的公切线即成。

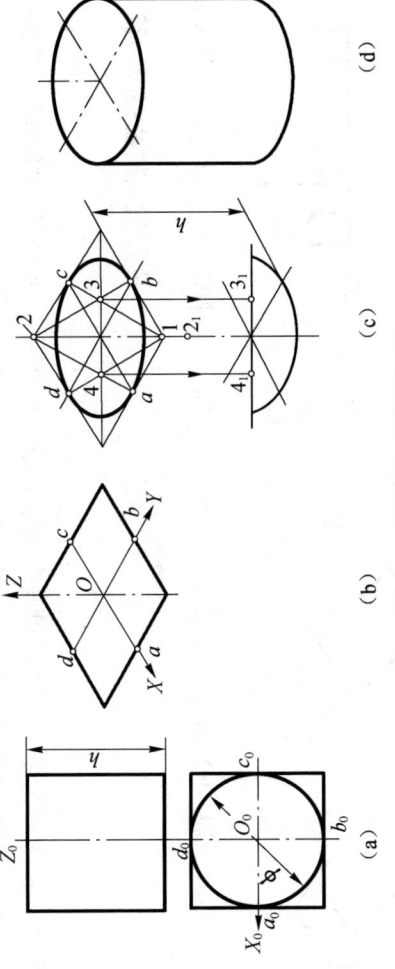

图 5-5 圆柱的正等轴测图

(2) 作图

① 作圆柱上底圆的外切正方形，得切点 a_0、b_0、c_0、d_0，定坐标原点和坐标轴，见图 5-5 (a)。

② 作轴测轴和四个切点 a、b、c、d，过四点分别作 X、Y 轴的平行线，得外切正方形的轴测菱形，见图 5-5 (b)。

③ 过菱形顶点 1、2，连接 $1c$ 和 $2b$ 得交点 3，连接 $2a$ 和 $1d$ 得交点 4。1、2、3、4 各点即为作近似椭圆四段圆弧的圆心。以 1、2 为圆心，$1c$ 为半径作圆弧；以 3、4 为圆心，$3b$ 为半径作圆弧，即为圆柱上底的轴测椭圆。将椭圆的四个圆心 1、2、3、4 沿 Z 轴平移高度 h，作出下底椭圆（下底椭圆看不见的一段圆弧不必画出），见图 5-5 (c)。

④ 作方椭圆的公切线，擦去作图线，描深，见图 5-5 (d)。

3. 圆角平板

(1) 分析

平行于坐标面的圆角是圆的一部分，见图 5-6 (a)。特别是常见的四分之一圆周的圆角，其正等轴测图恰好是上述近似椭圆的四段圆弧中的一段。

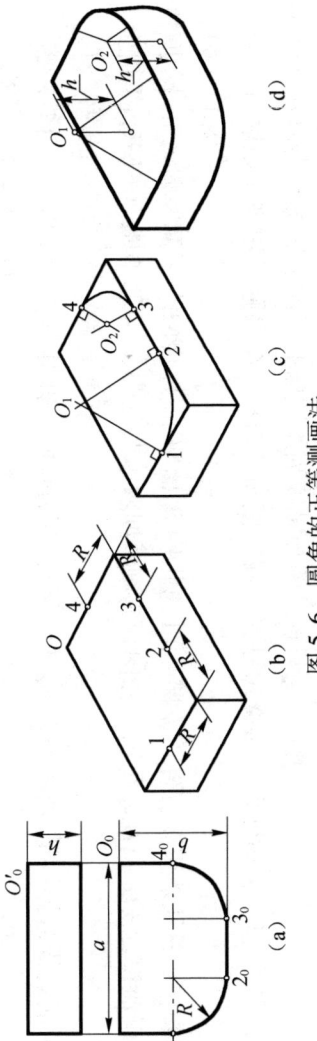

图 5-6 圆角的正等测画法

(2) 作图

① 画出平板的轴测图，并根据圆角的半径 R，在平板上底面相应的棱线上作出切点 1、

2、3、4,见图5-6(b)。

③将圆心 O_1 下移平板的厚度 h,O_1 为半径作圆弧12;以 O_2 为半径作圆弧两个相应棱线的垂线,得交点 O_2。以 O_1 为圆心,同样,过切点3、4作相应棱线的垂线,得交点3、4。

3、4,即得平板上底面圆角的轴测图,见图5-6(c)。

③将圆心 O_1、O_2 下移平板的厚度 h,再用与上底面圆角的公切线,擦去作图线,即得平板下底面圆角的轴测图。在平板右端作上、下小圆弧的公切线,描深,见图5-6(d)。

5.2.4 组合体正等轴测图画法

【例5-1】 已知形体的三面投影,见图5-7(a),用切割法绘制其正等轴测图。

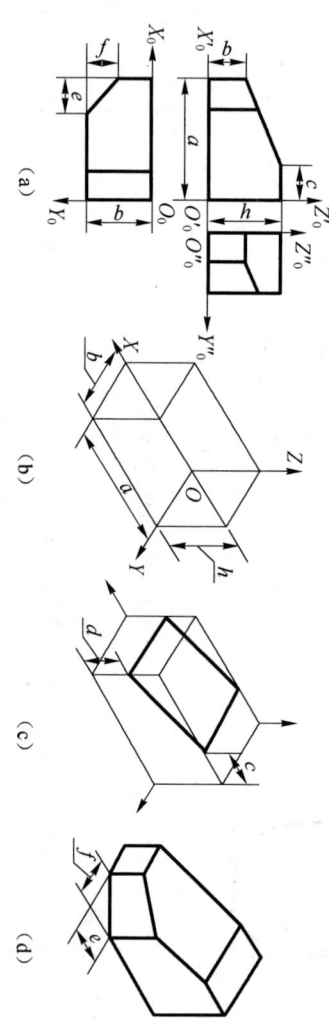

图 5-7 切割体的正等轴测图

(1)分析

对于图5-7(a)所示的形体,可采用切割法作图。画轴测图时,应包含 OX、OZ 两根坐标轴垂直于 $X_0O_0Z_0$ 坐标面的圆形门洞的中心轴线垂直于外墙面,再由铅垂面切去一角面形成,对于截切后的斜面与三根坐标轴都不平行的线段,在轴测图上不能直接量取,必须按坐标作出其端点,然后再连线。

(2)作图

①定坐标原点及坐标轴,见图5-7(a)。
②根据给出的尺寸 a、b、h 作出长方体的轴测图。
③倾斜线段不能直接量取尺寸,只能沿与轴测图相平行的线段量取,定出斜面上线段端点的位置,见图5-7(b)。
④根据给出的尺寸 c、e、f 定出左下角斜面上线段端点的位置,并连成四边形,擦去作图线,描深,如图5-7(d)所示。

【例5-2】 已知墙上圆形门洞的三面投影,见图5-8(a),用叠加法绘制其正等轴测图。

(1)分析

圆形门洞的中心轴线垂直于 $X_0O_0Z_0$ 坐标面,画轴测图时,应包含 OX、OZ 两根坐标轴在外墙面上,再按墙面厚度 B 的距离沿 OY 轴方向移动得到 O'_2、O'_3、O'_4。以这些点为圆心,相应长度为半径,画出内墙面上圆的可见部分,最后画出墙上三角形檐口。

(2)作图

①在外墙面上画出轴测轴 OX、OZ,分别作四段圆弧即为外墙面上圆的轴测图,见图5-8(b)。
②沿 OY 轴方向移动墙厚 B 的距离得点 O'_2、O'_3、O'_4。
③按墙上檐口的高度 H 和宽度 y,画出檐口的轴测图,见图5-8(d)。

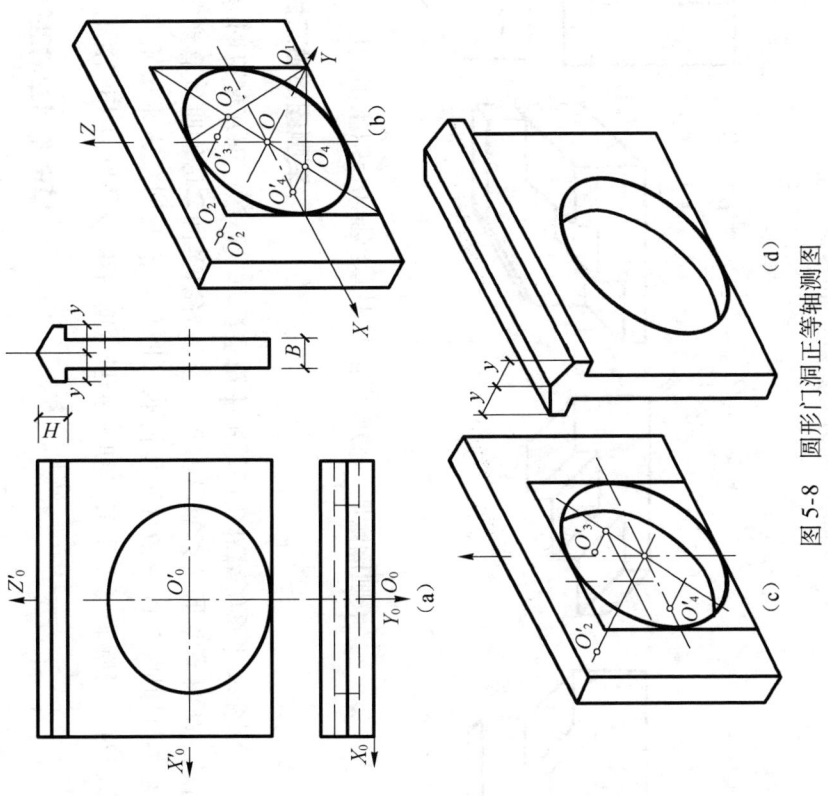

图 5-8 圆形门洞正等轴测图

5.3 正面斜二轴测图

正面斜二轴测图是斜二轴测图的一种。对于形体的正平面形状较复杂或具有圆和曲线时,常用正面斜二轴测图。

5.3.1 正面斜二轴测图的形成

轴测投影面 P(用 V 面代替)平行于一个坐标面,投射方向倾斜于轴测投影面时,即得正面斜二轴测图,如图 5-9 所示。

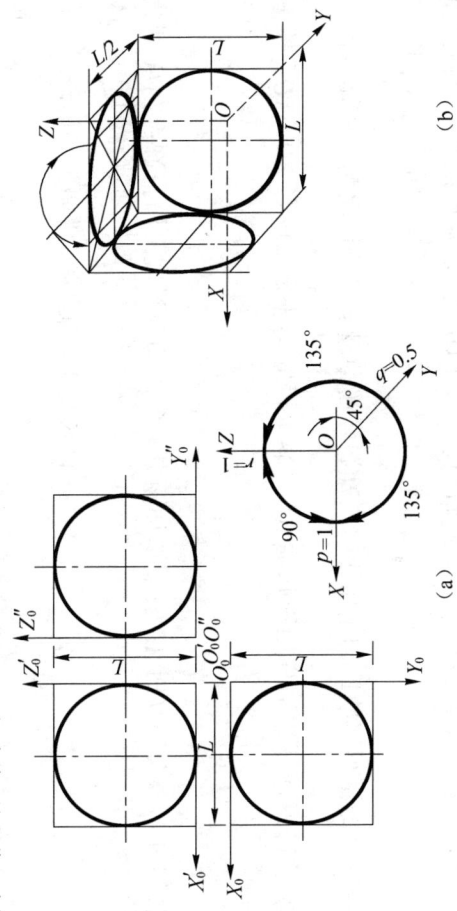

图 5-9 正面斜二轴测的轴间角和轴向伸缩系数

5.3.2 轴间角和轴向伸缩系数

由图5-9可知,由于$X_0O_0Z_0$坐标面平行于V面,其正面斜轴测投影反映实形,所以轴测轴OX、OZ分别为水平方向和铅垂方向,轴间角$\angle XOZ=90°$,轴向伸缩系数$p=r=1$。OY轴的轴向变形系数与轴间角之间无依从关系,可任意选择,通常选择OY轴与水平方向呈45°,$q=0.5$作图较为方便、美观,一般适用于正立面形状较为复杂的形体。

5.3.3 正面斜二轴测图画法

【例5-3】 下面以图5-10所示立体说明正面斜二轴测图画法。

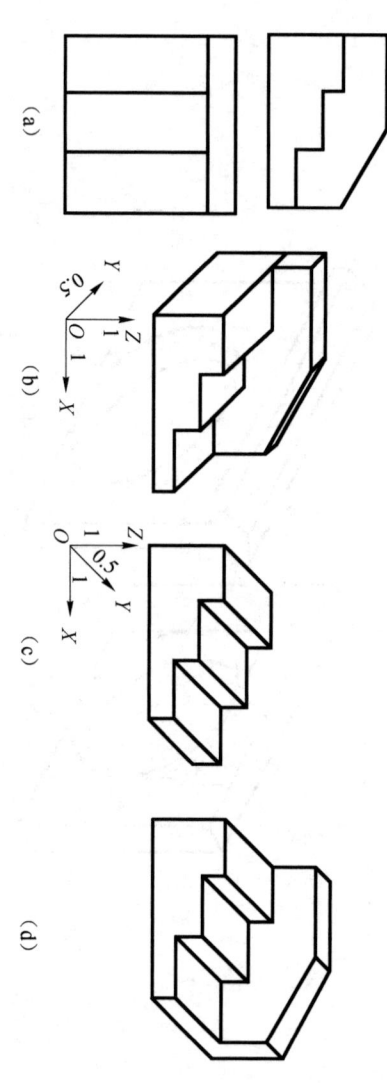

图5-10 台阶的正面斜二轴测图

(1) 分析

在正面斜二轴测图中,轴测轴OX、OZ分别为水平方向和铅垂方向,OY轴根据投射方向确定。如果选择由右向左投射,如图5-10 (b)所示,台阶的有些表面被遮或显示不清楚,而选择由左向右投射,台阶的每个表面都能表示清楚,如图5-10 (c)所示。

(2) 作图

步骤如图5-10 (c)、(d)所示,画出轴测轴OX、OZ、OY,然后画出台阶的正面投影实形,过各顶点作OY轴平行线,并量取实长的一半($q=0.5$)画出台阶的正面投影实形,作图时应注意OY轴方向各部分的相对位置以及可见性。

【例5-4】 作拱门的正面斜二轴测图(图5-11)

(1) 分析

轴测图效果相同。先画底板轴测图,并在底板上量取$\dfrac{y_1}{2}$墙厚,定出拱门前墙面及OY轴方向线,画出拱门轮廓立方体。

(2) 作图

① 画轴测轴,OX、OZ分别为水平方向线和铅垂方向线,OY轴由左向右或由右向左投影均可,见图5-11 (b)。

② 按实形画出拱门前墙面及OY轴方向线,并由拱门圆心向后量取1/2墙厚,定出拱门在后墙面的圆心位置,见图5-11 (c)。

③完成拱门正面斜二轴测图，注意只要画出拱门后墙面可见部分图线，见图5-11（d）。

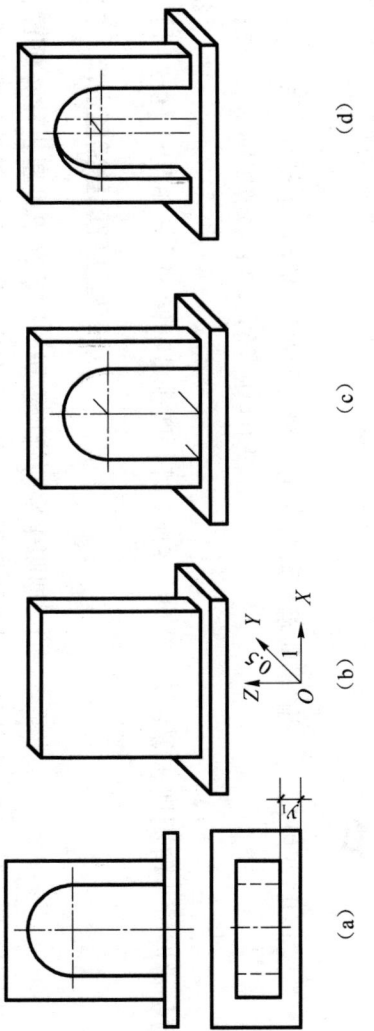

图 5-11 拱门的正面斜二轴测图

5.4 水平面斜等轴测图

水平面斜等轴测图是斜轴测图的一种，通常用于小区规划的表现图。

5.4.1 水平面斜等轴测图的形成

轴测投影面 P（用 H 面代替）平行于一个坐标面，投射方向倾斜于轴测投影面时，即得水平面斜等轴测图，如图 5-12 所示。

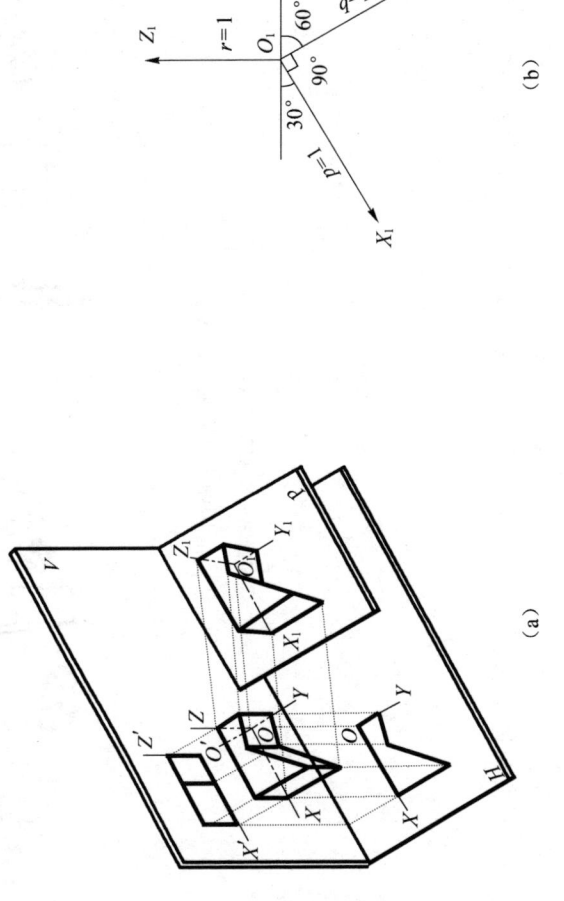

图 5-12 水平面斜轴测投影

(a) 水平斜等轴测投影过程；(b) 常用的轴测轴及伸缩系数

5.4.2 轴间角和轴向伸缩系数

无论投影方向如何选择，由于轴测投影面平行于水平投影面，其水平轴测投影反映实形，即轴测轴 OX_1 与 OY_1 的伸缩系数 $p=q=1$，OZ 轴的伸缩系数和方向可任意选择，通常将 OZ 轴画成铅垂（或倾斜）方向，伸缩系数选择 $r=1$，OX、OY 轴与水平线夹角为 $30°$ 和

即 $\angle X_1O_1Z_1 = 120°$，$\angle Y_1O_1Z_1 = 150°$，如图 5-12 所示。

5.4.3 水平面斜等轴测图画法

水平斜等轴测投影，由于适用于画水平面上有复杂图案的形体，故在工程上常用来绘制一个区域的总平面布置或绘制一幢建筑物的水平剖面。

【例 5-5】 已知一个区域的总平面 [图 5-13（a）]，画出总平面图的水平斜等轴测投影。

解：（1）画出旋转 30° 后的高度线；
（2）过各个角点向上画高度线，作出各建筑物的轴测图 [图 5-13（b）]。

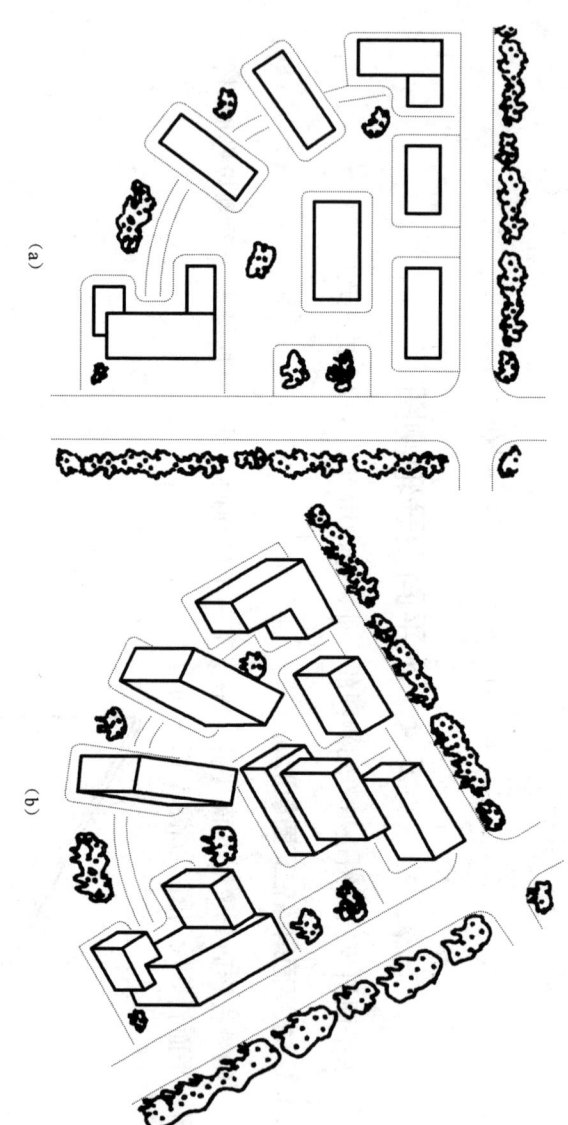

图 5-13 区域总平面图
(a) 区域总平面图；(b) 水平斜轴测投影

第6章 建筑形体的图样画法

教学目标和要求

掌握多面投影图的形成、分类和画法；
掌握剖面图的形成、分类和画法；
掌握断面图的形成、分类和画法。

教学重点和难点

掌握剖面图的形成、分类和画法；
掌握断面图的形成、分类和画法。

建筑形体的形状和结构是多种多样的，要想把它们表达既完整、清晰，又便于画图和读图，只用前面介绍的三面投影图就难以满足要求。为此，国家标准《技术制图》（GB/T 17451—1998、GB/T 17452—1998）和《房屋建筑制图统一标准》（GB/T 50001—2001）规定了一系列的图样表达方法，以供制图时根据形体的具体情况选用。本章我们将介绍多面投影图、剖面图、断面图的画法和国家规定的一些简化画法，以及如何应用这些方法表达各种建筑形体。

6.1 视 图

用正投影法绘制出的形体图形称为视图。

6.1.1 多面正投影图

对于形状简单的物体，一般用三面投影（三个视图）就可以表达清楚。但房屋建筑形体比较复杂，各个方向的外形变化很大，采用三面投影难以表达清楚，需要四个五个甚至更多的视图才能完整表达其形状结构。如图6-1（b）所示的房屋形体，可由不同方向投射，从而得到如图6-1（a）所示的多面正投影图。

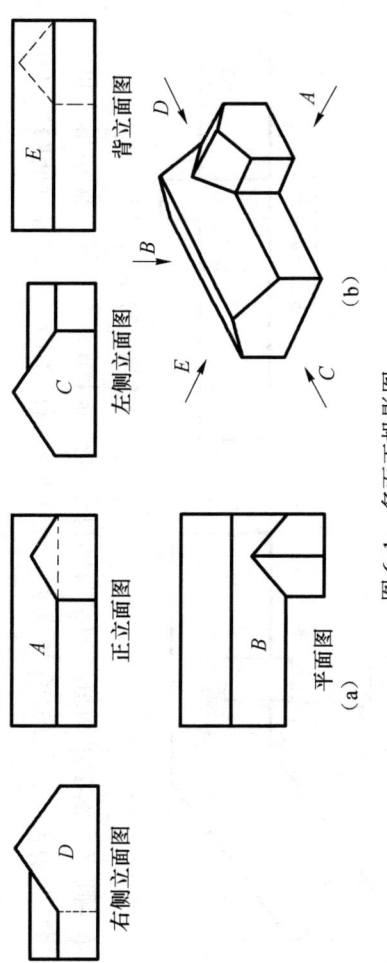

图6-1 多面正投影图

房屋建筑的视图，应按正投影法并用第一角画法绘制。自前方投射的A向视图为正立面图，自上方投射的B向视图为平面图，自左方投射的C向视图为左侧立面图，自右方投射的D向视图为右侧立面图，自后方投射的E向视图为背立面图。由于房屋形体庞大，如果一张图纸内画不下所有投影图，可以把各投影图分别画在几张图纸上，但应在投影图下方标注图名。

6.1.2 镜像投影图

有些工程构造，如板梁柱构造节点 [图 6-2 (a)]，因为板在上面，梁、柱在下面，按第一角画法绘制平面图的时候，梁、柱为不可见，要用虚线绘制，这样给读图和尺寸标注带来不便。如果把H面当作一个镜面，梁、柱在可见的反射图像中就能得到，这种投影称为镜像投影。镜像投影是形体在镜面中的反射图形的正投影，在镜面应平行于相应的投影面。用镜像投影法绘图时，应在图名后加注"镜像"二字 [图 6-2 (b)]，必要时可画出镜像投影法的识别符号 [图 6-2 (c)]。这种图在室内设计中常用来表现用顶（天花）的平面布置。

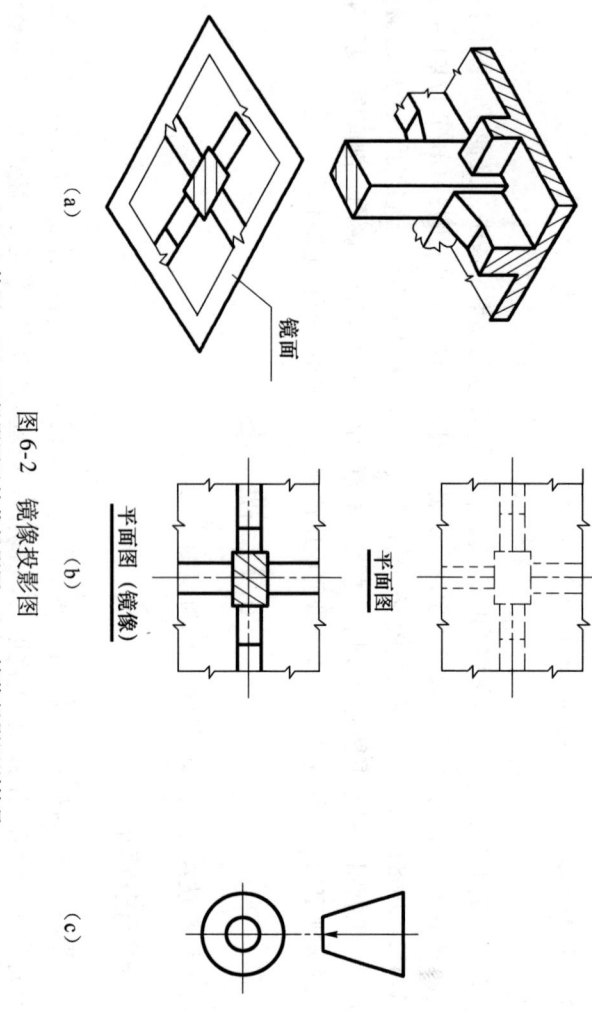

图 6-2 镜像投影图
(a) 立体图；(b) 正投影图及镜像投影图；(c) 镜像投影识别符号

6.1.3 展开投影法

建（构）筑物的某些部分，如果与投影面不平行（如圆形、折线形、曲线形等），在画立面图时，可以将该部分展开成与基本投影面平行的位置后，再以正投影法绘制，并应在图名后注写"展开"字样，如图 6-3 所示。

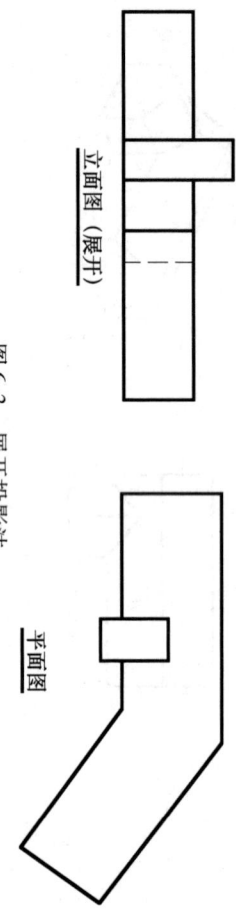

图 6-3 展开投影法

6.2 剖面图

在画物体的正投影图时，虽然能表达清楚形体的外部形状和大小，但形体内部的孔洞以及被外部遮挡的轮廓线则需要用虚线来表示。当形体内部的形状较复杂时，在投影中就会出现很多虚线，且虚线相互重叠交叉，既不便看图，又不利于标注尺寸，而且难于表达出形体的材料。因此，我们用剖面图来表示形体的内部形状。

6.2.1 剖面图的形成

假想将形体剖开，让它的内部构造显露出来，使形体不可见的部分变成可见，然后用实线画出这些内部构造的投影图，称为剖面图。

图 6-4（a）是水槽的三面图，其三个投影均出现了许多虚线，使图样不清晰。假想用一个通过水槽排水孔轴线，且平行于 V 面的剖切面 P，将水槽剖开，移走前半部分，将剩余

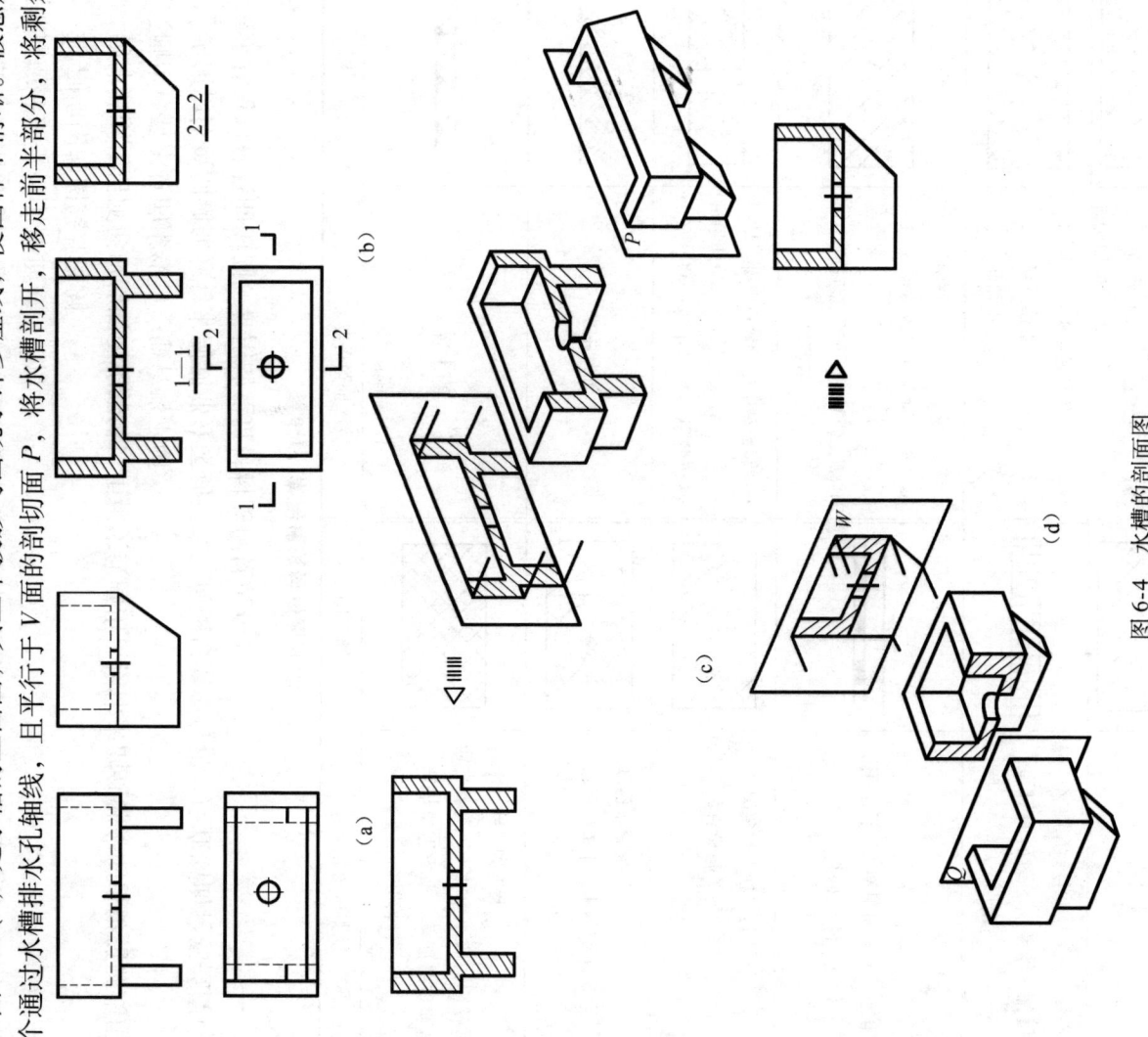

图 6-4 水槽的剖面图
（a）视图；（b）剖面图；（c）正视方向剖面图的形成；（d）左侧剖面图的形成

的部分向 V 面投射，然后在水槽的断面内画上通用材料图例（如需指明材料，则画上表 6-1 所示的具体材料图例），即得水槽的正视方向剖面图［图 6-4（c）］。这时水槽的槽壁厚度、槽深、排水孔大小等均被表示得很清楚，又便于标注尺寸。同理，可用一个通过水槽排水孔的轴线，且平行于 W 面的剖切面 Q 剖开水槽，移去 Q 面的左边部分，然后将形体剩余的部分向 W 面投射，得到另一个方向的剖面图［图 6-4（d）］。由于水槽下的支座在两个剖面图中已表达清楚，故在平面图中省去了表达支座的虚线。图 6-4（b）为水槽的剖面图。

6.2.2 剖面图的画法

1. 确定剖切平面的位置

剖切平面应平行于投影面，且尽量通过物体的孔、洞、槽的中心线。如要将 V 面投影画成剖面图，则剖切平面应平行于 V 面；如果要将 H 面投影或 W 面投影画成剖面图时，则剖切平面应分别平行于 H 面或 W 面。

2. 剖面图的图线及图例

物体被剖切后所形成的断面轮廓线，用粗实线画出；物体未剖到部分的投影轮廓线用细实线画出；看不见的虚线，一般省略不画。

为使物体被剖到部分与未剖到部分区别开来，使图形清晰可辨，应在断面轮廓范围内画上表示其材料种类的图例。常用的建筑材料图例见表 6-1。

表 6-1 常用建筑材料图例

图 例	名称与说明	图 例	名称与说明
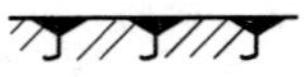	自然土壤	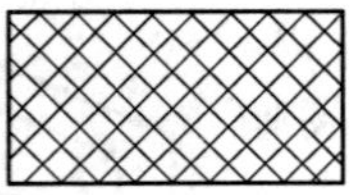	多孔材料 包括水泥珍珠岩、沥青珍珠岩、泡沫混凝土、非承重加气混凝土、软木、蛭石制品等
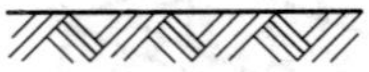	素土夯实	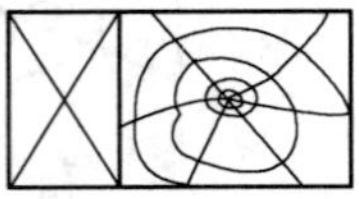	木材 左图为垫木、木砖或木龙骨 右图为横断面
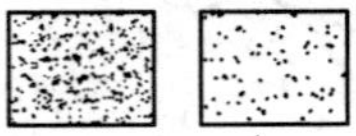	左：砂、灰土，靠近轮廓线绘较密的点 右：粉刷材料，采用较稀的点	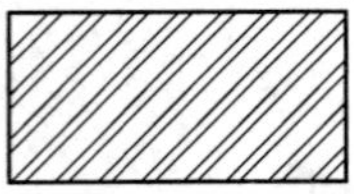	金属 1. 包括各种金属 2. 图形较小时，可涂黑
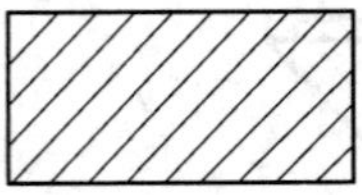	普通砖 1. 包括实心砖、多孔砖、砌块等砌体 2. 断面较窄、不易画出图例线时，可涂红	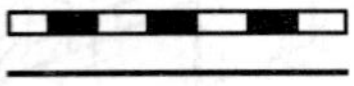	防水材料 构造层次多或比例大时，采用上面图例
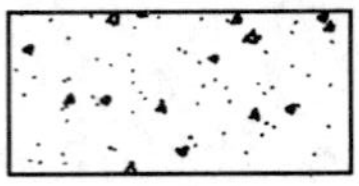 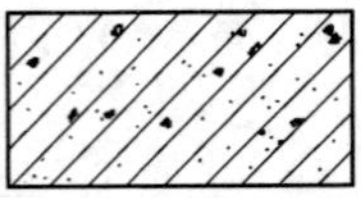	上：混凝土 下：钢筋混凝土 1. 在剖面图上画出钢筋时，不画图例线 2. 断面图形小，不易画出图例线时，可涂黑	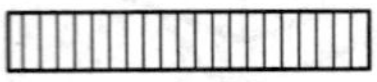	饰面砖 包括铺地砖、马赛克、陶瓷锦砖、人造大理石等
		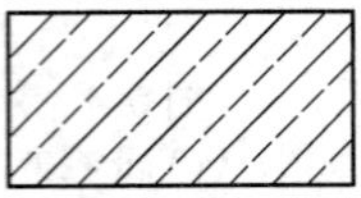	石材

当不必指明材料种类时，应在断面轮廓范围内用细实线画上45°的剖面线，同一物体的剖面线应方向一致，间距相等。

3. 剖面图的标注

为了看图时便于了解剖切位置和投影方向，寻找投影的对应关系，还应对剖面图进行以下的剖面标注。

(1) 剖切符号

剖面的剖切位置符号，应由剖切位置线及剖视方向线组成，均应以粗实线绘制。剖切位置线的长度为6～10mm；剖视方向线应垂直于剖切位置线，长度为4～6mm。绘图时，剖切符号不宜与图面上的图线相接触。

(2) 剖面编号

在剖视方向线的端部直按顺序由左至右，由下至上用阿拉伯数字编排写剖面编号 1—1，2—2，3—3……

(3) 图名

在剖面图的下方正中分别注写与剖面编号相应的1—1剖面图，2—2剖面图，3—3剖面图……以表示图名。图名下方还应画上粗实线，粗实线的长度与图名字体的长度相等。

(4) 其他说明

必须指出，剖切平面是假想的，其目的是为了表达出物体内部形状，故除了剖面图和断面图外，其他各投影方向投影图均按原来未剖时画出。一个物体无论被剖切几次，每次剖切均按完整的物体进行。

6.2.3 剖面图的分类

按照建筑形体被剖切平面剖切面剖开的程度不同，剖面图分为以下几种。

1. 全剖面图

用一个平行于基本投影面的剖切平面，将形体全部剖开后画出的图形称为全剖面图。显然，全剖面图适用于外形简单、内部结构复杂的形体。

图6-5为一座房屋的剖面图。为了表达它的内部布置情况，假想用一个稍高于窗台位置的水平剖切面将房屋全部剖切开，移去剖切面及以上部分，将以下部分投射到水平面上，于是得到剖视方向水平全剖面图，这种剖切图在建筑施工图中称之为平面图。由于房屋的剖面图都是用小于1:50的比例绘制的，因此按国家标准规定一律不画材料图例。

全剖面图一般应标注出剖切位置线、投影方向和剖面编号，如图6-5所示。

2. 半剖面图

当形体具有对称平面时，在垂直于该对称平面的投影面上投影所得到的图形，可以对称中心线为分界，一半画成剖面图，另一半画成外形视图，这样组合而成的图形称为半剖面图。半剖面图适用于内外结构都需要表达的对称形体。

图6-6所示的形体左右、前后均对称，如果采用全剖面图，则不能充分地表达外形，再配上半个外形视图，洞的轴线画出。在半剖面图中，规定以形体的对称中心线作为剖面图与外形视图的分界线。当对称中心线是铅垂线时，剖面图画在对称中心线右侧；当对称中心线为水平线时，剖面图画在水平对称中心线下方。一般情况下应按规定标注，如图6-6中的半剖面图所示。

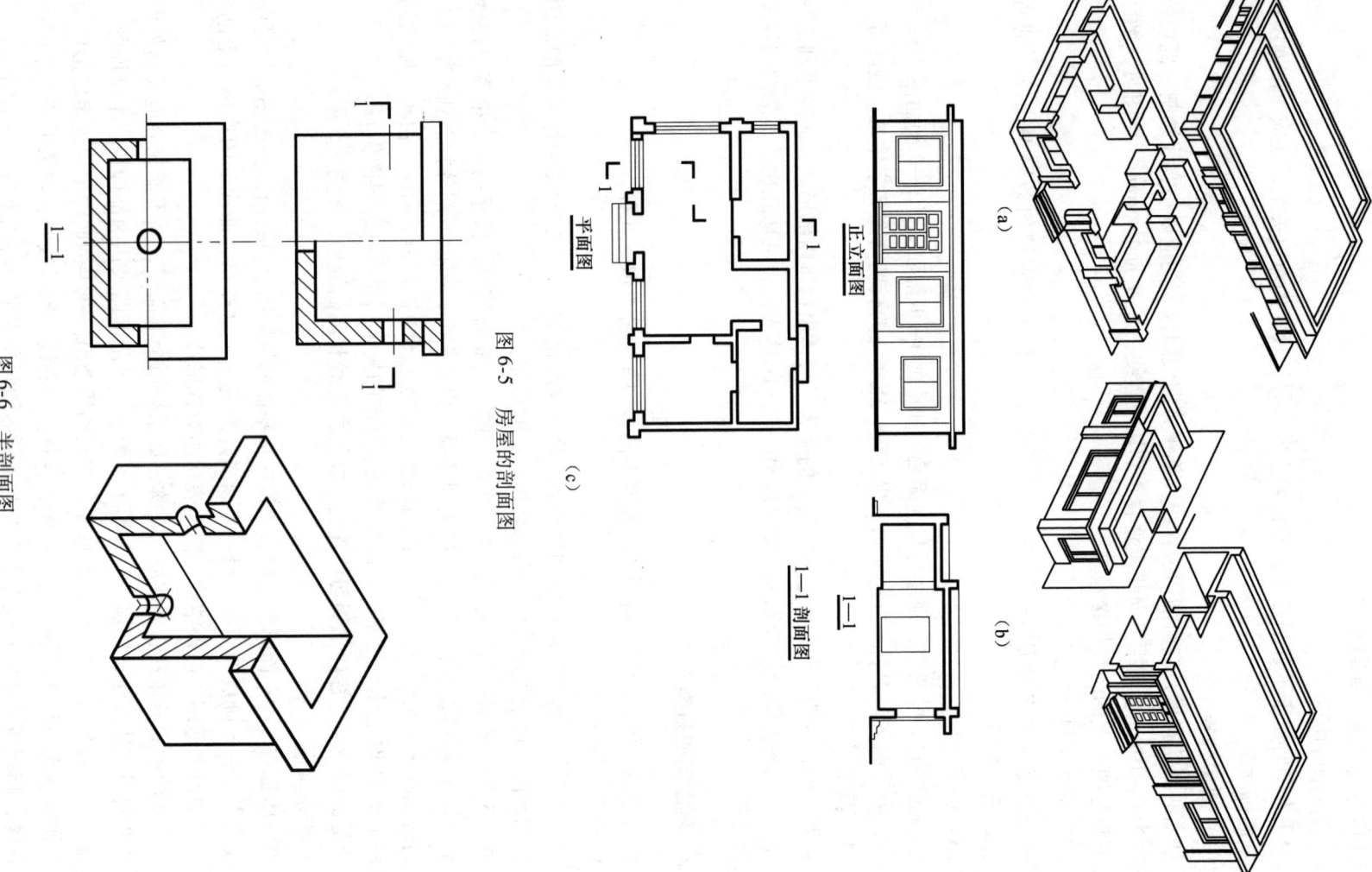

图 6-5 房屋的剖面图

图 6-6 半剖面图

3. 局部剖面图

将形体局部地剖开后投影所得的图形称为局部剖面图。显然,局部剖面图适用于内外结构都需要表达,且又不具备对称条件或仅局部需要剖切的形体。

在局部剖面图中,外形与剖面部分相互之间应以波浪线分隔。波浪线只能画在形体的实体部分上,且既不能超出轮廓线,也不能与图上其他图线重合。

图6-7为杯形基础的局部剖面图。该图在平面图中保留了基础的大部分外形,仅将其一个角画成剖面图,以表达基础内部钢筋的配筋情况。从图中还可看出,正立剖面图为全剖面图,按《建筑结构制图标准》(GB/T 50105—2001)的规定,在断面上已画出钢筋的钢筋的布置时,就不必再画实形,垂直于投影面的钢筋用小黑圆点画出。画钢筋布置图例:平行于投影面的钢筋用粗实线画出实形,垂直于投影面的钢筋用小黑圆点画出它们的断面。

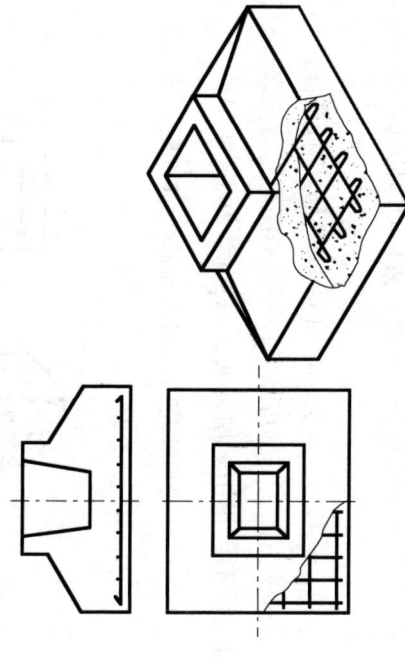

图6-7 杯形基础的局部剖面图

4. 分层局部剖面图

对建筑物结构层的多层构造可用一组平行的剖切平面按构造层次逐层局部剖开。这种方法常用来表达房屋的地面、墙面、屋面等处的构造。分层局部剖面图应按层次以波浪线将各层隔开,波浪线不应与任何图线重合。图6-8为采用分层局部剖面图表示的墙面和楼面的多层构造。

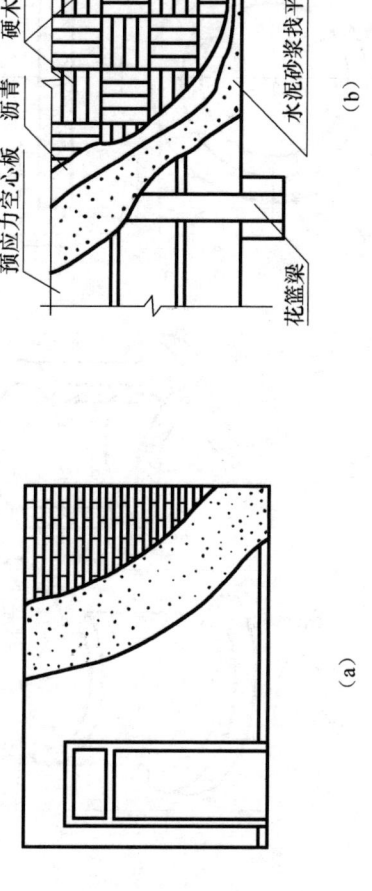

图6-8 分层局部剖面图
(a)墙面;(b)楼面

5. 阶梯剖面图

如果一个剖切平面不能将形体上需要表达的内部构造一齐剖开时,可以将剖切平面转折成两个或两个以上互相平行的平面，将形体沿着需要表达的地方剖开，然后画出剖面图，称为阶梯剖面图。同半剖面图一样，在转折处不应画出两剖切平面的交线，图6-9是采用阶梯剖切面表达组合体内部不同深度的凹槽和通孔的例子。

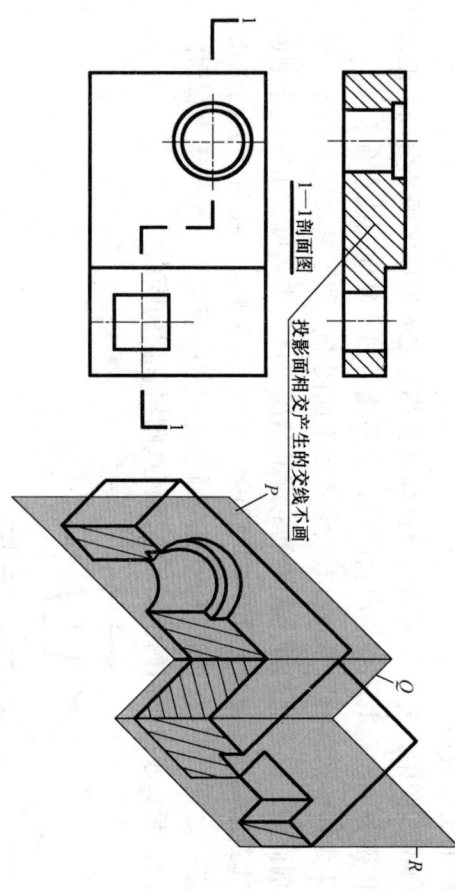

图 6-9 阶梯剖面图剖切凹槽和通孔

画阶梯剖面图时，在剖切平面的起始及转折处，均要用粗短线表示剖切方向，同时注上剖面名称。如不与其他图线混淆时，直角转折处也可以不标注。另外，由于剖切面是假想的，因此，两个剖切面的转折处不应画分界线。

6. 旋转剖面图

采用两个或两个以上相交的剖切面将形体剖开，并将倾斜于投影面的断面及其所关联部分的形体绕两个剖切面的交线（投影面垂直线）旋转至与投影面平行后再进行投影，这样得到剖面图的方法称为旋转剖面图。如图6-10中的剖面2—2所示。旋转剖面图适用于内外主

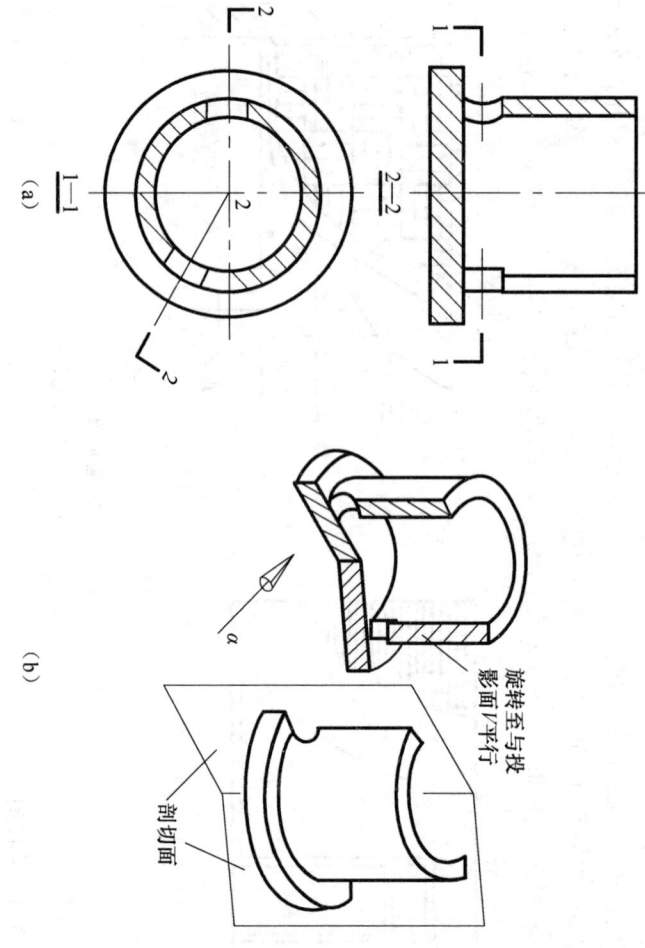

图 6-10 旋转剖面图

要结构具有理想的回转轴线的形体，而轴线恰好是两剖切面的交线，且两剖切面一个是剖面图所在投影面的平行面，另一个是投影面的垂直面的场合。
画旋转剖面图时，应在剖切平面的起始及相交处，用粗短线表示剖切位置，用垂直于剖切线的粗短线表示投影方向。

当剖切平面剖开物体后，其剖切平面与物体上的截交线所围成的截断面，就称为断面。如果只画出该断面的实形投影，则称为断面图。

6.3 断面图

6.3.1 断面图的画法

1. 断面的剖切符号，只用剖切位置线表示；并以粗实线绘制，长度为 6～10mm。
2. 断面剖切符号的编号，宜采用阿拉伯数字，按顺序连续编排，并注写在剖切位置线的一侧，编号所在的一侧即为该断面的剖视方向。
3. 断面图的正下方只注写断面编号以表示图名，如 1—1，2—2……并在编号数字下画一粗短线，而省去"断面图"三个字。
4. 断面图的剖面线及材料图例的画法与剖面图相同。

图 6-11 所示为钢筋混凝土梁的断面图。它与剖面图的区别在于：断面图只需要画出物体被剖切后，至于剖切后沿投影方向能见到的其他部分，则不必画出。显然，断面图包含了断面图形，而断面图则是剖切面的一部分。另外，断面图的剖切位置线的外端，不用与剖切位置线垂直的粗短线来表示投影方向，而用断面编号数字的注写方向来表示。如图6-11 所示，1—1断面的编号写在剖切位置线的右侧，则表示剖切后向右方投影。

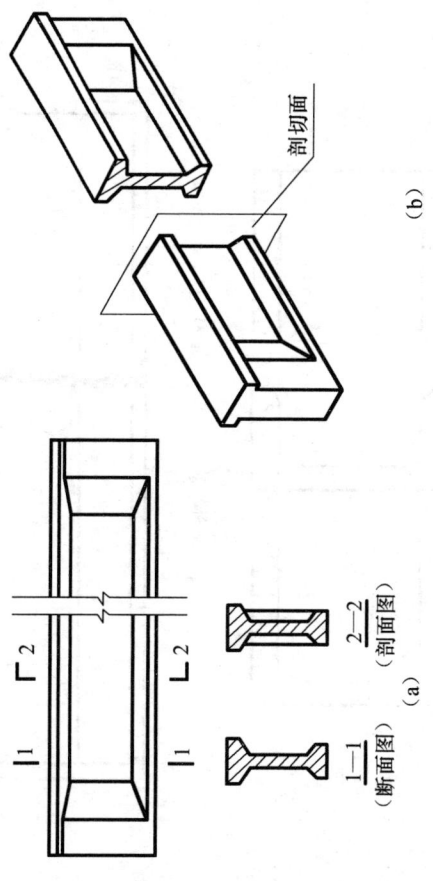

图 6-11 剖面图和断面图的异同

6.3.2 断面图的种类

断面图主要用于表达形体或构件的断面形状，根据其安放位置不同，一般可分为移出断面图、重合断面图和中断断面图三种形式。

1. 移出断面图

将断面图画在投影图之外的叫移出断面图。当一个物体有多个断面图时，应将各断面图按顺序依次整齐地排列在投影图的附近，图6-12所示为预制钢筋混凝土柱的移出断面图。根据需要，断面图可用较大的比例画出。

2. 重合断面图

断面图旋转90°后重合画在基本投影图上，叫重合断面图。

图6-13为楼板的重合断面图。画重合断面图时，其旋转方向可向上、向下、向左、向右。下旋转90°而成；图重合断面图，画重合断面图应与基本投影图相同；且可省去剖切位置线和编号，重合断面的轮廓线应用细实线画出，以表示与建筑形体的投影轮廓线的区别。

3. 中断断面图

断面图画在构件投影图的中断处，称为中断断面图。它主要用于角钢的中断断面图，其画法是将断面图画在当中6-14所示为角钢的中断断面图，其比例均匀变化的单一构件，图的某一处用折断线断开，然后将断面图画在当中。

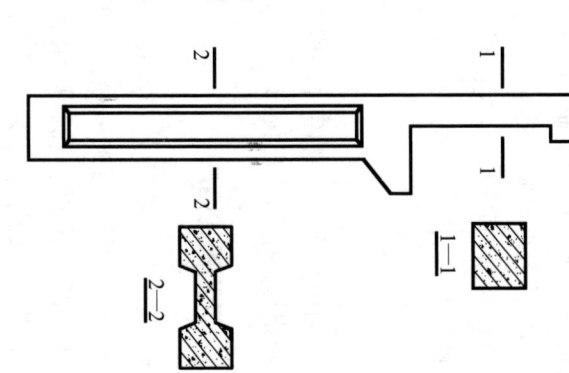

图6-12 钢筋混凝土柱的移出断面图

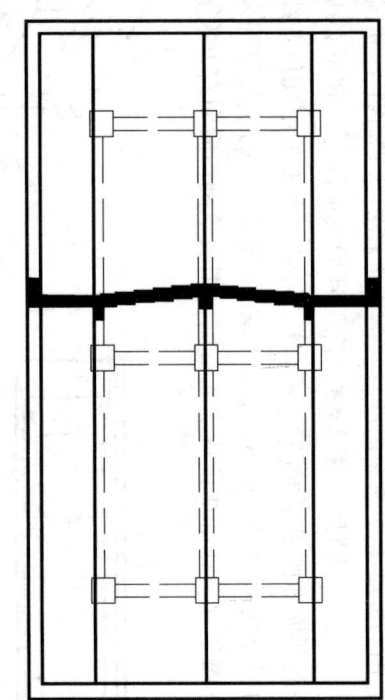

图6-13 楼板的重合断面图

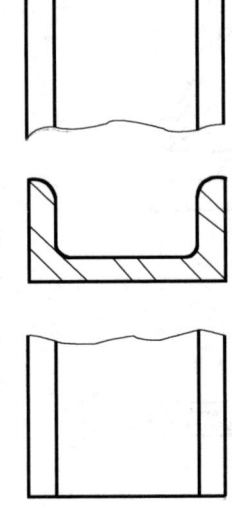

图6-14 角钢的中断断面图

6.4 简化画法

采用简化画法，可适当提高绘图效率，节省图纸图幅。《房屋建筑制图统一标准》(GB/T 50001—2001)规定了以下几种简化画法，见表6-2。

画中断断面图时，原投影长度可缩短，但尺寸应完整地标注。画图的比例、线型与重合断面图相同，也不需要标注剖切位置线和编号。

表 6-2 简化画法

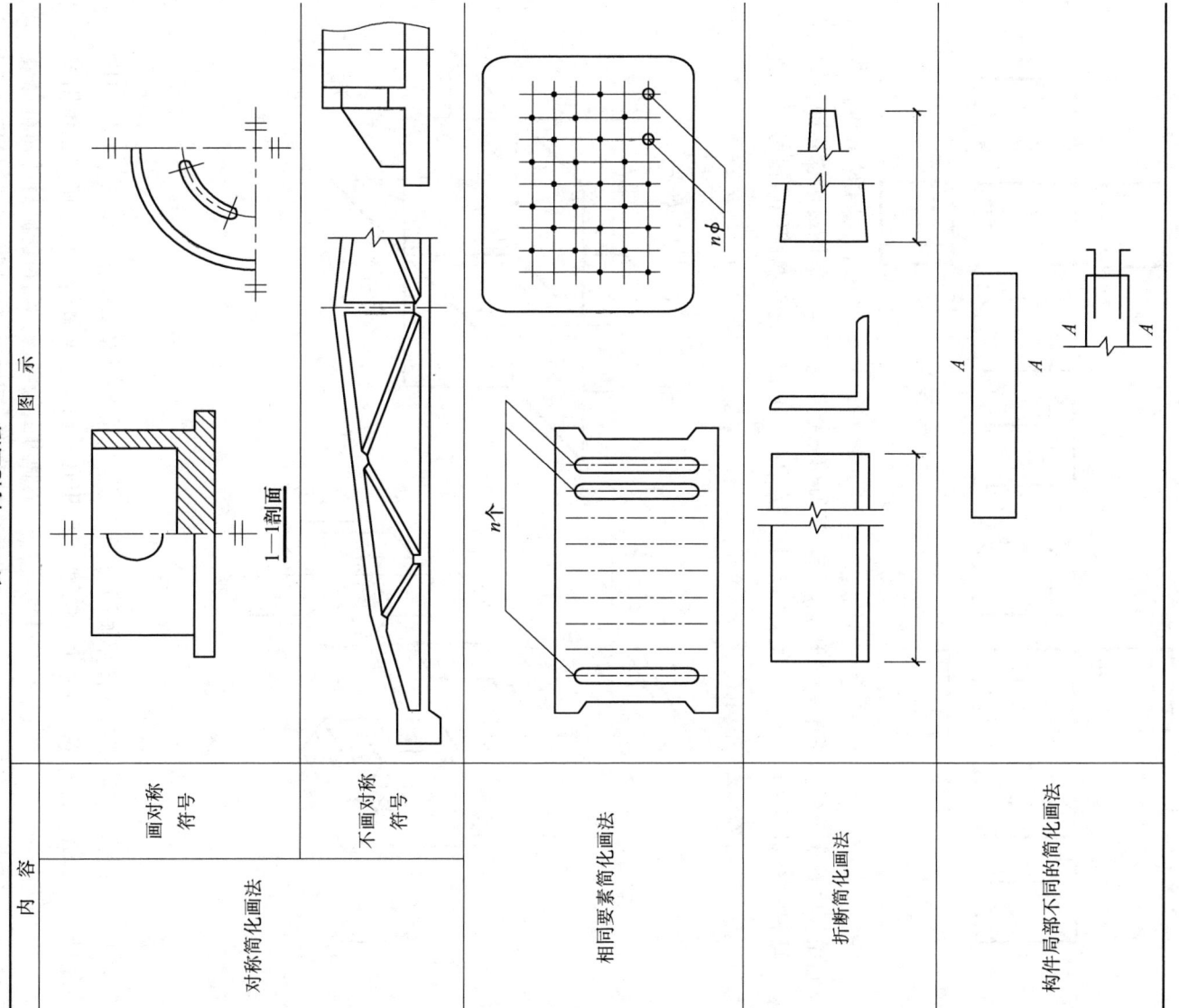

6.5 第三角画法简介

《技术制图》投影法规定："技术图样应采用正投影法绘制，并优先采用第一角画法"，"必要时才允许使用第三角画法"（GB/T 14692—1993）。但国际上有些国家采用第三角画法，如美国、加拿大、日本等国。为了有效地进行国际间的技术交流和协作，应对第三角画法有所了解。

图 6-15 所示为三个互相垂直相交的投影面将空间分为八个分角，依次为第一角、第二角、第三角……第八角。将形体放在第一角（H 面之上、V 面之前、W 面之左）进行投射而

得到的多面正投影，称为第一角画法；将形体放在第三角内（H面之下，V面之后，W面之左）进行投射而得到的投影，称为第三角画法。

采用第一角画法时，将物体置于第一角内，即投影面处于观察者与物体之间，将物体向六面体的六个平面（基本投影面）进行投射，然后按规定展开投影面，与物体之间，如图6-16所示。

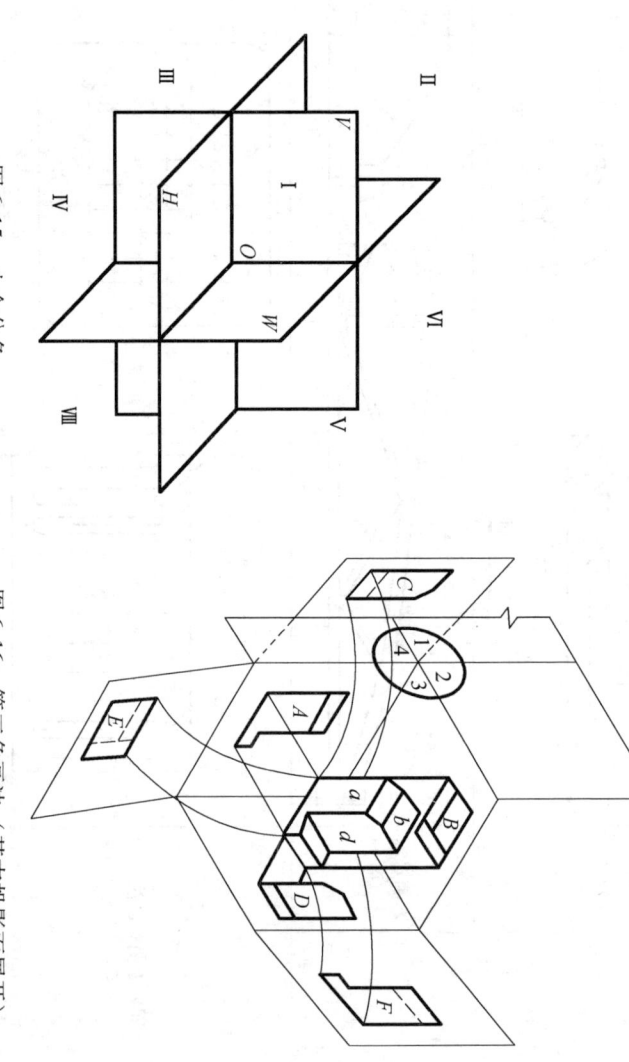

图6-15 八个分角

图6-16 第一角画法（基本投影面展开）

展开后各视图的配置如图6-17 (a) 所示。图6-17 (b) 为第三角画法的视图配置，读者可以对照分析两者间的区别。采用第三角画法时，必须在图样中画出第三角投影的识别符号，如图6-18所示。

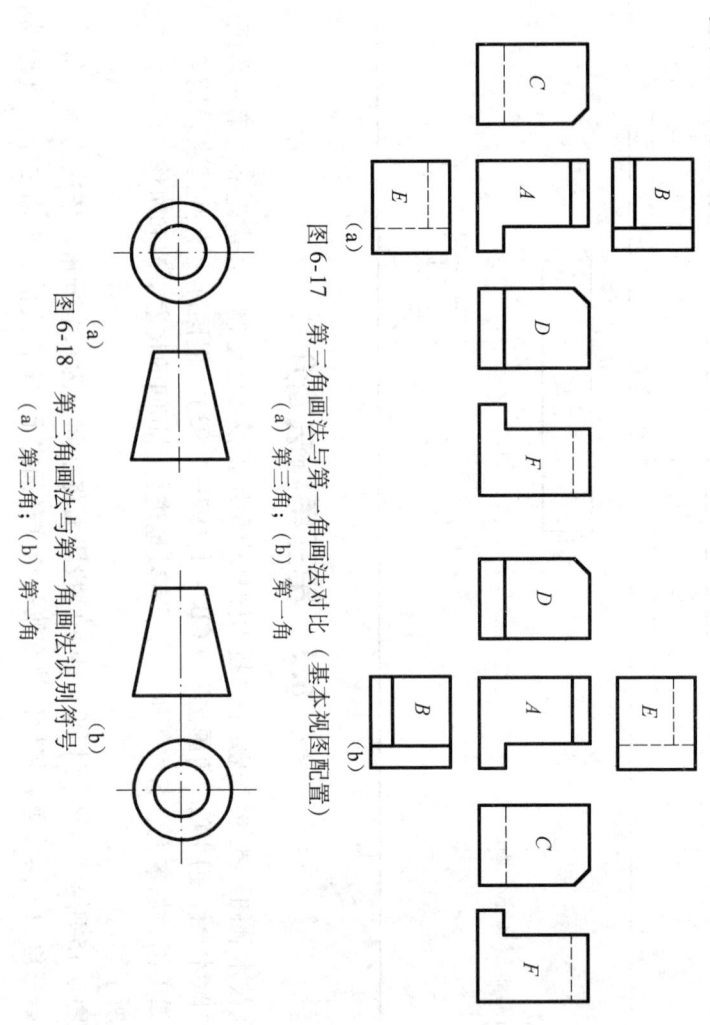

图6-17 第三角画法与第一角画法对比（基本视图配置）
(a) 第三角；(b) 第一角

图6-18 第三角画法识别符号
(a) 第三角；(b) 第一角

98

第二部分

建筑制图

第 7 章 建筑施工图

教学目标和要求

了解房屋的组成及各部分的作用;
熟悉国家标准对建筑施工图的有关规定;
了解建筑施工图中各种图样的形成、表达内容和图示特点;
初步掌握绘制和阅读建筑施工图的方法和步骤。

教学重点和难点

熟悉国家标准对建筑施工图的有关规定;
初步掌握绘制和阅读建筑施工图的方法和步骤。

房屋是供人们生活、生产、工作、学习和娱乐的场所。将一幢拟建房屋的内外形状和大小,以及各部的结构、构造、装修、设备等内容,按照"国标"的规定,用正投影方法,详细准确地画出的图样,称为"房屋建筑图"。它是用以指导施工的一套图纸,所以又称为"施工图"。

7.1 概 述

7.1.1 房屋的组成及其作用

各种房屋的使用要求、空间组合、外形处理、结构形式和规模大小等各有不同,但基本上是由基础、墙、柱、楼面、屋面、门窗、楼梯以及台阶、散水、天沟、雨水管、勒脚、踢脚板等组成,如图 7-1 所示。

1. 基础位于墙或柱的最下部,是房屋与地基接触的部分。基础承受建筑物的全部荷载,并把全部荷载传递给地基。
2. 墙是建筑物的承重构件和围护构件。作为承重构件,承受着建筑物由屋顶或楼板层传来的荷载,并将这些荷载再传给基础;作为围护构件,外墙起着抵御自然界各种因素对室内的侵袭以及装饰作用,内墙起着分隔空间、组成房间、隔声、遮挡视线以及保证室内环境舒适的作用。
3. 柱是框架或排架结构的主要承重构件,和承重墙一样承受楼层、屋顶以及吊车梁传来的荷载,必须具有足够的强度和刚度。
4. 楼板层是水平方向的承重构件,并用来分隔楼层之间的空间。它承受人和家具设备的荷载,并将这些荷载传递给墙或梁。
5. 楼梯是房屋的垂直交通设施,供人们上下楼层使用。楼梯应有足够的通行能力,应做到坚固和安全。

6. 屋顶是房屋顶部的围护构件，能抵抗风、雨、雪和太阳辐射热的影响。屋顶又是房屋的承重构件，承受风、雪和通风的各种荷载等。

7. 门窗的主要功能是通行和通风，窗的主要功能是采光和通风。

7.1.2 房屋施工图的设计

房屋的建造要经过设计和施工两个过程，设计工作时可分为三个阶段：初步设计、技术设计和施工图设计。

1. 初步设计

建筑设计人员根据建设单位提出的设计任务和要求，进行调查研究，收集必要的设计资料，提出方案、确定平面、立面、剖面等图样，表达出设计意图。

2. 技术设计

初步设计经过建设单位同意和主管部门批准后，进一步去解决构件的选型以及结构、设备等各工种之间的配合等技术问题，从而对方案作进一步的修改。

3. 施工图设计

是在技术设计的基础上，将施工中所需要的具体要求，按建筑、结构、设备（水，暖，

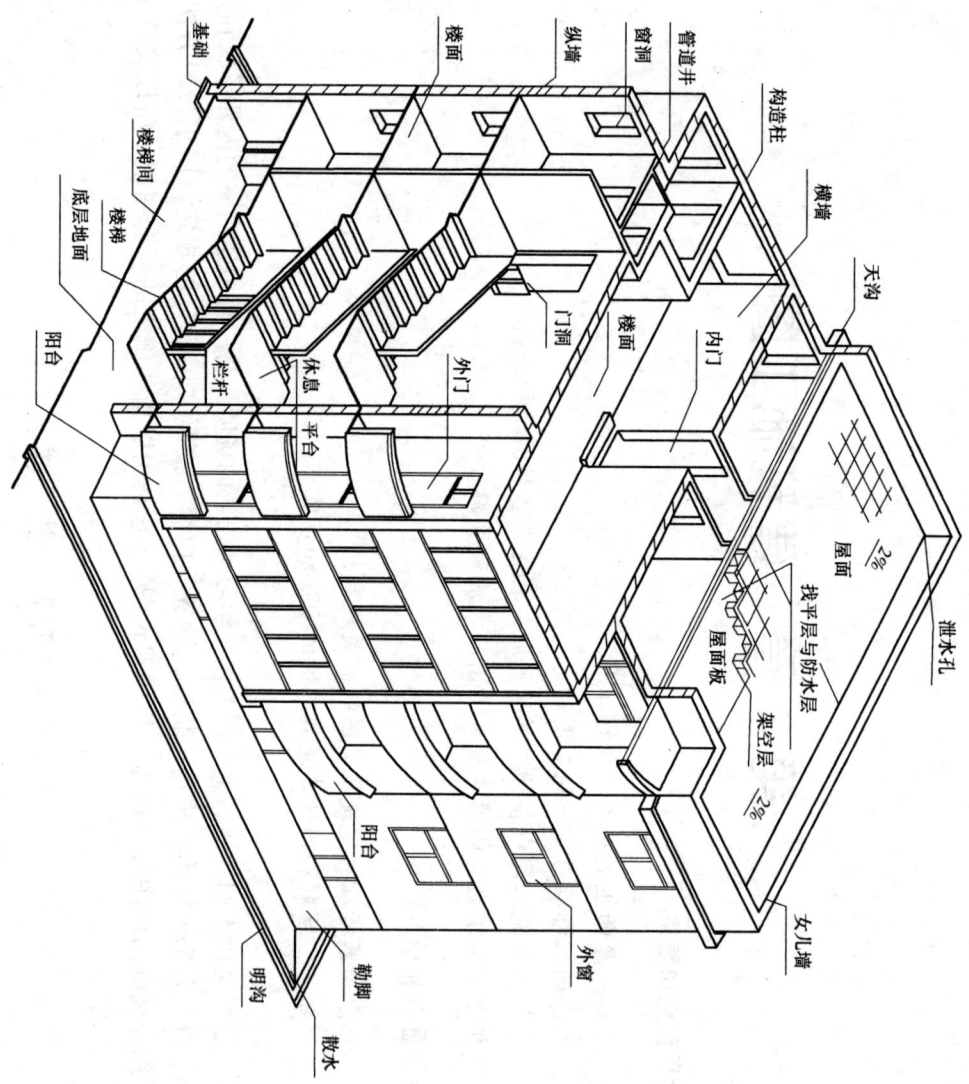

图 7-1 房屋的构造及组成

电）各专业把房屋施工图分别详细地绘制出来。

房屋施工图是施工单位的施工依据，整套图纸应完整统一、尺寸齐全、正确无误。

7.1.3 房屋施工图的分类

施工图由于专业分工的不同，可分为建筑施工图、结构施工图和设备施工图。一套简单的房屋施工图有几十张图纸，一套大型复杂的建筑物的甚至有几百张图纸。为了便于看图，根据专业内容或作用的不同，一般将这些图纸进行排序。

1. 图纸目录

列出所有使用的图纸。

2. 设计总说明

主要介绍工程概况、设计依据、设计范围及分工、施工及建造时应注意的事项等。

3. 建筑施工图

主要表示建筑物的总体布局、外部造型、内部布置、内外装饰、细部构造、固定设施和施工要求的图样。

4. 结构施工图

主要表示房屋的结构设计内容，如房屋承重构件的布置、构件的形状、大小、材料等。一般包括结构平面布置图和各构件详图等。

5. 设备施工图

包括给水排水、采暖通风、电气照明等设备的布置平面图、系统图和详图。表示上水、下水及暖气管道管线布置、卫生设备及通风设备等布置、电气线路的走向和安装要求等。

7.1.4 房屋施工图的图示特点

1. 所有施工图都是按照正投影原理，并严格遵守国家标准的规定绘制的，包括图线、字体、尺寸等内容。

2. 施工图用缩小的比例绘制。根据"国标"的规定，整体建筑物的表达一般采用小比例，（1:100, 1:200, 1:500, 1:1000等）制图，局部构造用大比例（1:10, 1:20, 1:50等）制图，对尺寸小的细节可用放大的比例（1:1, 2:1等）。

3. 施工图中有些构件配件及节点构造选自构造自标准图（集）。标准图（集）分为三种。第一种是国家标准图（集），经国家相关部、委批准，可以在全国范围内使用；第二种是地方标准图（集），经各省、市、自治区有关部门批准，可以在相应地区范围内使用；第三种是各设计单位编制的标准图（集），仅供本单位设计使用。

全国通用标准图（集），以代号"G"或"结"表示建筑结构构件图集，以"J"或"建"表示建筑配件图集。

4. 施工图中会有大量的图例。建筑物和构筑物是按比例缩小绘制在图纸上的，对于有些建筑细部、构件形状以及建筑材料等，任任不能如实画出，所以按统一规定的符号和代号来表示，这些符号和代号称为图例。

7.1.5 房屋建筑施工图中常用的符号

房屋建筑施工图中常用的符号见表7-1。

103

表 7-1 房屋建筑施工图中常用的符号

名称	标注	画法	说明
定位轴线	一般标注	① ①/3 ②/C	定位轴线用细实线绘制，编号圆用细实线绘制，直径为8mm，详图可增至10mm
	附加定位轴线		
	编号排序	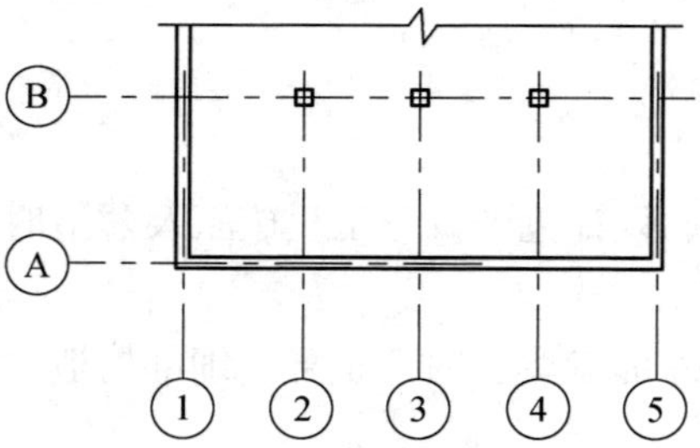 Ⓐ Ⓑ ①②③④⑤	
标高符号	立面图、剖面图	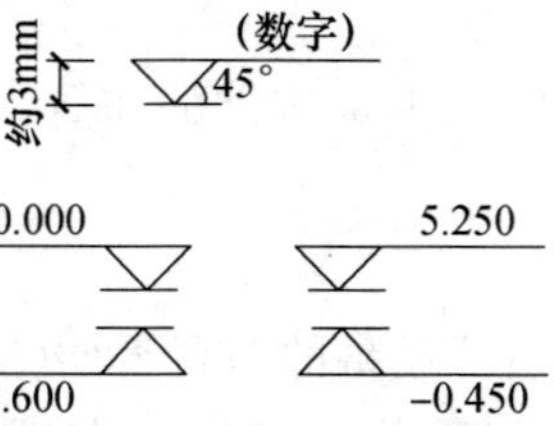 （数字）约3mm 45° ±0.000 −3.600 5.250 −0.450	标高符号的尖端应指向被标注的高度，引线表示数字以米为单位平面图、总平面图不加引线建筑标高，结构标高则是结构件是构件装修完成后的毛面标高
	平面图、总平面图	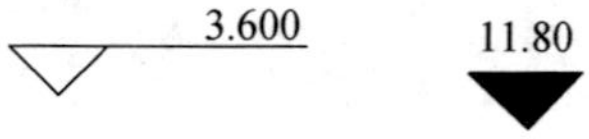 ▽ 标高符号的尖端应指向被标注的高度 11.80 ▼ 总平面图室外	
引出线		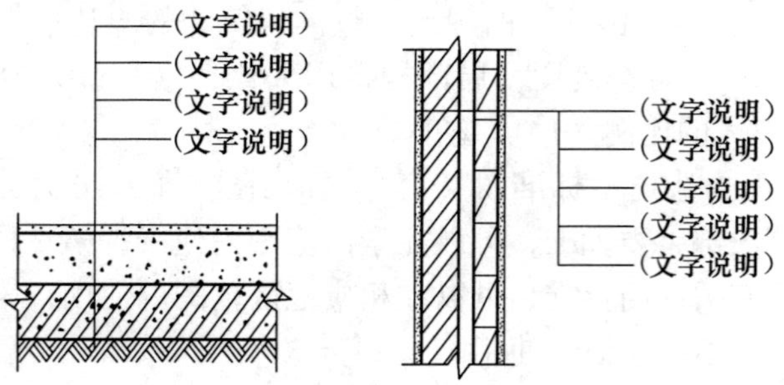 ———（文字说明） ———（文字说明） ———（文字说明） （文字说明） （文字说明） （文字说明） （文字说明） ⑤ ② ①	多层构造共用一引出线，应通过被引出的各层。说明的顺序由上至下，上下的说明由左至右上至下的说明由左至右
索引符号		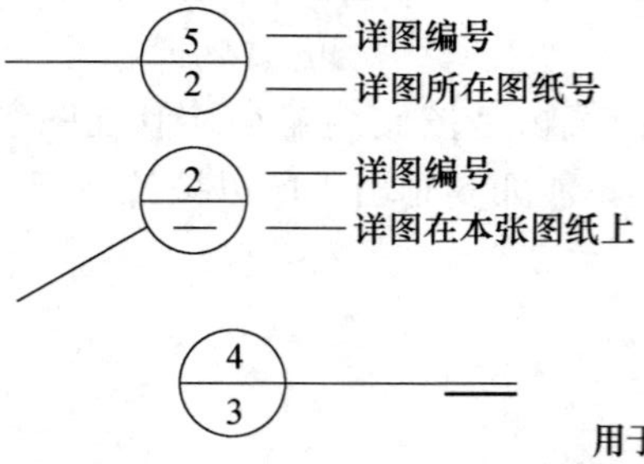 ② ③ ⑤	索引符号表示详图的位置与编号，应以细实线绘制，圆的直径为10mm
详图符号		② ③	详图编号 详图所在图纸号 详图编号在本张图纸上 ——— 用于索引剖面

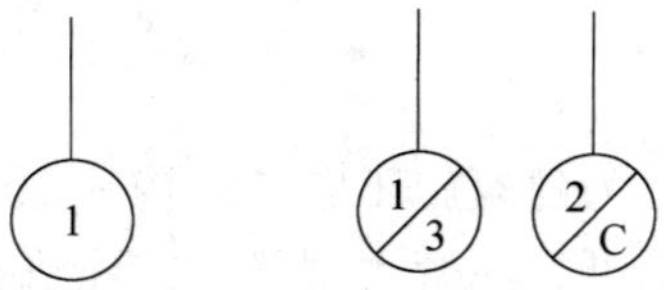

104

续表

名称	画法	说明
详图符号	④ 与被索引图样同在一张图纸上　　④/2 与被索引图样不在同一张图纸上	详图符号表示被索引图的位置与编号，以直径为14mm的粗实线圆绘制
坐标网	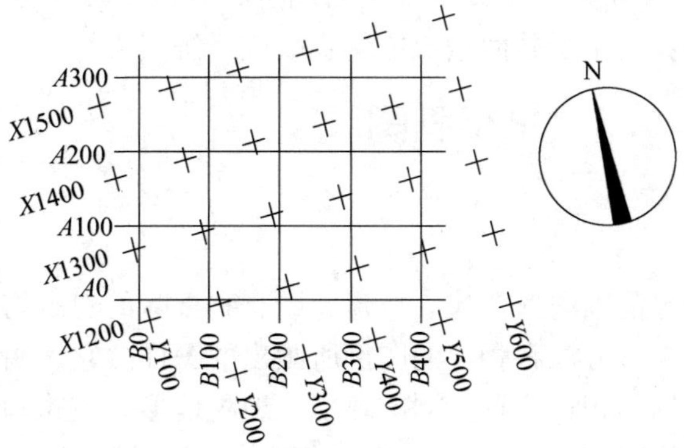 (坐标网格图，含 X1200~X1500、A0~A300、B0~B600、Y100~Y600 坐标)	用坐标表示建筑物、道路和管线的位置 测量坐标网应画成交叉十字线，坐标代号宜用"X、Y"表示；建筑坐标网应画成网格通线，坐标代号宜用"A、B"表示
指北针	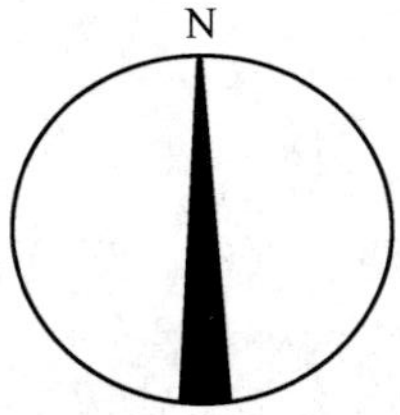 (指北针图示)	指北针圆的直径为24mm，指针尾部的宽度宜为3mm，针尖方向为北向
风向频率玫瑰图	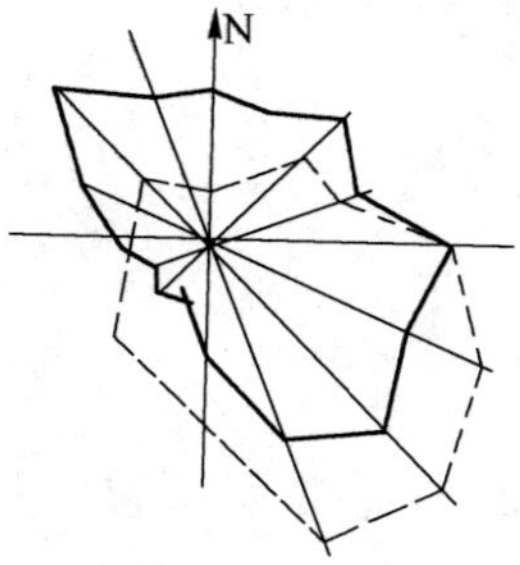 (风玫瑰图示)	风向频率玫瑰图用来表示该地区常年的风向频率和房屋的朝向，用细实线绘制，风的吹向是指从外吹向中心，有箭头的方向为北向 虚线表示6~8月风向频率
其他符号	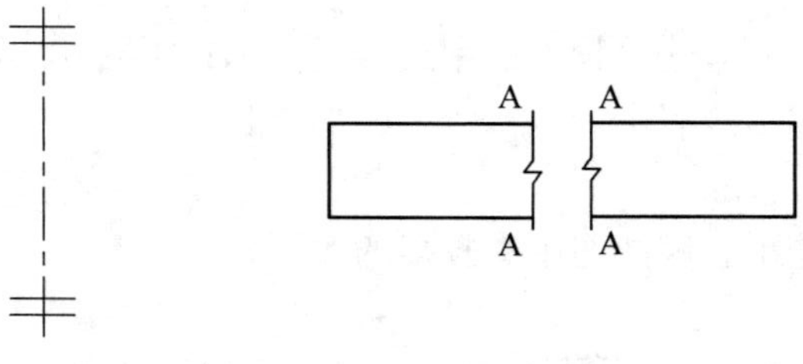 对称符号　　连接符号	用细线绘制 对称符号由对称线和两端的两对平行线组成 连接符号应以折断线表示需要连接的部位

7.1.6 房屋建筑施工图的阅读

(1) 熟悉有关国家标准，熟识施工图中常用的比例、线型、尺寸和图例的意义；
(2) 掌握正投影的原理和特性，以及常用的图样表达方法；
(3) 观察和了解房屋的组成及其基本构造，建立基本的感性认识；
(4) 阅读图纸时，先按目录顺序通读一遍，对工程对象有基本的认识，后根据不同工种要求，重点查看不同类别的图纸；
(5) 具体读图时，先对整体后局部，先文字说明后图形，先图形后尺寸。阅读时还要各类图纸的联系，互相对照，避免发生矛盾而造成质量事故或经济损失。

7.2 总平面图

7.2.1 总平面图的形成和作用

总平面图是将拟建工程四周一定范围内的新建、拟建、原有和拆除的建筑物、构筑物连同其周围的地形地物状况，用水平投影方法和相应的图例所画出的图样。它表明新建房屋的平面形状和层数，与原有建筑物的相对位置，周围环境、地貌地形、道路和绿化的布置等情况，是新建房屋及其他设施施工定位、土方施工、施工总平面图设计以及设计水、暖、电、燃气等管线总平面图的依据。

7.2.2 总平面图的图示内容

(1) 建筑物附近的地形地物，如等高线、道路、水沟、河流、池塘、土坡等；
(2) 新建建筑物的位置、范围及定位尺寸；
(3) 相邻原有建筑物及拟建建筑物的位置或范围；
(4) 建筑物范围内的绿化、公园等以及管道布置；
(5) 指北针或风向频率玫瑰图；
(6) 图名、比例和图例。

7.2.3 总平面图的图示特点

1. 比例

由于要表示的建筑场地范围较大，总平面图通常采用较小的比例画出，如 1:500、1:1000、1:2000 等。

2. 图线

新建建筑物外形用粗实线表示，原有建筑物外形用细实线表示，拆除建筑物外形用带叉号的细实线表示，建筑物外形用细实线表示，拟建建筑物外形用虚线表示。

3. 图例

建筑总平面图内包括的范围较大，因此图中有较多的图例。

4. 尺寸

建筑总平面图通常用较小的比例绘出，新建房屋的室内外应注绝对标高。绝对标高的零点是我国青岛附近黄海海平面的平均高度，其他各地标高都是以它为基准测量而得的。总平面图中所标注的尺寸宜以米为单位。标高用标高符号加数字表示。标高符号与点。

7.2.4 总平面图的图例

常用的总平面图图例见表7-2。

表7-2 常用的总平面图图例

名 称	图 例	附 注
新建建筑物	 (矩形带▲和点数)	1. 需要时，可用▲表示出入口，在图形内右上角用点数或数字表示层数 2. 建筑物外形（一般以±0.00高度处的外墙定位轴线或外墙面线为准）用粗实线表示。需要时，地面以上建筑物外墙面用粗实线表示，地面以下建筑物用细虚线表示
原有建筑物	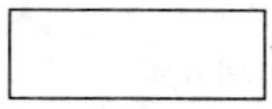 (细实线矩形)	用细实线表示
计划扩建的预留地或建筑物	(粗虚线矩形)	用中粗虚线表示
拆除的建筑物	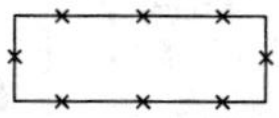 (带×的细实线矩形)	用细实线表示
围墙及大门	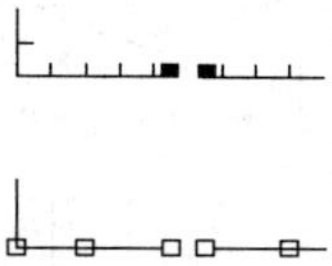 (围墙图例)	上图为实体性质的围墙，下图为通透性质的围墙，若仅表示围墙时不画大门
挡土墙	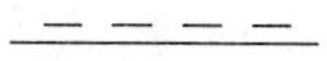 (挡土墙图例)	被挡土在"突出"的一侧
填挖边坡	 (边坡图例)	边坡较长时，可在一端或两端局部表示
室内标高	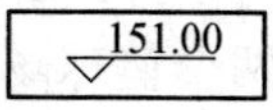 151.00	
室外标高	 143.00▼	室外标高也可以采用等高线表示
计划扩建的道路	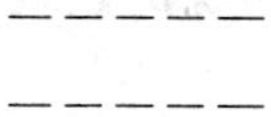 (细虚线)	
拆除的道路	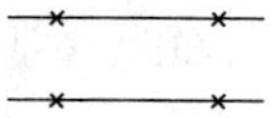 (带×的虚线)	
人行道	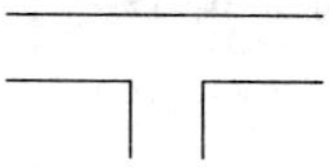 (双实线)	
桥 梁	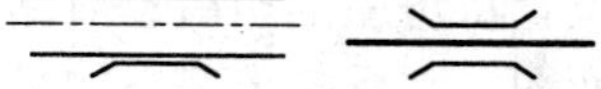 (桥梁图例)	左图为公路桥，右图为铁路桥

7.2.5 阅读总平面图实例

图 7-2 是某学校的总平面图，图样是按 1:500 的比例绘制的。它表明在学校的北面围墙内，要新建 1 幢 5 层教师公寓。

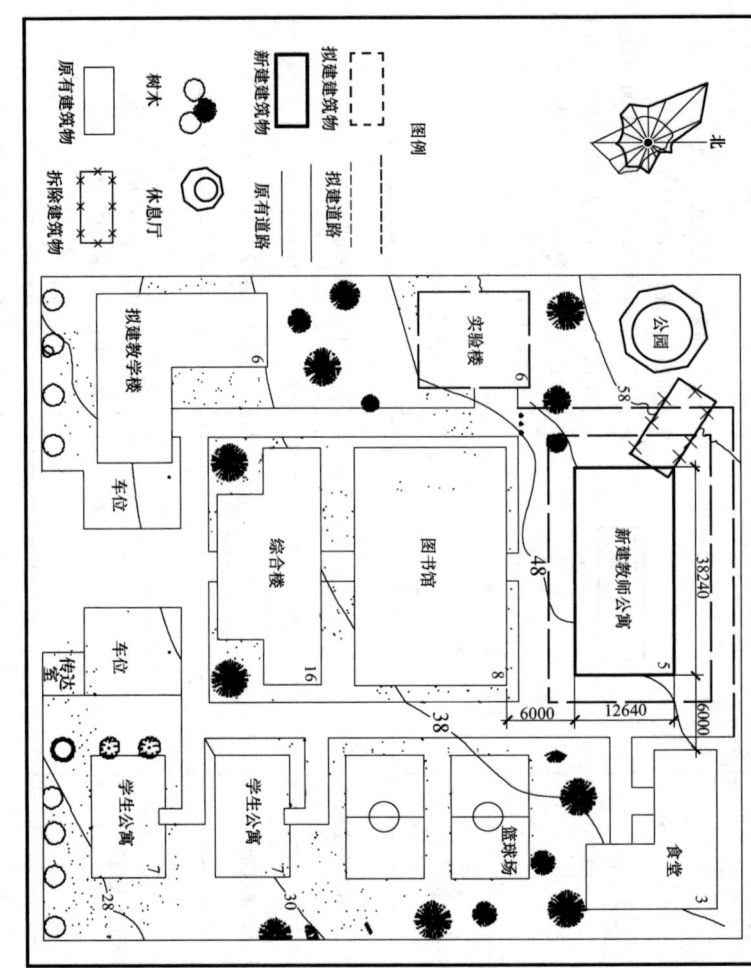

图 7-2 总平面图

1. 新建教师公寓周围的环境情况

从图中可看出，该学校的地势是自西北向东南倾斜，西北角山坡上有一处公园。学校的东南角有两栋七层的学生宿舍，学生宿舍后面有两个篮球场，学校的东北角是三层的食堂，学校的西南角是一栋六层的教学楼，后面是计划修建的六层的实验室，学校的西面用地；学校的中心是八层的图书馆，南面是十六层的办公综合楼，学校的最南面是大门、车库在两侧，新建教师公寓在北面，西北角有一即将拆除的建筑物。

2. 新建教师公寓的位置

新建教师公寓呈长矩形，南北朝向，左右对称，东西向总长 38.24m，南北向总宽 12.64m。新建教师公寓的南面距图书馆 6.00m，东面距食堂 6.00m。

7.3 建筑平面图

7.3.1 建筑平面图的形成和作用

假想用一水平的剖切面沿门窗洞口的位置将房屋剖切后，对剖切面以下部分房屋所作出的水平剖面图，称为建筑平面图，简称平面图。它反映出房屋的平面形状，大小和房间的布置，墙（或柱）的位置，厚度和材料，门窗的类型和位置等情况。

7.3.2 建筑平面图的图示内容

1. 定位轴线

横向定位轴线和纵向位置号及编号，轴线之间的间距（表示出房间的开间和进深）。

2. 墙体、柱

表示出各承重构件的位置。

3. 内外门窗

门的代号用 M 表示：木门—MM；钢门—GM；塑钢门—SGM；铝合金门—LM；卷帘门—JM；防盗门—FDM；木百叶窗门—MBC。在门窗的代号后面写上编号，如 M1、M2……和 C1、C2……等，同一编号表示同一类型的门窗，它们的构造与尺寸都一样，图中可表示门窗洞的位置及尺寸。

窗的代号用 C 表示：木窗—MC；铝合金窗—LC；木百叶窗—MBC。在门窗的代号后面写上编号，表示门窗外部尺寸，表示外部洞口的宽度和定位尺寸。

建筑平面图的内部尺寸表示内墙上门窗洞口和某些构造配件的尺寸和定位。

4. 标注的三道尺寸

第一道为总尺寸，表示房屋的总长、总宽；
第二道为轴线尺寸，表示定位轴线之间的距离；
第三道为细部尺寸，表示外部洞口的宽度和定位尺寸；

5. 标高

建筑平面图常以一层主要房间的室内地坪为零点（标记为±0.000），分别标注出各房间楼地面的标高。

6. 其他设备位置及尺寸
(1) 表示楼梯位置及楼梯上下方向，踏步数及主要尺寸；
(2) 表示雨篷、窗台、通风道、烟道、管道井、雨水管、坡道、散水、排水沟、花池等位置及尺寸。

7. 画出相关符号
(1) 剖面图的剖切符号位置及指北针。
(2) 标注详图的索引符号。

8. 注写图名和比例

7.3.3 建筑平面图的图示特点

1. 图名

一幢多层房屋通常是以层数来命名的，应画出各层的建筑平面图，并在每个图的下方注明相应的图名和比例。若中间各层房间的布置都相同，可用一个平面图表示，称为标准层平面图，但至少也要画出三个平面图，即底层平面图、标准层平面图、顶层平面图。

2. 图线
(1) 定位轴线用细单点长画线表示；
(2) 剖到的墙、柱断面轮廓用粗实线，柱断面的材料图例，如砌体墙涂红（或用空白表示）、钢筋混凝土涂黑等，比例大于 1:50 宜画出材料图例，比例为 1:70～1:200 可画简化的材料图例（双线）或用细实线（双线）；剖到的窗扇用细实线（双线）；
(3) 剖到的门扇用中实线（单线）；未剖到的墙用中实线。

7.3.4 常用构配件图例

为了方便绘图和读图，"国标"规定了一些构造及配件等的图例。表7-3是常见建筑构配件图例。门窗立面图例中的斜线是门窗扇的开启符号，实线为外开，虚线为内开，斜线交点的一侧为铰链，即安装合页的一侧。一般设计图中可不表示。门窗的剖面图所示左向线交点的一侧为内，右为外。平面图所示下为外，上为内。若单层固定窗、悬窗、推拉窗等以小比例绘图为外，右为内。平面图的窗线可用单细实线表示。在平面图上门扇可绘成90°或60°（45°、30°）的特殊斜线，开启弧线绘出与否均可。剖面的窗线可用单细实线表示。

表7-3 常见建筑构配件图例

名 称	图 例	名 称	图 例
单扇门	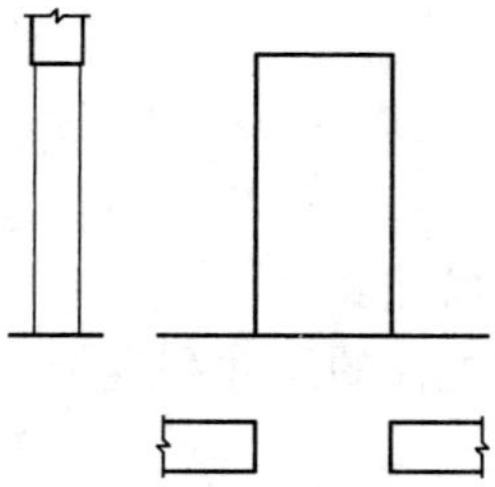	双扇双面弹簧门	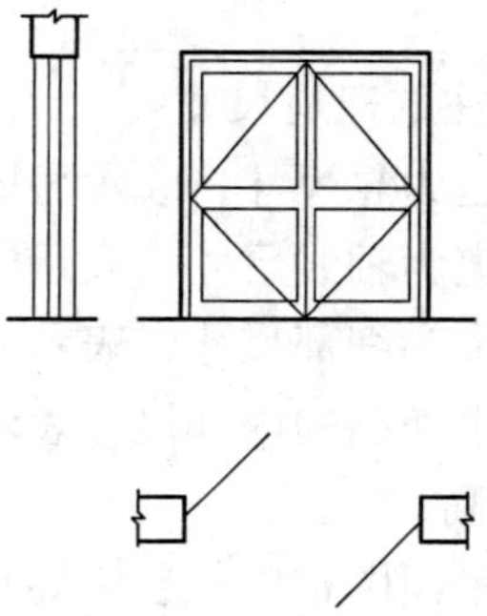
墙、内推拉门		单扇内外开双层门	
空洞门		转门	

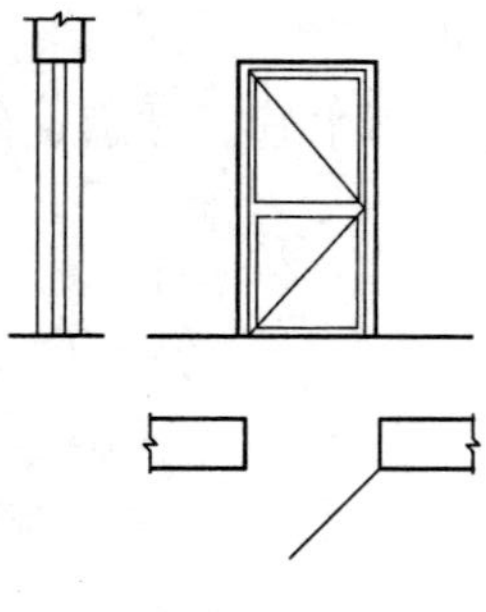

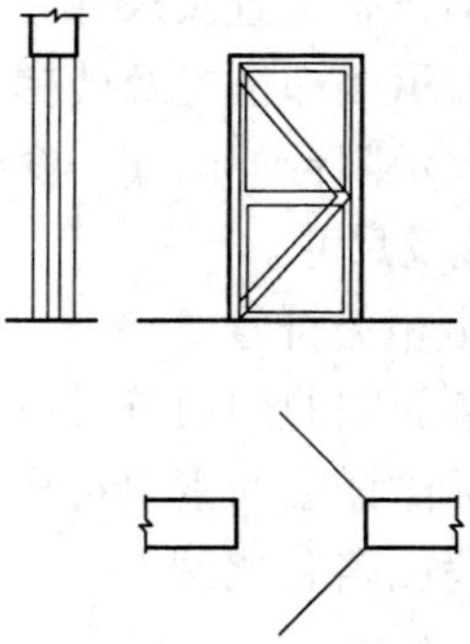

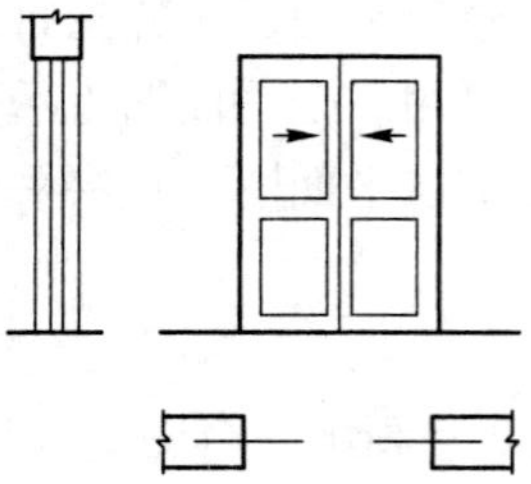

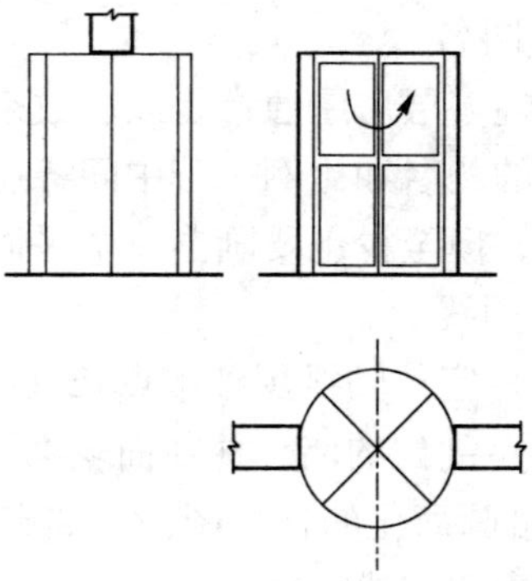

续表

名 称	图 例	名 称	图 例
竖向卷帘门	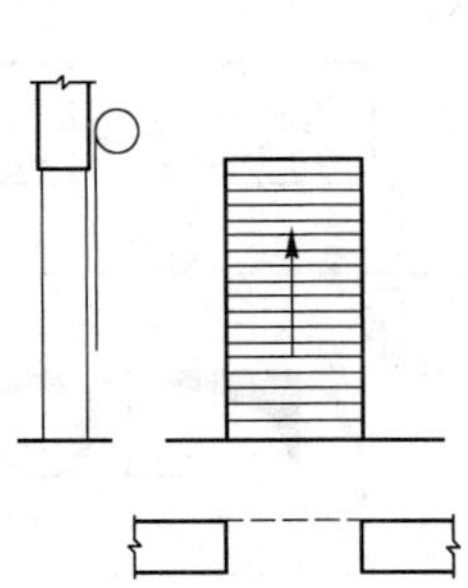	单扇双面弹簧门	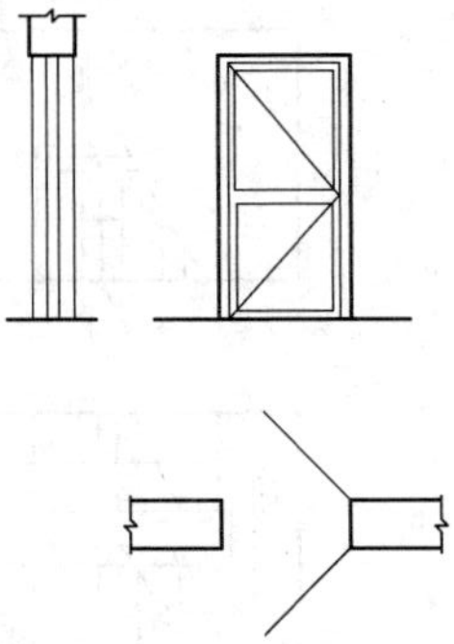
单层固定窗	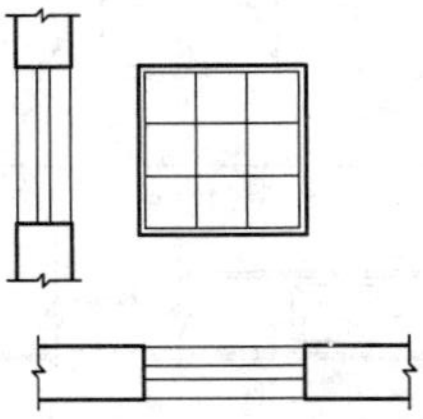	单层外开上悬窗	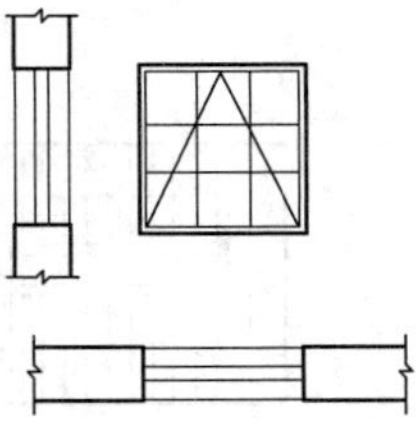
单层中悬窗	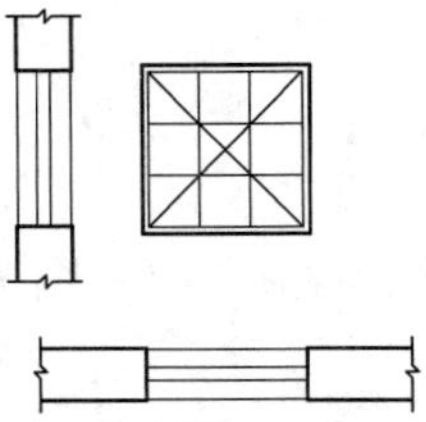	单层内开下悬窗	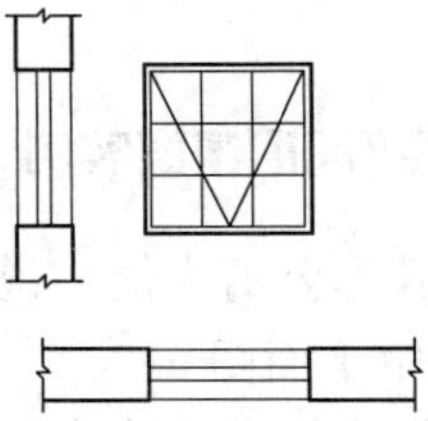
单层外开平开窗	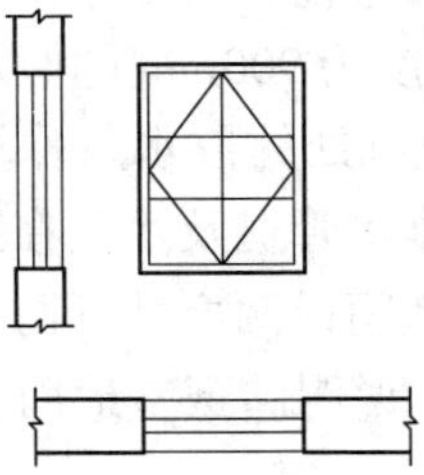	单层内开平开窗	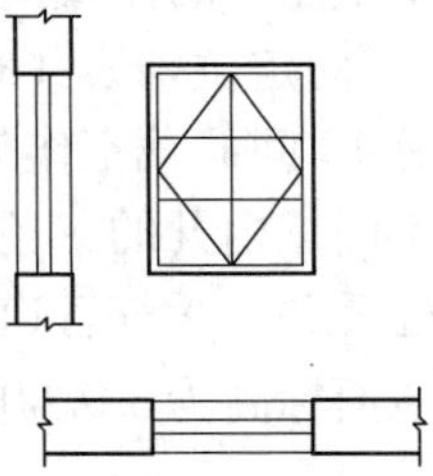
左右推拉窗	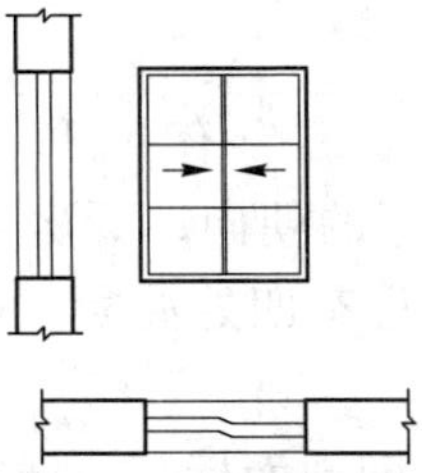	上推窗	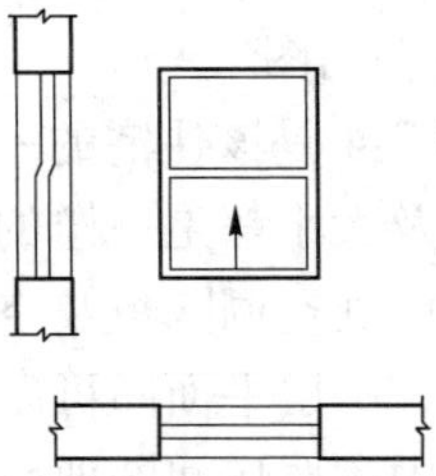
高窗	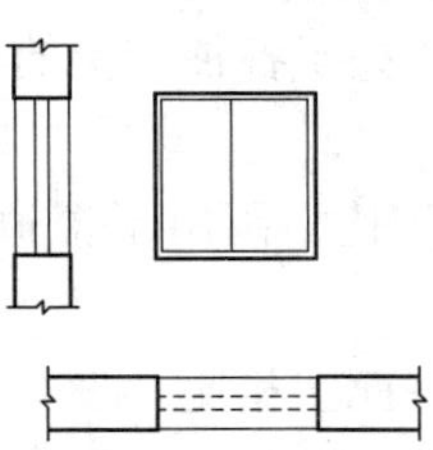	百叶窗	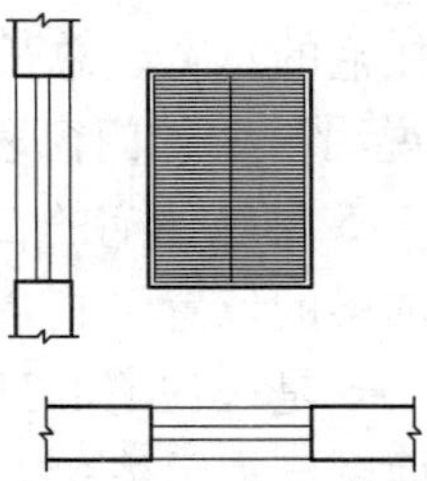

续表

名称	图例	名称	图例
楼梯	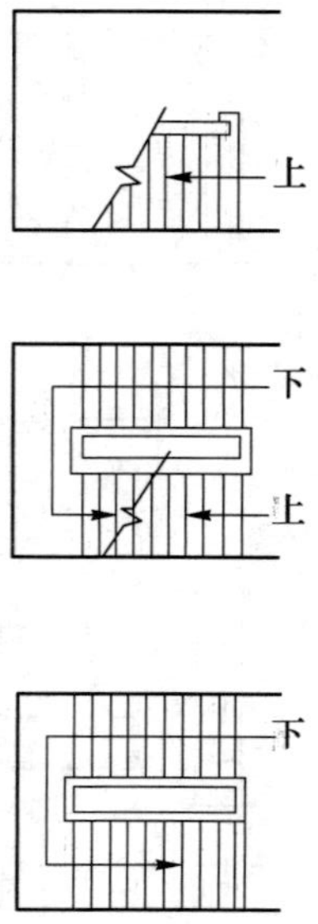	检查孔	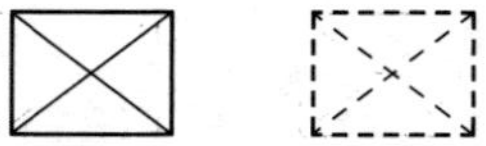
		孔洞	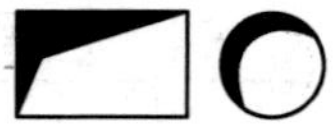
		坑槽	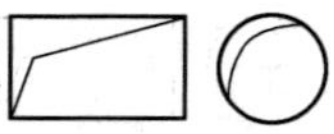
		通风道	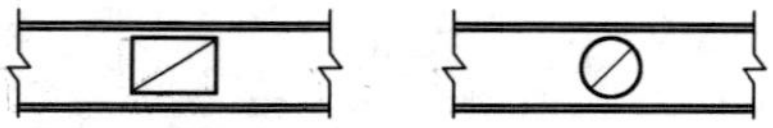

7.3.5 建筑平面图读图实例

现以某教师公寓为例，说明平面图的内容及其阅读方法，见图7-3～图7-9。

1. 储藏室平面图

图7-3是该住宅的储藏室平面图。从图中可以看出，住宅楼有两个单元，横向定位轴线共有25条，纵向定位轴线共有7条，住宅的四周外侧有宽度为900mm的散水。

该层共有12间储藏室作为车库，车库门是卷帘门，出口处的散水兼作坡道，有8间储藏室，储藏室门是内开的，还有4间水表间，住宅的给水排水管道及水表在此通过，在两楼梯间各有一处暖井，暖气管道在此通过，每一处暖井在楼梯间设两扇外开防火门。

储藏室地面标高为±0.000，室外地面标高为－0.100，说明储藏室地面相比室外地面高出100mm。

2. 楼层平面图

（1）图7-4是该住宅的一层平面图。从图中可以看出，该层共有4户，每梯两户，每户的房间组成及大小都是一样的，3间卧室为南向，具有良好的朝向，厨房与卫生间置于北向，每户设两处空调隔板及空调冷凝水管。南向面B轴线设有四处混凝土保护块，还画出储藏室屋顶，一层平面图可以看到储藏室屋顶的排水方向。

该层室内主要房间的地面标高为2.400，同厨房、卫生间地面标高一样，外部有三道尺寸，表示了住宅的总宽、总长、轴线间距离以及窗的宽度，关于各种门窗的具体情况，可通过“设计总说明”中的门窗表进行查阅。

（2）图7-5是该住宅的二层平面图，它与一层平面图相比，画出了楼道出入口雨篷板，还画出了装饰梁的位置，其余均没有较大区别。

（3）图7-6是该住宅的三层、四层平面图，它与一层平面图相比，没有画出装饰梁，因为在二层平面图已表示清楚，其余均没有较大区别。

(4) 图7-7是该住宅的五层平面图,它与标准层平面图相比是复式结构,客厅和卧室有三级踏步,而且楼梯间的踏步只有向上的,没有向下的踏步,而且每户设有一处两处空调冷凝水管,其余均没太大区别。

(5) 图7-8是该住宅的阁楼层平面图,可以看出,每户设有,储存室和卫生间设计有窗,每户都有一个露台,每户阁楼层的住户使用;露台的排水坡度为1%;四周有安全栏杆。

3. 屋顶平面图

图7-9是画出的屋顶平面图,可以看出,该屋顶为双坡屋面,屋面坡度为1%,沿纵墙方向设有天沟,天沟的排水坡度为1%;在南北向天沟内各设置了4根和8根落水管;楼梯间屋面坡度为1%并有排水管道。

7.4 建筑立面图

7.4.1 建筑立面图的形成和作用

建筑立面图是房屋外表面的正投影图,简称立面图。立面图主要是用来表达建筑物的外形艺术效果,在施工图中,建筑物两端或分段的定位轴线及编号,它主要反映房屋的外貌和立面装修的做法。立面图应包括建筑的外轮廓线和室外地坪线、勒脚、门窗洞、构配件、构造缝、檐口,外墙面装修做法及必要的尺寸与标高等。

7.4.2 建筑立面图的图示内容

1. 地坪线:建筑物与地面的接触面;
2. 定位轴线:建筑物两端或分段的定位轴线及编号;
3. 最外轮廓线:表示建筑物立面最高和最宽的轮廓线;
4. 其他轮廓线:在外轮廓线之内的凹凸出墙面的轮廓线,如窗台、门窗洞、檐口、阳台、雨篷、柱、台阶等构配件的轮廓线;门窗扇、栏杆、雨水管和墙面分格线等,可简化只画出轮廓线,用图例表示;
5. 尺寸:外墙的门窗洞应标注尺寸与标高(宽×高×深及关系尺寸);
6. 外墙面装修以及一些构配件与设施的装修做法等,在立面图中常用引出线作文字说明;
7. 各部分构造、装饰节点详图的索引符号;
8. 图名、比例。

7.4.3 建筑立面图示特点

1. 图名

"国标"规定,立面图的命名方法有三种:当房屋为正朝向时,可按朝向命名为东(南、西、北)立面图;当房屋朝向不正时,可按投影(或按立面的主次)命名为正立面图、背立面图、左侧立面图、右侧立面图;房屋朝向不正时,也可按轴线编号命名为①~⑧立面图、⑧~①立面图、Ⓐ~Ⓖ立面图、Ⓖ~Ⓐ立面图。

2. 图线

(1) 房屋两端的轴线用细单点长画线绘制;

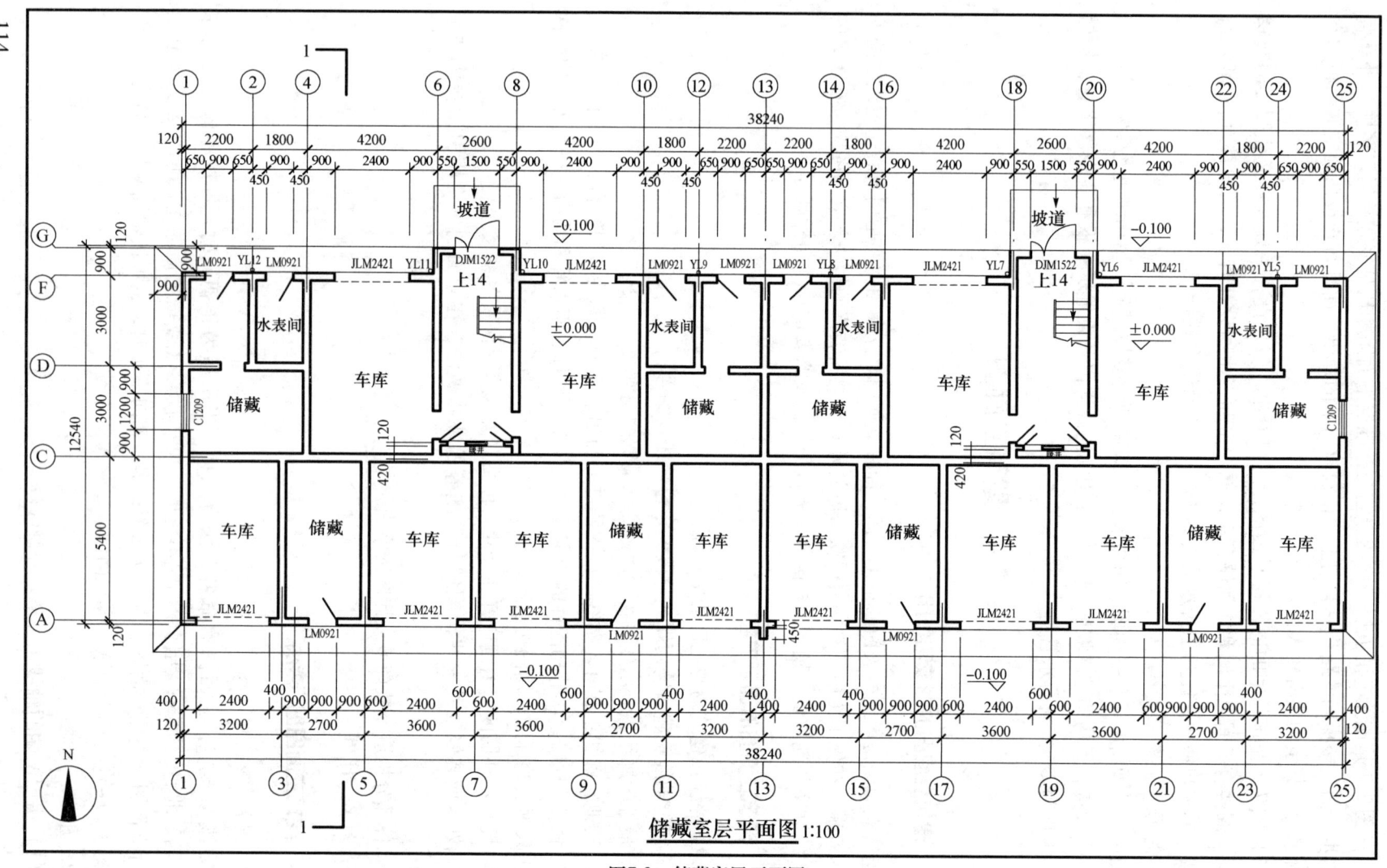

图7-3 储藏室层平面图

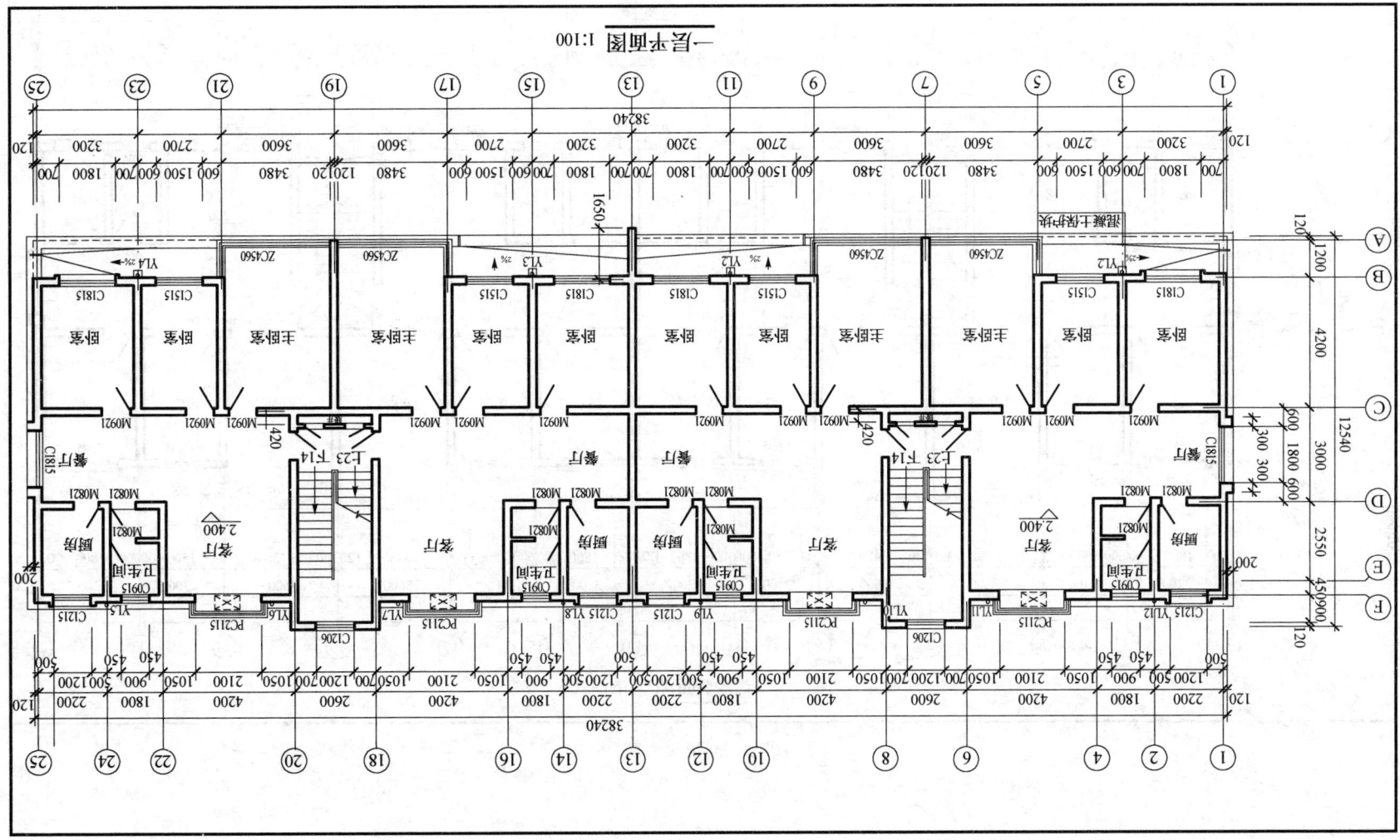

图7-4 一层平面图

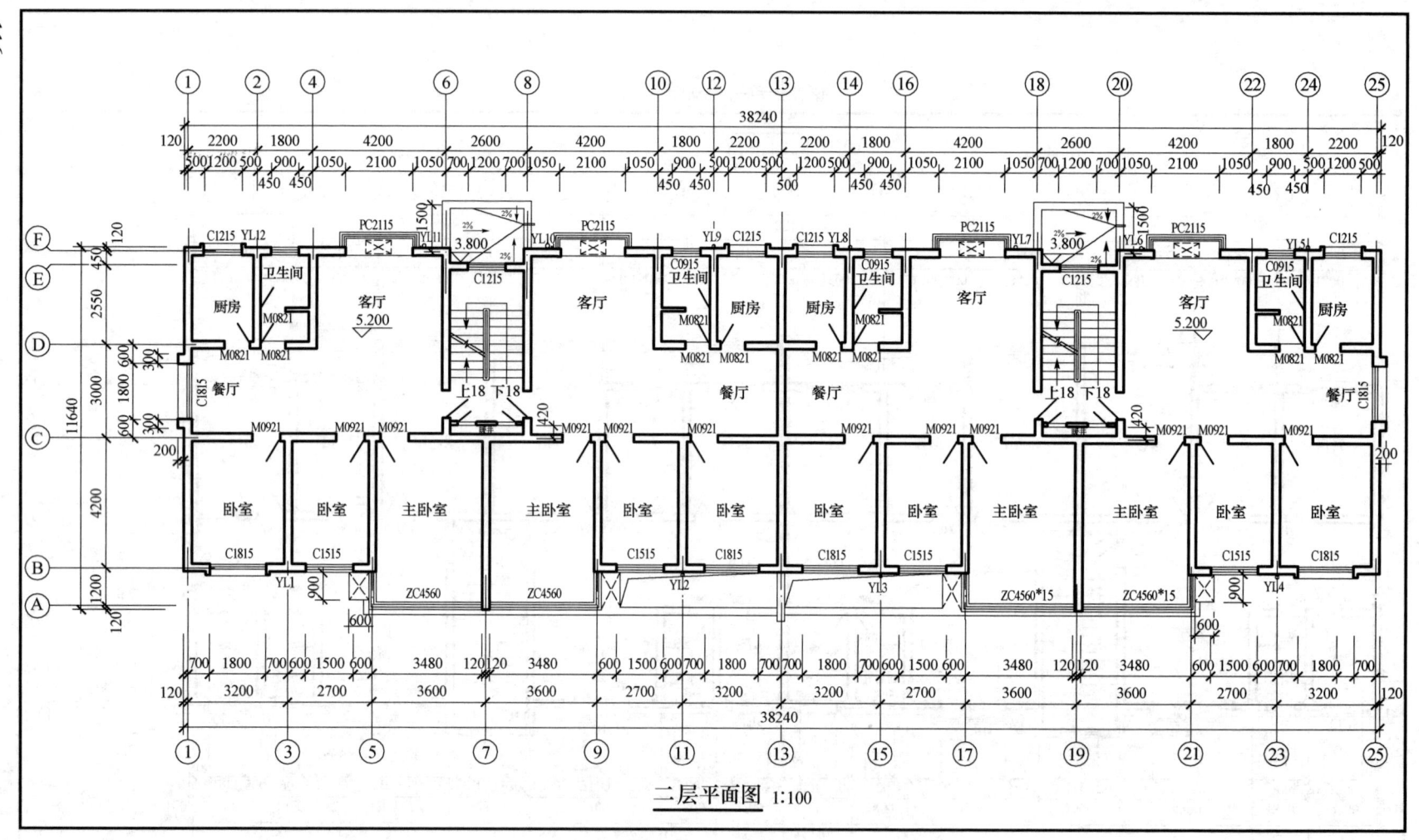

图7-5 二层平面图

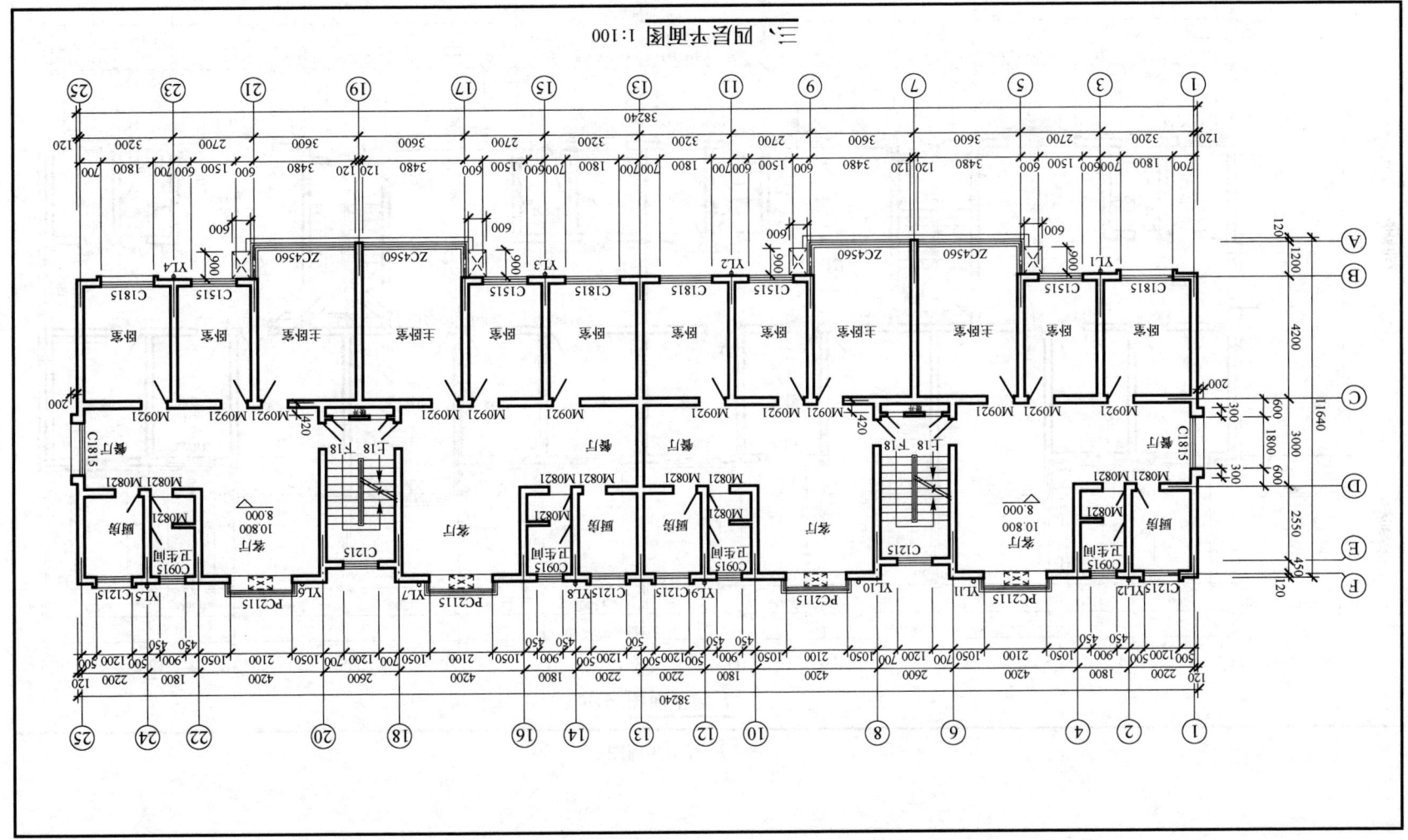

图7-6 三、四层平面图

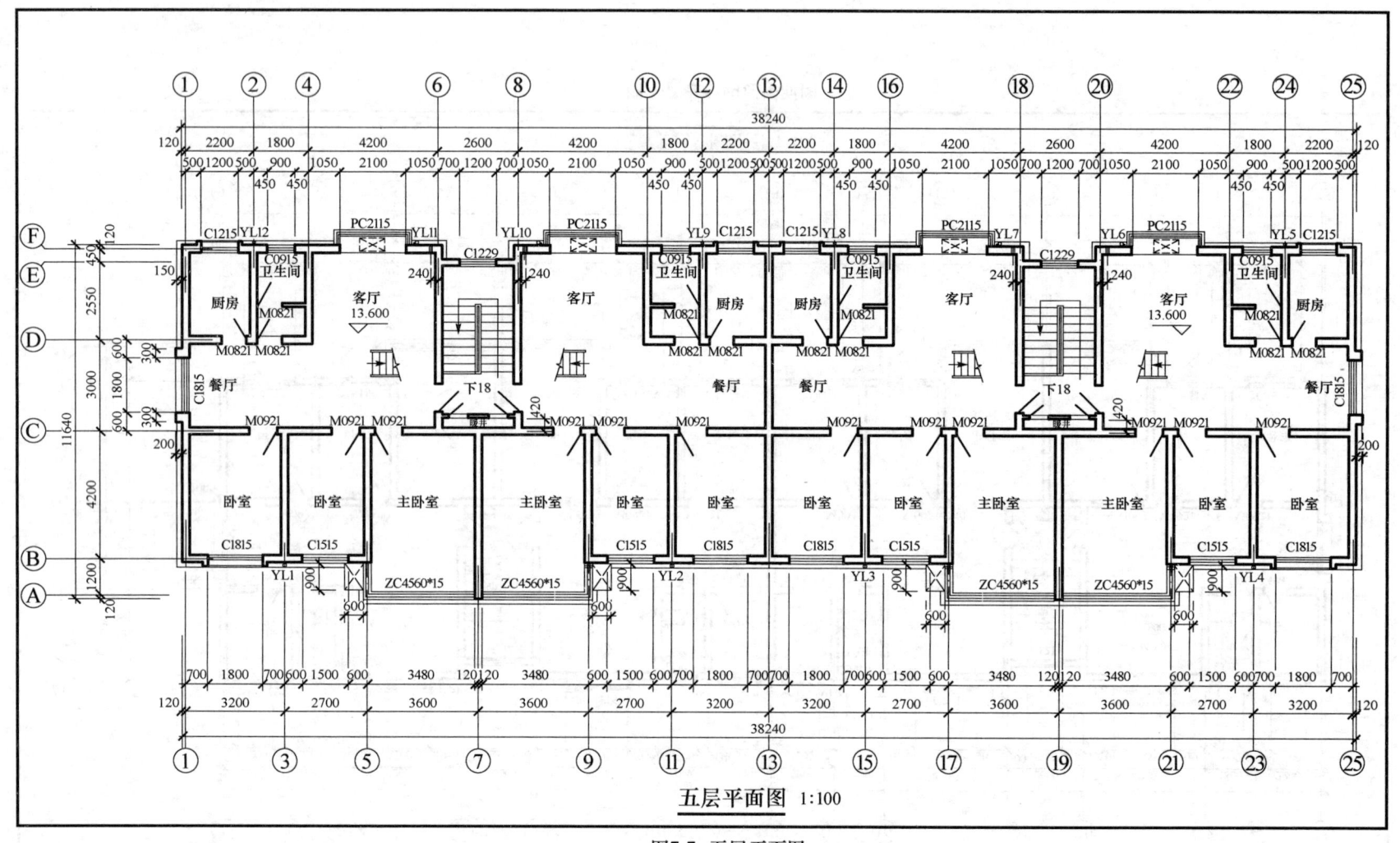

图7-7 五层平面图

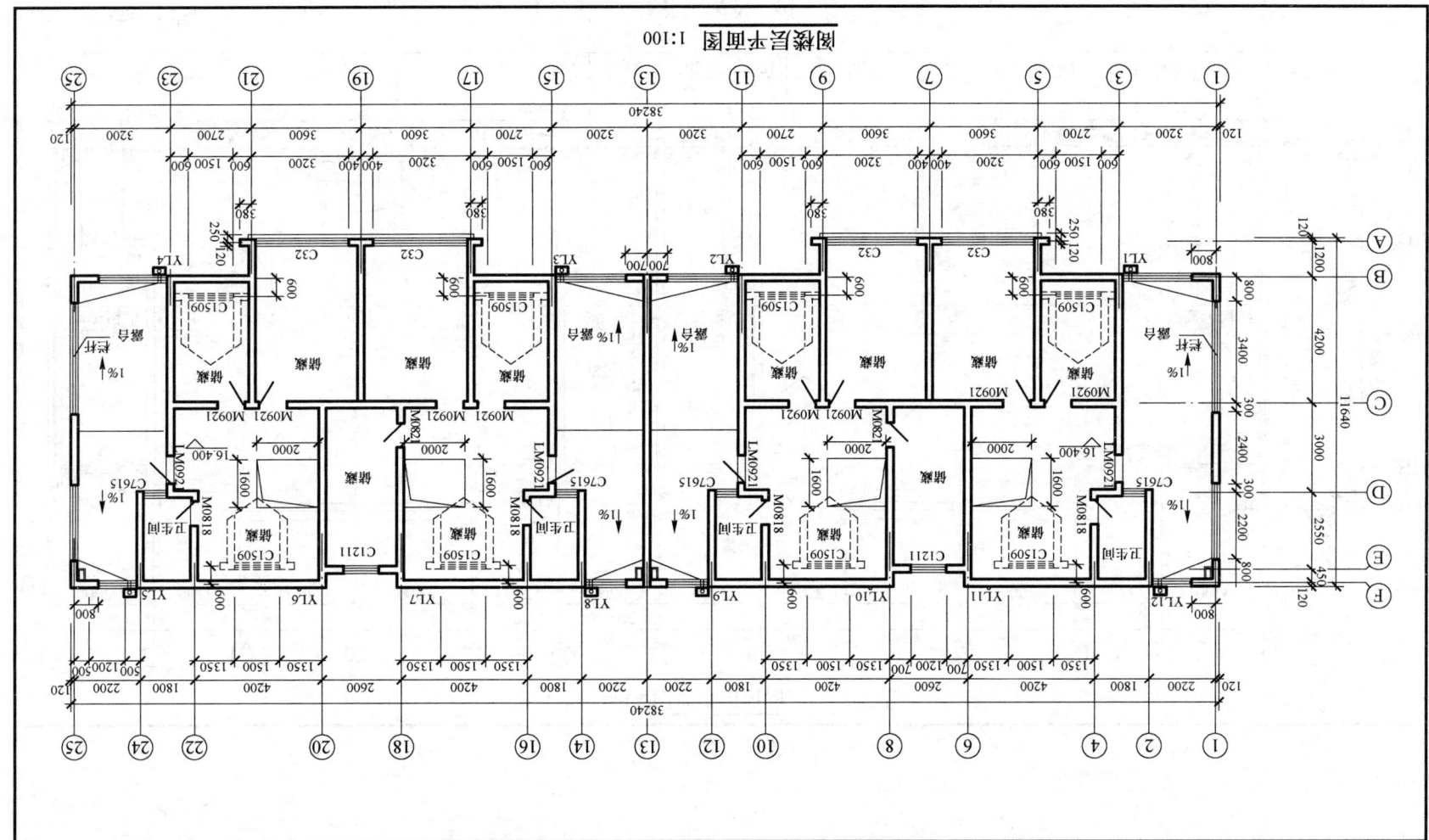

图7-8 屋顶层平面图

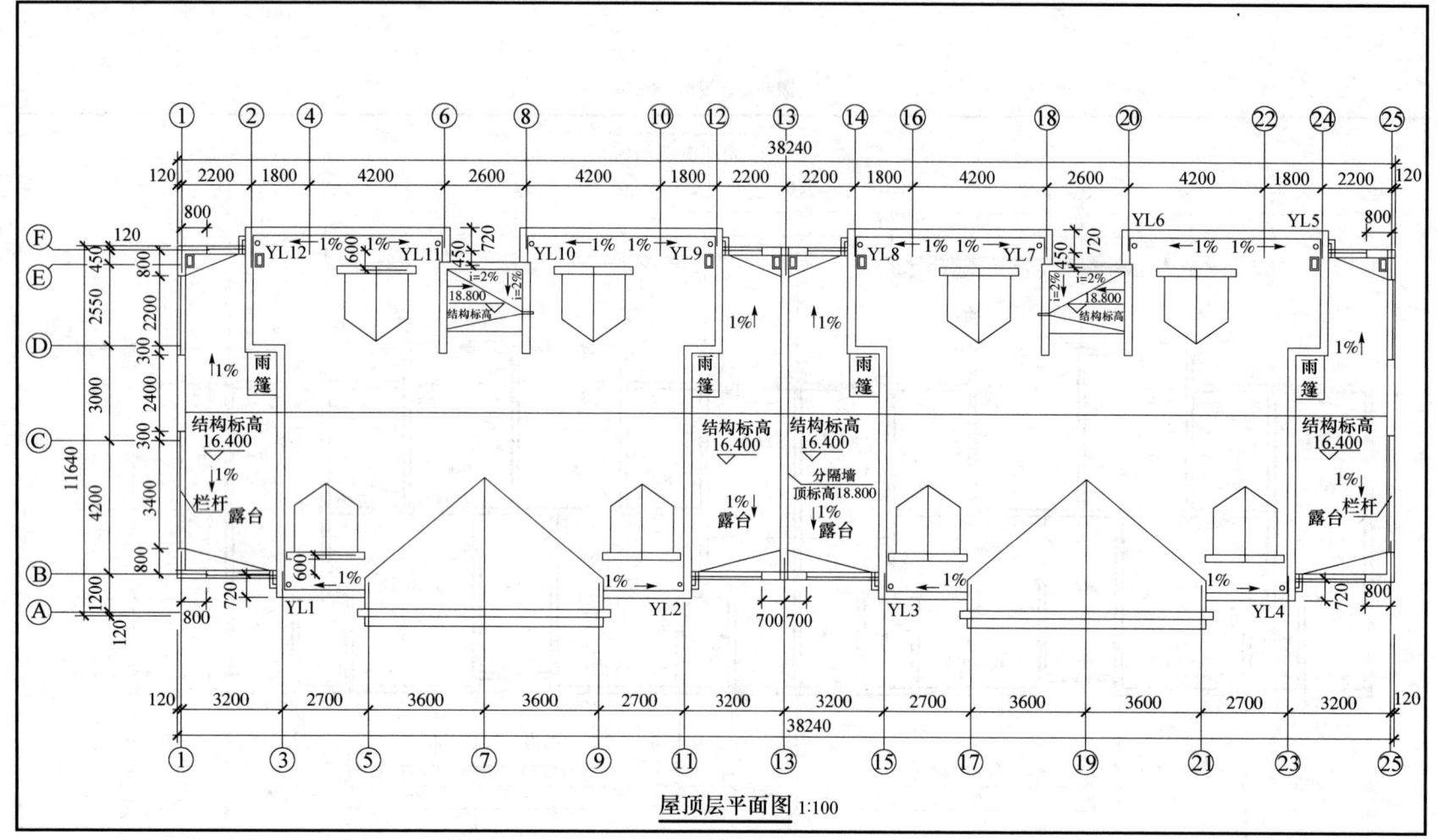

图7-9 屋顶层平面图

(2) 室外地坪线用特粗实线绘制；

(3) 房屋立面的最外轮廓线用粗实线绘制；

(4) 在外轮廓线之内凸出墙面的轮廓线，如窗台、门窗洞显示出这幢房屋的总长和总高。门窗扇、栏杆、雨水管和墙面分格线等均口、阳台、雨篷、柱、台阶等构配件的轮廓线；门窗洞用细实线绘制。

7.4.4 建筑立面图读图实例

1. 正立面图

图7-10是住宅的正立面图。共5层住户，房屋最下一层为储藏室（车库），顶层住户拥有南楼层，住宅采用坡屋顶，各层左右对称，坡屋面上设置了阁楼窗，外轮廓线所包围的范围显示出这幢房屋的总长和总高。

从图上的文字说明，可了解到房屋外墙面装修的做法。本例房屋负一层墙面刷灰色高级涂料，勾宽缝间距，1~4层墙面刷咖啡色高级涂料，5层及阁楼层墙面采用浅灰色高级涂料，屋面是蓝灰色的水泥瓦等。还有一些构件在标图中标注出了索引符号。

2. 背立面图

图7-11是住宅的背立面图。与正立面图表示的内容相似，不同的是还表示了楼梯同窗的位置和尺寸，标高以及在单元出入口安装的电子对讲门。还有一些构件在立面图中标注出了索引符号。

3. 侧立面图

图7-12是住宅的左侧立面图。左侧立面图和侧立面图投影及做法相同，可共用一个图样。从图中可知，房屋左右外墙面装修的做法与正立面图相同，一些构造及做法由详图说明，图中标注出了索引符号。

7.5 建筑剖面图

7.5.1 建筑剖面图的形成和作用

建筑剖面图是房屋的竖直剖视图，也就是用一个或多个假想的平行于正立投影面或侧立投影面的竖直剖切面剖开房屋，移去剖切平面某一侧的形体部分，将留下的形体部分按剖视方向向投影面做正投影所得到的图样。剖切平面应选择在房屋内部构造复杂而又反映其特征且具有代表性的部位，并应尽量通过门窗洞和楼梯间剖切，常用的有全部剖面图和阶梯剖面图。剖切符号一般应画在底层平面图内。

建筑剖面图主要用来表达房屋内部垂直方向的结构形式、沿高度方向分层情况、各层构造做法、门窗洞口高、层高及建筑总高等。

7.5.2 建筑剖面图的图示内容

1. 定位轴线

表示承重的墙、柱的位置，并对定位轴线进行编号，水平方向依次用阿拉伯数字，竖直方向用大写英文字母标注。

2. 表示各构件

表示墙体、室内外地面、各层楼板、屋顶、门窗、梁、楼梯、台阶等内容及其装修。

121

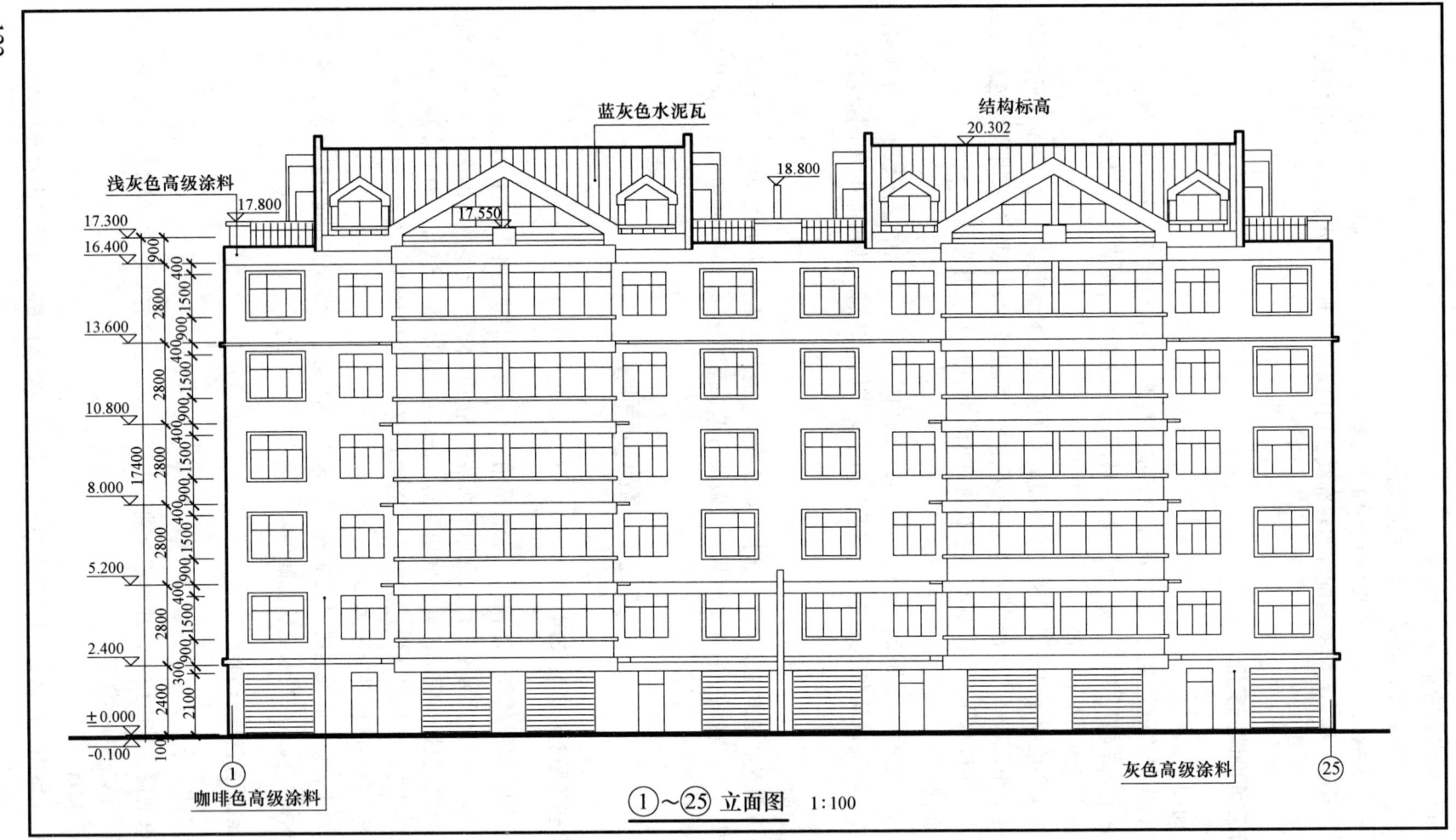

图7-10 正立面图

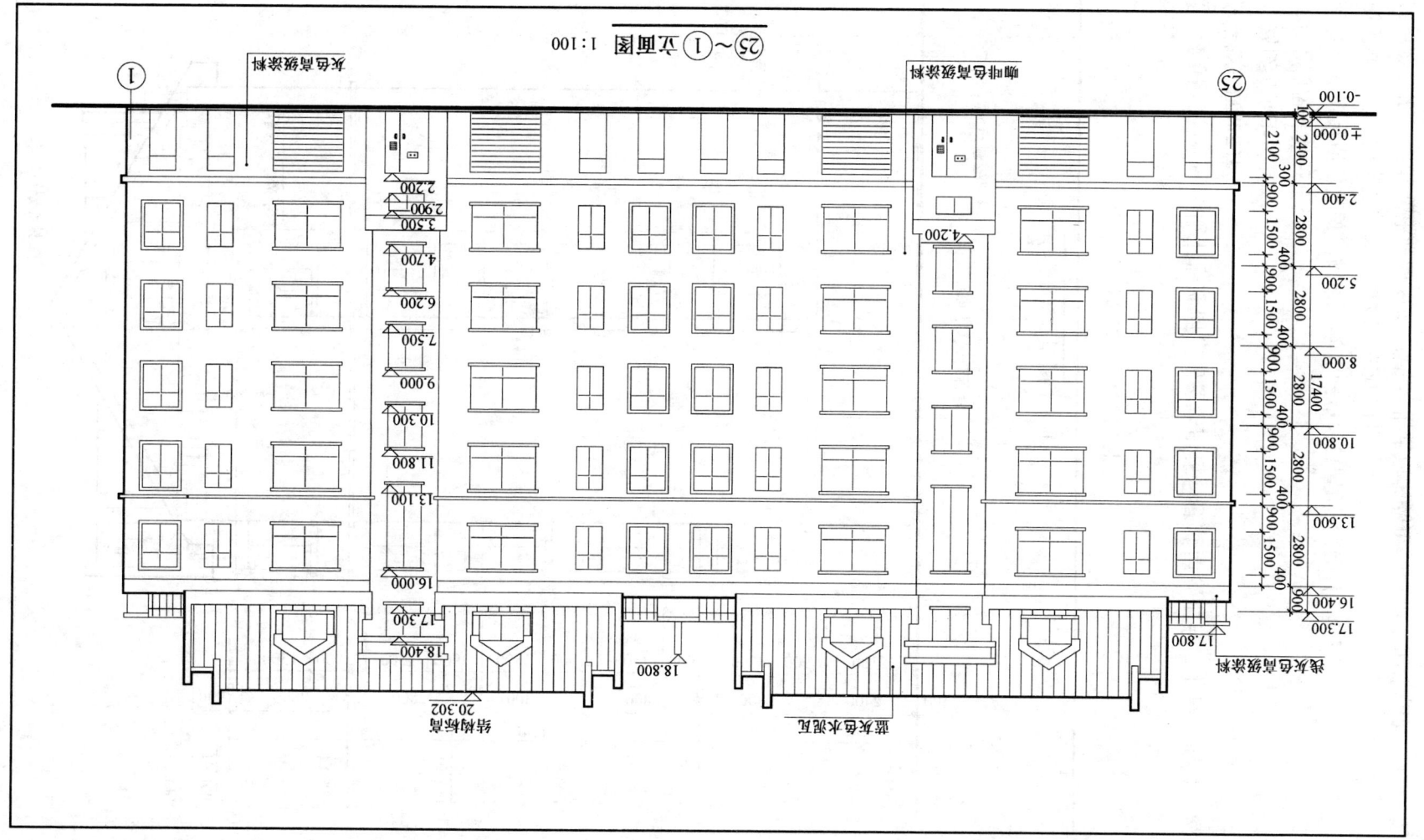

图 7-11 背立面图

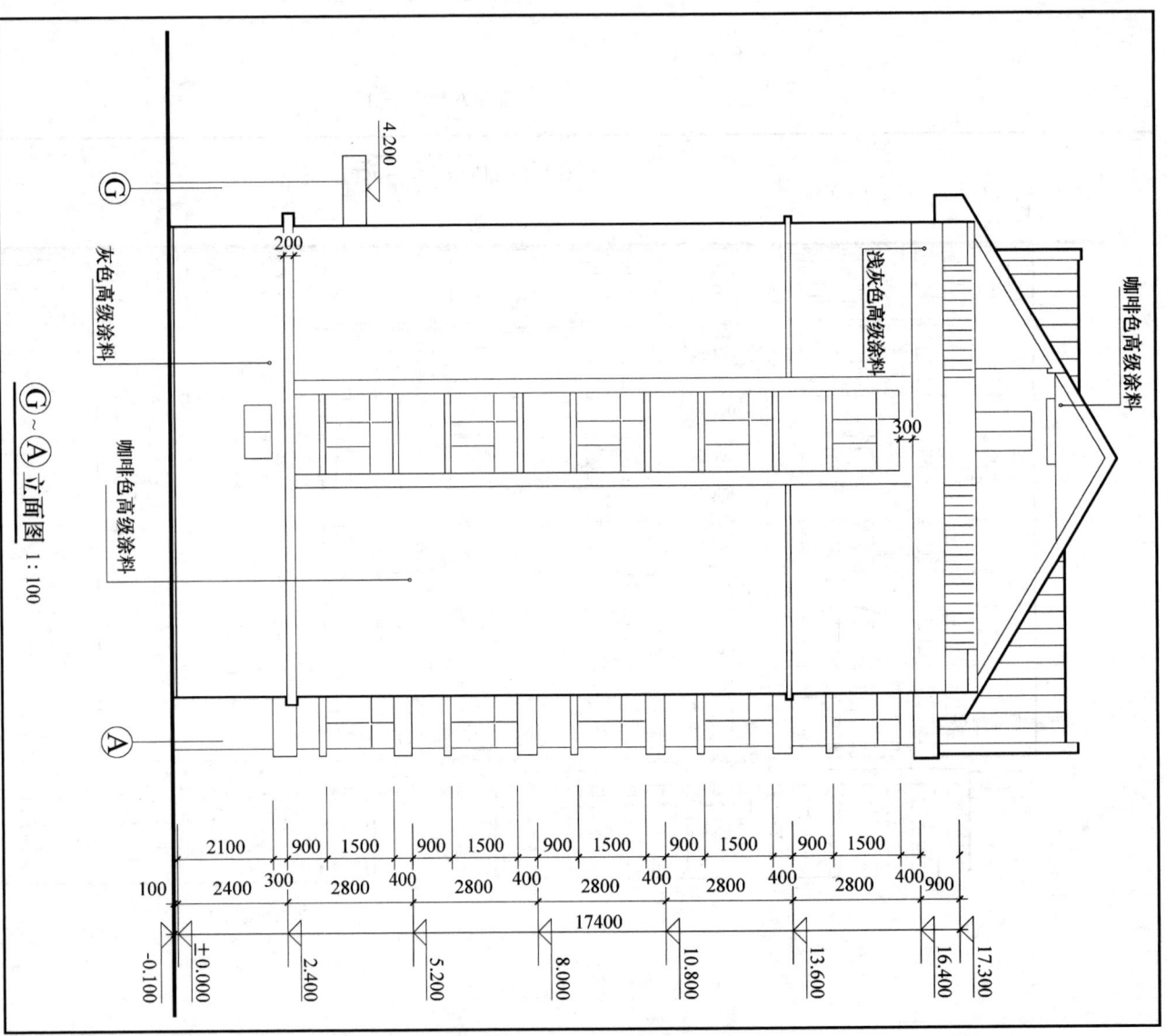

图 7-12 左侧立面图

3. 标注标高

标注室内外地坪、台阶、地下层地面、门窗、雨篷、楼地面、阳台、平台、檐口、屋脊、女儿墙等处完成面的标高。

4. 标注高度方向上的尺寸

高度方向上的尺寸有三道：

(1) 洞口尺寸：包括门、窗、洞口、女儿墙或檐口高度及其定位尺寸；

(2) 楼层间尺寸：即层高尺寸，含地下层在内；

(3) 建筑总高度：指由室外地面至檐口或女儿墙顶的高度。屋顶上的水箱间、电梯机房和楼梯出口小间等局部升起的高度可不计入总高度，当室外地面有变化时，应以剖面图所在的室外地面标高为准。

5. 标注其他尺寸

地坑深度、隔断、搁板、平台、吊顶、墙裙及室内门、窗等的高度。

6. 表示楼地面各层的构造

楼地面各层的构造可用引出线说明，若另画有详图，在剖面图中可用索引符号引出说明，若已有"构造说明一览表"或"面层做法表"时，在剖面图上不再做任何标注。

7. 节点构造详图索引符号

8. 图名、比例

7.5.3 建筑剖面图的图示特点

1. 图名

剖面图的数量是根据房屋的具体情况和施工的实际需要而决定的。剖面图的图名与平面图上所标注剖切符号的编号一致，如1—1剖面图、2—2剖面图等。

2. 图线

凡被剖切面所剖切到的主要构件，如墙体、楼地面、屋面等结构部分，与平面图及立面图一样，均用粗实线表示；次要构件或构造以及构造未被剖切到的主要构件等均用线宽0.5b的中实线绘制，其余可见部分，一律用线宽0.25b的细实线绘制，室内外地坪线用加粗线（1.4b）。线宽0.5b、线宽0.5b的中实线画可见轮廓线；线宽0.25b的细实线画较细小的建筑构配件与装修面层。

3. 画法

(1) 习惯上，剖面图不画出基础出基础的大放脚，墙的断面只要画到地坪线以下适当的地方即可，画břenou线断开就可以了，断开线以下的部分将由房屋结构施工图的基础图表明。

(2) 为了方便绘图和读图，房屋的立面图和剖面图，宜绘制在同一水平线上，图内相互有关尺寸及标高，宜标注在同一竖直线上。各标注在1:100～1:200比例的剖面图不画抹灰层，但宜画楼地面的面层线，以便准确地表示出该面层线。

(3) 有时在剖视方向上还可以看到室外局部立面，如果其他立面图没有表示过，则可用细实线画出该局部立面，否则可简化或不表示。

(4) 材料图例

剖面图中的断面，其材料图例与平面图相同。简化砖墙涂红、实心钢筋混凝土涂黑等。

7.5.4 建筑剖面图的读图实例

图7-13所示房屋的1—1剖面图。

对照一层平面图可知，1—1剖面图的剖切平面位置通过④～⑤轴线间的楼梯段，剖切方向左进行投影而得到的横向剖面图，图中表达了房屋竖直方向的分隔和构造，即屋顶的结构形式和房屋室内外地坪以上各部位被剖切到的建筑构配件，如楼内外地面、楼地面、内外墙及门窗、梁、楼梯与楼梯平台、雨篷等。

1. 垂直方向

从图中可看出此建筑物共六层，底层是车库（层高2.400米），一—五层是住户层（层高都为2.800米），阁楼层高有低有高，最低处高900。建筑总高17300，室内外高差100。

125

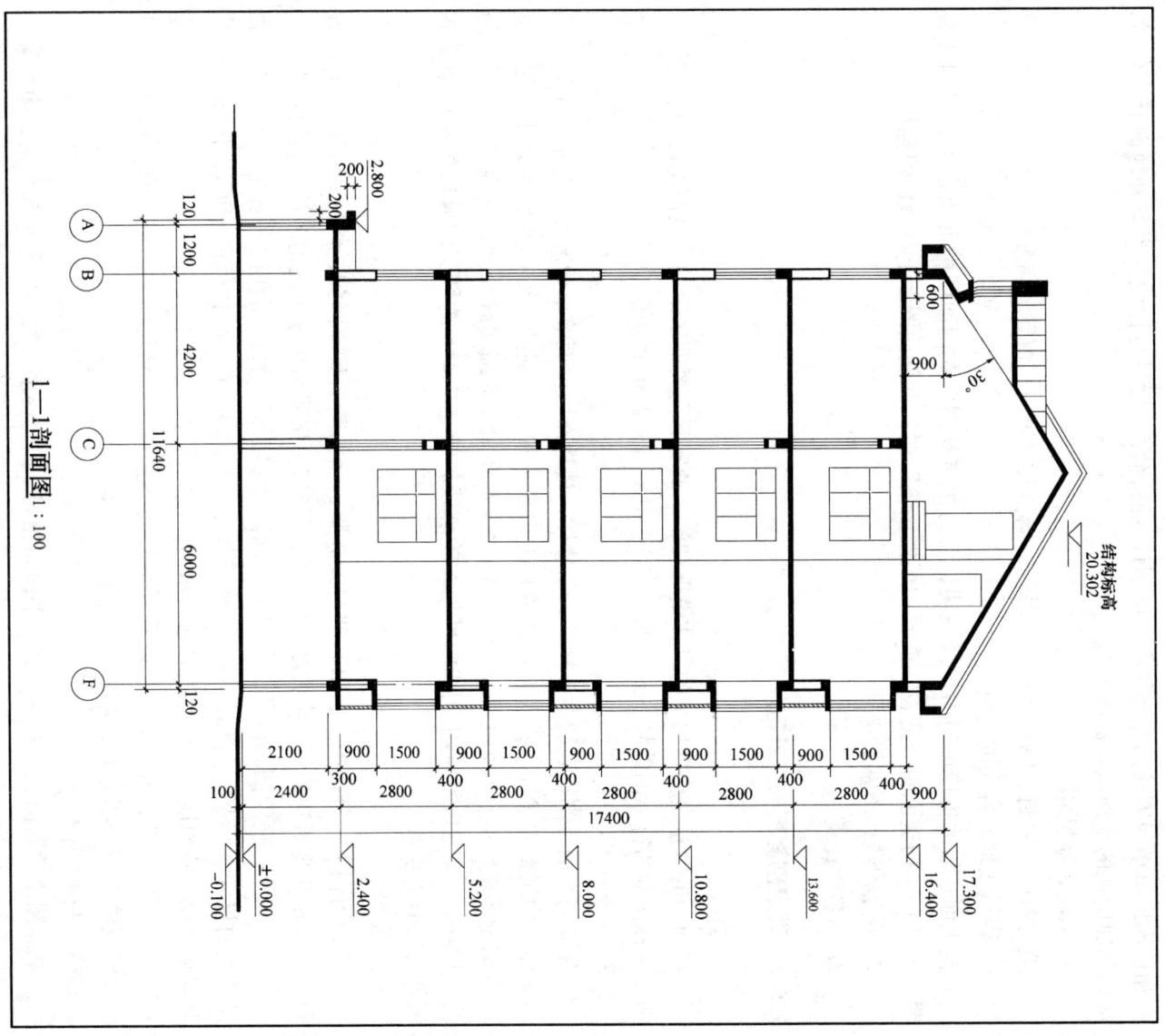

图 7-13 1—1 剖面图

从左边的外部尺寸还可以看出,各层窗台至楼地面高度为 900,窗洞口高 1500,楼梯口高 2800。图中还表达了坡屋顶以及天沟的形式。由于本剖面图比例为 1：100,故构件断面除钢筋混凝土梁、板涂黑表示外,墙及其他构件不再加画材料图例。

2. 水平方向

在图中常标注剖到的墙、柱及剖面图两端的轴线编号及轴线间距,并在图的下方注写图名和比例。

3. 其他标注

由于剖面图比例较小,某些部位如勒脚、窗台、窗顶、过梁、檐口等节点,不能详细写表达，可在剖面图上的该部位处，画上详图索引标志，另用详图来表示其细部构造尺寸。此外，楼地面及墙体的内外装修，可用文字说明。

7.6 建筑平、立、剖面图的画法

建筑平、立、剖面图是房屋的基本图样。在画图之前，首先考虑画哪些图，应尽可能以较少量的图样将房屋表达清楚；其次要考虑选择适当的比例，以决定图幅的大小。有了图样的数量和大小，最后考虑图样的布置，在一张图纸上，图样布局要匀称合理，同时应考虑标注尺寸的位置。上述三个步骤完成以后即可开始绘图。

7.6.1 平面图的画图步骤

1. 画墙柱的定位轴线 [图 7-14 (a)]；
2. 画墙厚、柱子截面、定门窗位置 [图 7-14 (b)]；
3. 画台阶、窗台、楼梯等细部位置 [图 7-14 (c)]；
4. 画尺寸线、标高符号 [图 7-14 (d)]；
5. 检查无误后，按要求加深各种直线并标注尺寸数字，书写文字说明 [图 7-14 (d)]。

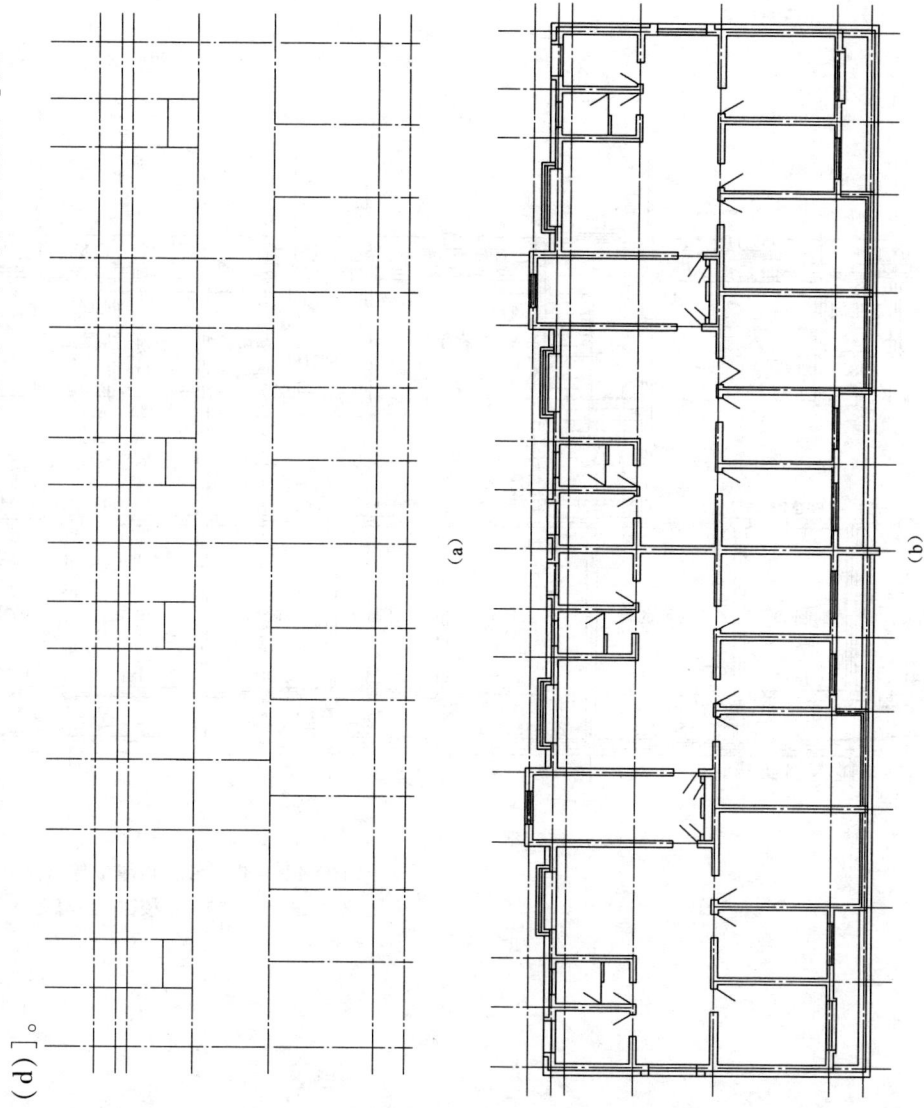

图 7-14 平面图的画图步骤
(a) 画轴线；(b) 画墙线和门窗

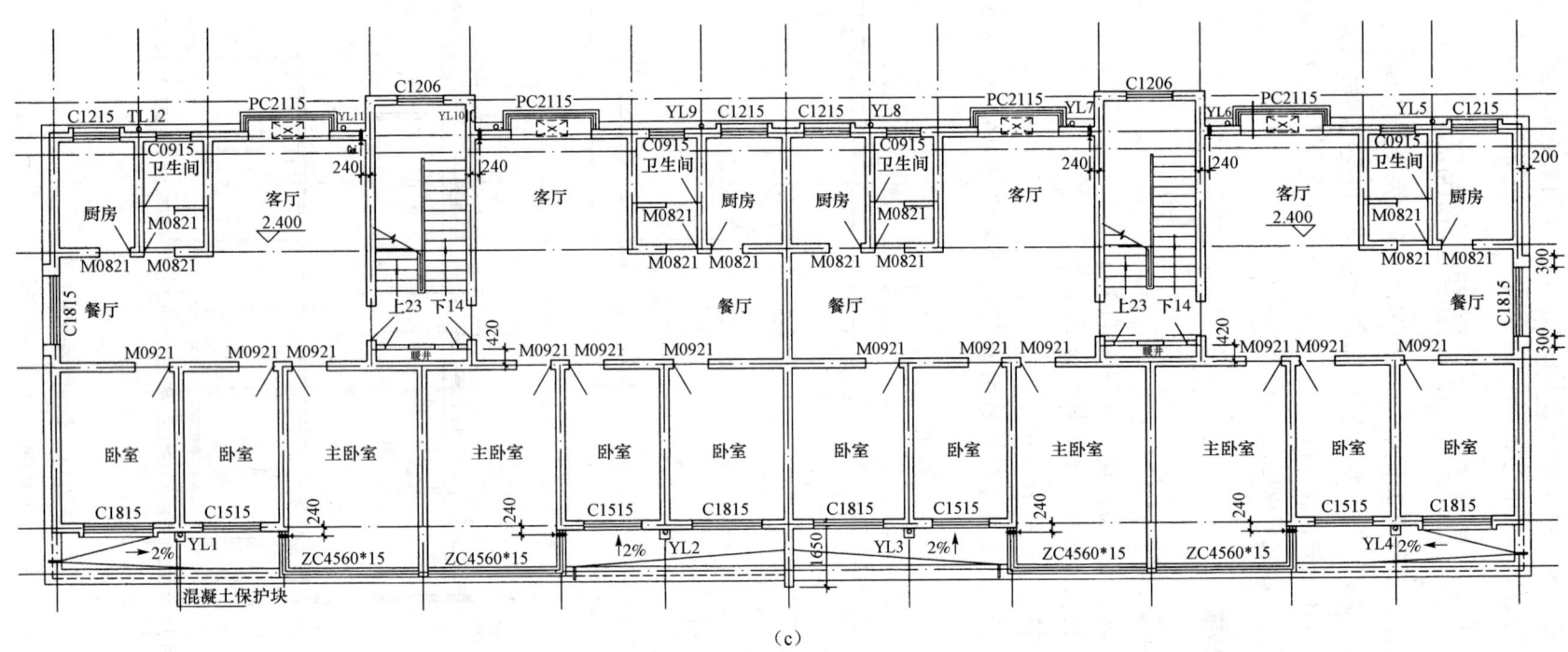

图7-14 平面图的画图步骤（续）
(c) 画台阶、窗台、楼梯并注写文字

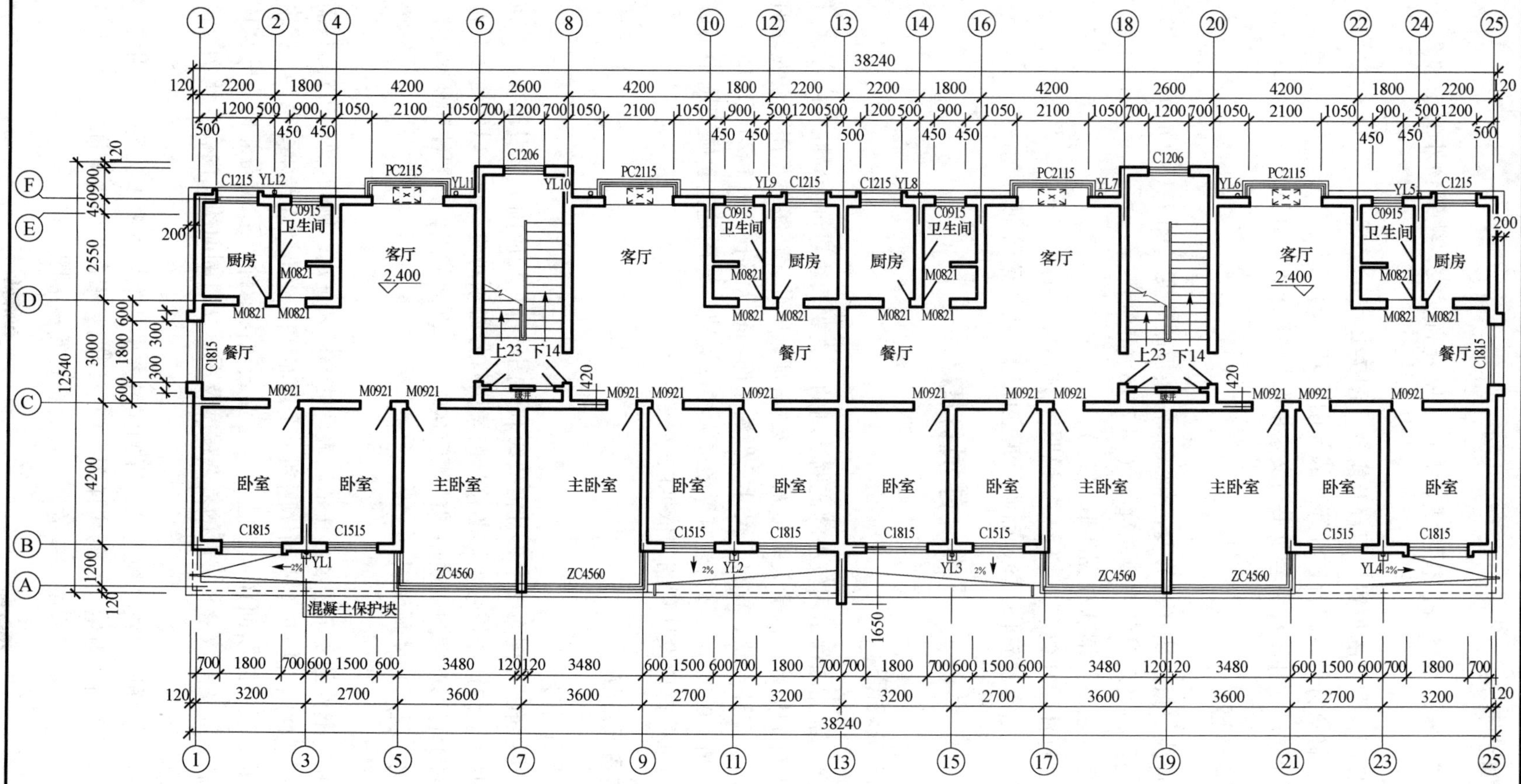

一层平面图 1:100

（d）

图7-14　平面图的画图步骤（续）

(d) 完成全图

7.6.2 立面图的画图步骤

1. 画出定位轴线、室外地坪线、楼板线、檐口、屋脊高度线、建筑物外的轮廓线(图7-15(a));
2. 由平面图定出门窗洞口的位置,阳台及窗台(图7-15(b));
3. 画门窗分隔,材料符号,露台栏杆等细部(图7-15(c));
4. 加深图线,标注尺寸和轴线编号及书写文字说明(图7-15(d))。

7.6.3 剖面图的画图步骤

1. 画室内外地坪线,最外墙(柱)身的轴线和各楼板的高度(图7-16(a));
2. 画墙厚,门窗洞口及可见的主要轮廓线(图7-16(b));
3. 画门窗,楼板及屋面细部(图7-16(c));
4. 加深图线,标注尺寸数字,书写文字说明(图7-16(d))。

施工图绘图顺序,先画建筑平面图,后画建筑立面图,再画建筑剖面图。

7.7 建筑详图

7.7.1 建筑详图的形成和用途

房屋建筑平、立、剖面图都是用较小的比例绘制的,主要表达建筑全局性的内容,但对于房屋细部或构造关系等无法表达清楚,因此,在实际施工工作中,为详细表达建筑节点及建筑构配件的形状、材料、尺寸及做法,而用较大的比例(1:20,1:15,1:5,1:2,1:1等)画出的图形,称为建筑详图或大样图。建筑详图是整套施工图中不可缺少的部分,是施工时准确完成设计意图的依据之一。

7.7.2 建筑详图的图示特点

1. 详图符号与索引符号

在建筑平面图、立面图和剖面图中,凡需要绘制详图的部位均应画上索引符号,几个节点详图宜用一个剖面详图来表达;楼梯间详图宜用几个平面详图和一个剖面详图或断面详图来表达。若需要表达的建筑构配件形状外形、尺寸及构造较为复杂时,宜按轴测图绘制。详图的数量与房屋的复杂平、立、剖面图的内容及比例有关。

2. 详图的图示方法

根据细部构造和构件的复杂程度,按需要画出平面详图、立面详图、剖面详图、门窗详图、阳台、雨篷等详图。由于各地区都编有标准图,楼梯间详图、卫生间、厨房详图,常用的详图集,故在实际工程中,有的详图可直接查阅标准图集。

3. 建筑详图数量

一套施工图中,建筑详图的数量视建筑工程的体量大小及难易程度而定,编有标准图,楼梯间详图、卫生间、厨房详图,常用的详图相互有关的图纸。对于套用标准图或通用图的建筑构配件和剖面节点,只要注明所套用图集的名称、编号和页次即可,就不必另画详图。

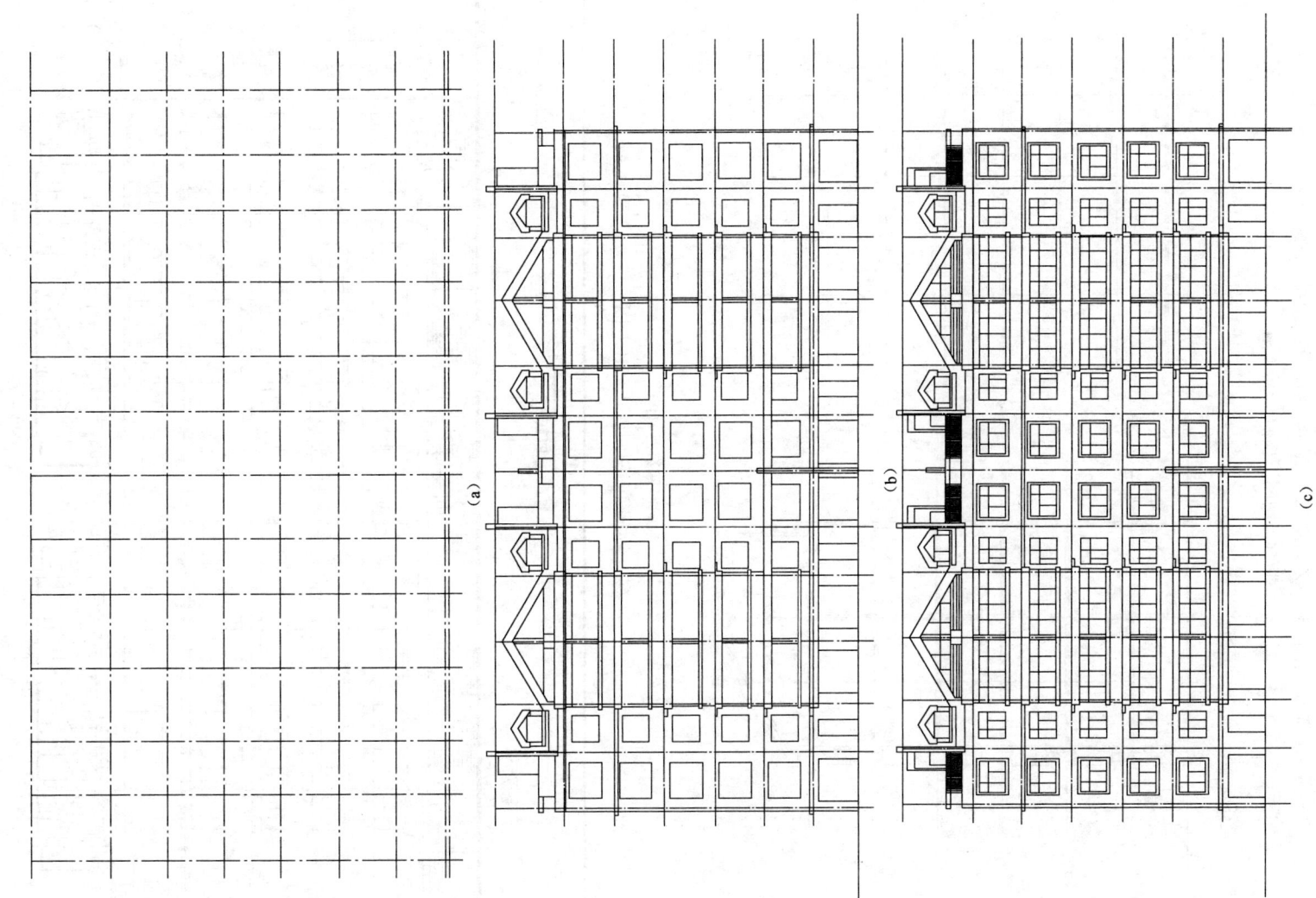

图 7-15 立面图的画图步骤
(a) 画地坪线和轴线等；(b) 画门窗洞和阳台及窗台；(c) 画窗扇等细节

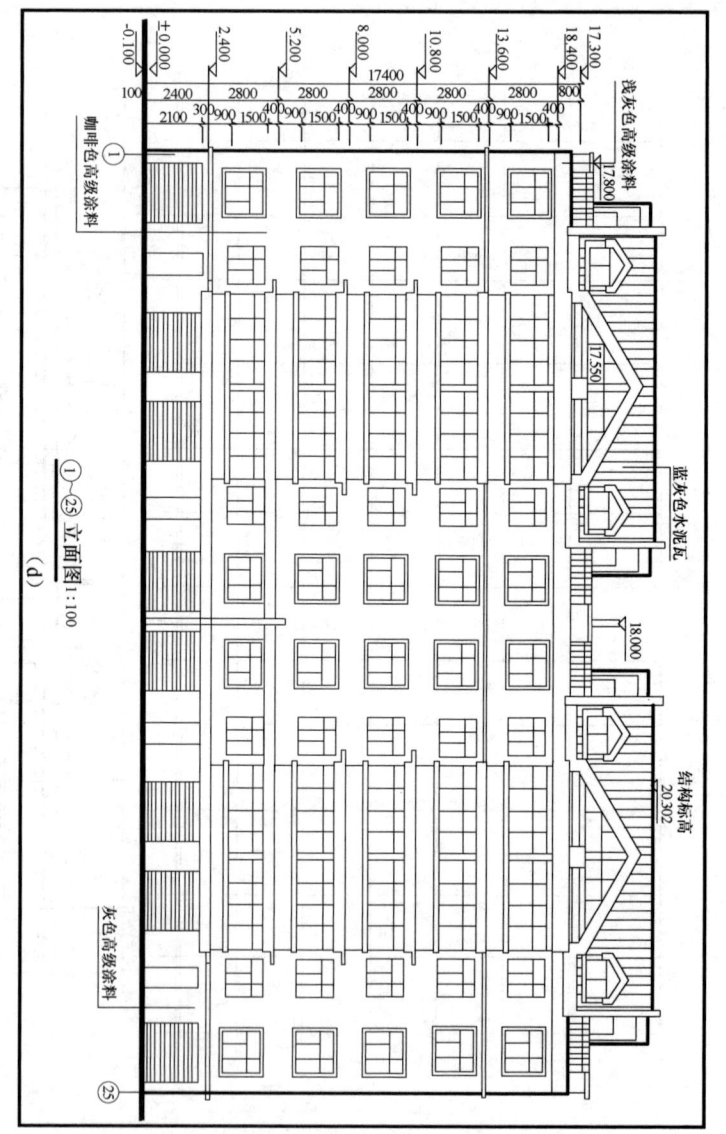

图 7-15 立面图的画图步骤（续）
(d) 完成立面图

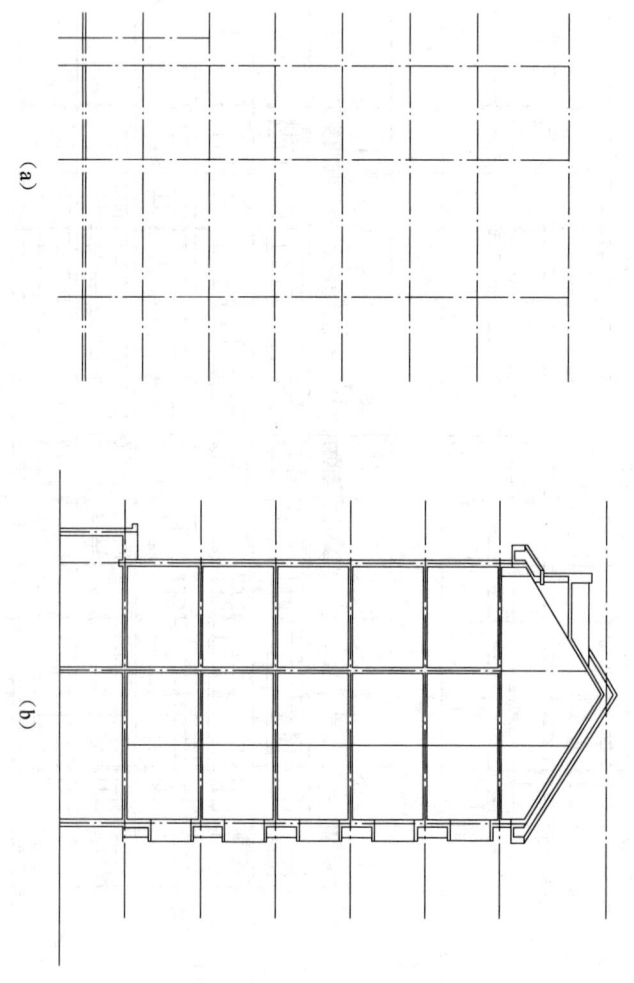

图 7-16 剖面图的画图步骤
(a) 画轴线及楼面线；(b) 画墙厚，门窗洞口及可见的主要轮廓线

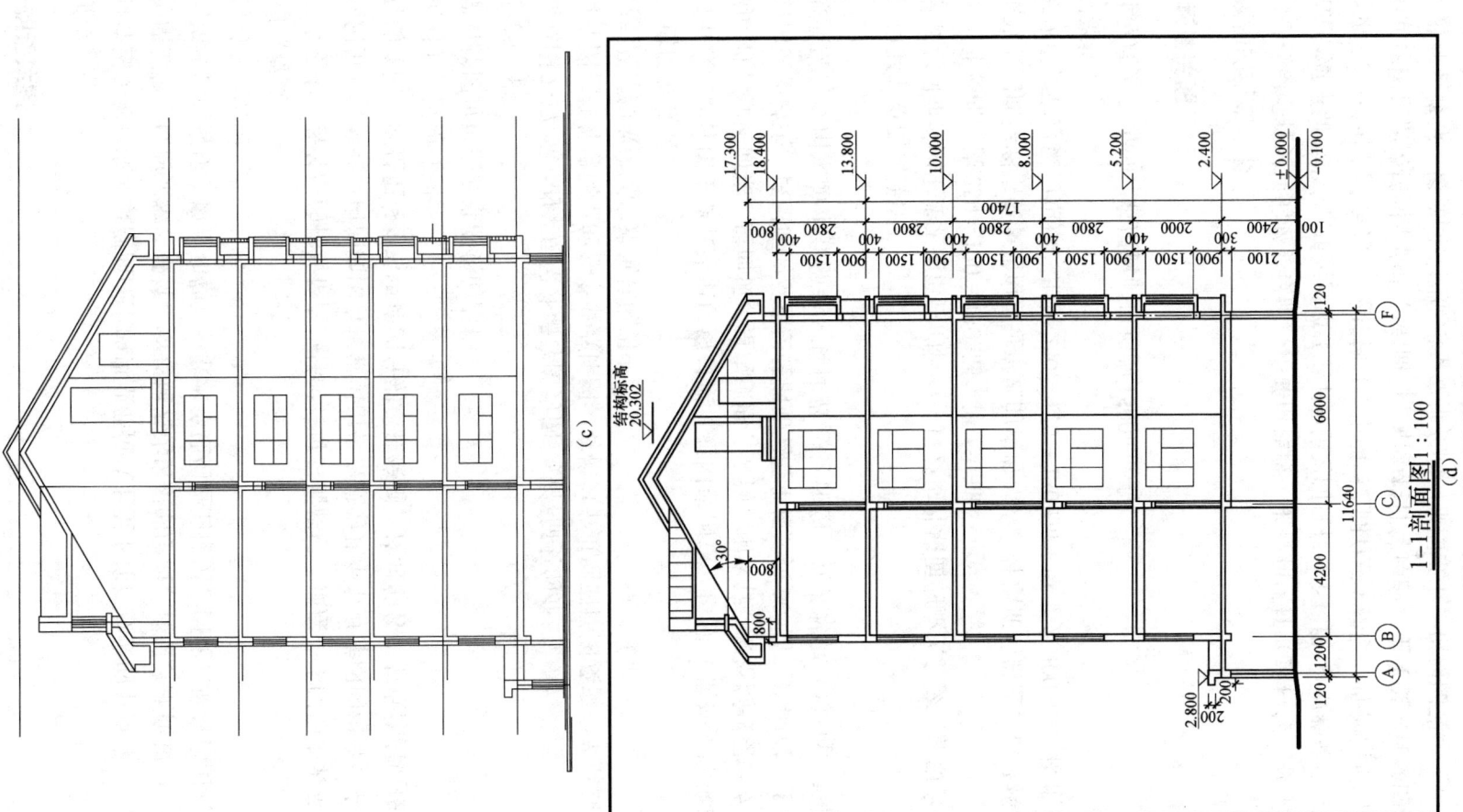

图 7-16 剖面图的画图步骤（续）
(c) 画门窗、楼板及屋面等细部；(d) 加深图线并标注尺寸

7.7.3 墙身详图

1. 形成

墙身详图实际是在建筑剖面图上的典型部位从上至下连续放大的节点详图。一般多取建筑物的外墙部位,以便完整、系统、清楚地表达房屋的屋面、楼层、地面和檐口构造,楼板与墙面的连接,门窗顶、窗台和勒脚、散水等处构造的情况,因此,往往在建筑剖面图的局部放大图上,以便读图。

2. 图示特点

多层房屋中,若各层的构造情况一样时,可只画底层、顶层、中间层来表示。在窗洞中间处用折断线断开,由剖面图直接索引出,常成为几个节点详图的组合。有时也可不画整个墙身的详图,而是把各个节点详图分别单独绘制,这时的各个节点详图应按顺次排在同一张图上,以便读图。

外墙身详图也可用标准图集的图样。

3. 读图实例

下面以图7-17所示的某房屋外墙详图为例,进行简要的介绍。

墙身详图包括外墙面上的各个节点剖面详图及窗洞节点剖面详图两部分。其详细做法与详图总说明中。

(1)檐口节点剖面详图

檐口节点剖面详图主要表达顶层窗过梁、遮阳或雨篷、屋顶(根据实际情况画出它的构造与构配件,如屋面梁、屋面板、室内顶棚、天沟、雨水管、架空隔热层、女儿墙及其压顶)等的构造和做法。该屋面的承重层是钢筋混凝土板,按30°角度来砌波,上面有防水材料层,以用来防水和隔热,具体做法见详图。女儿墙高500mm,是钢筋混凝土材料。

(2)窗洞节点剖面详图

窗台节点剖面详图主要表达窗台上的构造,以及内外窗台的材料和做法。该房屋窗台的材料为钢筋混凝土,外表面出挑250−120=130mm,厚150mm。

窗顶节点剖面详图主要表达窗顶过梁处的构造,内、外墙面的做法以及楼板层的构造情况。该房屋窗顶过梁为矩形,出挑250−120=130mm,厚度为400mm,楼板是钢筋混凝土材料。

墙体厚度为240mm,各层窗洞口均为1500mm高。

7.7.4 楼梯详图

1. 楼梯的组成及形式

楼梯是楼层垂直交通的必要设施。楼梯由梯段、平台和栏杆(或栏板)扶手组成。

常见的楼梯平面形式有:单跑楼梯(上下两层之间只有一个梯段)、双跑楼梯(上下两层之间有两个梯段、一个中间平台)、三跑楼梯(上下两层之间有三个梯段、两个中间平台)等。

楼梯详图包括楼梯间平面图、剖面图、踏步栏杆等详图。主要表示楼梯间的类型、结构形式、构造和装修等。楼梯间详图应尽量安排在同一张图纸上,以便阅读。

2. 楼梯平面图

(1)楼梯平面图的形成

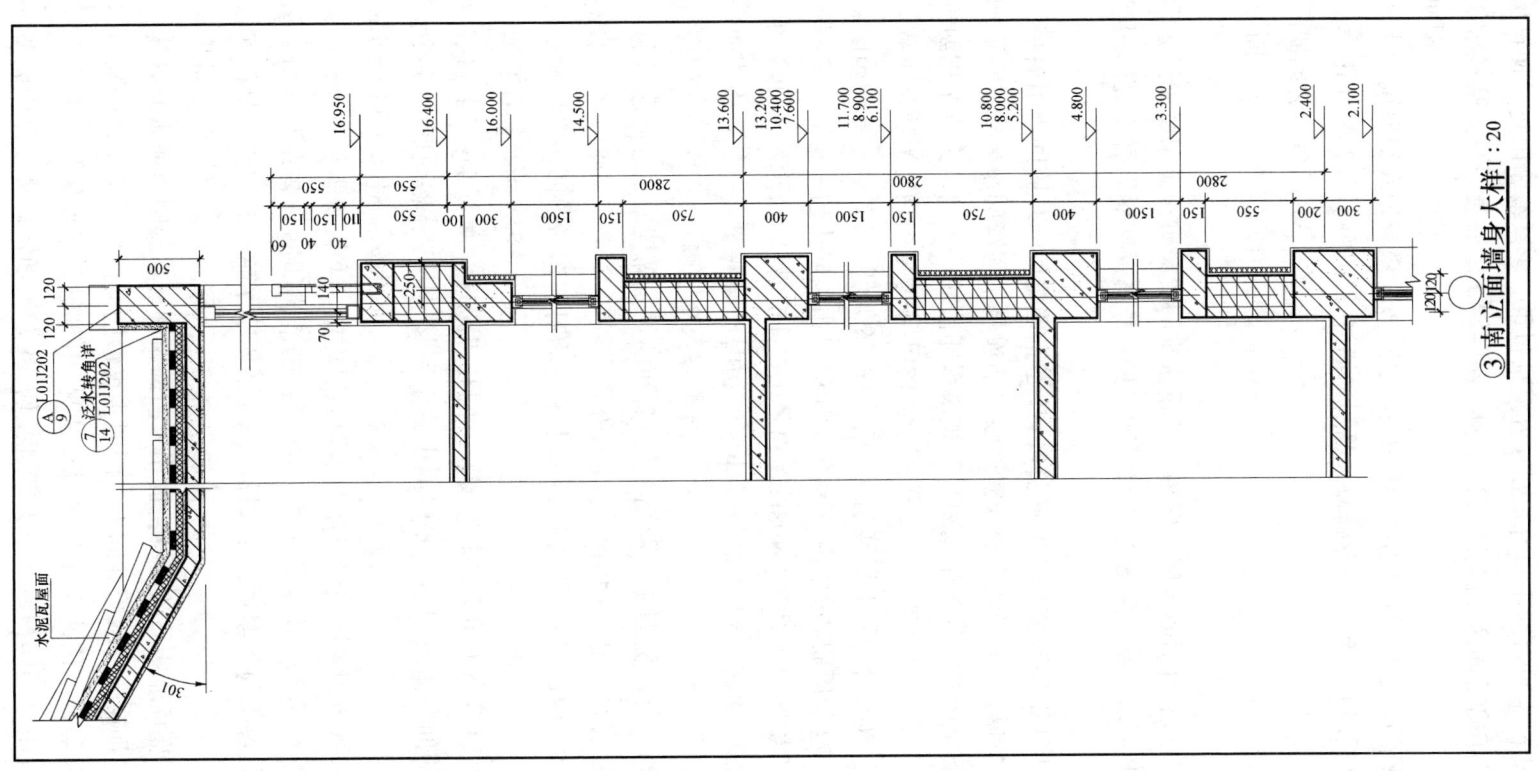

图 7-17 外墙详图

楼梯平面图常用 1∶50 的比例画出。楼梯平面图的水平剖切位置，除顶层在安全栏板（或栏杆）之上外，其余各层均在上行第一跑中间图 7-30。各层被剖切到的上行第一跑梯段，都在楼梯平面图中画一条与踢面线成30°的折断线（构成梯段的踏步中与楼地面平行的面称为踏面，与地面垂直的面称为踢面）。各层下行梯段不予剖切，而楼梯平面图则为房屋各层水平剖切后向下的正投影，如同建筑平面图，中间几层构造一致时，也可只画一个标准层平面图，故楼梯平面图常只画出底层、中间层和顶层三个平面图。

(2) 楼梯平面图尺寸

平面图上应标注该楼梯详细尺寸。平台宽度等细部尺寸，梯段长度尺寸标注在轴线和省略标高，以及楼梯各组成部分的详细尺寸。

(3) 读图实例（以图7-18为例说明）

图7-18为该住宅的楼梯平面图，可以了解楼梯间的开间和进深尺寸，还可了解楼梯间的标高以及楼梯各组成部分的详细尺寸。

从图中所标注的踏步的宽度是8个踏步之和（270×8=2160），中间层梯段的步级数是9（18/2），为什么呢？这是因为每一梯段最高一级踏面做平台面（即将最高一级踏面做平台面或楼面），因此，平面图中每一梯段画出的踏面数，总比踏步数少一，即：踏面数=踏步数-1。

楼面向上走14步级可达一层楼面，梯段长260×13=3380mm，表明每一踏步宽260mm，共有13+1=14级踏步。

③一层平面图中注有"上14"的箭头表示从一层楼面向上走14步级可达二层楼面。

④标准层平面图表示了二、三、四层平面图，该层中没有再画出两端的踏面，标高标准层平面图中的踏面，"上23"的箭头表示从一层楼面向上走23步级可达二层楼面。

⑤顶层平面图的踏面是完整的。只有下行，故梯段上没有折断线。顶层平面图画出了屋顶檐沟的水平投影，楼梯的两个梯段均为完整的。上行梯段中间画有一与踢面线成45°的折断线，折断线两侧的上下指引线画成完整的。

3. 楼梯剖面图

(1) 楼梯剖面图的形式

楼梯剖面图常用1:50的比例画出。其剖切到位置应选择在通过第一跑梯段及门窗洞口处，并向未剖切到方向投影（如图7-19中的剖切位置）。图7-19为按图7-18剖切位置绘制的楼梯剖面图。

剖到梯段的步级数因做栏杆挡着或因梯段为暗梁板形式等原因而不可见时，可用虚线表示，也可直接从其高度尺寸上看出该层的步级数。

多层或高层建筑的楼梯间剖面图，如中间若干层构造一样，可用一层表示这相同的若干层剖面，此层的楼面和平台的标高可看出所代表的若干层情况。

(2) 楼梯剖面图图示内容

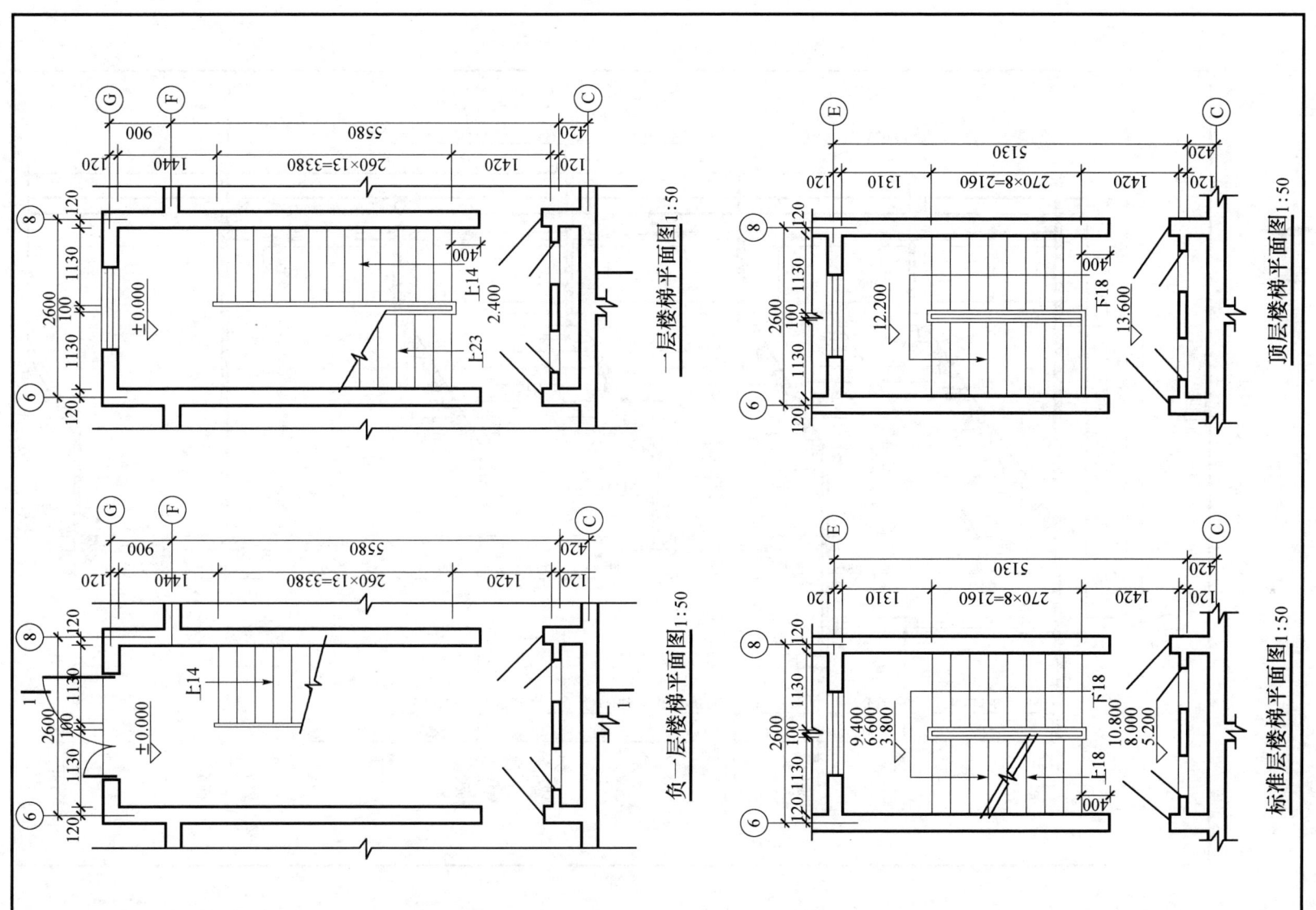

图 7-18 楼梯平面图

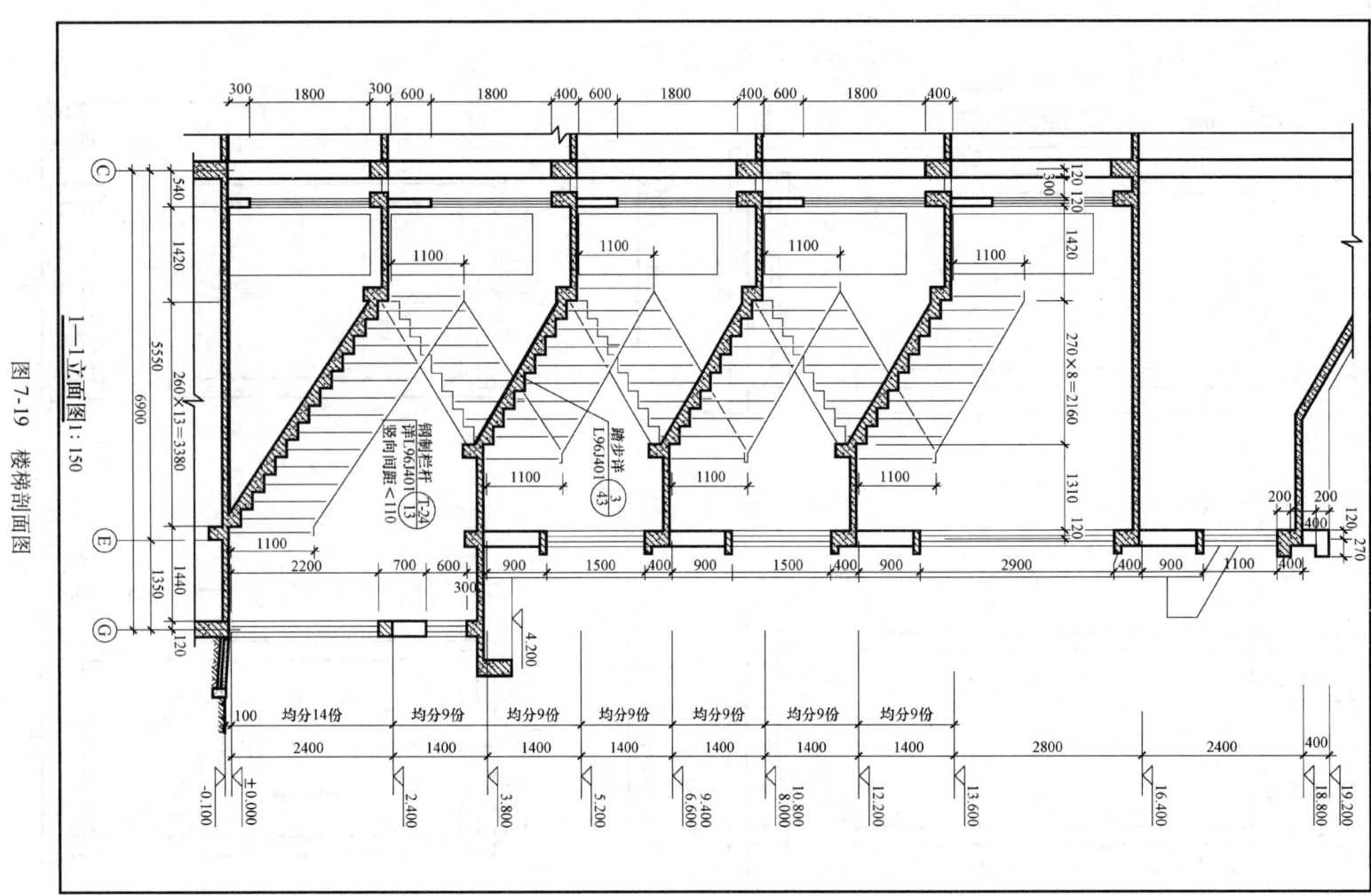

图 7-19 楼梯剖面图

① 水平方向应标注被剖切墙的轴线编号、轴线尺寸及中间平台宽、梯段长等细部尺寸。

② 竖直方向应标注剖到墙的墙段、门窗洞口尺寸及梯段高度、层高尺寸。梯段高度应标成:步级数×踢面高=梯段高。

③ 标高及详图索引:楼梯间剖面图上应标出各层楼面、地面、平台面及平台梁下口的标高。如需要画出踢步、扶手等的详图,则应标出其详图索引符号和其他尺寸,如栏杆(或栏板)高度。

(3) 读图实例(以图7-19为例说明)

楼梯剖面图中应注出楼梯间的进深尺寸和轴线编号、地面、平台面、楼面等的标高,梯段、栏杆(或栏板)的高度尺寸(建筑设计规范规定:楼梯扶手高度应自踏步前缘量至扶手顶面的垂直距离,其高度不得小于900mm),其中梯段的高度尺寸与踢面高和踏步数合并书写,如1400均分9份,表示有9个踢面,每个踢面高度为1400/9=155.6mm,梯段高度为1400mm;此外,还应注出楼梯间外墙上门、窗洞口、雨篷的尺寸与标高。

7.7.5 楼梯详图的画法

1. 楼梯平面图的画法

现以本章实例的一层楼梯平面图为例,说明其绘图方法。

(1) 确定楼梯间的轴线位置,见图7-20 (a)。
(2) 画墙身厚度、门窗洞口位置,见图7-20 (b)。
(3) 画出梯段长度、平台宽度、梯段宽度、梯井宽度,并根据面数和宽度,用几何做图中等分平行线的方法分梯段长度,画出踏步,见图7-20 (c)。
(4) 画箭头、加深图线、标注标高、尺寸、轴线编号、图名、比例等,见图7-20 (d)。

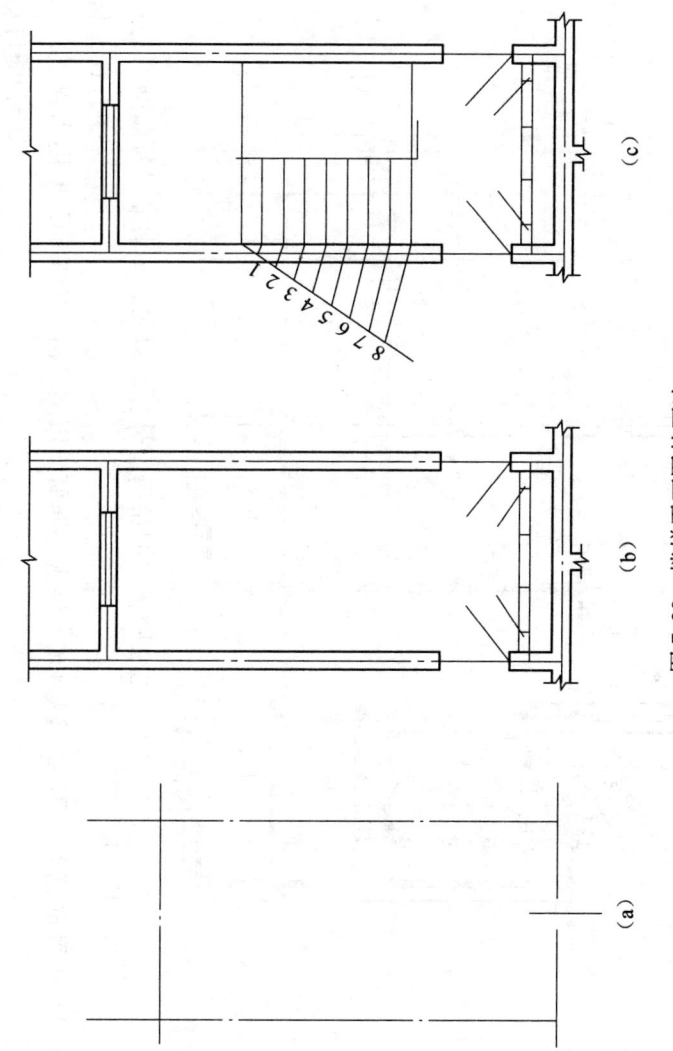

图7-20 楼梯平面图的画法

139

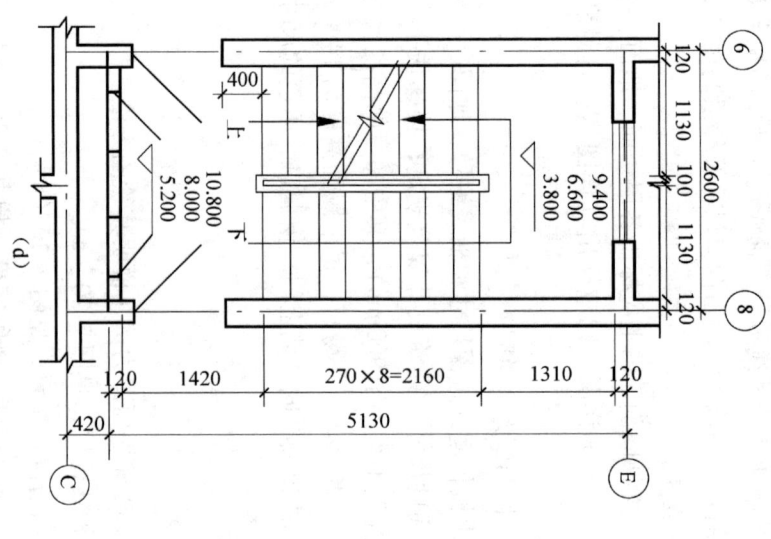

图 7-20 楼梯平面图的画法（续）

2. 楼梯剖面图的画法

绘制楼梯剖面图时，注意图形比例应与楼梯平面图一致；画栏杆（或栏板）时，其坡度应与梯段一致。

(1) 确定楼梯间的轴线位置，画出楼地面、平台面高度线，确定各梯段的起止点位置，见图 7-21 (a)。

(2) 画墙身，墙体中的窗位置及各层楼板面；见图 7-21 (b)。

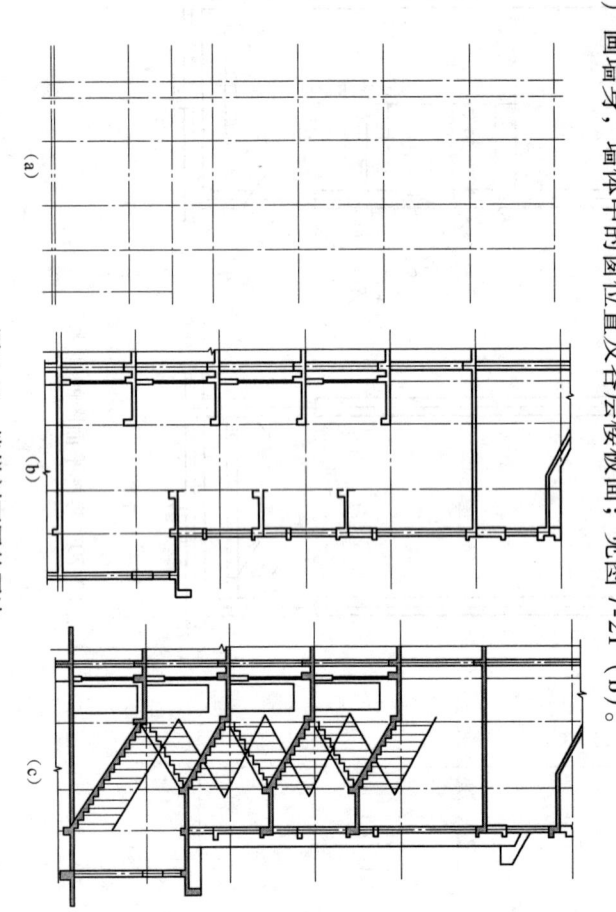

图 7-21 楼梯剖面图的画法

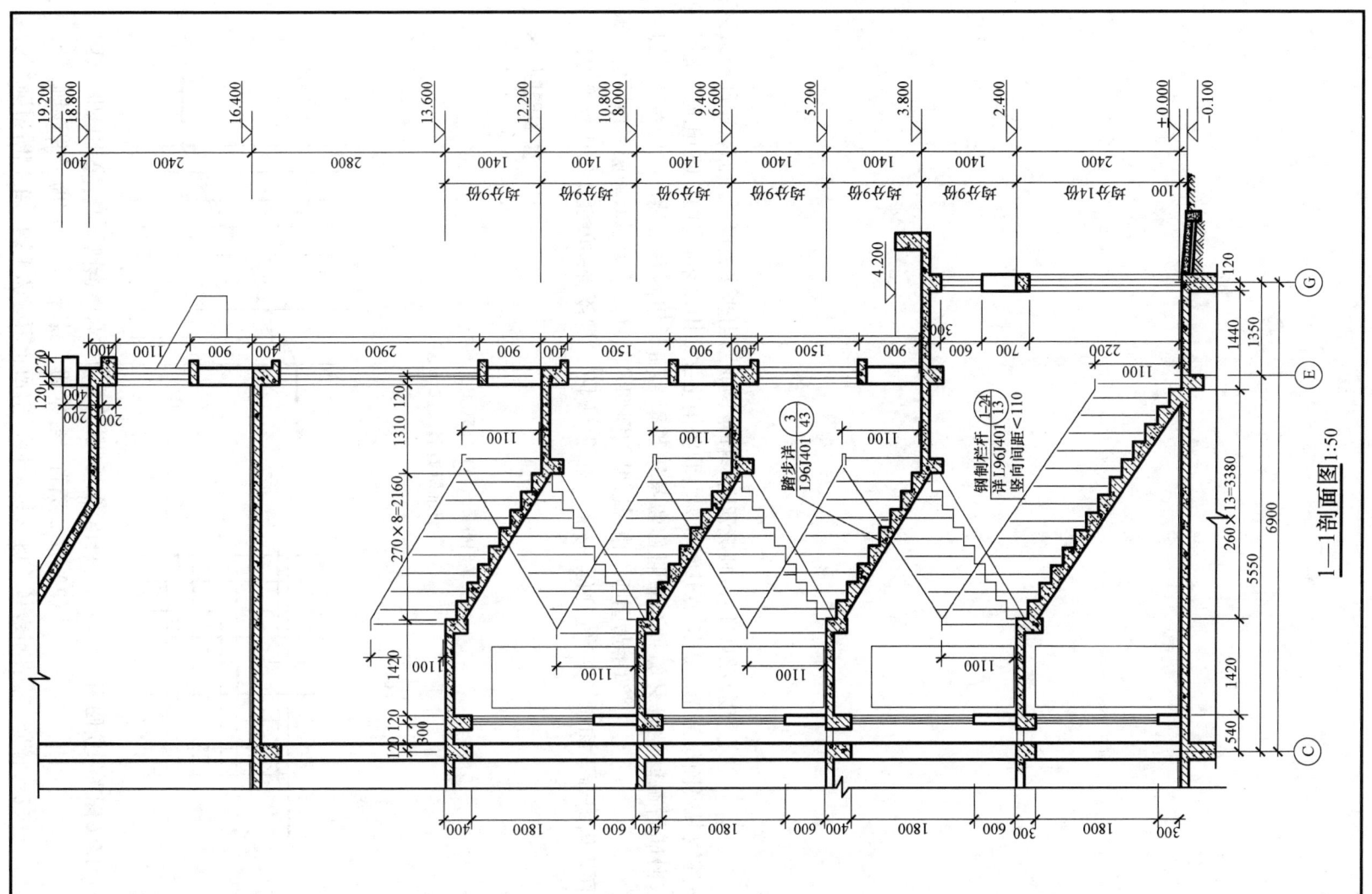

图 7-21 楼梯剖面图的画法（续）

(d)

(3) 画楼梯踏步，踏步的画法可应用"斜线法"和"方格网法"，见图7-22。
(4) 画细部，如门、梁、栏杆、散水等。
(5) 加深图线，标注轴线编号、尺寸、标高、索引符号、图名、比例等，见图7-21 (d)。

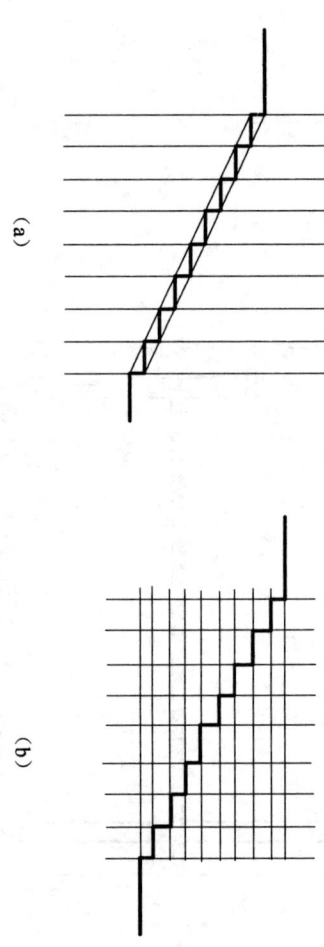

图7-22 楼梯踏步的画法
(a) "斜线法"；(b) "方格网法"

7.7.6 门窗详图

门窗在建筑中的主要功能是交通、分隔、防盗，兼作通风、采光。门、窗详图由立面图、节点图、断面图和门窗扇立面图等组成。

门、窗详图，一般都分别由各地区建筑主管部门批准发行的各种不同规格的标准图（通用图、利用图）供设计者选用。若采用标准详图，则在施工图中需说明该详图所在标准图集中的编号即可。如果未采用标准图集时，则必须画出门、窗详图。

第 8 章 结构施工图

教学目标和要求

熟悉国家标准对结构施工图的有关规定；

了解结构施工图中各种图样的形成，表达内容和图示特点；

正确表示混凝土梁、板、柱构件的配筋图；

掌握钢筋混凝土梁、板、柱构件的平面整体表示方法；

初步掌握绘制和阅读结构施工图的方法和步骤。

教学重点和难点

正确表示混凝土梁、板、柱构件的配筋图；

掌握钢筋混凝土梁、板、柱构件的平面整体表示方法；

初步掌握绘制和阅读结构施工图的方法和步骤。

结构施工图设计是根据建筑各方面的要求，进行结构选型和构件布置，再通过力学计算，决定房屋各承重构件的材料、形状、大小，以及内部构造等，并将设计结果按正投影法绘成图样以指导施工，这种图样称为结构施工图，简称"结施"。

8.1 概 述

8.1.1 房屋结构简介

任何一栋建筑物都是由基础、墙、柱、梁、楼板和屋面板组成骨架，如图 8-1 所示。它们起着抵抗风、雪、雨及承受各种荷载，支撑房屋保持一定形状的作用。这种骨架称为结构，组成骨架的"零件"称为结构构件。

房屋结构构件按承重构件的材料可分为：

(1) 砖混结构——承重墙用砖或砌块砌筑，梁、楼板和楼梯等承重构件都是钢筋混凝土构件；

(2) 钢筋混凝土结构——承重构件全部是钢筋混凝土构件；

(3) 砖木结构——墙用砖砌筑，梁、楼板和楼屋架都是木构件；

(4) 钢结构——承重构件全部为钢材；

(5) 木结构——承重构件全部为木材。

房屋结构按结构体系可分为：

(1) 墙体结构——以墙体为主要承重构件的结构体系；

(2) 框架结构——由梁和柱以刚接或铰接相连接而成的承重体系；

(3) 剪力墙结构——由承受竖向和水平作用的钢筋混凝土剪力墙和水平构件所组成的

结构体系;

(4) 框架—剪力墙结构——由剪力墙结构和框架共同承受竖向和水平荷载作用的组合型结构体系。

目前,我国民用房室多采用混合砌体结构和钢筋混凝土结构。

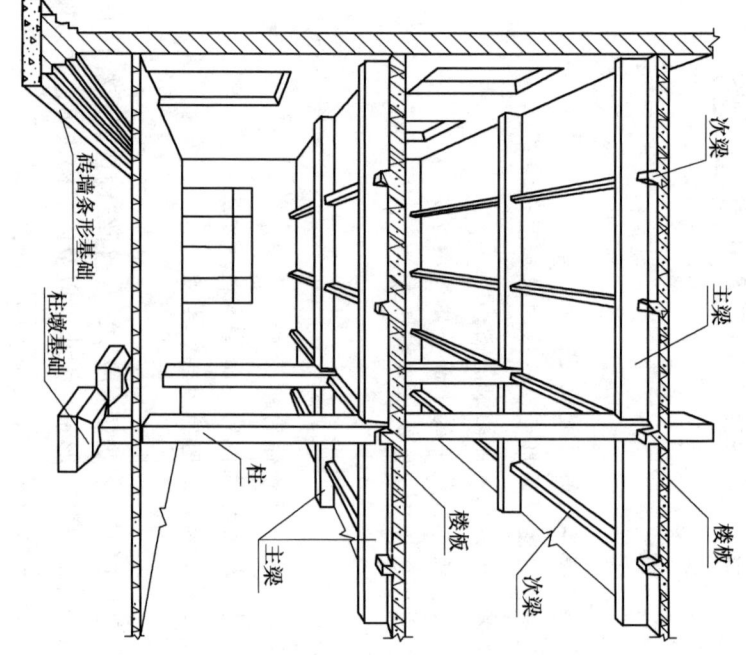

图 8-1 建筑物结构及构件

8.1.2 结构施工图的内容和分类

1. 结构设计说明。包括:选用结构材料的类型、规格、强度等级;地基情况;施工注意事项;选用的标准图集等(小型工程可将说明分别写在各图纸上)。
2. 结构平面图。包括:(1) 楼层结构平面图;(2) 基础平面图;(3) 屋面结构平面图。
3. 结构构件详图。包括:(1) 梁、板、柱及基础结构详图;(2) 楼梯结构详图。

8.1.3 钢筋混凝土构件的基本知识

钢筋混凝土是建筑物承重构件的最常用材料,下面主要介绍有关钢筋和混凝土的基本知识。

1. 混凝土

混凝土是由水泥、砂子(细集料)、石子(粗集料)和水按一定的比例拌和而成。混凝土的抗压强度高,但抗拉强度低,一般仅为抗压强度的 1/10~1/20。因此,混凝土构件容易在受拉或受弯时断裂。混凝土的强度等级应按立方体抗压强度标准值确定,可划分为 C10、C15、C20、C25、C30、C35、C40、C45、C50、C55、C60、C65、C70、C75、C80 等。

数字越大，表示混凝土的抗压强度越高。

2. 钢筋混凝土

钢筋混凝土构件由钢筋和混凝土两种材料组成。为了提高混凝土构件的抗拉能力，常在混凝土构件受拉区域或相应部位加入一定数量的钢筋，如图8-2所示。钢筋不但具有良好的抗拉强度，而且与混凝土有良好的粘结力，其热膨胀系数与混凝土也相近。因此，钢筋与混凝土可以结合成一个整体，共同承受外力。这种配有钢筋的混凝土，称为钢筋混凝土，配有钢筋的混凝土构件，称为钢筋混凝土构件。

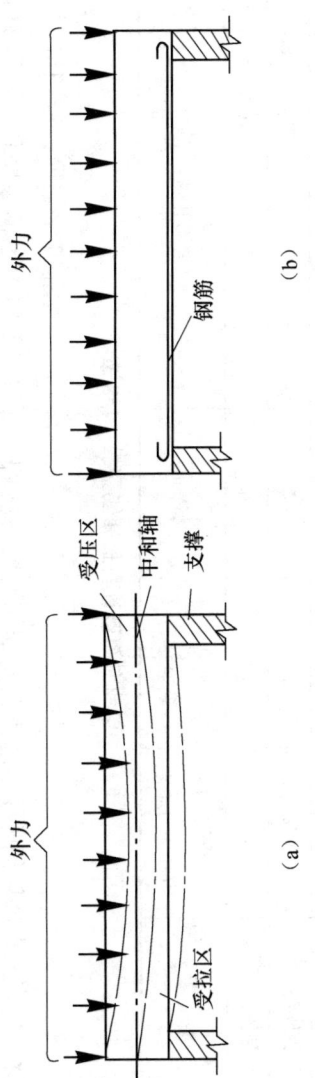

图 8-2 钢筋混凝土梁受力示意图
(a) 混凝土构件；(b) 钢筋混凝土构件

3. 钢筋混凝土构件的制作

钢筋混凝土构件有现浇和预制两种。现浇是指在建筑工地现场浇制，预制是指在预制品工厂先制作好，然后运到工地进行吊装。有的预制构件也可在工地上预制，然后吊装。此外，在制作构件时，通过张拉钢筋对混凝土预加一定的压力，可以提高构件的抗拉和抗裂性能，这种构件称为预应力钢筋混凝土构件。

4. 钢筋混凝土构件中钢筋的名称和作用

配置在钢筋混凝土构件中的钢筋，按其作用可分为下列几种，如图8-3所示：

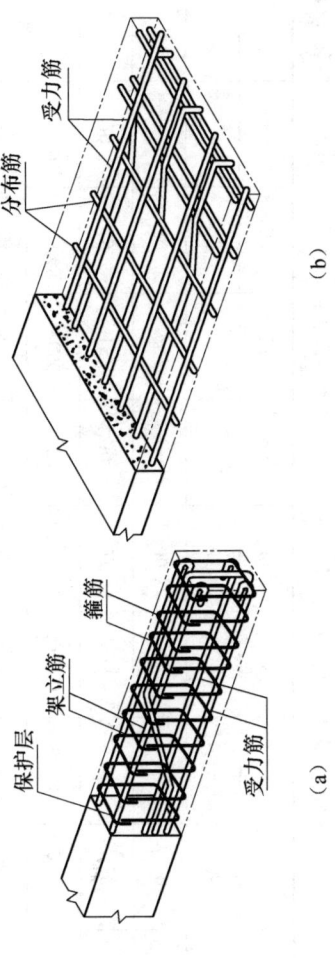

图 8-3 钢筋的分类
(a) 梁；(b) 板

(1) 受力筋：也称主筋，主要承受拉、压应力的钢筋，用于梁、板、柱、墙等钢筋混凝土构件受力区域中。

(2) 箍筋：也称钢箍，用以固定受力筋的位置，并承受一部分斜拉应力，多用于梁和柱内。

(3) 架立筋：用以固定梁内箍筋位置，与受力筋、箍筋一起形成钢筋骨架，一般只在梁内。

梁内使用。

(4) 分布筋：用于板或墙内，与板内受力筋垂直布置，同时抵抗热胀冷缩所引起的温度变形，并将承受的荷载均匀地传给受力筋。

(5) 其他：构件因在构造上或施工安装需要而配置的钢筋，吊环等。

5. 钢筋的种类与符号

钢筋混凝土构件中配置的有光圆钢筋和带肋钢筋（表面肋纹）。在混凝土结构设计规范中，对国产建筑用普通钢筋，按其产品种类和强度值等级不同，分别给予不同符号，以便标注和识别，如表 8-1 所示。

表 8-1 普通钢筋符号及强度标准值

种类（热轧钢筋）	代号	直径 d (mm)	强度标准值 f_{yk} (N/mm²)	备注
HPB235 (Q235)	Φ	8~20	235	光圆钢筋
HRB335 (20MnSi)	Φ	6~50	335	带肋钢筋
HRB400 (20MnSiV、20MnSiNb、20MnTi)	Φ	6~50	400	带肋钢筋
RRB400 (K20MnSi)	Φ^R	8~40	400	热处理钢筋

6. 钢筋的保护层

为了保护钢筋，防腐蚀、防火以及加强钢筋与混凝土的粘结力，构件中的钢筋的外边缘至构件表面之间应留有一定厚度的保护层。根据《混凝土结构设计规范》（GB 50010—2002）规定，纵向受力的普通钢筋及预应力钢筋，其混凝土保护层厚度不应小于钢筋的公称直径，且应符合表 8-2 要求。

表 8-2 纵向受力钢筋的混凝土保护层最小厚度   单位：mm

环境类别		板、墙、壳			梁			柱		
		≤C20	C25~C45	≥C50	≤C20	C25~C45	≥C50	≤C20	C25~C45	≥C50
一		20	15	15	30	25	25	30	30	30
二	a	—	20	20	—	30	30	—	30	30
	b	—	25	20	—	35	30	—	35	30
三		—	30	25	—	40	35	—	40	35

注：(1) 基础中纵向受力保护层厚度不应小于 40mm；当无垫层时不应小于 70mm。
(2) 室内正常环境为一类环境，室内潮湿环境为二 a 类环境，严寒和寒冷地区的露天环境为二 b 类环境，使用除冰盐或滨海室外环境为三类环境。

8.1.4 钢筋混凝土结构图的图示特点

为了突出表示钢筋的配置情况，在构件结构图中，把钢筋画成粗实线，构件的外形轮廓线画成细实线；在构件断面图中，不画材料图例，钢筋用黑圆点表示。钢筋常用的表示方法见表 8-3。

表8-3 钢筋的画法

名 称	图 例	说 明
钢筋横断面	●	
无弯钩的钢筋端部		下图表示长、短钢筋投影重叠时，短钢筋的端部用45°斜划线表示
半圆形弯钩的钢筋端部	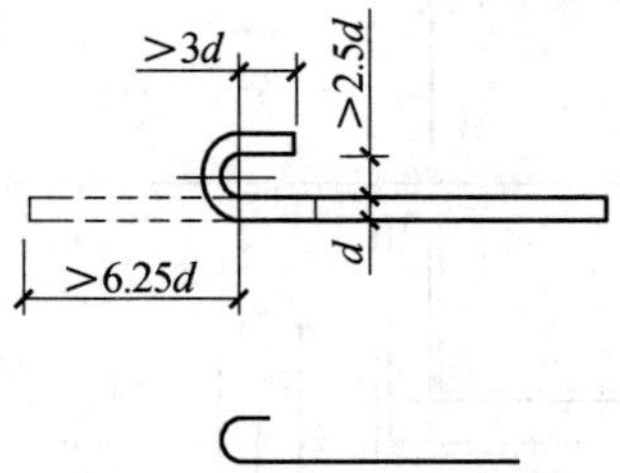	为了使钢筋和混凝土具有良好的粘结力，避免钢筋在受拉时滑动，应对光圆钢筋的两端进行弯钩处理
带直钩的钢筋端部	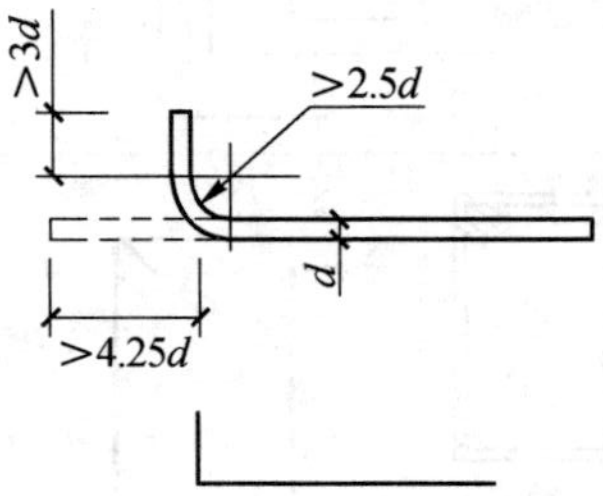	端部为直弯钩的钢筋
钢箍的弯钩		钢箍两端在交接处也要做出弯钩，弯钩的长度一般在两端各伸长50mm左右
带丝扣的钢筋端部		
无弯钩的钢筋搭接		带肋钢筋由于与混凝土的粘结力强，所以两端不必加弯钩
带半圆弯钩的钢筋搭接		
带直钩的钢筋搭接		
预应力钢筋或钢绞线		
单根预应力钢筋横断面	+	
底层钢筋	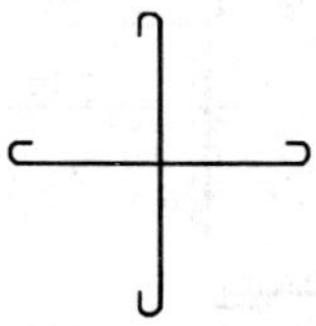	钢筋投影重叠时，弯钩向上、向左表示在底层
顶层钢筋	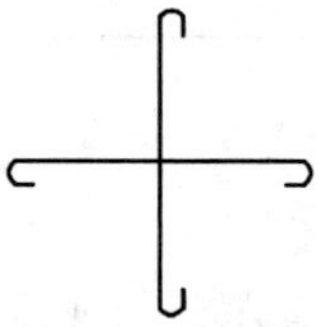	钢筋投影重叠时，弯钩向下、向右表示在顶层

续表

名　称	图　例	说　明
每组相同钢筋	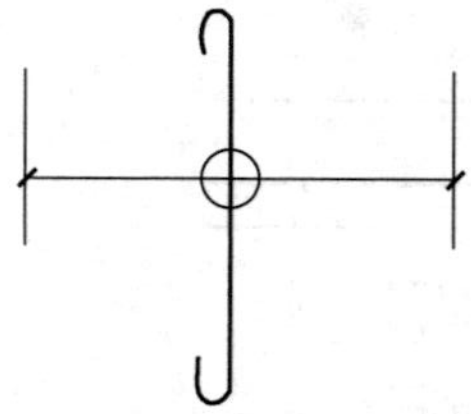	可用一根粗实线表示，同时用一两端带斜短画线的横穿细线，表示其余钢筋起止范围
钢筋大样	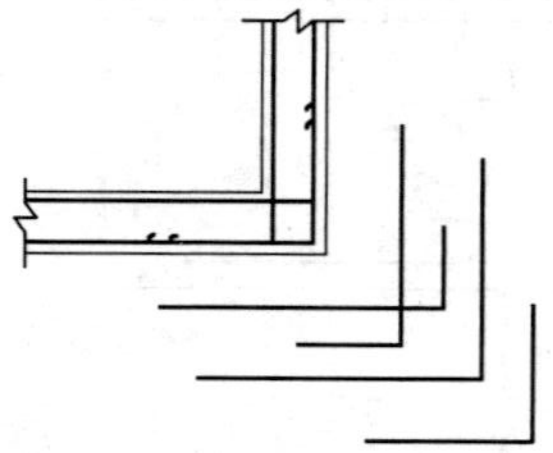	当配筋较复杂时，通常在立面图的下方用同一比例画出钢筋详图
钢筋的尺寸注法	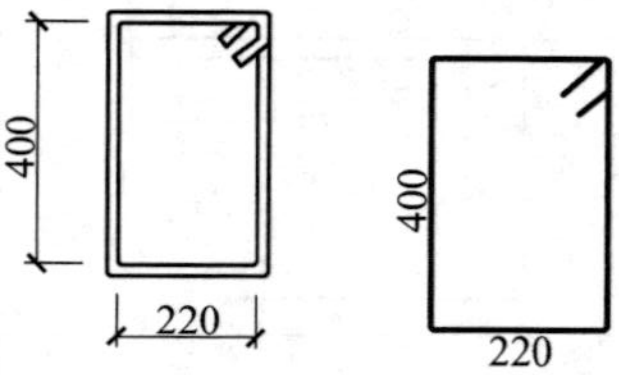 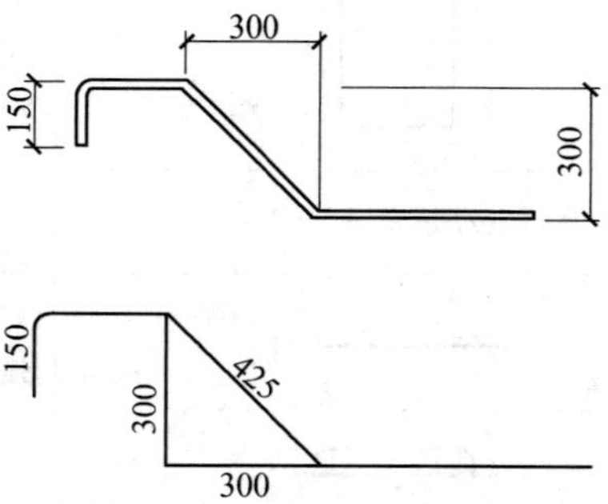	箍筋的长度尺寸指箍筋的里皮尺寸；受力钢筋的尺寸指钢筋的外皮尺寸
钢筋的标注	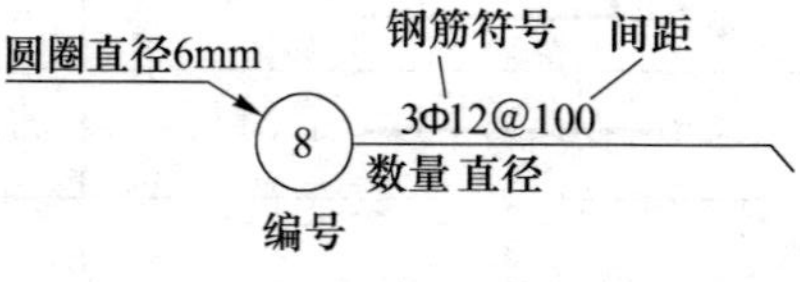 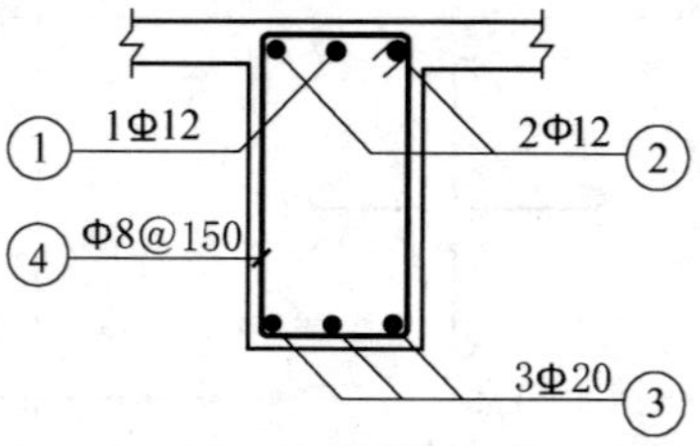	施工图中应给出钢筋的符号、直径、数量、间距、编号及所在位置。钢筋说明应沿钢筋的长度标注或标注在相关钢筋的引出线上。简单的构件或相同钢筋种类较少的可不编号。引出线可转折，但要清楚，避免交叉，方向及长短要整齐。断面图中的钢筋横断面（黑圆点）要紧靠箍筋

8.1.5 常用的构件代号

为绘图和施工方便，结构构件的名称应用代号来表示，常用的构件代号见表8-4。

148

表 8-4 常用构件代号（摘自 GB/T 50105—2001）

序号	名称	代号	序号	名称	代号	序号	名称	代号
1	板	B	15	吊车梁	DL	29	基础	J
2	屋面板	WB	16	圈梁	QL	30	设备基础	SJ
3	空心板	KB	17	过梁	GL	31	桩	ZH
4	槽形板	CB	18	连系梁	LL	32	柱间支撑	ZC
5	折板	ZB	19	基础梁	JL	33	垂直支撑	CC
6	密肋板	MB	20	楼梯梁	TL	34	水平支撑	SC
7	楼梯板	TB	21	檩条	LT	35	梯	T
8	盖板或沟盖板	GB	22	屋架	WJ	36	雨篷	YP
9	挡雨板或檐口板	YB	23	托架	TJ	37	阳台	YT
10	吊车安全走道板	DB	24	天窗架	CJ	38	梁垫	LD
11	墙板	QB	25	框架	KJ	39	预埋件	M
12	天沟板	TGB	26	刚架	GJ	40	天窗端壁	TD
13	梁	L	27	支架	ZJ	41	钢筋网	W
14	屋面梁	WL	28	柱	Z	42	钢筋骨架	G

注：预制钢筋混凝土构件代号，应在构件代号前加注"Y—"，如 Y—KB 表示预应力空心板。

8.2 钢筋混凝土构件详图

工程中常用的钢筋混凝土构件有梁、板、柱和框架等。钢筋混凝土构件详图，一般包括模板图（对于复杂的构件）、配筋图、钢筋表和预埋件详图。

8.2.1 钢筋混凝土构件详图的作用

钢筋混凝土构件详图主要表明构件的长度、断面形状与尺寸及钢筋的形式与配置情况，是绑扎钢筋、设置预埋件、浇筑构件的依据。

钢筋混凝土构件有定型构件和非定型构件两种。定型的预制构件所在的标准图集或通用图集中可直接引用标准图或本地区现成的通用图，只要在图纸上写明选用构件的标准图集或浇筑构件可直接引用代号，便可查到相应的构件详图，因而不必重复绘制。非定型构件则必须经绘制。下面具体说明各种钢筋混凝土构件详图的内容。

8.2.2 钢筋混凝土构件详图的图示内容

1. 立面图主要表示构件的高度和宽度方向尺寸，构件内钢筋配置，示意钢筋搭接位置（Ⅰ级钢筋以上用 45°斜短线表示）、钢筋搭接长度等，搭接区内箍筋需要加密。
2. 断面图主要反映断面的尺寸，箍筋的形状和受力筋尺寸、规格、数量等。
3. 模板图主要表示柱的外形尺寸（也称模板尺寸）和预埋件、预留孔洞的大小与位置。

8.2.3 钢筋混凝土构件详图的图示特点

1. 比例

柱的立面图一般用 1:50、1:30、1:20 的比例，断面图用 1:20、1:10 的比例。

2. 图线

为清楚地表示钢筋混凝土构件中的钢筋配置情况，假想混凝土为透明体。在立面图和断面图上，用细实线画出构件的轮廓线，用粗实线和黑圆点（断面图）画出钢筋的投影。

3. 剖切位置

断面图的剖切位置应设在截面尺寸有变化及受力筋数量、位置有变化处。

4. 标注

(1) 配筋图中各类钢筋都应编号，要将不同直径、等级、形状、长度的钢筋进行编号，用引出线标注编号、数量、级别、直径、间距；

(2) 在配筋图的立面图中，很多钢筋还要画钢筋详图（也称抽筋图），每一根钢筋的形状表达清楚，所以对钢筋分布比较复杂的构件还要画钢筋详图（也称抽筋图）（反映钢筋各种情况的汇总表）。把每一种不同编号的钢筋表达清楚。如有弯筋，应表达示梁的断面形状、尺寸、箍筋的形式及钢筋的位置，长度表达清楚。

(3) 在配筋图的断面图上要表示梁的断面形状、尺寸、箍筋的形式及钢筋的位置，只把尺寸数字标注在钢筋的旁边。

8.2.4 钢筋混凝土梁读图实例

钢筋混凝土梁的形状较简单，一般不画模板图，只画配筋立面图，断面图。图8-4为一个钢筋混凝土梁的构件详图，包括立面图、断面图和钢筋表。梁的两端搁置在砖墙上，是一个简支梁。

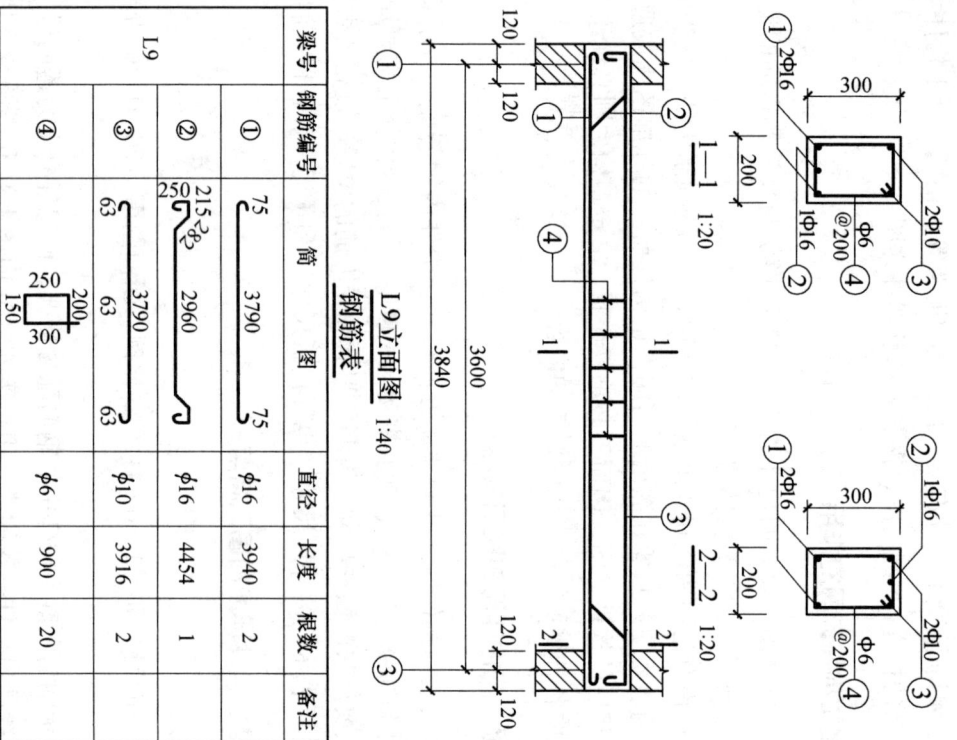

图 8-4 钢筋混凝土梁构件详图

梁内钢筋根据所起的作用不同，主要有三类：受拉筋（包括直筋和弯筋），架立筋和箍筋。在梁的底部配有三根φ16的受拉筋，其中有两根是直筋，编号是①，另有一根是弯筋，编号是②。弯筋在接近梁的两端支座处弯起45°（梁高小于800mm时，弯起角度为45°，弯起大于800mm时，弯起角度为60°）。

在梁中的1—1断面图中下方有三个黑圆点，分别是两根①号直筋和一根②号弯筋的横断面。在梁端的2—2断面图中，②号弯筋伸到了梁的上方。

梁的上部两侧各配有一根φ10的架立钢筋，编号为③。沿着梁的长度范围内配置编号为④的箍筋。钢筋的中心距为200mm。

下方的钢筋表中列出了这个梁中每种钢筋的编号、简图、直径、长度和根数。通过梁的立面图、断面图和钢筋表，可以清楚地表达出这根钢筋混凝土梁的配筋情况。

8.2.5 钢筋混凝土柱读图实例

柱是房屋的主要承重构件，其结构详图包括立面图和断面图。如果柱的外形变化复杂或有预埋件，则还应增画模板图。

图8-5是带有牛腿的钢筋混凝土柱在牛腿这一段的示意图。牛腿一般用于支承梁，在工业厂房中常用来支承吊车梁。在支承吊车梁的牛腿之上的柱称为上层柱，主要是用来支承屋架，用来支承屋架的柱称为上柱。牛腿之下的柱称为下层柱，因受力大，故断面较大。为节省材料，下层柱的断面设计成工字形。

如图8-6所示是一根带有牛腿的钢筋混凝土柱的配筋图、断面图和模板图。

1. 模板图

从模板图中可以看出，该柱的总长为10.5m，柱顶标高为9.4m，牛腿标高为6.22m。柱顶实心柱、下柱的上、下层柱都伸入牛腿；主要用来支承屋架，断面较小，为400mm×400mm方形实心柱。柱顶处牛腿编号为3的螺杆预埋件，用来与屋架梁焊接。M-2与吊车梁焊接。M-1、M-4与墙板焊接（预埋件的具体做法另有详图表示）。上下柱之间夹出的是牛腿，用来支承吊车梁，其断面为400mm×950mm的矩形柱。牛腿之下的下柱，因受力较大，其断面为400mm×600mm的工字形柱。

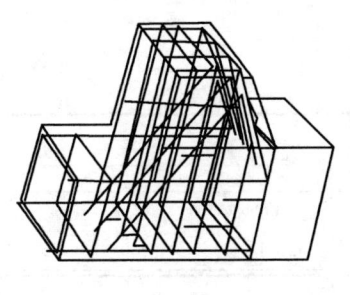

图8-5 牛腿柱配筋示意图

2. 配筋图

上柱受力筋采用4Φ18，分布在四角；下柱受力筋采用3Φ18和3Φ14，均匀分布在柱的两边。上、下层柱的端部用45°粗实线表示；在两条无弯钩的钢筋搭接处画45°短实线。当长短钢筋投影重叠时，则在搭接两端各画45°短钢筋的投影重叠一体，使上下层连成一体。在牛腿部分要受吊车荷载，该部分分配比较复杂，所以这一段有两种弯筋，编号为9和7，均为φ8@200。在牛腿部分要受吊车荷载，该部分随牛腿断面逐步变化。另外用编号为3和4的弯筋加强牛腿，编号为8的弯筋需要加密。因投影重叠，分清它们的弯曲形状和各段长度，在配筋图附近画出它们的具体形状并标注上其相应编号、根数、直径和各段长度，以便与立面图和断面图对照阅读。

在配筋图的尺寸附近并有箍筋的布置线，在箍筋布置线上分段表示了箍筋的布置。

151

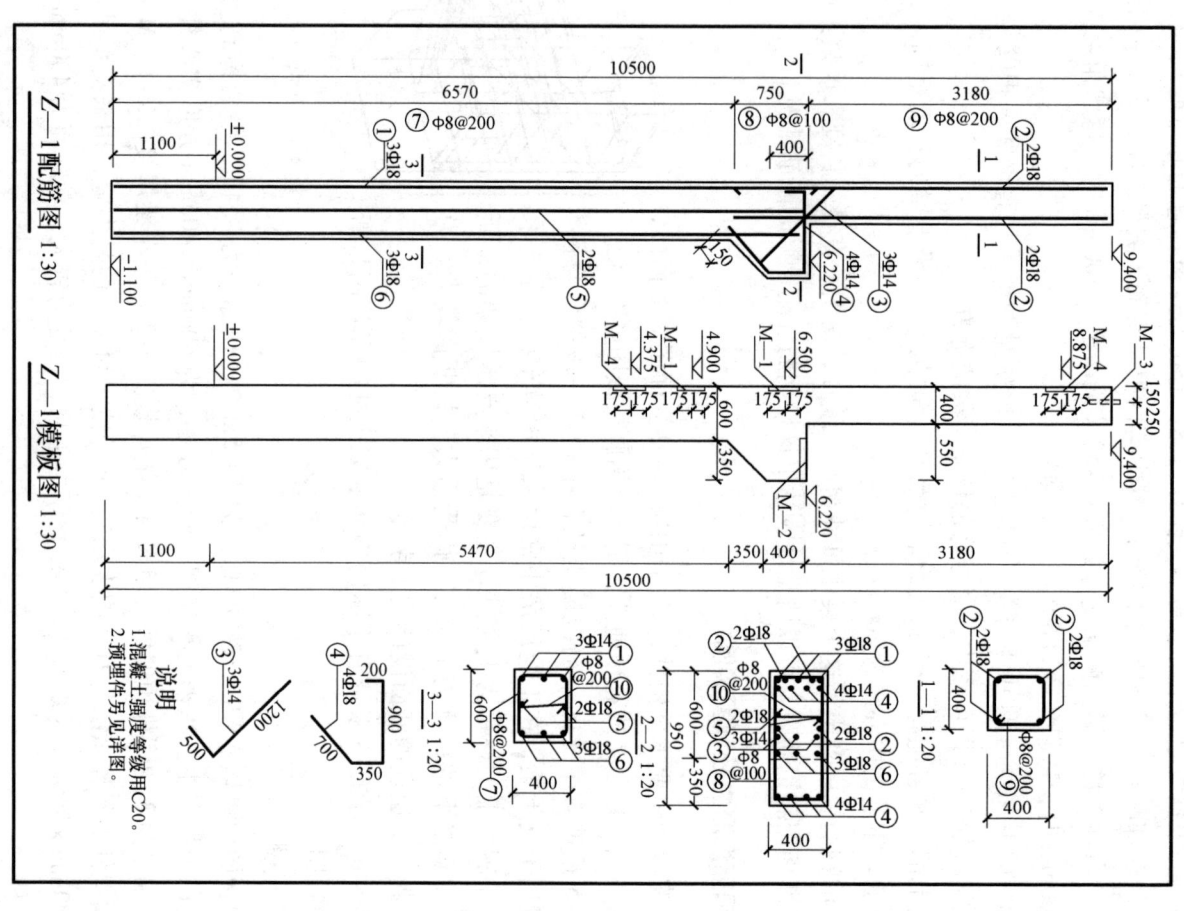

图 8-6 钢筋混凝土柱详图

8.3 楼层结构平面图

8.3.1 楼层结构平面图的形成

楼层结构平面图用来表示楼面板及其下面的墙、梁、柱等承重构件的平面布置，或表示现浇板的构造与配筋，以及它们之间的结构关系。

楼层结构平面图是假想沿楼板顶面将房屋水平剖开后所做楼层结构的水平投影，对多层建筑一般应分层绘制。但如果一些楼层构件的类型、大小、数量、布置均相同时，可以只画一个结构平面图，并注明"×层—×层"楼层结构平面图，或"标准层"楼层结构平面图。

8.3.2 楼层结构平面的图示内容

(1) 标注出与建筑图一致的轴线网及编号；
(2) 画出各种墙、柱、梁的位置；
(3) 在现浇板的平面图上，画出其钢筋配置，与受力筋垂直的分布筋不必画出，但要在附注中或图表中说明其级别、直径、间距（或数量）及长度等，数量和预留洞等的大小附注和位置，并标注预留孔洞的大小及位置；
(4) 注明预制板的跨度方向、代号、型号或编号、数量和预留洞等的大小和位置；
(5) 注明圈梁或过梁洞过窗的位置和编号；
(6) 标注出各种梁、板的底面标高和断面间尺寸。有时也可标注出梁的断面尺寸；
(7) 标注出有关的剖切符号或详图索引符号；
(8) 用附注说明选用预制构件的图集编号，各种材料标号，板内分布筋的级别、直径、间距等。

8.3.3 楼层结构平面图的图示特点

1. 图名

对于多层建筑，一般应分层绘制。但是，如果各层楼面结构布置情况相同时，可只画出一个楼层结构平面图，并注明各层的层数和各层的结构标高。

2. 图线

墙、柱、梁等可见的构件轮廓线用中实线表示，不可见构件的轮廓线用中虚线表示。钢筋用粗实线表示，每种规格的钢筋只画一根。如梁、屋架、支撑等可用粗点画线表示其中心位置。

3. 编号

结构平面图中的剖面图、断面详图的编号顺序宜按下列规定编排：
(1) 外墙按顺时针方向从左下角开始编号；
(2) 内横墙从左至右，从上至下编号；
(3) 内纵墙从上至下，从左至右编号，如图 8-7 所示。

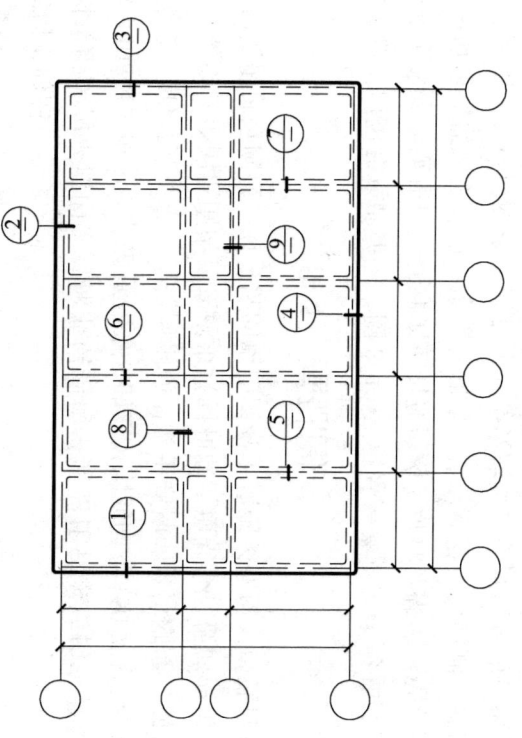

图 8-7 结构平面图中断面编号顺序表示方法

8.3.4 读图实例

现以该教师公寓图8-8所示的楼层结构平面图为例，说明楼层结构平面图的内容和读图方法。

1. 标准层结构平面图

图8-8为二、三、四层结构平面图，从图中可知，图的比例和轴线编号与建筑平面图相一致，称为标准层结构平面图。

① 图中墙角处涂黑的为钢筋混凝土柱，从附注的说明中可知，这些柱是构造柱有两种（GZ1，GZ2），图中虚线为不可见的构件轮廓线（被楼板挡住的墙或梁），在客厅处标注了三个楼层地面的结构标高，表示二、三、四层结构平面图结构布置相同，只在标注的一侧标注梁的代号，梁的类型有L-1，L-2，YLL-1，YLL-1，如果是墙，则不做标注。

② 该住宅楼板全部采用整体钢筋混凝土现浇板，板的类型共有三种，编号分别为：XB1，板的直径为8的二级钢筋，间距150双层双向布置。图中说明XB1板左右对称的结构平面布置，因此只画出了左半部分的现浇板配筋及其符号，右边的一半则省略不画。

③ 楼梯部分由于比例较小，图不能清楚表达楼梯结构的平面布置，故需要另外画出楼梯结构详图，在这里只用细实线画出一对角线即可。

图中其余未尽事项，均在附注中加以说明。

2. 储藏室结构平面图

图8-9为储藏室结构平面图，与标准层结构平面图相似，不同处是少了四道YTL-1，少了两道YLL-1，多了一道LL-2。

3. 一层结构平面图

图8-10为一层结构平面图，与标准层结构平面图相似，不同处是多了四道L-3，B板上一道LL-3。

4. 五层结构平面图

图8-11为五层结构平面图，与标准层结构平面图比较，结构布置不同，只有A，B，图中表明了A，B板的配筋，A板厚120，B板130。图中XB1板厚100，板内配筋是直径为8的二级钢筋，间距150双层双向布置。

5. 阁楼层结构平面图

图8-12为阁楼层结构平面图，与标准层结构平面图相似，不同处是多了两道YTL-2，多了一道LL-3。

WL-1，图中一道WL-1为圈梁。

屋面板厚110mm，板内配筋是直径为8的二级钢筋，间距150双层双向布置。

根据建设部等部门的有关规定，为提高钢筋混凝土结构的整体刚度，满足现代建筑工程抗震设防等方面的需要，全国范围内正在逐步限制和取消预制多孔板的使用，所以本书只对整体钢筋混凝土现浇板进行介绍，对传统的钢筋混凝土预制多孔板不再进行介绍。

8.4 基础图

基础图包括基础平面图和基础详图。图8-13所示是最常见的条形基础，一般用作承重砖墙。基础下部的土壤称为地基；为基础施工而开挖的土坑称为基坑，基坑边线就是施工放线的灰线；从室内地面到基础顶面的垂直距离称为基础顶面，基础墙下部做成阶梯形的砌体称为大放脚；防潮层是防止地下水对墙体侵蚀的一层埋置深度；基础墙下部门窗基础底面的垂直距离称为一层防潮材料。

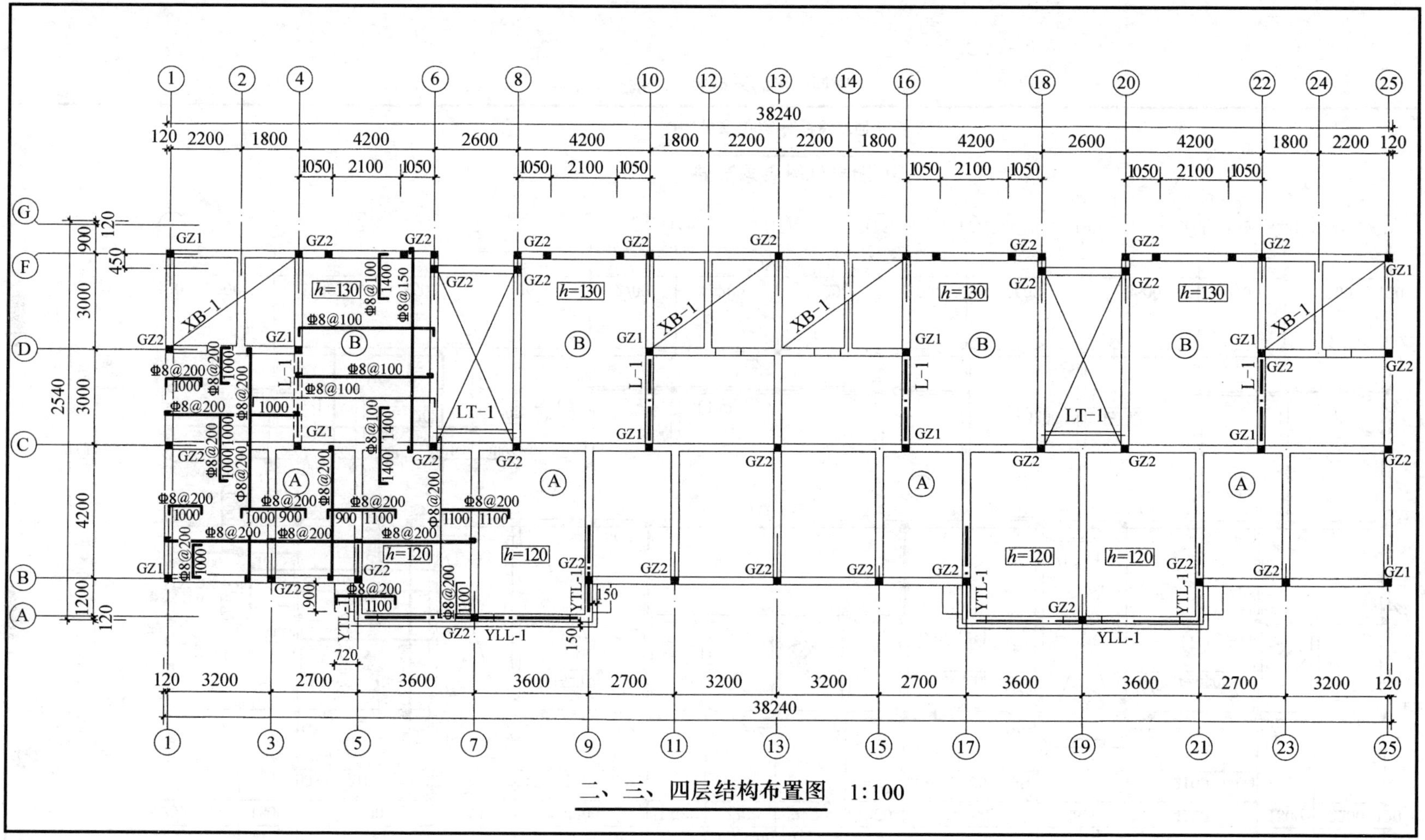

图 8-8 二、三、四层结构布置图

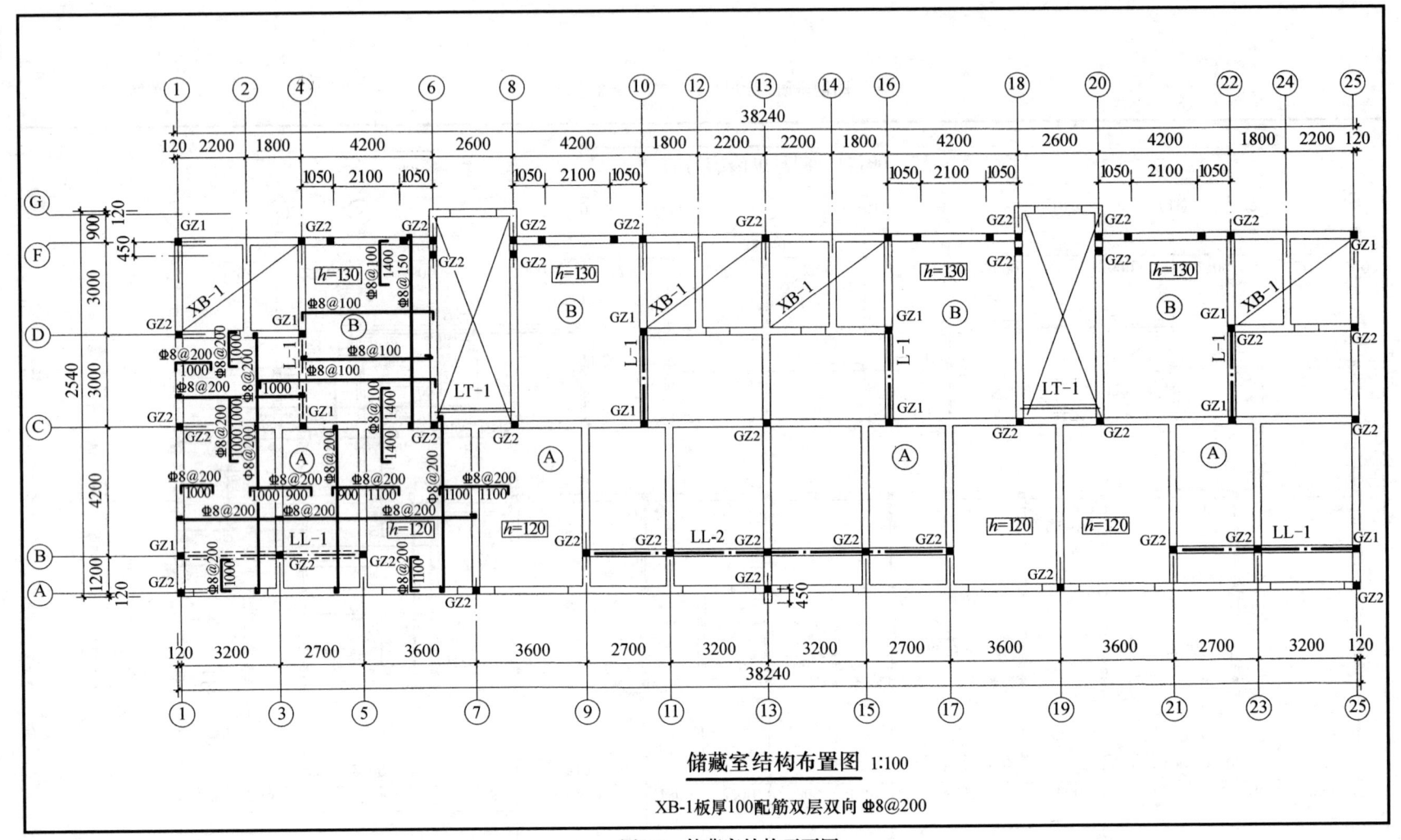

储藏室结构布置图 1:100

XB-1板厚100配筋双层双向 Φ8@200

图8-9 储藏室结构平面图

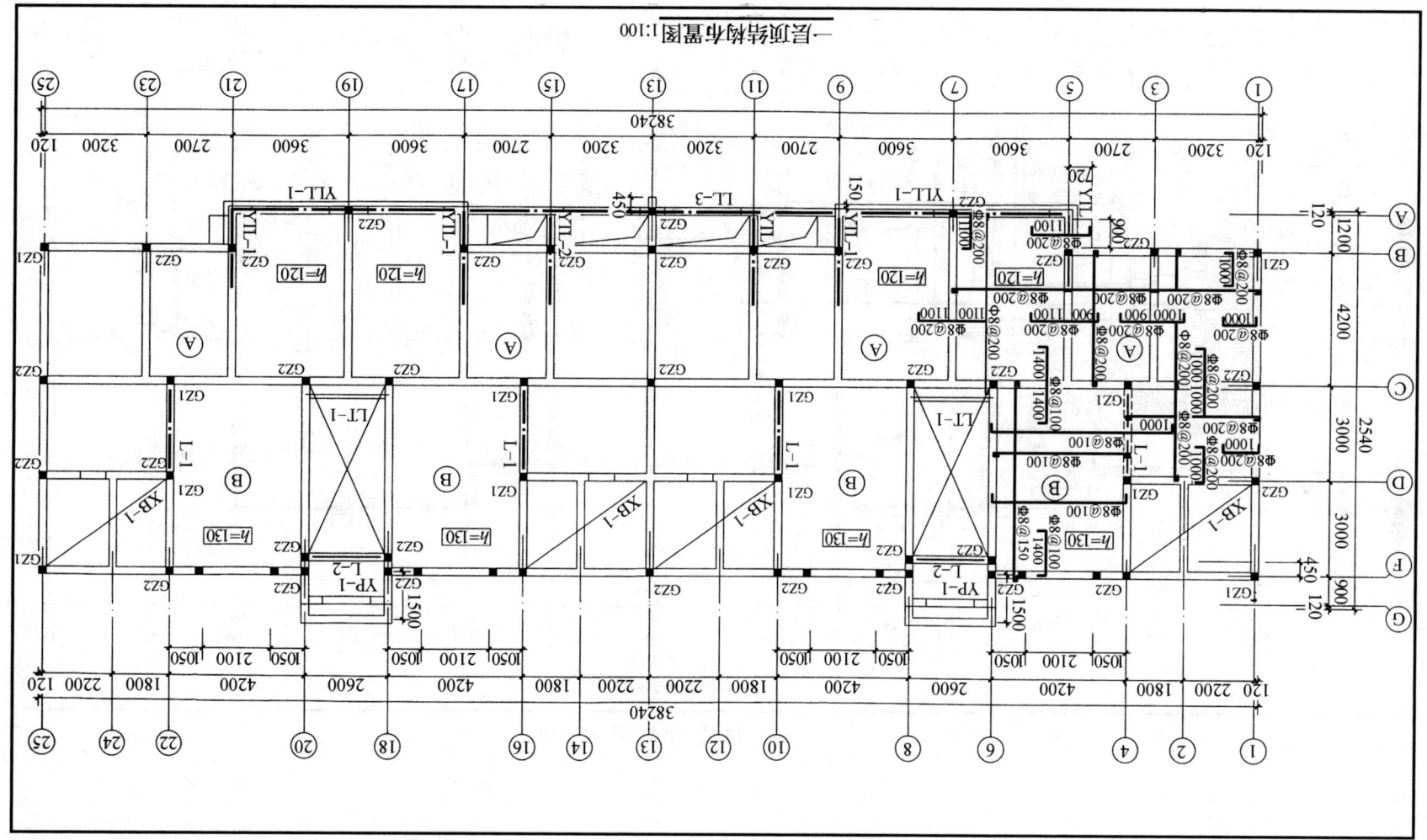

图 8-10 一层顶梁构件平面图

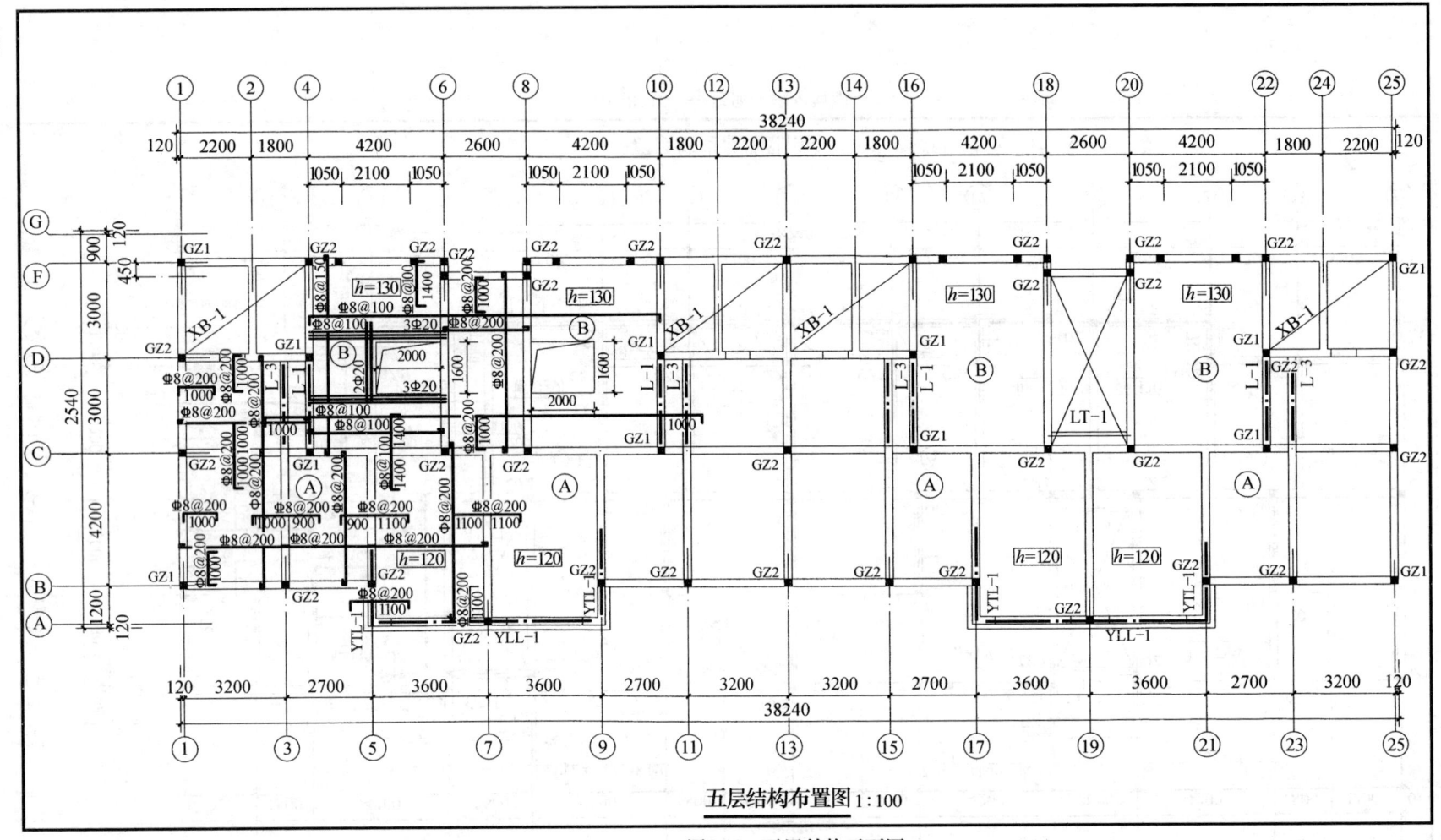

图8-11 五层结构平面图

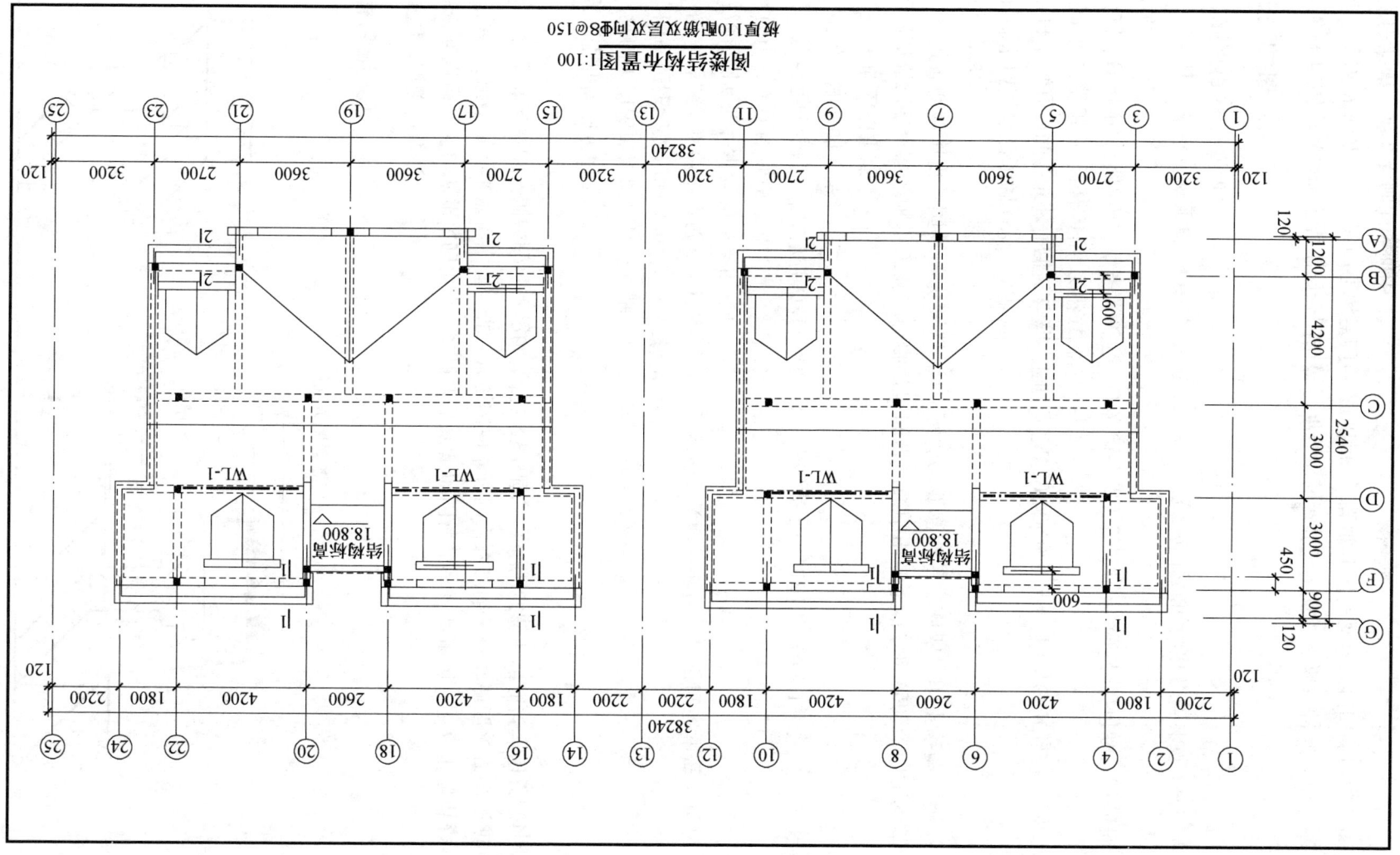

图 8-12 阁楼结构平面图

8.4.1 基础平面图

1. 基础平面图表示的形成

基础平面图是表示基坑在未回填土时基础布置的图样，它是假想用一个水平面沿基础墙顶部剖切后所作出的水平投影图。基础平面图通常只画出基础墙、柱的截面以及基础底面的轮廓线，基础墙顶部剖切后的可见轮廓线都省略不画，这些细部的形状和尺寸用基础详图表示。

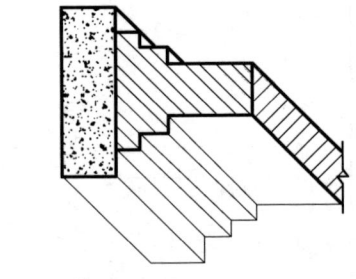

图8-13 条形基础释义

基坑边线
基坑
防潮层
基础墙
大放脚
垫层
坑底
地基

2. 基础平面图表示内容

(1) 基础平面图的比例、轴线及轴线尺寸应与建筑平面图一致。

(2) 图中应注明轴线间的大小尺寸和定位尺寸、柱断面尺寸以及基础底面宽度尺寸；定位尺寸是指基础墙大小尺寸是指基础墙断面尺寸的联系尺寸。

(3) 图中还应注明剖切的符号

对每一种不同的基础，都要画出它的断面图，并在基础平面图上用1—1,2—2……等剖切符号表明该断面的位置。

3. 基础平面图图示特点

剖切到的基础墙轮廓线画粗实线，基础底面的轮廓线细实线，可见的梁画粗实线(单线)，不可见的梁画线(单线)；剖切到的钢筋混凝土柱断面，由于绘图比例较小，要涂黑表示。

4. 基础平面图读图实例

图8-14是前面所述教师公寓的基础平面图，下面以此图为例来说明基础平面图的内容从图中可以看出，该房屋只有条形基础构造柱GZ1、GZ2。

图中表示有三处不同的基础，1—1,2—2和3—3，这三处基础的构造和尺寸可见1—1断面，2—2断面和3—3断面。柱旁边标注了柱的代号，从代号可知，有两种剖切到的柱由于比例较小，均涂黑表示。

8.4.2 基础详图

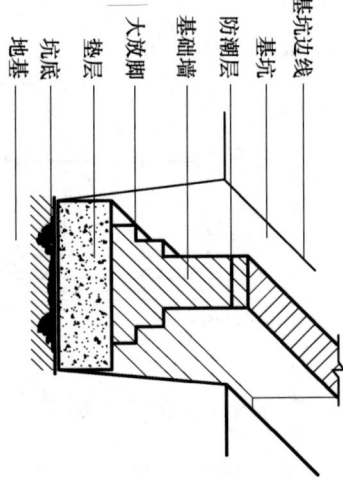

基础详图是垂直剖切该住宅墙下条形基础的断面图。

图8-15是该住宅墙下条形基础的断面图。

在基础平面图中只表明了基础的平面布置，而基础的形状、大小、构造、材料及埋置深度均未标注，所以在结构施工图中还需要画出基础详图。基础详图是垂直剖切该住宅墙下条形基础的断面图。图8-15是该住宅墙下条形基础的断面图。

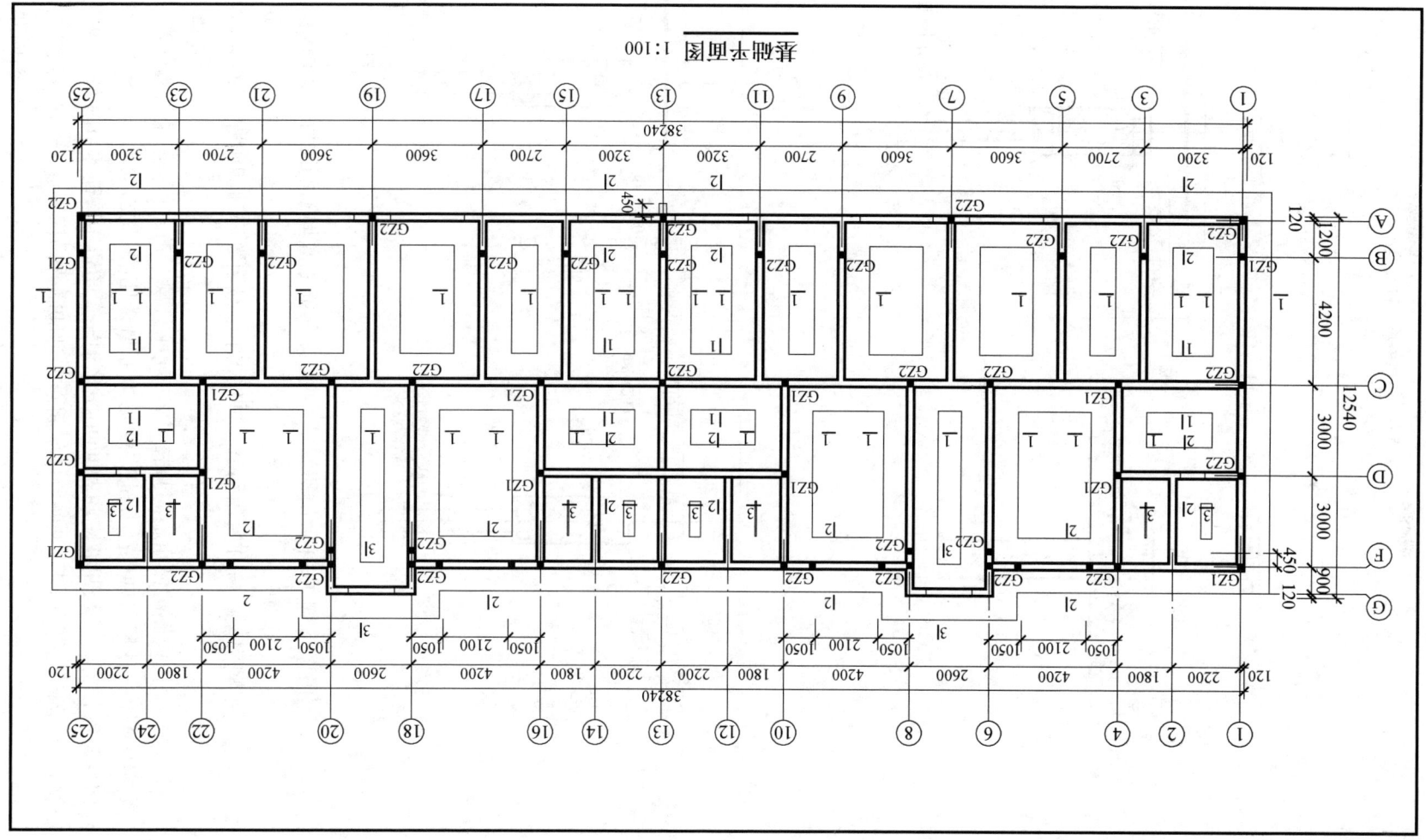

图 8-14 基础平面图

1. 1—1 断面图

从图中可以看出，1—1 断面图中基础的底面宽度为 2600mm，上面宽度为 470mm，基础的下面有 100mm 厚的 C10 素混凝土垫层，主体为 450mm 高的钢筋混凝土，其内配置双向钢筋，分别是 φ8@200 和 Φ12@120，基础墙高度 650mm，厚为 370mm，内有一道基础圈梁，梁内配筋受力筋 6Φ12，箍筋 Φ6@200。基础圈梁也起防潮作用。

2. 2—2 断面图

2—2 断面图中除了基础的底面宽度变为 1800mm，其他均与 1—1 断面图相同。

3. 3—3 断面图

3—3 断面图中除了基础的底面宽度变为 1500mm，其他均与 1—1 断面图相同，基础圈梁高为 250mm，梁内配筋受力筋 6Φ12，箍筋 Φ6@200。

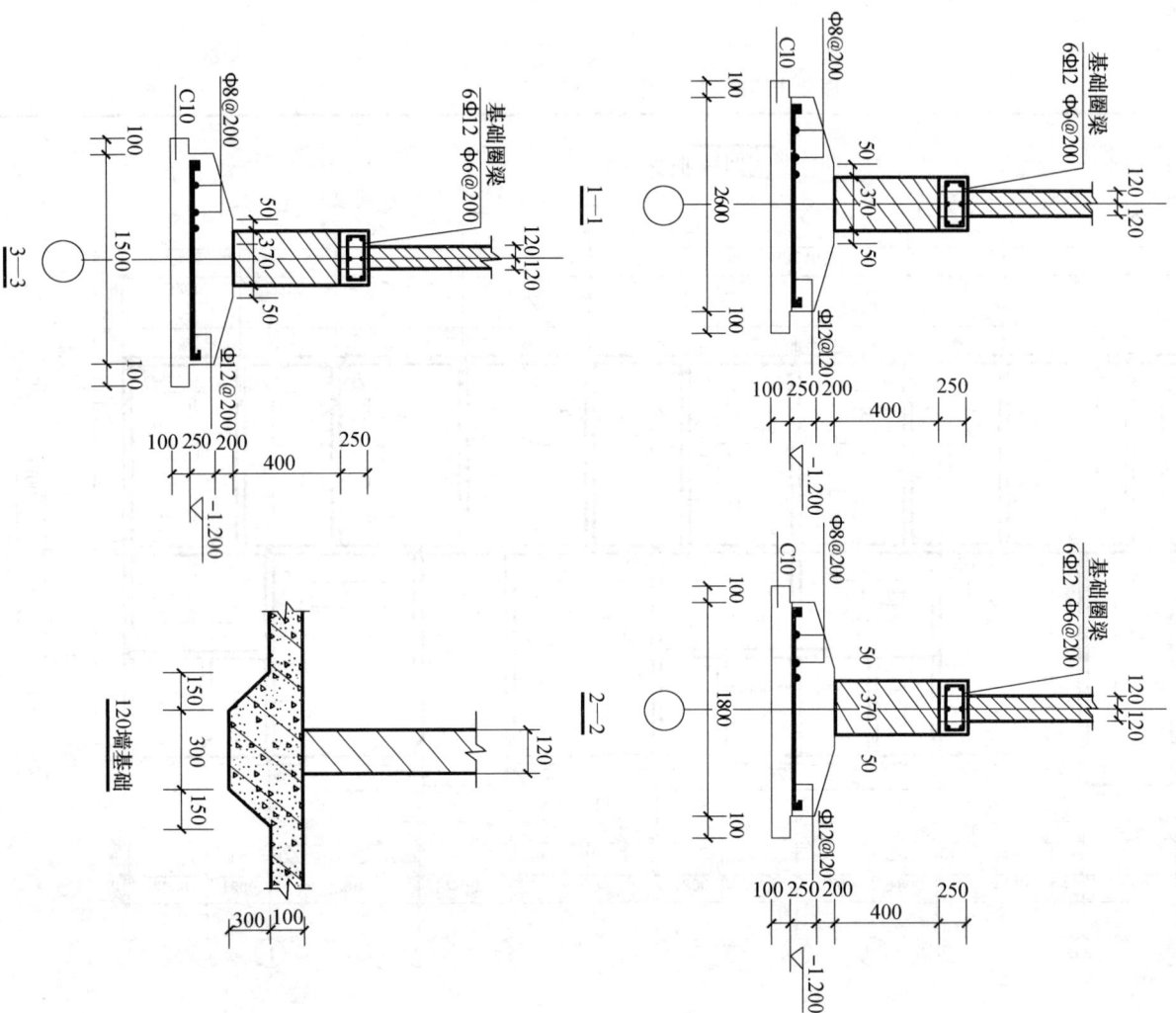

图 8-15 条形基础断面图

4. 分隔墙基础

图中分隔墙基础,采用钢筋混凝土材料,高为400mm。

5. 构造柱

构造柱是加强房屋整体刚度、提高抗震性能的一种墙身加固措施。构造柱的最小截面尺寸为240mm×180mm,竖向钢筋一般不小于4φ12,箍筋间距不大于250mm,随地震烈度增加大和层数增加,房屋四角的构造柱可适当加大截面及配筋。施工时必须墙先砌墙,后浇钢筋混凝土柱,并应沿墙每隔500mm设2φ6拉接钢筋,每边伸入墙内不宜小于1m。

8.5 楼梯结构详图

楼梯结构详图包括楼梯结构平面图、楼梯剖面图和配筋图。本节以前述教师公寓的楼梯结构详图为例,说明楼梯结构详图的图示特点。

8.5.1 楼梯结构剖面图

1. 楼梯结构剖面图图示内容

楼梯结构剖面图表示楼梯承重构件的竖向布置、构造和连接情况。在楼梯结构平面图中,应标注出梯段板的外形尺寸、楼层高度和楼梯平台的结构标高,还应标注出楼梯梁底的结构标高。

2. 楼梯结构剖面图图示特点

楼梯结构剖面图的剖切位置和视向方向表示在底层楼梯结构平面图中标注。它表示了剖切到的梯段板、楼梯平台、楼梯梁和楼梯未剖切到的可见的梯段板(细实线)的形状和连接情况。剖切到的梯段板、楼梯平台、楼梯梁的轮廓线用粗实线画出。

3. 读图实例

图8-16所示的楼梯结构剖面图,比例为1:50。楼梯平台板、楼梯梁和梯段板都采用现浇钢筋混凝土。从图中可知:梯段板共有4种(TB—1、TB—2、TB—3、TB—4),其中TB—2、TB—4板厚80,配筋φ8@200 板厚130双层双向布置,TB—1、TB—3另有详图。楼梯梁共有2种(TL—1、TL—2),配有详图。

8.5.2 楼梯结构平面图

楼梯结构平面图表示了楼梯板和楼梯梁的平面布置、代号、尺寸及结构标高。一般包括地下层平面图、底层平面图、标准层平面图和顶层平面图,常用1:50的比例绘制。楼梯结构平面图和楼梯层结构平面图一样,都是水平剖切面图,只是水平剖切位置不同。通常把剖切位置选择在每一楼层平台的楼梯梁顶面,以表示平台、梯段和楼梯梁的结构布置。如果楼梯剖面图已表示清楚平台、梯段和楼梯梁的结构布置,可以省略楼梯平面图。

8.5.3 楼梯配筋图

楼梯配筋图主要由楼梯板和楼梯梁的配筋断面图组成。

1. 如图8-17所示,梯板板TB—1厚130mm,板底布置的受力筋是直径为12的Ⅰ级钢筋,间距120;支座处板顶的受力筋是直径为12的Ⅰ级钢筋,间距120;板中的分布筋是直径为6的Ⅰ级钢筋,间距200。

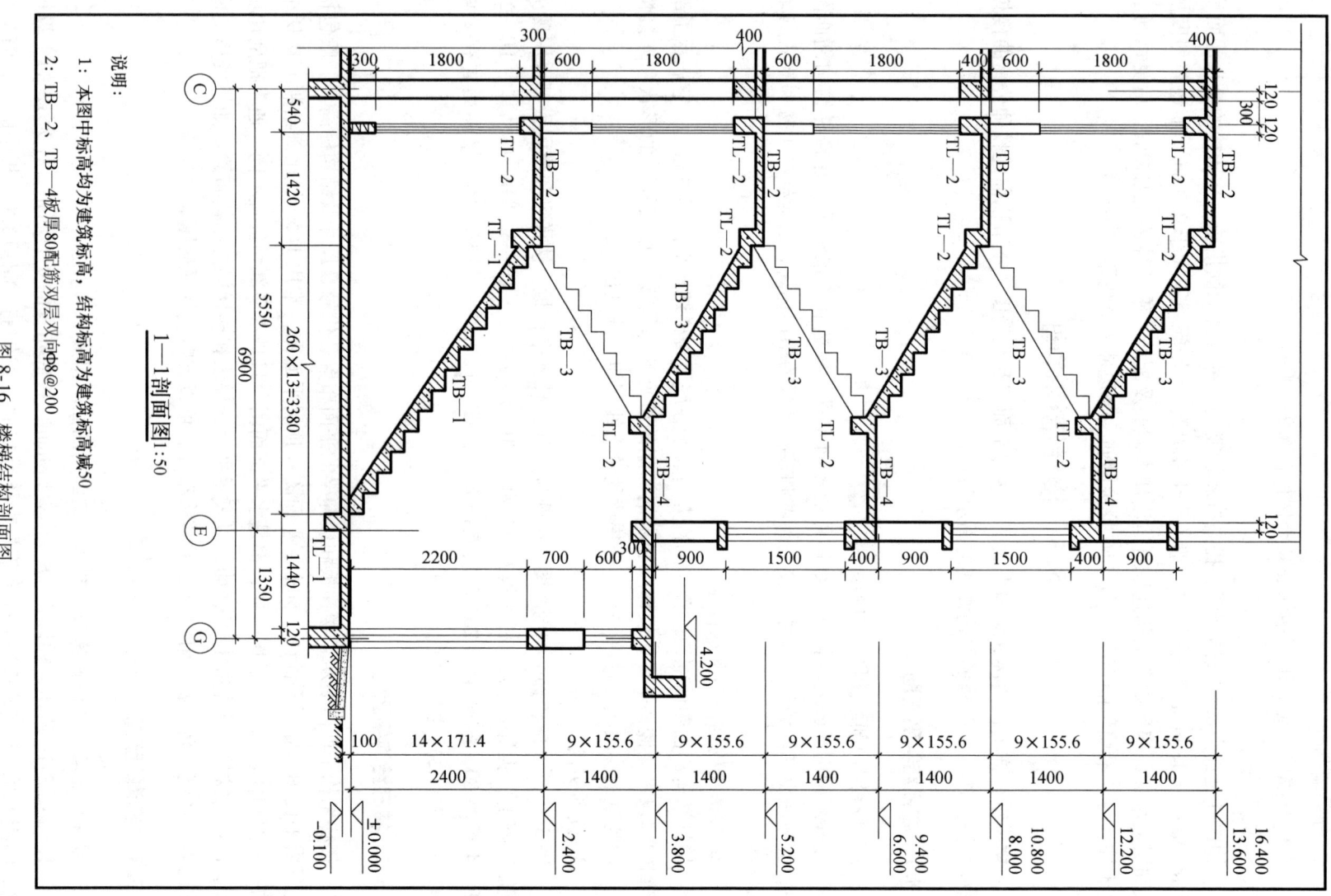

图 8-16 楼梯结构剖面图

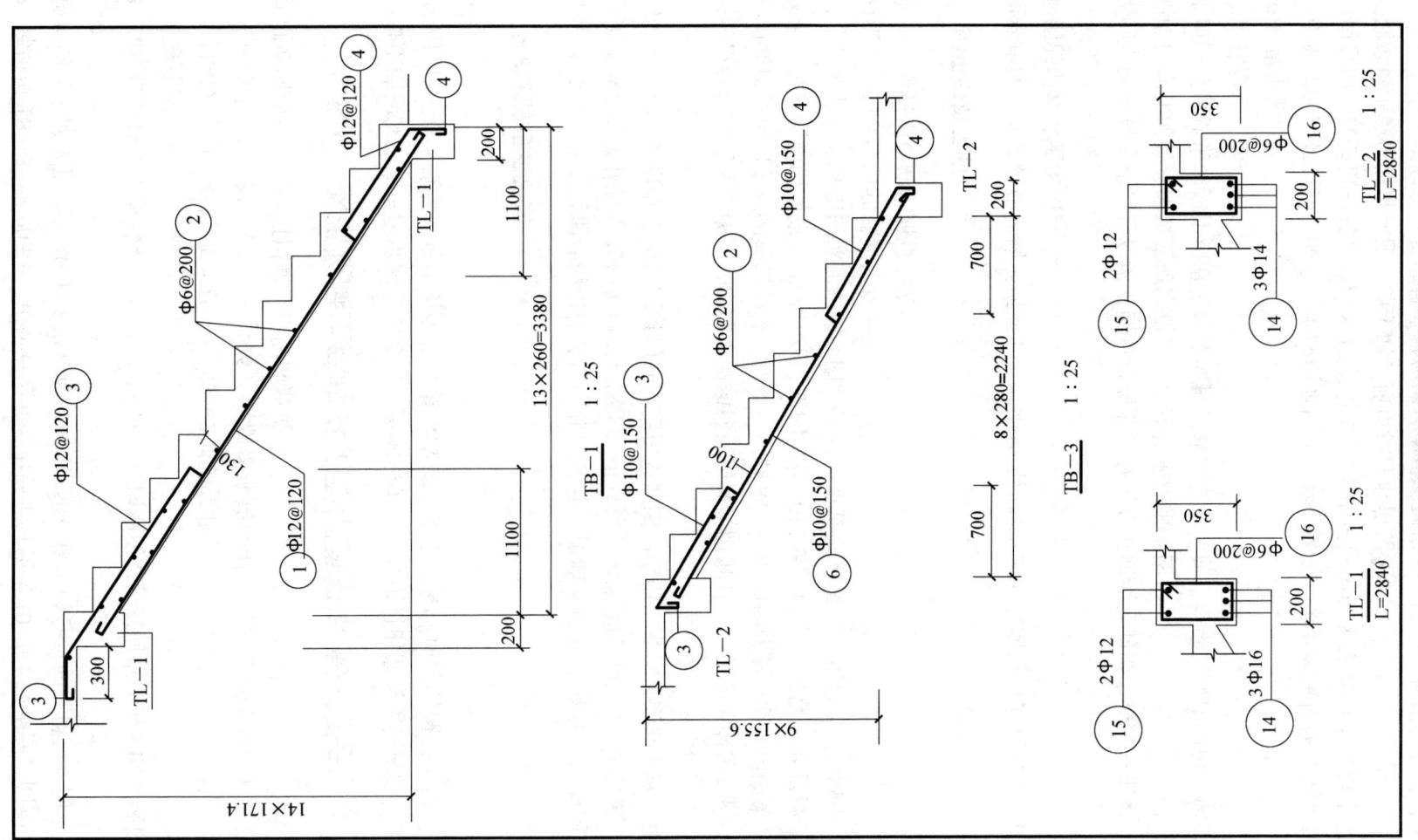

图 8-17 楼梯板及楼梯梁配筋图

2. 梯段板 TB-3 厚 100mm，板底布置的受力筋定是直径为 10 的 I 级钢筋，间距 150；支座处板顶的受力筋定是直径为 10 的 I 级钢筋，间距 150；板内配筋双层双向直径为 6 的 I 级钢筋，间距 200。

3. 梯段板 TB-2 和梯段板 TB-4 厚 80mm，板内配筋双层双向直径为 8 的 I 级钢筋，间距 200（参见图 8-16）。

4. 图 8-17 还包括有楼梯梁 TL-1，TL-2 的配筋图。

5. 如果采用较大比例（1:30，1:25）绘制楼梯结构的配筋图与楼梯结构剖面图结合，从而可以减少绘图的数量。

8.6 钢筋混凝土结构施工图平面整体表示方法

混凝土结构施工图平面整体表示方法，简称平法。对我国目前现浇混凝土结构的设计表示方法进行了重大改革。它作图简单，表达清楚，适用于各种现浇混凝土的梁、柱、剪力墙、梁等构件。

8.6.1 平法制图表示方式

平法的表达形式，是把结构构件的平面布置图上，按照平面整体表示方法的制图规则，整体直接表达在各类构件的结构施工图上，再与标准构造详图相配合，即构成一套新型完整的结构设计。它改变了传统的将构件从结构平面图中索引出来，再绘制标准构造详图的结构设计。

平法设计的结构施工图是在梁结构平面图和标准构造详图组成。平法施工图包括表达表格表示的具体数值。在绘制结构施工图时，在不同编号的梁中各选一根梁，在其上注写截面尺寸和配筋具体数值的方式，来表达梁平法施工图。

平面注写包括集中标注和原位标注两种。集中标注表示梁的通用数值，原位标注表示梁的特殊数值，列表注写梁的平面注写三种。

本节主要介绍梁的平面注写。

8.6.2 梁平法施工图

梁平法施工图是在梁结构平面图上，采用平面注写方式或截面注写方式来表示梁的截面尺寸和配筋的施工图。

1. 平面注写方式

梁的平面注写方式，是在梁平面布置图上，分别在不同编号的梁中各选一根梁，在其上注写截面尺寸和配筋具体数值的方式，来表达梁平法施工图。

平面注写包括集中标注和原位标注，集中标注表示梁的通用数值，原位标注表示梁的特殊数值。当集中标注中的某项数值不适用于梁的某部位时，则将该项数值原位标注，施工时，原位标注取值优先。

（1）集中标注

集中标注的内容是：梁编号，梁的截面尺寸，梁箍筋，梁上部通长筋或架立筋，梁侧面纵向构造或受扭钢筋，如图 8-17 所示。当集中标注中的某项数值不适用于梁的某部位时，则将该项数值原位标注，梁的编号由梁类型代号，序号，跨数及有无悬挑代号几项组成，其含义见表 8-5。

① 注写前应对所有梁进行编号，梁的编号由梁类型代号，序号，跨数及有无悬挑代号几项组成，其含义见表 8-5。

表 8-5 梁编号

梁类型	代号	序号	跨数及是否带有悬挑	备注
楼层框架梁	KL			
屋面框架梁	WKL		（××），（××A）	（××A）为一端有悬挑，
框支梁	KZL	××	或（××B）	（××B）为两端有悬挑，
非框架梁	L			悬挑不计入跨数。
井字梁	JZL			
悬挑梁	XL			

如 KL7（5A）表示第 7 号框架梁，5 跨，一端有悬挑；L9（7B）表示第 9 号非框架梁，7 跨，两端有悬挑，但悬挑不计入跨数。

②梁的截面（图 8-18），如果为等截面时，用 $b\times h$（宽×高）表示；如果为加腋梁时，用 $b\times h Yc_1\times c_2$，Y 表示加腋，c_1 为腋长，c_2 为腋高，如图 8-18（a）所示；如果有悬挑梁且根部和端部的高度不同时，用斜线分隔根部与端部的高度值，即为 $b\times h_1/h_2$，如图 8-18（b）所示。

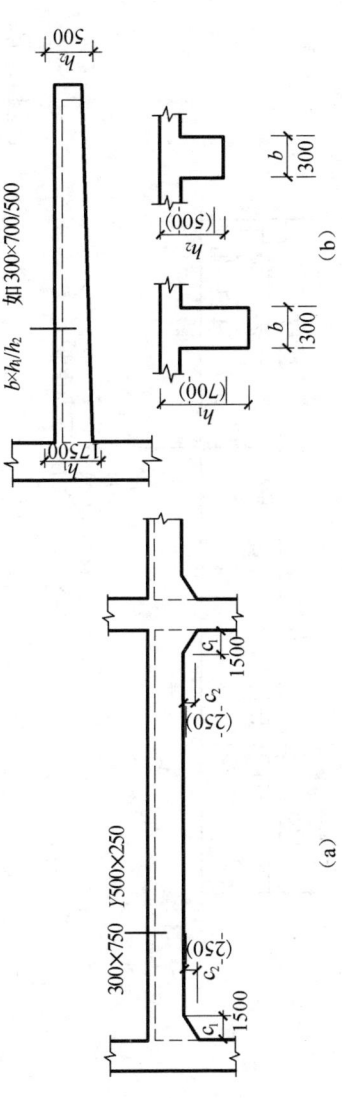

图 8-18 梁的截面尺寸注写
(a) 加腋梁截面尺寸注写示意；(b) 悬挑梁不等高截面尺寸注写示意

③梁的箍筋，包括钢筋级别，直径，加密区与非加密区间距及肢数等。箍筋加密区与非加密区的不同间距及肢数应用"/"分隔，箍筋肢数应写在括号内。

例如：φ10@100/200（2）表示箍筋为 I 级钢筋，直径为 10mm，加密区间距为 100mm，非加密区间距为 200mm，均为两肢箍。又如，φ10@100（4）/150（2）表示箍筋为 I 级钢筋，直径为 10mm，加密区间距为 100mm，非加密区间距为 150mm，两肢箍。

④梁上部的通长筋及架立筋根数和直径。

当他们在同一排列，应用加号"+"将通长筋与架立筋相连，注写时应将角部纵筋写在加号的前面，架立筋在加号后面。当梁的上部纵筋和下部纵筋为全跨相同，且多数跨配筋相同时，该项可以加注下部纵筋的配筋值，用分号";"将上部与下部纵筋的配筋值分隔开。

例如：2φ25+2φ22 表示梁的上部配置了通长筋 2 根 I 级钢筋，直径为 25mm，架立筋 2 根 I 级钢筋，直径为 22mm。3φ25；2φ22 表示梁的上部配置 3 根 I 级钢筋，直径为25mm，下部配置纵向构造钢筋2根Ⅰ级钢筋，直径为22mm。

⑤梁侧面纵向构造钢筋或受扭钢筋配置的注写，当梁腹板高度$h_w \geq 450$mm时，需要配置纵向构造钢筋，在配筋数量前加"G"，注写梁两个侧面的总配筋值，为对称配置，如G2φ12表示梁受扭纵向钢筋数量为梁两个侧面的Ⅰ级钢筋，每侧面配置1根；当梁侧面配置受扭纵向钢筋时，注写梁的钢筋数量为梁两个侧面的总配筋值，为对称配置。

⑥梁顶面标高高差，是指相对于结构层楼面标高的高差，若有高差，需要将其高差值写入括号内，对于结构层楼面标高的高差，为正值，反之为负值。当某梁的顶面高于所在结构层的楼面标高时，其标高高差为正值，反之为负值。

(2) 原位标注

原位标注主要标注梁支座上部纵筋（指该部位含通长筋在内的所有纵筋）及梁下部纵筋，或当某梁的集中标注内容不适用于某跨梁或某悬挑部分时，则以不同数值标注在其附近。

①梁支座上部的纵筋，注写在梁上方，且靠近支座处。当多于一排时，用斜线"/"将各排纵筋自上而下分开，如图8-19所示。当同排纵筋有两种直径时，用加号"+"将两种直径的纵筋相连，注写时将角部纵筋写在前面；当梁中间支座两边的上部纵筋相同时，可仅在支座的一边标注配筋值，另一边省略不注。

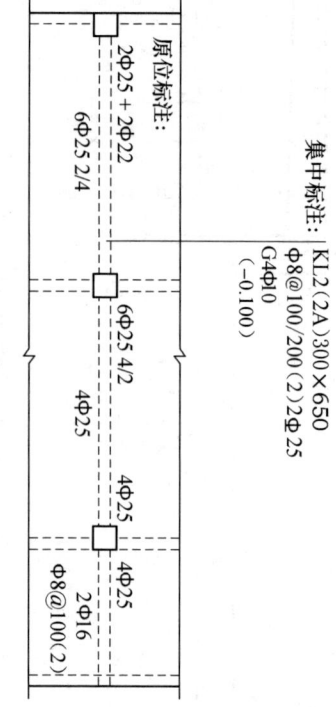

集中标注：
KL2(2A)300×650
φ8@100/200(2)2Φ25
G4φ10
(-0.100)

原位标注：
2Φ25+2Φ22
6Φ25 4/2
4Φ25
4Φ25
2Φ16
Φ8@100(2)
6Φ25 2/4

图8-19 梁的集中标注和原位标注

②对于梁下部纵筋，当多于一排时，用斜线"/"将各排纵筋自上而下分开；当同排纵筋有两种直径时，用加号"+"将两种直径的纵筋相连，注写时将角部纵筋写在前面；当梁下部纵筋不全部伸入支座时，将梁支座下部纵筋减少的数量写在括号内。

例如：4Φ25 2(-2)/2表示上部纵筋为2Φ25，不伸入支座，2Φ22+4Φ25 2(-2)/2表示上部纵筋为2Φ25，其中2Φ25不伸入支座，下部纵筋为2Φ25，全部伸入支座。

③对于梁中的附加箍筋或吊筋，应将其画在平面图中的主梁上，用引线注写总配筋值，附加锚筋的肢数标注在括号内。当多数附加箍筋相同时，可以在梁平法施工图上统一注明，少数与统一注明值不同时，再原位引注。

(3) 举例与说明

图8-20是采用梁平面注写方式画出的某建筑物结构施工图的一部分。从图中可知，该图中共有KL1，KL2，KL3三种楼层框架梁。

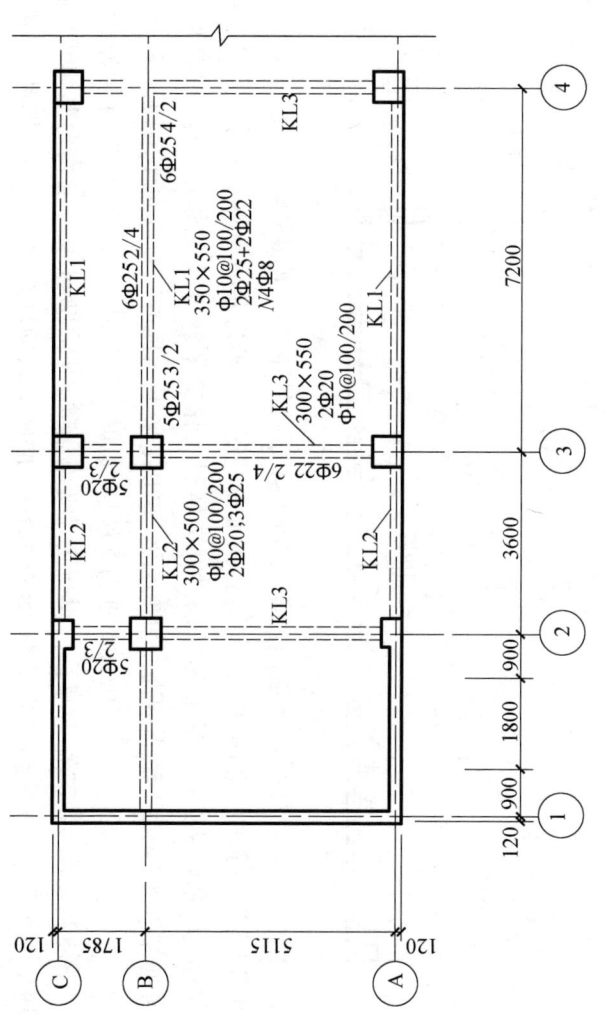

图 8-20 梁的平面注写方式示例

KL1 的截面为 350mm×550mm，箍筋为 φ10@100/200，梁上部角筋和下部均有两排纵向钢筋，为 2 根直径为 25mm 的 Ⅱ 级钢筋，中部筋为 2 根直径为 22mm 的 Ⅱ 级钢筋，梁两侧各配置了 2 根直径为 8mm 的 Ⅱ 级受扭钢筋；梁下部配置两排纵筋，第一排为 2 根直径为 25mm 的 Ⅱ 级钢筋，第二排配置 4 根直径为 25mm 的 Ⅱ 级钢筋，共 6 根。支座两边上部纵筋不同，分别配置双排钢筋，右支座第一排为 4 根直径为 25mm 的 Ⅱ 级钢筋，第二排为 2 根直径为 25mm 的 Ⅱ 级钢筋，共 6 根。左支座第一排为 3 根直径为 25mm 的 Ⅱ 级钢筋，第二排为 2 根直径为 25mm 的 Ⅱ 级钢筋，共 5 根。KL1 两侧各配置了 2φ8 的受扭钢筋。

KL2 的截面为 300mm×500mm，箍筋为 φ10@100/200，梁上部和下部各有一排纵向钢筋，梁上部为 2 根直径为 20mm 的 Ⅱ 级钢筋，梁下部为 3 根直径为 25mm 的 Ⅱ 级钢筋。

KL3 的截面为 300mm×550mm，箍筋为 φ10@100/200，梁上部为 2 根直径为 20mm 的 Ⅱ 级钢筋，梁下部有两排纵向钢筋，第一排为 2 根直径为 22mm 的 Ⅱ 级钢筋，第二排为 4 根直径为 22mm 的 Ⅱ 级钢筋，共 6 根。

2. 截面注写方式

梁的截面注写方式是在分标准层绘制的梁平面布置图上，分别在不同编号的梁中各选择一根梁，用单边截面号引出配截面详图，并在其上注写截面尺寸和配筋的具体数值的方式来表达梁平法施工图。

(1) 注写原则

在画出的截面配筋详图上应标注截面尺寸 $b\times h$，上部筋、下部筋、侧面构造筋或受扭筋，以及箍筋的具体数值，表达形式同"平面注写方式"。

(2) 举例说明

图 8-21 分别引出了 3 个不同配筋的截面图，各图中表示了梁的截面尺寸和配筋情况。

1—1 截面图中可知，该截面尺寸为 300mm×500mm，梁上部配置了 2 根直径为 20mm 的 Ⅱ 级钢筋，下部配置了 3 根直径为 25mm 的 Ⅱ 级钢筋，梁内的箍筋为 φ10@100/200。

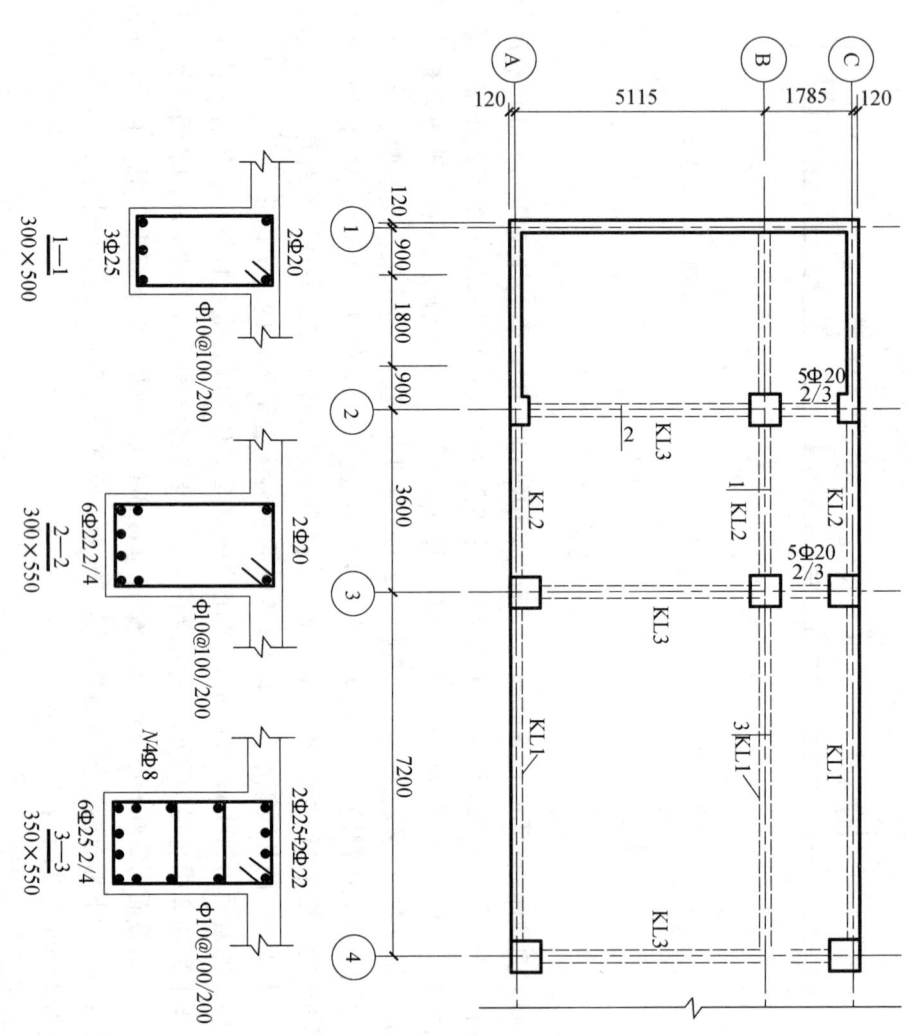

图 8-21 梁的截面注写方式示例

2—2 截面图中可知，该截面尺寸为 300mm×550mm，配筋中梁上部的配筋为 2 根直径为 20mm 的 Ⅱ 级钢筋，梁下部配置了两排钢筋，第一排 4 根直径为 22mm 的 Ⅱ 级钢筋，第二排 4 根直径为 22mm 的 Ⅱ 级钢筋，梁内的箍筋为 ϕ10@100/200。

3—3 截面图中可知，该截面尺寸为 350mm×550mm，配筋中梁上部的通长钢筋为 2 根直径为 25mm 的 Ⅱ 级钢筋，角筋为 2 根直径为 22mm 的 Ⅱ 级钢筋，梁下部的配置了两排钢筋，第一排 2 根直径为 25mm 的 Ⅱ 级钢筋，第二排 4 根直径为 25mm 的 Ⅱ 级钢筋，梁内的箍筋为 ϕ10@100/200。两侧各配置了 2 根直径为 18 的 Ⅱ 级受扭钢筋。

梁的截面注写方式可以单独使用，也可以与平面注写方式结合使用。

在梁平法施工图的平面图中，当局部区域的梁布置过密时，除了采用截面注写方式表达外，也可以将过密区用虚线框出，适当放大比例后再用平面注写方式表示。

表达异型截面梁时，用截面注写方式表达梁的截面尺寸与配筋时的相对比较方便。

第9章 给水排水施工图

教学目标和要求

熟悉国家标准对设备施工图的有关规定；
了解设备施工图中各种图样的形成、表达内容和图示特点；
掌握绘制和阅读设备施工图的方法和步骤。

教学重点和难点

掌握绘制和阅读设备施工图的方法和步骤。

房屋施工图除了建筑和结构两大部分外，还有给水排水等设备系统，这些设备是建筑物不可缺少的组成部分，给水排水工程图表示的是给水排水系统的组成、安装布置等内容。

9.1 概 述

9.1.1 给水排水工程简介

给水排水工程包括给水工程和排水工程。

1. 给水工程

给水工程一般由下列几部分组成：

(1) 取水工程。包括选择水源和取水地点，建造一系列取水构筑物。取水构筑物按水源的不同，可分为地下取水构筑物（如管井、大口井、渗渠、辐射井等）、地表水取水构筑物（如取水头部、进水管、集水井、一级泵站等）。

(2) 净水工程。包括水厂工艺设计，一系列水处理构筑物和辅助建筑物的建造，如各种不同工艺、不同功能的水处理池、储水池、二级泵站等的建造。

(3) 输配水工程。包括输配水管网设计，管道敷设以及附属储水、升压设施的建造，如泵站、水塔、储水池等的建造。

2. 排水工程

排水系统指的是收集、输送、处理、利用废水并将废水排入水体为主的排水系统，一般可分为以下几种：

(1) 城市污水排水系统。是指以收集、排除生活污水卫生设备、室外污水管道系统及附属构筑物，污水泵站及压力管道、污水处理厂、污水出口设施等。

(2) 工业废水排水系统。一般工厂排水系统均入城市排水系统，有些工厂或因规模较大，或因距城市市区较远，才单独形成工业废水排水系统，它一般由五部分组成：车间内

171

部管道系统及排水设备,厂区管道系统及附属设施,污水泵站及压力管道,污水处理站,出水口等。

(3) 城市雨水排水系统,是指以收集、排除大自然降水为主的排水系统,一般由五部分组成:房屋雨水管道系统及附属设施,厂区(小区)雨水管渠系统,街道管渠系统,排洪沟,出水口等。

9.1.2 给水排水工程图分类

给水排水工程图是表达室内外给水排水工程设施的结构、形状、大小、位置及其材料和有关技术参数的图样,以利于设计人员与施工人员相互之间的交流和正常施工。

给水排水工程图按其作用和内容区分,有以下几种:

1. 室内给水排水工程图

主要画出房屋内的厨房、浴厕等房间以及工矿企业中的锅炉间、课堂、化验室以及民用水的车间或部门的管道布置,常见图样一般包括室内给水排水平面图、给水排水系统图、卫生设备或安装详图等。

2. 室外管网及附属设备图

主要画出敷设在室外地下的各种管道的平面布置,常见图样一般包括室外区域规划图、管网平面布置图、管网平差图、街道管道平面图、管道纵剖面图、管道节点图、管网附属构筑物图等。

3. 水处理工艺设备图

这是指目前自来水厂和污水处理厂等的设计图样。

本章主要介绍室内给水排水施工图。

9.1.3 室内给水排水系统的组成

1. 室内给水系统的组成

室内给水系统主要由以下部分组成(如图9-1所示)。

(1) 引入管(亦称进户管)。为穿过建筑物承重墙或建筑物基础、自室外给水管网将水引入室内的给水管网的一段水平管段。引入管应有不小于0.3%的坡度坡向室外给水管网。

(2) 水表节点。对于需单独统计用水量的房屋,其引入管上应设有水表。为便于检修,水表前后均应设置阀门,必要时还要设置泄水装置以便于管网检修时的泄水。水表节点就是上述装置以便于总称,所有装置应设置在水表井中。

(3) 管系统,包括干管、立管和支管。
① 干管,指沿水平方向将水由引入管沿水平方向输送到室内有关地段的管段。

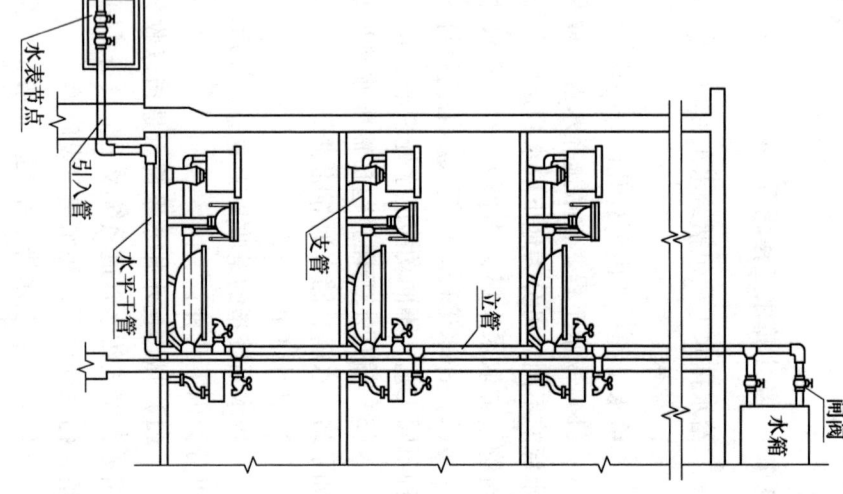

图 9-1 室内给水管网的组成

②立管（亦称竖管）。指将水由干管沿竖直方向输送到各楼层的管段。

③支管（亦称配水管）。指将水由立管输送到各用水房间，即向配水管供水的管段。

(4) 给水附件及设备。包括各种阀门、管道接头、放水龙头和分户水表等。

(5) 升压及储水设备。当用水量大、水压不足时，需要设置水箱和水泵等设备。

(6) 室内消防设备。按照建筑物的防火等级要求需要设置消防给水时，一般应设消防水池、消火栓等消防设备。有特殊要求的，还应专门设置自动喷淋消防或水幕消防设施。

2. 给水方式

根据给水干管敷设位置的不同，给水管网系统可分为下行上给式（如图9-2所示）和上行下给式（如图9-3所示）两种。

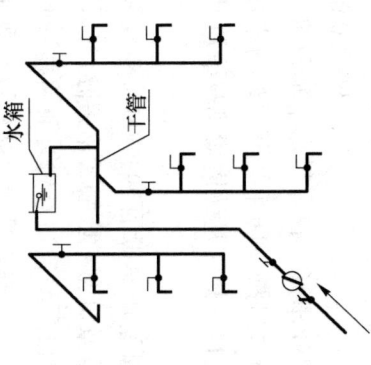

图9-2 下行上给式给水系统

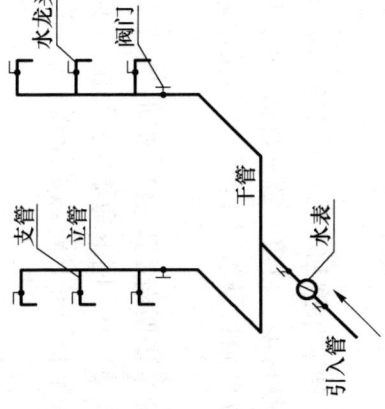

图9-3 上行下给式给水系统

3. 室内排水系统的组成

民用建筑室内排水系统的主要任务是排除生活污水和废水。一般室内排水系统由以下主要部分组成（如图9-4所示）：

(1) 卫生器具及地漏等排水泄水口；

(2) 排水管道及附件。

①存水弯（水封段）。存水弯的水封将卫生器具及地漏等排水口与排水横支管的短管（除坐式大便器，钟罩式地漏外，均包括存水弯），亦称卫生器具排水管。常用的管式存水弯有：N（S）形和P形。

②连接管。连接管即连接卫生器具泄水口与排水横支管的短管（除坐式大便器，钟罩式地漏外，均包括存水弯），亦称卫生器具排水管。

③排水横支管。排水横支管接纳连接管的排水并将排水转送到排水立管，且

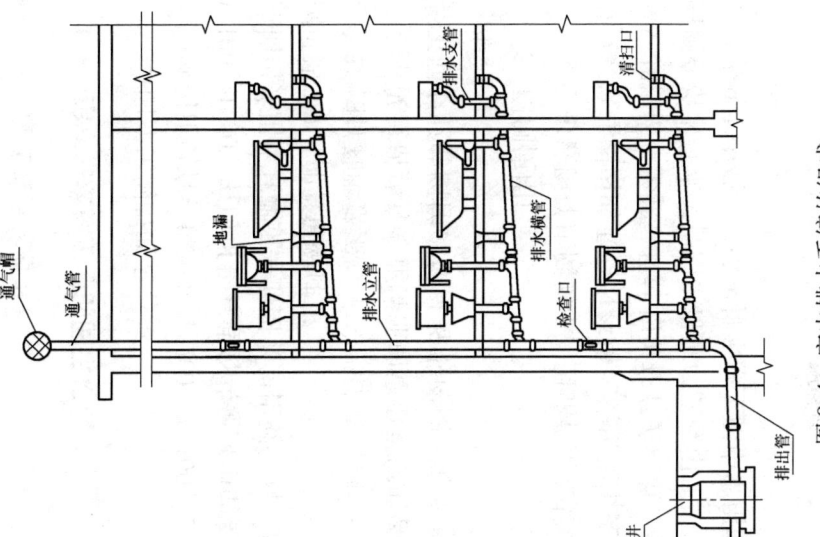

图9-4 室内排水系统的组成

坡向排水立管即接纳排水横支管的排水井转送到排水立管的标准坡度为2%。

④排水立管。排水立管是将排水横干管送来的排水排入室外检查井(管径)的竖直管段。其管径不能小于DN50或所连接横支管的管径。

⑤排出管。排出管是将排水立管或排水横干管送到排水检查井(有时送到排水立管的横干管)的横管段。其管径一般与排水立管相同,通常尽可能取高限,坡度为1%到3%,并坡向检查井的横管,最大坡度不宜大于15%,在条件允许的情况下,尽可能加快速排水。

(3) 检查井。建筑排水检查井在室内排水横支管与室外排水检查井之间的排水安全地输送至室外排水管道中。

(4) 通气管。通气帽及顶层检查口以上的立管管段。它排除有害气体,并补充新鲜空气,利于水流畅通,保护存水弯水封。通气管一般与排水立管相同,屋面的高度不小于300mm且在管顶设置网罩以防杂物落入,同时必须大于屋面最大积雪厚度。

(5) 管道检查、清扫装置。清扫口可单向清通,常用于排水横管上。检查口则为双向清通的管道维修口。立管上的检查口之间的距离不大于9m,通常每隔一层设置一个检查口,但底层和顶层必须设置检查口。其中心离相应楼(地)面一般为1.00m,应高出该层卫生器具上边缘0.15m。

布置室内排水管网时应尽量考虑:立管的布置要便于安装和检修;立管应尽量靠近污物、杂质最多的卫生设备,横管设有坡向立管的坡度;排出管应以最短的途径与室外管道连接,并在连接处设检查井。

9.1.4 给水排水施工图的图示特点

1. 图样比例跨度大

常用图样比例有:1:300、1:200、1:100、1:50。
1:100、1:50。有时可将有些公共建筑中的部分,如集体宿舍、教学楼的集中用水房间,单独抽出并用比其建筑平面图大的比例绘制。最小比例可达1:50000,如区域规划图;最大比例可达2:1,如管道附件。

2. 图样种类繁多

不仅包括具有专业特征的管道系统的各类图样,还包括建筑、结构、机械、水利工程等不同专业的图样,如设备零件图、零部件详图等。各种图样均应参照执行各自的制图标准。

3. 图例使用广泛

由于图样比例偏小,因此管道及其附件、卫生器具及水池、阀门、设备及仪表这些图内的重要内容均无法按投影关系绘出。此外,上述内容大部分为工业成型产品,其规格、形状、尺寸均有有关规范、标准图中查出,不需要在图中尽表达,因此,图例在给水排水工程施工图中得到了广泛应用。

表9-1中列出了给水排水施工图中常用的图例。

174

表 9-1 给水排水施工图中常用图例

名 称	图 例	备 注	名 称	图 例	备 注
生活给水管	 —J—		存水弯		
污水管	 —W—		闸阀		
通风管	 —T—		截止阀	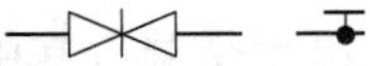	
多孔管			放水龙头		
管道立管	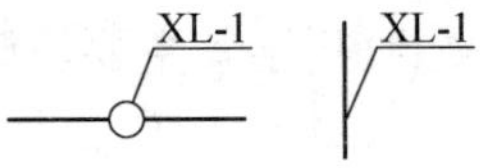 XL-1	X: 管道类别 L: 立管 1: 编号	立式洗脸盆		
立管检查口			浴 盆	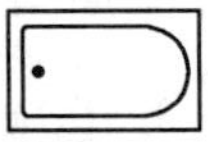	
清扫口			自动冲洗箱	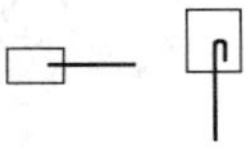	
通气帽	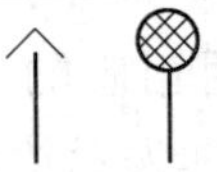	通用。如为无水封、地漏加存水弯	污水池	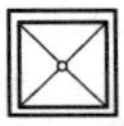	
圆形地漏	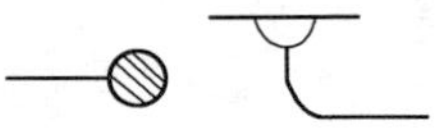		坐式大便器	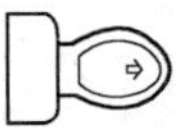	
方形地漏	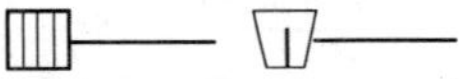		蹲式大便器	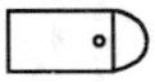	
承插连接	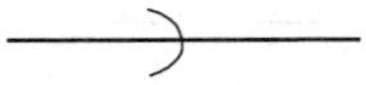		淋浴喷头		
法兰连接	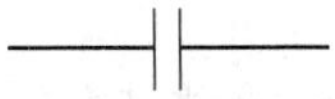		阀门井、检查井	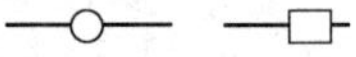	左侧为平面 右侧为系统

9.2 室内给水排水平面图

9.2.1 室内给水排水平面图的形成和作用

为方便读图和画图,把同一建筑相应的给水平面图和排水平面图在同一张图纸上,称为建筑给水排水平面图。室内给水排水平面图主要反映室内卫生设备,管道及其附件的平面布置情况。

9.2.2 室内给水排水平面图的图示特点

1. 比例

室内给水排水平面图采用与建筑平面图相同的比例绘制,一般为1:00,当所选比例表达不清楚时,可以采用1:50的比例绘制。

2. 图名

室内给水排水平面图的数量根据各层管网的布置情况而定。对于多层房屋，底层的给水排水平面图应单独绘制；中间楼层平面的管道布置若相同，可绘制一个标准层给水排水平面图；当屋顶设有水箱及管道布置时，应单独绘制顶层给水排水平面图。

3. 图线

墙身、柱、门和窗、楼梯、台阶等主要建筑构件的轮廓线用细实线绘制，房屋的细部及门窗代号均可省略。洗涤池、洗脸盆、浴盆、坐便器等卫生设备和器具以图例的形式用中实线绘制。管道用粗线绘制，其中给水管道用粗实线，排水管道用粗虚线。

4. 卫生器具平面图

定型工业产品的卫生器具，如大便器、小便器、洗脸盆等用细线画其图例，需现场砌制的卫生设施依其尺寸，按比例画出其图例，若无标准图例，一般只绘其主要轮廓。

5. 管网编号

在底层给水排水平面图中各种管道应按系统予以编号。一般给水管以每一根室外引入管（即从室外给水干管引入室内给水管网的水平进户管）为一系统，排水管以每一根承接室外检查井的排出管为一系统。

图 9-5　给水排水系统编号表示方法

系统编号的表示方法如图 9-5 所示，其中圆的直径为 10mm，用细实线绘制；分子用相应的字母代号表示管道的类别，例如“J”、“W”分别表示给水、污水；分母用阿拉伯数字表示系统的编号。

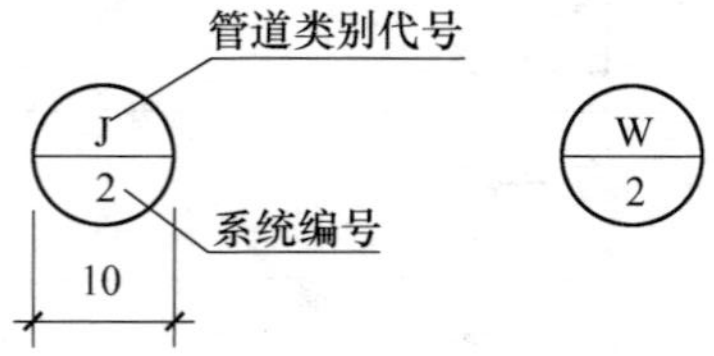

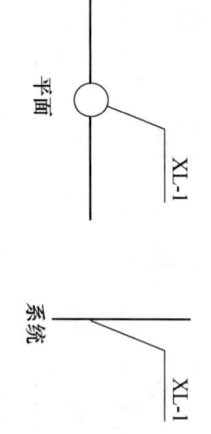

6. 立管表示方法

在给水排水平面图中，用直径 3mm（约为 3 倍粗实线宽）的圆表示立管的断面，如图 9-6 所示。其中左图为平面图的表示方法，右图为系统图的表示方法；X 表示管道类别，L 表示立管，阿拉伯数字表示立管的编号。当多根管道在平面图中重影时，可以平行排列绘制。管道不论敷设在楼面（地面）之上或之下，均不考虑其可见性，应按规定的线型绘制。

图 9-6　给水排水立管表示方法

9.2.3　阅读室内给水排水平面图

以图 9-7 为例说明。本住宅建筑室内给水排水平面图有底层的储藏室给水排水平面图，一～五层给水排水平面图和阁楼层给水排水平面图。因为中间层的卫生器具和管道布置、数量、规格均相同，画一个楼层的给水排水平面图即可。

1. 储藏室给水排水平面图

（1）给水

从储藏室给水排水平面图（图 9-7）可以看出，一单元设有两个给水系统。每一给水系统有五根给水引入管，从建筑物北面室外的水表井标高 -0.80m 进入房屋内部。五根引入管中有四根的直径为 20mm 分别供一～四层住户使用，还有一根的直径为 25mm 供五层住户及阁楼使用。由于储藏室没有用水设备，所以五根引入管没有设置支管，而是沿竖向直接到达

一~五层用户的厨房,这两个给水系统是对称的。第二单元给水系统的布置与第一单元给水系统完全对称,图中未画出第二单元。

(2) 排水

从储藏室给水排水平面图(图9-7)可以看出,一单元设有四个排水系统。每一排水系统有一根排水立管,共有四根排水立管。一单元一~五层用户的污水分别通过四根排水立管从建筑物北面排出到室外污水检查井。每根排出管的直径为100mm,标高为−1.00m。由于储藏室没有用水设备,所以没有设置排水横管。第二单元排水系统的布置与第一单元排水系统完全对称,图中未画出第二单元。

2. 一~五层给水排水平面图(图9-8)

(1) 给水

在一~五层给水排水平面图中可以看出,有五根给水立管由下向上分别供一~五层住户使用。

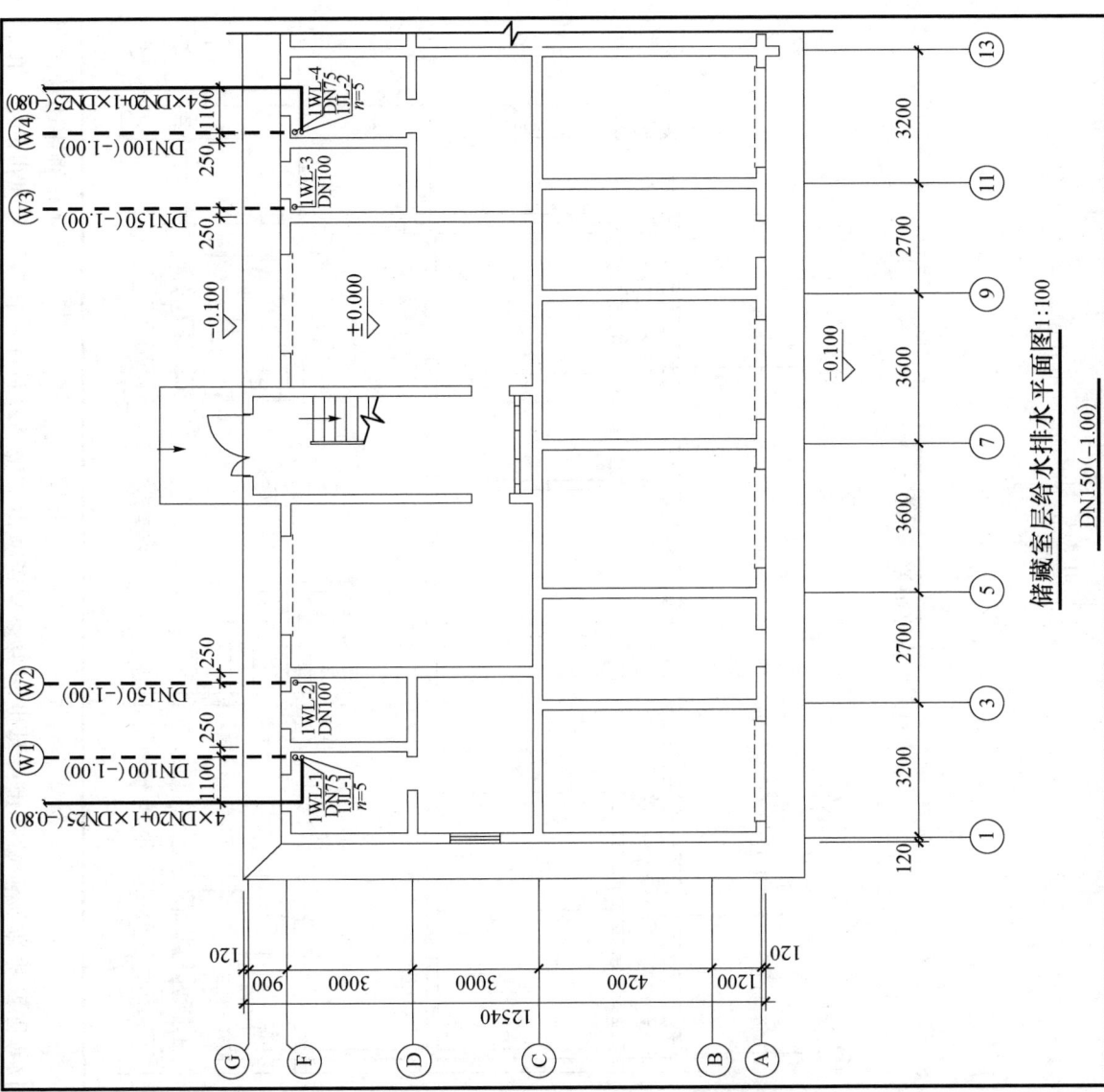

图9-7 储藏室给水排水平面图

177

每一根立管接出两个分支，一根支管接上配水龙头，另一根支管穿过墙体进入卫生间接上配水龙头，供卫生间用水。一~五层的给水管网的平面布局立管JL-2的布置与立管JL-1对称。第二单元给水系统的布置与第一单元给水系统完全对称，图中未画出第二单元。

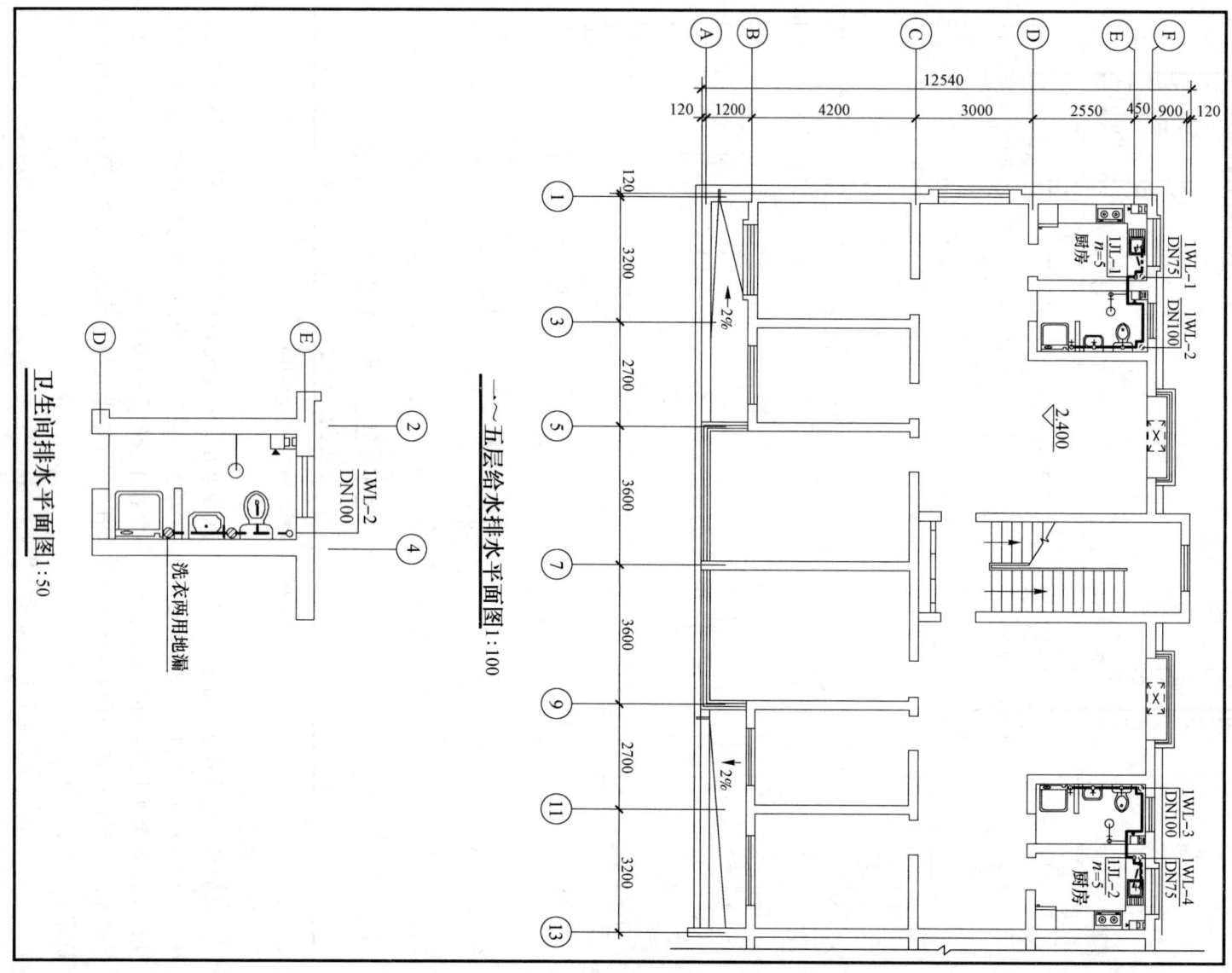

图 9-8 一~五层给水排水平面图

(2) 排水

厨房洗涤池使用后的废水进入立管 WL-1，管径 75mm，卫生间使用后的污水进入横管 WL-2，管径 100mm。一～五层住户使用后的污水废水，从上向下通过立管传入底层，排出室内。卫生间的排水设施有地漏和大便器排水横管。第二单元排水系统的布置与第一单元排水系统完全对称，图中未画出第二单元。

3. 阁楼层给水排水平面图（图 9-9）

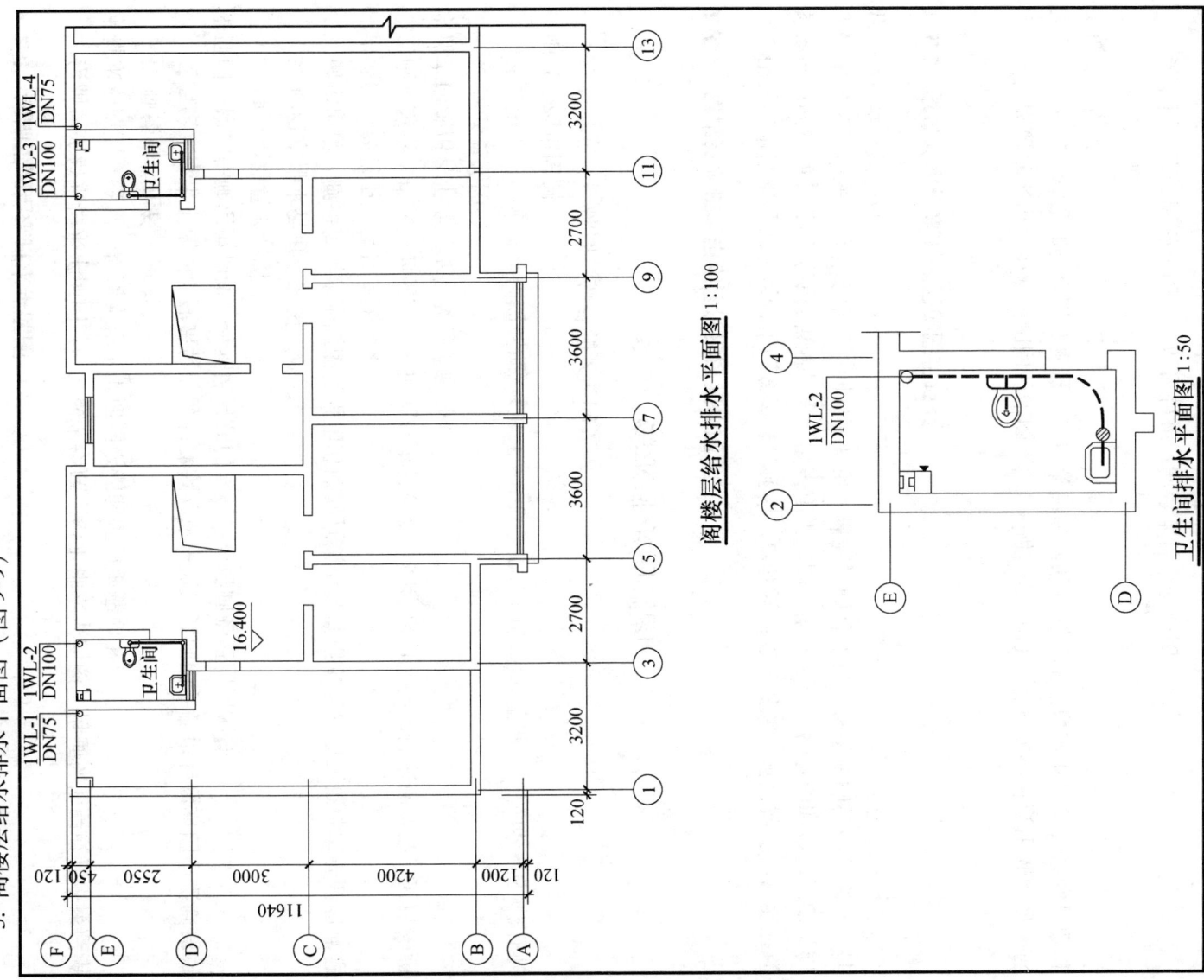

图 9-9

(1) 给水

阀门楼层只有卫生间配有用水设备，所以五层立管延伸到阀楼层将水送给阀楼层卫生间的洗手盆和坐便器。

(2) 排水

阀门楼层排水设施有一个地漏和两个排水支管。

9.2.4 绘制室内给水排水平面图

绘制建筑给水排水平面图时，一般先绘底层给水排水平面图，再画标准层或其余楼层给水排水平面图。绘制一层给水排水平面图底稿的画图步骤如下：

1. 画房间的建筑平面图

建筑给水排水平面图的建筑轮廓应与建筑专业一致，画图图步骤也与建筑平面图一样，先画定位轴线，再画墙身和门窗洞，最后画图必要的构配件。

2. 画卫生器具平面图

简单地说，画建筑给水排水平面图就是用沿墙的直线连接群用水点，画建筑排水平面图就是用沿墙的直线将卫生器具各干管、支管及管道附件。

3. 画给水管道平面图

画图方向画出各干管、支管及管道附件。

4. 画必要的图例

若只用了《给水排水制图标准》GB/T 50106—2001 中的标准图例，一般可不另画图例，否则必须列出图例。

5. 标注尺寸、标高、编号和必要的文字

9.3 给水排水轴测图

9.3.1 室内给水排水系统图的形成和作用

因为给水排水管道在空间往往有转折、延伸、重叠及交叉的情况，所以为了清楚地表现管道的空间布局，走向及连接情况，系统图采用了轴测投影原理形成轴测图的绘制方法。给水排水系统图用来表达各管道的空间布置和连接情况，同时反映了各管段的管径、坡度、标高及附件在管道上的位置。

9.3.2 室内给水排水轴测图的图示特点

1. 比例

系统图通常采用与平面图相同的比例绘制，一般为1:100。当局部管道按比例绘制不易表示清楚时，例如在管道附件被遮挡，或者转弯管道变成直线等情况下，这些局部管道可不按比例绘制。

2. 布图方向

系统图中的管道依然用方向应该与相应的给水排水平面图一致。

3. 图线

给水排水系统图的布置方向应该与相应的给水排水平面图一致。其中给水管用粗实线表示，排水管用粗虚线表示。管道的配件或附件（如阀门、水表、龙头等）用图例表示，卫生器具（如洗涤池、坐便器、浴盆等）不再绘制，只是画出相应卫生器具下面的存水弯或连接的横支管即可。

4. 画法

(1) 系统图采用45°正面斜等轴测投影绘制。必要时也可取30°、60°，但相应的给水系统图与排水系统图需用相同角度画出。通常，将房屋的横向作为OX轴，纵向作为OY轴，高度方向作为OZ轴，三个方向的轴向伸缩系数相等均取1。当系统图与平面图采用相同的比例绘制时，OX轴、OY轴方向的尺寸可以直接在相应的平面图上量取，OZ轴方向的尺寸按照配水器具的习惯安装高度量取。例如，洗涤池（盆）、盥洗槽、洗脸盆、污水池的放水龙头一般离地（楼）面1.00m，淋浴器喷头的安装高度一般离地（楼）面2.100m。设计安装高度一般由安装详图查得，亦可根据具体情况自行设计。有坡向的管按水平面绘制。管道附件，阀门及附属构筑物等仍用图例表示。

(2) 室内给水、排水系统图通常按各条排水出管分开绘制，给水管道系统图一般按各条给水引入管分组，排水管道系统图一般按各条排水出管分组。引入管和排出管的编号均应与其平面图的引入管、排出管及立管对应一致。

(3) 当楼层管道布置、规格等完全相同时，仅在折断的支管上注写同某层即可。

(4) 当管道的轴测投影相交时，位于上方或前方的管道连续绘制，位于下方或后方的管道则在交叉处断开。如图9-10所示。

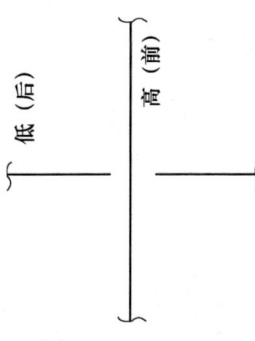

图9-10 管道交叉表示方法

(5) 在给水排水系统图中，应对所有的管段进行标注。管段的直径、坡度和标高进行标注。管段的直径可以直接标注在管段的旁边或由引出线引出；给水管为压力管，不需要设置坡度；排水管为重力管，应在排水横管旁边标注坡度，如"$i=0.02$"，箭头表示坡向，当排水横管采用标准坡度时，可省略数字，可省不写即可。在施工说明中写明即可。系统图中的标高数字以m为单位，保留三位有效数字。给水系统一般标注楼（地）面、屋面、引入管、支管水平段、阀门、龙头、水箱等部位。给水系统的标高，管道的标高以管中心标高为准。排水系统一般要求标注楼（地）面、屋面、主要的排水横管、立管上的检查口及通气帽、排出管的起点等部位的标高，管道的标高以管内底标高为准。

9.3.3 阅读室内给水排水系统图

阅读系统图时，应与平面图中相同编号系统的平面布置图对照阅读。图9-11和图9-12分别为教师公寓的给水系统和排水系统的系统图。

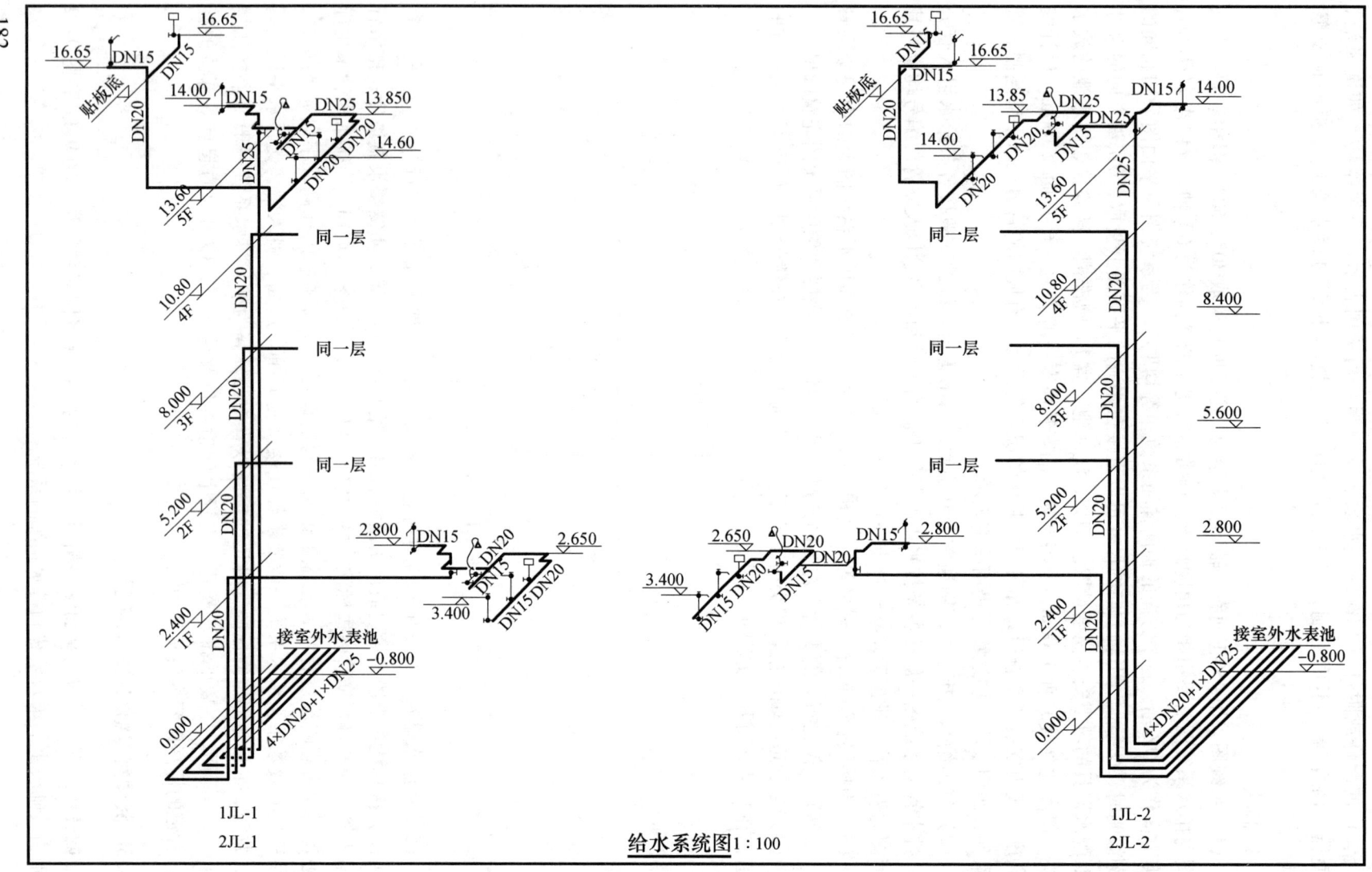

图9-11 给水系统图

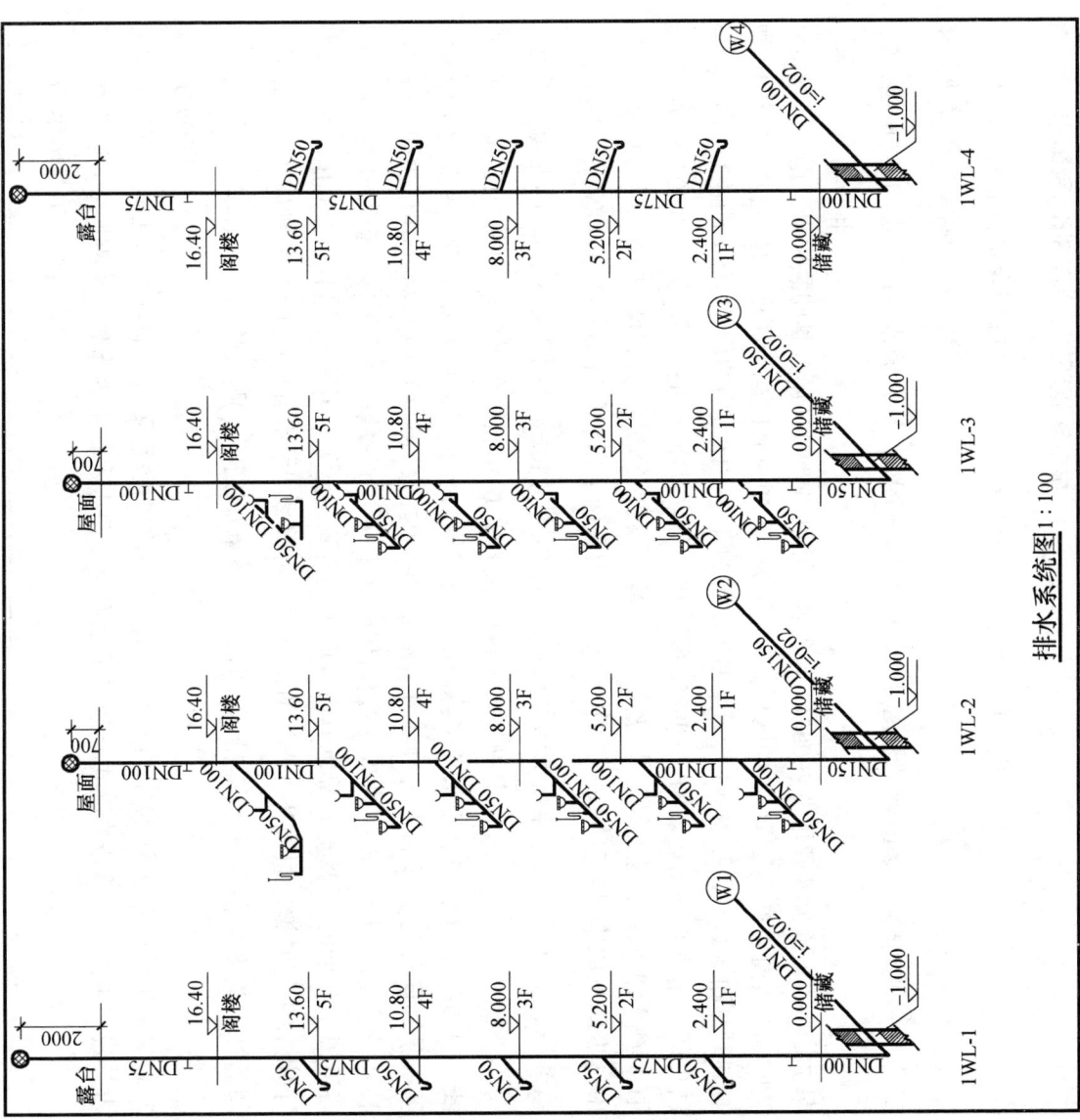

图 9-12 排水系统图

1. 室内给水系统图

从如图 9-7 所示的储藏室给水排水平面图可以看出，一单元有两支给水系统是对称布置的。图 9-11 只绘制了第一单元的两支给水系统图。

第一支给水系统的五根引入管从室外水表井引入室内，此时的管标高为 -0.80m，因为储藏室没有用水设施，所以沿着竖向由下而上进入各住户。一～四层立管管径 20mm，五层及阁楼立管管径 25mm。一层立管上行至 2.65m 时设置一个支管进入卫生间，分别将水送至洗手盆和坐便器，再上行至 2.800m 的高度时支管穿过阁楼楼面向上供给的，支管的管径为 15mm。

另外四根立管继续穿过二层、三层、四层、五层、阁楼楼面向每层用户供水，给水支管的布局同一层。在第五层立管到达五层时，因为五层上面设置阁楼，所以阁楼卫生间各配水器具的用水是由与五层立管相连的支管穿过阁楼楼面向上供给的，支管的管径为 15mm。第二支给水系统与第一支给水系统对称。第二单元的给水系统与第一单元的给水系统相同。

同，未画出。

2. 室内排水系统图

从如图9-7所示的储藏室给水排水平面图可以看出，第一单元排水系统由底层的排出管、排水立管 WL-1 及与其相连的各层排水横管组成。整个排水系统有两个、第二单元排水系统和第一单元排水系统是对称设置的，所以图9-12只绘制了第一单元排水系统图。

第一单元的第一个排出管用来收集用户厨房的生活污水。一~五层排水横管的布局相同，即在管径为100mm的横管上依次连接一个厨房洗涤池下的 S 形存水弯（管径为50mm，立管管径~四层屋面500mm，至顶端设有一个通气帽，并分别设置在阁楼检查口，中间层隔层设置，WL-1上设有距楼面高度500mm，四层为100mm，至储藏室时为150mm。在阁楼卫生间排水横管上设有通气管径为~四层屋面500mm，并按标准坡度 $i=0.02$ 排向室外1号检查井。点的标高为 −1.00m。

第一单元的第二个排水立管 WL-2 和与其相连的各层排水横管组成。一~五层排水横管的布局相同，即在管径为100mm的横管上依次连接洗手盆下的 S 形存水弯（管径为32mm），两个地漏（管径为50mm），坐便器下的 P 形存水弯（管径为90mm）。阁楼卫生间排水横管的布局有所不同，如图9-9所示。在立管 WL-4 上设有距楼面高度为1m检查口，分别设置在阁楼，立管 WL-1~四层为100mm，至储藏室时为150mm，通气管径为~四层屋面500mm，起点的标高为 −1.000m。并按标准坡度 $i=0.02$ 排向室外2号检查井。

第一单元的第三个排水系统 $\overset{W}{3}$ 与第一个排水系统 $\overset{W}{1}$ 对称，第四个排水系统 $\overset{W}{4}$ 与第二个排水系统 $\overset{W}{2}$ 对称，不再赘述。

9.3.4 室内给水排水系统图的画图步骤

室内给水排水系统图应按系统的编号分别绘制。系统布置完全相同或对称的可以只画一个，各楼层管网布置相同的只画一层。

1. 确定轴测轴的方向

为了使图面清晰易读，排出管一般地说，房屋的纵向作为 OY 轴，排出管或立管的方向作为 OZ 轴，画立管的方向作为 OX 轴。

2. 画立管或引入管

定出管服务于几根立管时，就首先画引入管或排出管，再画水平干管，然后才画立管。

3. 定出管上的地面、楼面、屋面线

立管上的地面、楼面、屋面根据建筑设计标高来确定。若屋面无给水设施，给水系统图可不画屋面。

4. 画各层的横向支管

根据放水龙头、阀门和卫生器具，管道附件（如地漏、存水弯、清扫口等）的安装高度以及管道坡度确定横管的位置，一般先画平行于轴向的横管，再画不平行于轴向的横管。

5. 绘制管道附件

阀门、截止阀、水表、检查口、配水器具的存水弯及地漏等，这些都采用相应的图例绘制。

6. 标注

在适宜的位置应标注管径、坡度、标高、编号以及必要的文字说明等。

第三部分

阴影透视

第10章 建筑透视图

教学目标和要求

了解建筑透视的原理；
掌握透视图的基本作图方法；
初步掌握透视图的辅助画法；
初步掌握曲面体建筑透视图的作图方法。

教学重点和难点

熟悉视线法和量点法两种建筑透视基本作图方法；
掌握几种基本建筑结构的透视图。

透视投影是用中心投影法将形体投射到投影面上，从而获得的一种较为接近视觉效果的单面投影图。它具消失感、距离感，相同大小的形体呈现出有规律的变化等一系列的透视特性，能逼真地反映形体的空间形象。透视投影也称为透视图。在建筑设计过程中，透视图常用来表达设计对象的外貌，帮助设计构思，研究和比较建筑物的空间造型和立面处理，是建筑设计中重要的辅助图样。图10-1为正投影图、透视图和轴测图的比较。

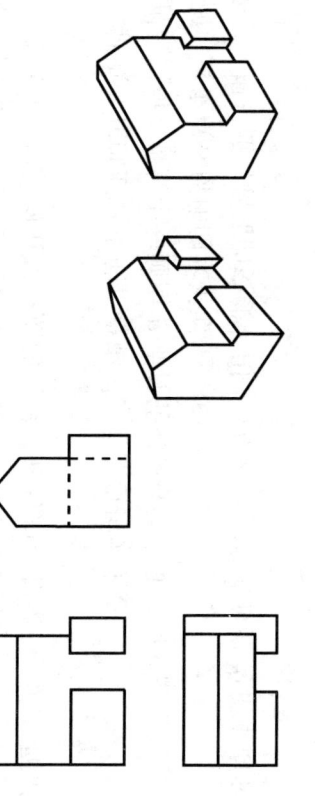

图10-1 建筑正投影图、透视图和轴测图比较
(a) 正投影图；(b) 透视图；(c) 轴测图

10.1 透视的基本知识

10.1.1 透视图的形成

透视图和轴测图一样，都是一种单面投影。不同之处在于轴测投影是用平行投影法画出的图形，透视图则是用中心投影法画出的。如图10-2所示，以铅垂面为例，将铅垂面置于水平

189

10.1.2 透视作图中常用的术语

在透视图的作图中，常用到一些专门的术语，下面以图 10-2 为例介绍透视图中的几个基本术语。

(1) 基面。放置建筑物的水平面，用字母 G 表示，也可将绘有建筑平面图的投影面 H 面理解为基面。

(2) 画面。透视图所在的正投影面，用字母 P 表示，画面可以垂直于基面，也可以倾斜于基面。

(3) 基线。基面与画面的交线，相当于人眼所在的 V 面的交线 OX 轴，基线在画面上用字母 $g-g$ 表示，在基面上用字母 $p-p$ 表示。

(4) 视点。相当于人眼所在的位置，也就是投影中心 S_0。

(5) 站点。视点 S 在基面 G 上的正投影 s，相当于人的站点。

(6) 视线。视点 S 与建筑物上某一点的连线，它与画面相交于一点，而形成空间点在画面上的透视。

(7) 心点。视点 S 在画面 P 上的正投影 s^0，心点也称为主点。

(8) 中心视线。所有视线中与画面 P 垂直的那条视线，即 S 与 s^0 的连线。

(9) 视平面。过视点 S 与画面所作的水平面。

(10) 视平线。视平面与画面的交线，用 $h-h$ 表示。当画面 P 为铅垂面时，心点 s^0 位于视平线 $h-h$ 上。

(11) 视高。视点 S 到基面 G 的距离，相当于人眼的高度。当画面为铅垂面时，视平线 $h-h$ 与基线 $g-g$ 的距离。

(12) 视距。视点 S 对画面的距离，即中心视线 Ss^0 的长度。当画面为铅垂面时，站点与基线距离反映视距。

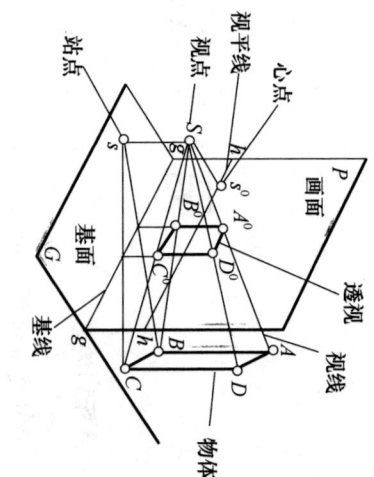

图 10-2 透视图的形成

10.1.3 透视与基透视

图 10-3 中，自视点 S 向空间任意一点 A 引视线 SA，SA 与画面 P 的交点 A^0，即为空间点 A 的透视

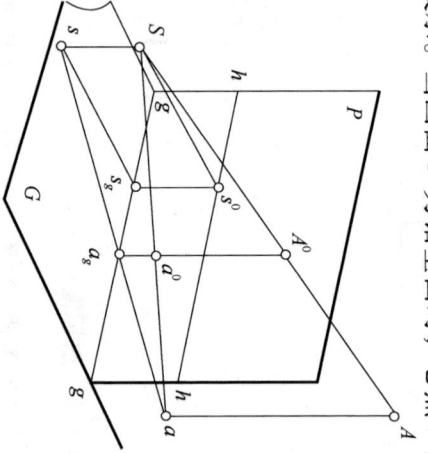

图 10-3 空间一点的透视与基透视

视；点 a 是空间点 A 在基面上的正投影（相当于 H 面投影），称为点 A 的基点；基点 a 的透视 a^0，称为点 A 的基透视或次透视。

由图 10-3 中可以看出，点的透视 A^0 与点的基透视 a^0 的连线称为连系线，是一条铅垂线。

10.1.4 点的透视

如图 10-4（a）所示，已知空间点 A 的水平正投影为 a，A 点和 a 点正面投影为 a' 和 a_x，站点为 s，求作空间点 A 在画面 P 上的透视和基透视，作图步骤如下：

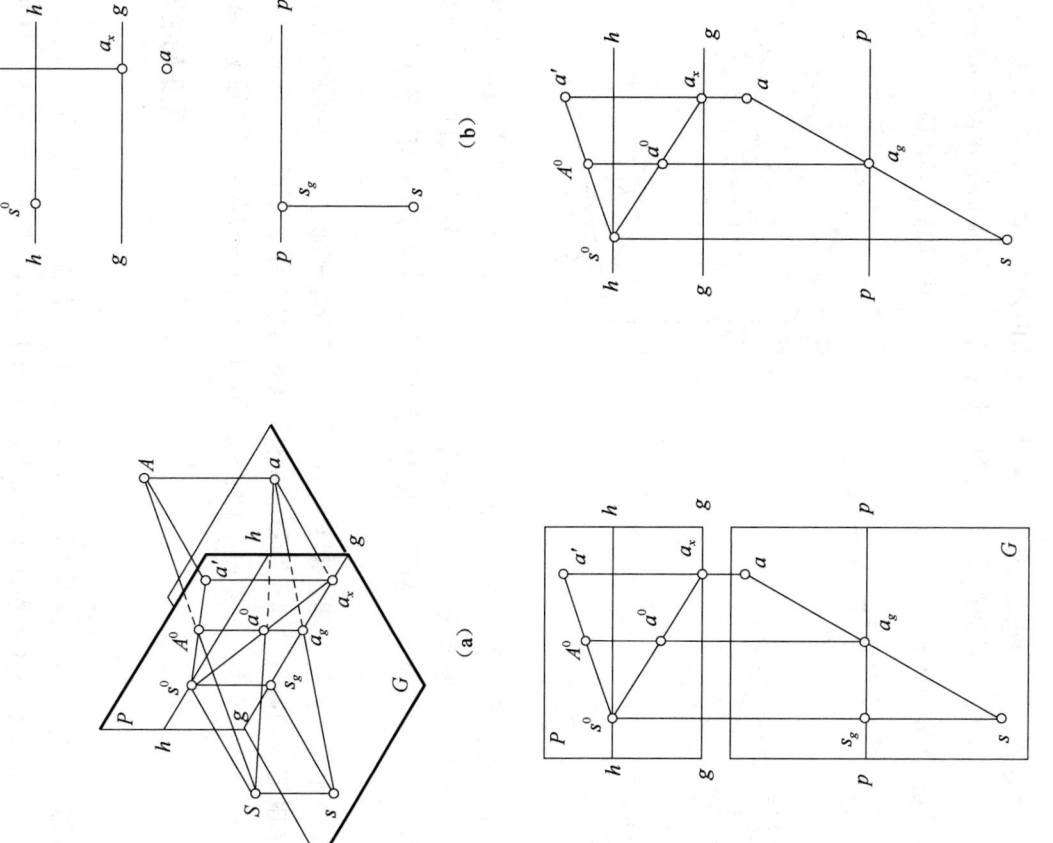

图 10-4 点的透视

(a) 点的透视的空间分析；(b) 已知条件；(c) 投影面的展开；(d) 点的透视作图

(1) 分析：由图 10-4（a）可知，A 点的透视和基透视都在画面内过 a_g 的一条铅垂线上。a_g 是站点 s 与 A 点的水平投影 a 的连线与基线的交点。同时 A 点的透视也在心点 s^0 和 A

点的画面投影 a^0 的连线上，A 点的基透视在 s^0a^0 和 a_x 的连线上，分别是视线 SA 和 Sa 在画面上的正投影。画面内展开时，画面可以置于基面或画面内过点 a_g 作一铅垂线，该铅垂线与线 s^0a' 和线 s^0a_x 的交点，即为空间点 A 的透视和基透视。

(2) 作图：在画面上连接 s^0a'、s^0a_x；在基面上方或下方的画面上点 a_g 作一铅垂线，求出 sa 与基线 n_g 的交点 a_g。

点的透视规律：
(1) 一点的透视与基透视的连线为一铅垂线。
(2) 一点的透视与基透视位于同一条铅垂线 $a^0a^0_b$。

如图 10-3 所示，由于 $Aa\perp$ 基面 G，所以 SAa 也垂直于基面 G，所以 SAa 与画面 P 的交点 A^0B^0 重合为一点，它在基面上的正投影 a^0b^0 的连线为一直线段，且与基线垂直；直线 AC 是一条铅垂线，它的基面投影 ac 积聚为一点，故透视称为点 A 的透视高度，它是点 A 的实际高 Aa 的长度，故 $A^0a^0\ne Aa_0$。

10.1.5 直线的透视

1. 直线的透视及其基透视一般仍为直线，特殊时为一点。

如图 10-5 所示，由视点 S 连接直线 AB 上各点的视线平面，与画面相交于一条直线 A^0B^0；由视点 S 连接直线 AB 的基面投影 ab 上各点的视线平面，与画面也必然相交于一条直线 a^0b^0。

图 10-6 所示的直线 AB 在延长后通过视点 S，则其透视 A^0B^0 重合为一点，其基透视仍为一直线段，且与基线垂直；直线 AC 是一条铅垂线，它在基面上的正投影 ac 积聚为一点，故直线 AC 的基透视 a^0c^0 必定为一点，直线 AC 的透视仍然是一条直线 A^0C^0。

2. 铅垂线的透视仍为铅垂线，垂直于画面的直线的透视通过心点。

如图 10-7 中的 A^0B^0、a^0b^0。

3. 与画面相交的直线，其透视通过画面迹点、心点。

图 10-8 中画面直线 AB 在延长后与画面相交于点 T，即直线 AB 的画面迹点。由于图 10-8 中直线 AB 在延长后与画面相交于点 T，所以，迹点的透视即为其自身，点 T 位于画面上，直线 AB 的基透视 a^0b^0 必然通过其画面迹点 T 在基面上的正投影 t。

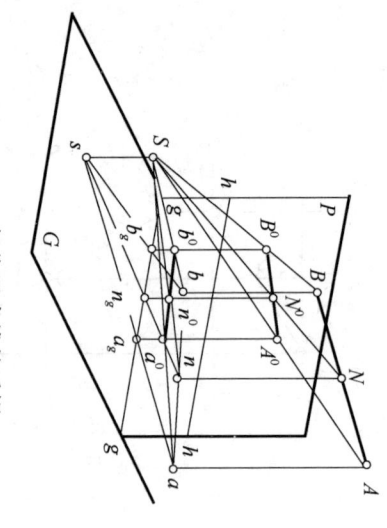

图 10-5 一般位置直线的透视

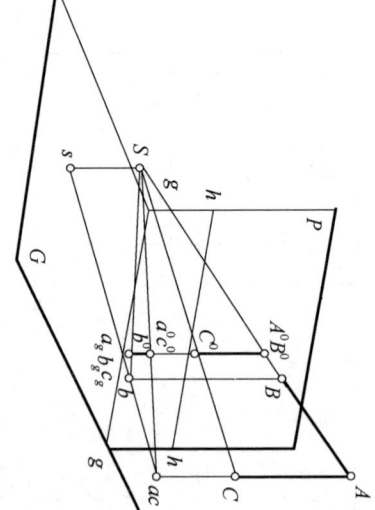

图 10-6 过视点的直线和铅垂线的透视

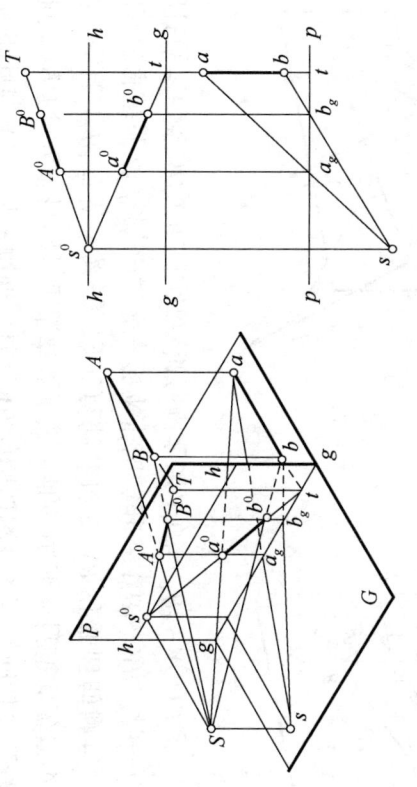

图 10-7 画面垂直线的透视

4. 与画面相交的直线,其上离画面无限远处的点的透视,称为直线的灭点。

图 10-7 中直线 AB 与画面 P 相交于点 A_0。当延长 AB 至无限远点 A_0 与画面 P 相交于点 A_0。当延长 AB 至无限远点的视线 SF_∞ 与原直线 AB 必然是互相平行的。SF_∞ 与画面的交点 F 就是直线 AB 上无限远的点的视线 SF_∞,视线 SF_∞ 与原直线 AB 必然是互相平行的。SF_∞ 与画面的交点 F 就是直线 AB 的灭点。直线 AB 的透视 A^0B^0 延长后一定通过灭点 F。

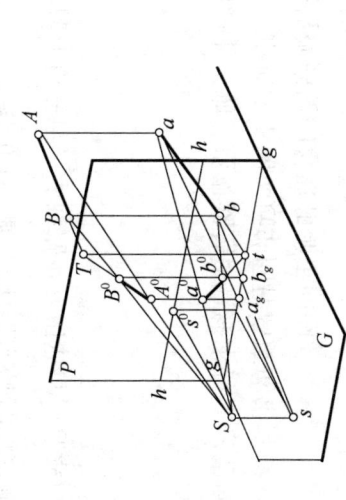

图 10-8 画面相交直线的画面迹点　　图 10-9 画面相交直线的灭点和基灭点

同理,可求得直线的基面投影 ab 上无限远点的透视 f,称为透视 f,称为基灭点。基灭点一定位于视平线上的平线 $h-h$ 上,这是因为平行于 ab 的视线一定位于视平线上的一点。直线 AB 的基透视延长后,一定通过基灭点 $f_\circ$。灭点 F 与基灭点 f 的连线 Ff 垂直于视平线。

5. 一组与画面相交的平行线具有公共灭点,它们的透视与基透视,分别相交于它们的灭点和基灭点。

图 10-10 中,经视点所作的与一组画面相交线的视线的平行线,是同一条直线 SF_∞,它与画面的交点是唯一的,即灭点 F。经视点所作的与一组平行于画面基面投影的视线,也是同一条直线 Sf_∞。它与画面也只有一个交点 $f_\circ$。因此,与画面相交的一组空间相互平行的直线,在透视图上不再平行,而成为相交于同一灭点 F 与基灭点 f 的线束,它们的基透视也成为相交于同一基灭点 f 的线束,这是透视图中特有的规律。

6. 与画面相交平行的直线没有灭点,其上任一点所分割直线段的长度之比,等于透视分割之比。注意:画面相交直线上一点所分割成的线段长度之比,不等于透视分割之比。

图 10-11 中的直线 AB 平行于画面，直线 AB 与画面没有交点，同时，过视点 S 所作的平行于 AB 的视线与自身平行，也没有交点。因此，A^0B^0 与画面的透视，过视点 S 所作的平行于 AB 的视线与自身平行，并且 A^0B^0 与基线 $g-g$ 的夹角能够反映 AB 对画面的倾角。由于视线与基线 $g-g$ 的夹角能够反映 AB 对画面的倾角。由于 $ab/\!/g-g$，因此其基透视 $a^0b^0/\!/g-g$ 是一条水平线，且基透视 AB 上分割线段的长度之比为 $AC:CB$，则其透视分割之比 $A^0C^0:C^0B^0=AC:CB$。

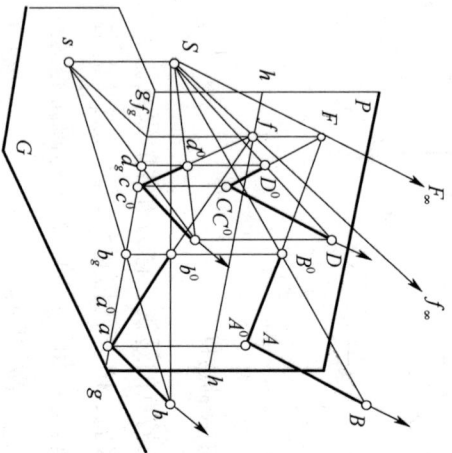

图 10-11 画面平行直线的透视和基透视

10.1.6 透视图中高度的确定

由直线的透视特性可知，如果铅垂线位于画面上，则其透视就是该直线本身，它能反映自身真实的高度，故称画面上的铅垂线为真高线。距画面不同远近的同样高度的铅垂线，具有不同的透视高度，但都可以利用真高线来解决透视高度的量取和确定问题。

利用真高线求透视高度的原理：如图 10-12 所示。已知铅垂线 AB，在画面内作 AB 的全等平行线 CD，直线 CD 即为直线 AB 的铅垂真高线。连接 AC，BD，求出 AC、BD 分别为 C 和点 D，AC、BD 的灭点是 F，因为 AC、BD 是水平线，所以灭点 F 在真视平线上。直线 AC、BD 的透视必在灭点和视迹点的连线上，即在 FC 和 FD 上，所以 A 点的透视 A^0B^0 还落在 FC 上，B 点的透视 B^0 必落在过 b_g 的铅垂线上，由此即可求出同时 A^0B^0 必落在 FD 上，直线 AB 的透视 A^0B^0。

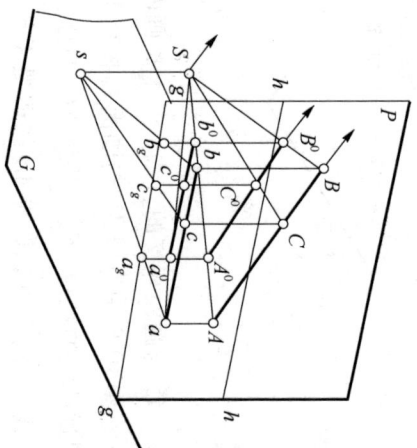

图 10-12 真高线的应用

已知实高为 H 的铅垂线 C^0，要求其透视。作图有以下两种方法，如图 10-13 所示。

（1）在画面上作一条实高的基透视 $(D)(C)$，连接 $C^0(C)$，延长后与视平线交于点 F。连接 $F(D)$ 与直线 C^0D^0 的透视 D^0C^0 即为所求实高为 H 的透视，如图 10-13（a）所示。

（2）先在视平线上任意确定一点 F，作为灭点。连接 FC^0，并延长与基线交于点 (C)，过 C^0 作铅垂线，与 $F(D)$ 交于点 F。连接 $F(D)$，则 $F(D)$ 与 $F(C)$ 是两条平行线的透视，如图 10-13

过 (C) 作竖直线并使其高度为 H，得点 (D)。连接 $F(D)$，与过 C^0 所作的竖直线交于点 D^0，则 D^0C^0 即为所求实高为 H 的铅垂线的透视，如图 10-13 (b) 所示。

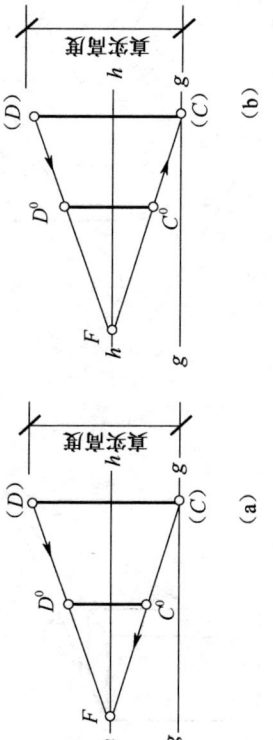

图 10-13 真高线的应用

如有若干条高度相同而离画面远近不同的铅垂线，可利用集中真高线作图，如图 10-14 (a) 所示，Dd、Cc 是两条铅垂线的透视，它们的基透视 d^0 和 c^0 对基线的距离不相等，也就是说 Dd、Cc 到画面的距离是不相等的。又知 $D^0C^0 /\!/ d^0c^0$，所以 Dd 和 Cc 在空间中高度是相等的。如有其真实高度，则可先在画面上作出一条真高线 T^0t^0，然后在视平线上找任意一点 F，分别连接 FT^0、Ft^0，过 d^0 作水平线交 Ft^0 于 c^0，过 c^0 作铅垂线交 FT^0 于 C^0，则 C^0c^0 就是 Dd 的透视高度。其余作图步骤见图 10-14 (a)。图 10-14 (b) 是利用一条真高线来确定 C^0c^0、B^0b^0、A^0a^0 的作图过程。

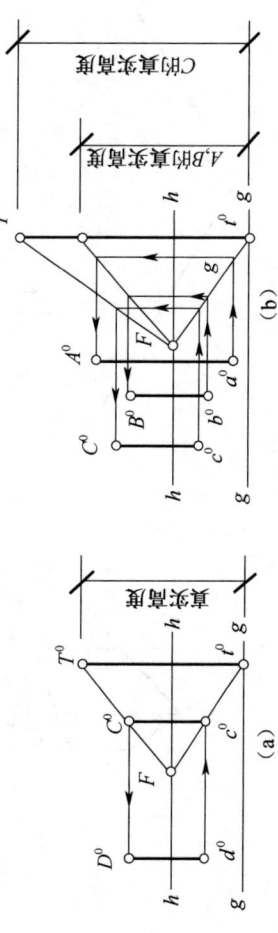

图 10-14 集中真高线的应用

10.1.7 建筑透视图的分类

由于建筑物与画面间相对位置的变化，它的长、宽、高三组重要方向（OX 轴、OY 轴、OZ 轴）的轮廓线，与画面可能平行，也可能不平行。与画面不平行的轮廓线，在透视图中就会形成灭点，该灭点称为主向灭点。与画面平行的轮廓线，在透视图中不会形成灭点。因此，透视图的分类，可按主向灭点的多少进行（也可按三条主向坐标轴与画面的相对位置进行）。

1. 一点透视

如图 10-15 所示，形体的主要面与画面平行，其上的 OX、OY、OZ 三个主向中，只有 OY 主向与画面垂直，另两个主向（OX、OZ）与画面平行。在所作形体的透视图中，与三个主向平行的直线，只有 OY 主向直线的透视有灭点，其灭点为心点 s^0。这样画出的透视，视为一点透视。在该情况下，建筑物只有一个主向的立面平行于画面，所以又称为正面透视。

2. 两点透视

如图 10-16 所示，形体仅有铅垂轮廓线（OZ 轴）与画面平行，其上的另两组主向轮廓线（OX 轴，OY 轴）均与画面相交，于是在画面上会形成两个灭点 F_X 及 F_Y，这两个灭点都在视平线 $h-h$ 上。这样画出的透视，称为两点透视。在该情况下，建筑物的两个主向轮廓均与画面成倾斜角度，所以又称为成角透视。

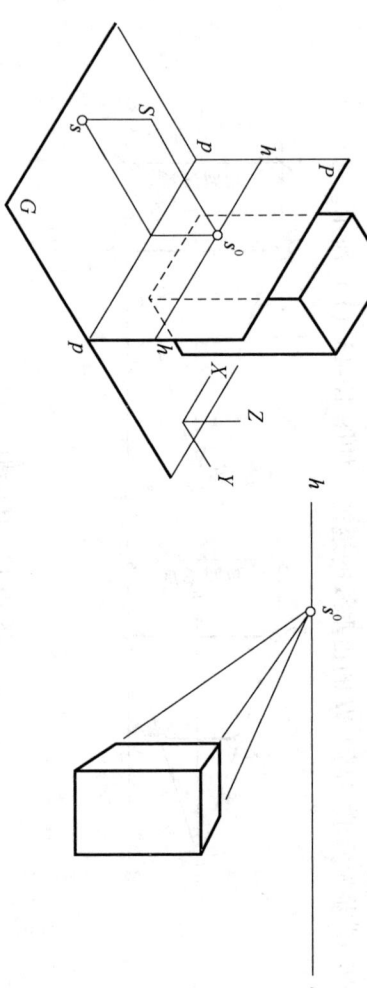

图 10-15 一点透视的形成

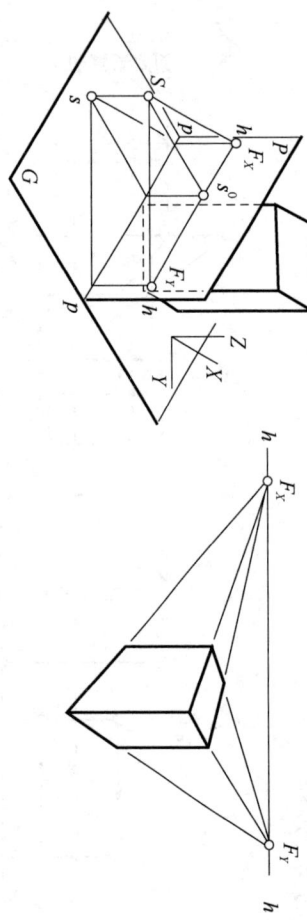

图 10-16 两点透视的形成

3. 三点透视

如图 10-17 所示，如果画面倾斜于基面，即与建筑物三个主要轮廓线相交，于是在画面上会形成三个灭点 F_X、F_Y 和 F_Z。这样画出的透视，称为三点透视。在该情况下，画面是倾斜的，所以又称为斜透视。

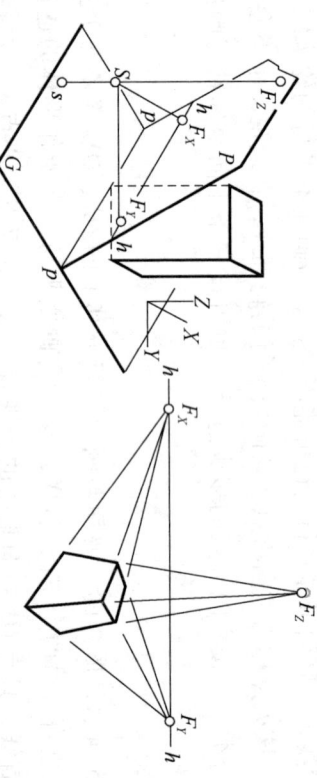

图 10-17 三点透视的形成

10.2 透视图的基本作图方法

10.2.1 视线法

迹点是视线与画面的交点。通过求视线迹点来绘制透视图的方法，称为视线法。其作图原理是，设画面与正立投影面 V 重合，连接视点与空间形体上各点，即得视线，求出视线与画面的交点，依次连接各交点，就得到形体的透视图。

1. 与画面斜交的基面平行线的透视

图 10-18 中的水平线 AB 即为与画面斜交的基面平行线，AB 的迹点为 F。显然，同一方向的一组水平线有同一个灭点；不同方向的一组水平线的灭点都在视平线 h—h 上。直线 AB 的透视必落在迹点灭点的连线 TF 上，TF 称为直线 AB 的全透视。

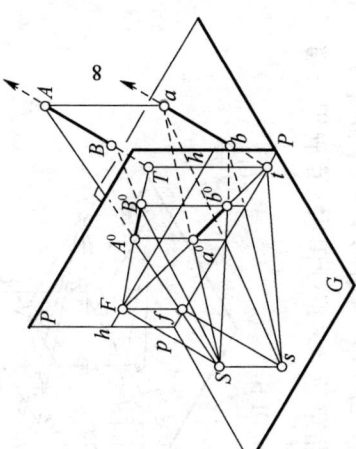

图 10-18 直线的画面迹点和灭点

【例 10-1】 已知视平线 h—h、站点 s、水平线 AB 距离基面的高度 H 和基面投影 ab（图 10-19a），求作 AB 的透视和基透视。

解：首先，过站点 s 作 sf∥ab，求得 AB 的灭点 F。其次，延长 ab 与 p—p 交于 t，过点 t 向上作竖直线与 g—g 交于点 t，并在高度 H 处取点 T 为 AB 的迹点。然后，连 sa、sb 可在 p—p 上得交点 a_g、b_g；过 a_g、b_g 向上作竖直线与 Ft 交于 a^0、b^0，连线 a^0b^0 为 AB 的基透视，A^0B^0 为 AB 的透视（图 10-19b）。

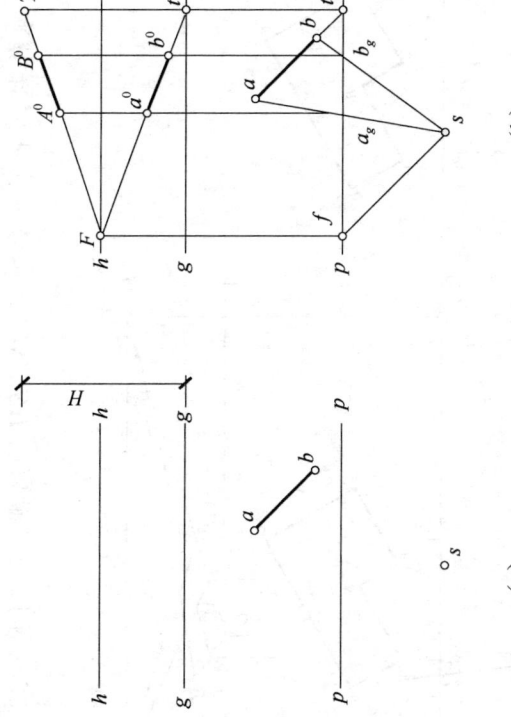

图 10-19
(a) 已知条件；(b) 透视作图

2. 与画面垂直的直线的透视

图 10-20 (a) 中直线 AB 垂直于画面，现将其 B 端延长，与画面相交于迹点 T。过视点 S 作平行于直线 AB 的视线，它就是主视线。心点 s^0 就是画面垂直线 AB 的灭点。所以，任何画面垂直线的灭点都是心点 s^0。

【例10-2】 如图10-20所示，已知视平线 $h-h$，站点 s，画面垂直线 AB 的高度 H 和基面投影，试作 AB 的透视与基透视。

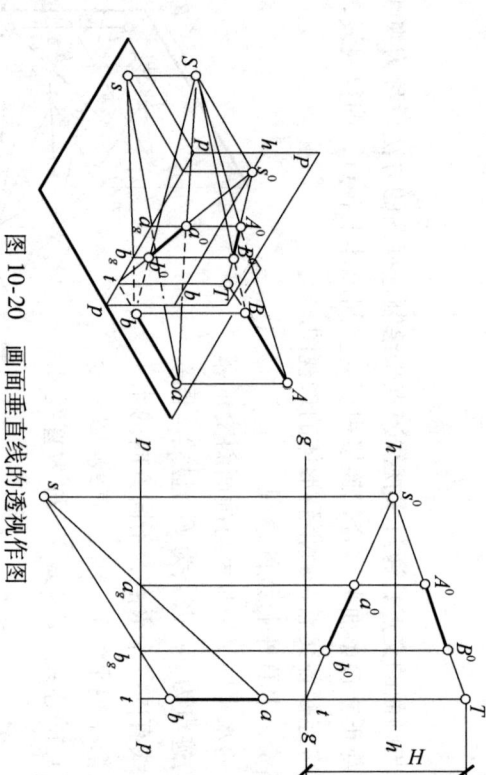

图10-20 画面垂直线的透视作图

解： 由站点 s 求出心点 s^0，心点即为直线 AB 透视和基透视的天点。延长 ab 交基线 $p-p$ 于 t，在基线 $g-g$ 上定出 t，由 t 在铅垂方向上量取 H，得出 T 点，T 即为 AB 的迹点，过 a_g 向上作为直线 AB 的全透视，s^0t 为直线 AB 的基全透视。连 sa 可在 $p-p$ 上得交点 a_g；过 a_g 向上作竖直线与 s^0t 交于 a^0，与 s^0T 交于 A^0。最后，连线 a^0b^0 为 AB 的基透视，A^0B^0 为 AB 的透视。

3. 平面图形的透视

平面图形的透视，就是作构成平面图形的各轮廓线的透视。当平面通过视点时，其透视将会积聚成一条直线。

【例10-3】 求作基面上平面多边形 $ABCDEM$ 的透视，已知视距32，视高16，如图10-21 (a) 所示。

解： 由透视特性可知，基面上的图形，其透视与基透视重合。

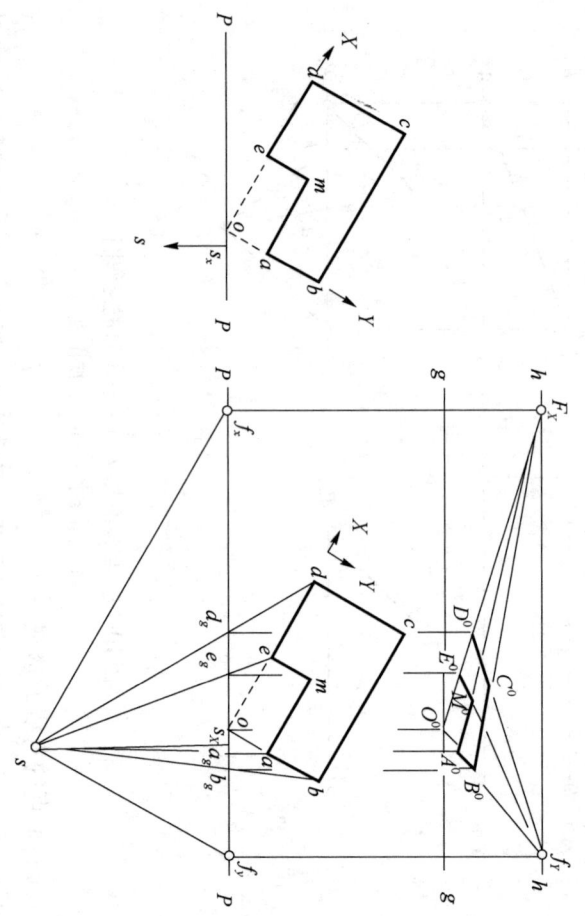

图10-21 平面多边形的透视作图
(a) 已知条件；(b) 透视作图

198

首先，由视距32，视高16在图10-21 (b) 中定出站点 s 和视平线 $h-h$。其次，作灭点，从图10-21 (a) 知，该平面多边形只有 X、Y 方向的平行线，作 ab 的平行线，轮廓线 ed、am、bc 为 X 方向的平行线，缺口的顶点 o 在画面上。于是在图10-21b 中过站点 s 作 ab 轮廓线的平行线，交 $p-p$ 于灭点 f_y，并由此向上作竖直视平线 $h-h$ 于 F_Y，这就是平面多边形的 Y 向轮廓线 ab、em、dc 的公共灭点；同理，作轮廓线 ed、am、bc 的公共灭点 F_X。

然后，与画面多边形的顶点 a、b、d、e 引直线（即过这些点的视线的水平投影），过站点 s 向平面多边形的顶点 a_g、b_g、d_g、e_g 等点；缺口的顶点 o 在画面上，过 o 向上作竖直直线，与 dg、e_g 点向上作竖直线交得透视线交基线 $g-g$ 于 O^0；连线 F_YO^0，与过 o 点向上作的竖直线交得透视点 A^0、B^0；连线 F_XA^0、F_YE^0 交得透视点 D^0、E^0，O^0 即为点 o 的透视。与过点 o 向上作的竖直线交得透视点 C^0。最后，依此连接 A^0、B^0、C^0、D^0、E^0、M^0，即得所求的透视图，如图10-21 (b) 所示。

4. 平面体的透视

平面体的透视作法一般是先作出基面上平面图形的透视，再利用真高线求出平面体与画面的透视图。

【例10-4】 如图10-22 (a) 所示已知位于基面上的一T型块，并已知基线 $g-g$、视平线 $h-h$，画面 $p-p$，s、s^0 的位置，求该T型块的透视。

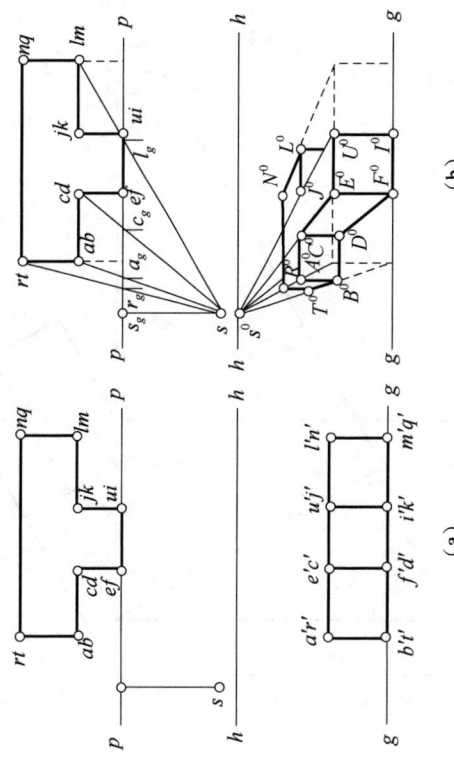

图10-22 T型块的透视作图
(a) 已知条件；(b) 作图

该T型块是由长方体切割而成，它的前、中、后侧面均平行于画面，前侧面又在画面上，其透视与其自身重合。其余作图过程如图10-22 (b) 所示。

【例10-5】 如图10-23 (a)，已知一长方体的正投影图，视高 H，求该长方体的透视图。已知一长方体的一条棱线 AB，并使其正面和侧面与画面的夹角为 $30°$ 和 $60°$。

为便于作图，可使画面经过长方体的一条棱线 AB，作图步骤如下：

(1) 延长 de 与画面交于 i_g，延长 cd 与画面交于 j_g，如图10-23 (a) 所示。

(2) 过 s 作 $sf_y // cb$，与 $p-p$ 相交于 eb，作 $sf_x // eb$，与 $p-p$ 相交于 f_x，作 $ss_g \perp p-p$，与 $p-p$ 相交于 s_g。

(3) 根据视高确定基线 $g-g$，F_x、F_y 以及三个迹点 i_g、j_g，由图10-23 (a) 中所确定的位置，B^0、j_g，如图10-23 (b) 所示。
的相对位置，确定 F_x、F_y 以及三个迹点 i_g、B^0、j_g，如图10-23 (b) 所示。

(4) 分别连接 $i_g F_Y$、$B^0 F_X$、$B^0 F_Y$ 和 $j_g F_X$，得长方体的底面透视（也可理解为基透视）。

过 A^0 作高度为 L 的真高线 $A^0 B^0$，如图 10-23 (b)。

(5) 连接 $A^0 F_X$、$A^0 F_Y$，与过 E^0 和 C^0 的竖直线相交，即得长方体的透视。

【例 10-6】 见图 10-24，已知双坡顶房屋的平面图、立面图，站点 s，基线 $g-g$，视平线 $h-h$，画面位置 $p-p$，求作该房屋的透视图。

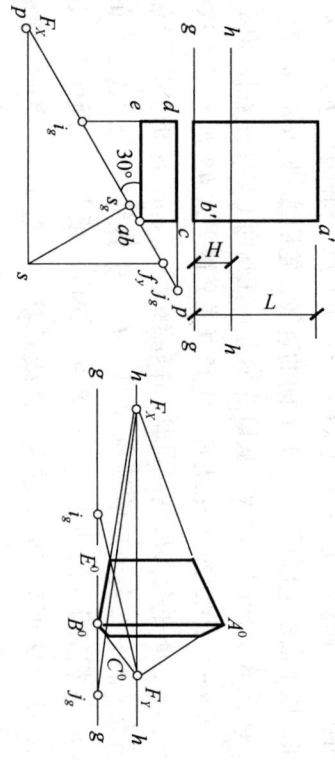

图 10-23 迹点灭点法作长方体的透视

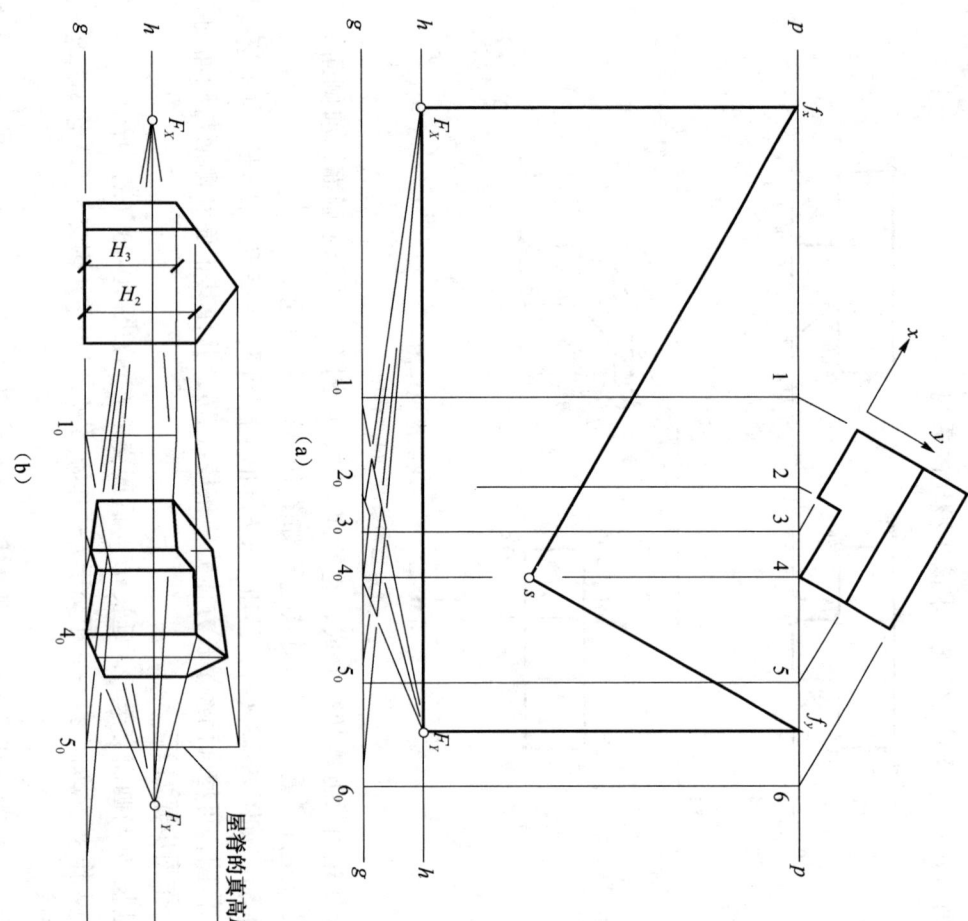

图 10-24 双坡顶房屋的透视
(a) 作建筑物的透视平面图；(b) 确定墙角棱线和屋脊的透视高度

200

作图步骤：

(1) 先将平面图中两组主要方向 X、Y 的所有直线都延长到与画面迹线 p-p 相交，从而求得全部迹点的水平投影 1、2、……6，并由此向下作竖直线交基线 g-g 得迹点的透视 1_0、2_0……6_0。

(2) 过站点 s 分别作 X、Y 方向的平行线交画面迹线 p-p 于 f_X 和 f_Y，并由此向下作竖直线交视平线 h-h 得两主向直线的灭点 F_X 和 F_Y。

(3) 过基线 g-g 上的点 1_0、2_0、4$_0$分别作直线与灭点 F_X相连，过 3_0、5_0、6_0分别作直线与灭点 F_Y相连，它们彼此相交，形成一个透视网格。

(4) 由透视网格中相应两组直线主向直线的基透视的交点求透视。即透视网格，即得两组直线主向直线的基透视的交点的连线，可得基透视底面的透视平面图（图10-24a）。

(5) 根据小屋的侧立面图，过 4_0 的墙角在画面上，其铅垂线的高度就是真高 H_1；过 1_0 处的铅垂线应反映建筑物左前墙右角的真高 H_2；过 5_0 处的铅垂线应反映屋脊的真高 H_3；从而可以完成整个小屋的透视的作图（图10-24b）。

10.2.2 量点法

前面介绍了用迹点灭点法求建筑形体的基透视。该方法直观性好，比较容易掌握，但作图麻烦，所求透视图大小受建筑平面图大小的约束。下面介绍一种更简便求透视图的作图方法——量点法。

图10-25（a）中基面上有直线 AB，其画面迹点为 T，灭点为 F（位于视平线上）。于是直线 AB 的透视必位于其全透视 TF 上。为了确定点 B 的透视，作辅助线 BB_1，使 $\triangle BTB_1$ 中的边 $BT = B_1T$。过视点作辅助线 BB_1 的灭点 M（该点也应位于视平线上），则辅助线 BB_1 的全透视为 B_1M，于是点 B 的透视 B^0 一定在 B_1M 与 TF 的交点上。同法作点 A 的透视 A^0，即得直线 AB 的透视，即透视 A^0B^0。由于 $\triangle ATA_1$ 是一个等腰三角形，A^0T 的实际长度为 A_1T，这就在直线上量得该方向上的线段的透视长度与实长之间建立了一种联系，由于辅助线的灭点 M 是用来在全线透视 TF 上量取透视长度的尺寸，利用量点可直接根据平面图中的已知尺寸作透视图的方法称为量

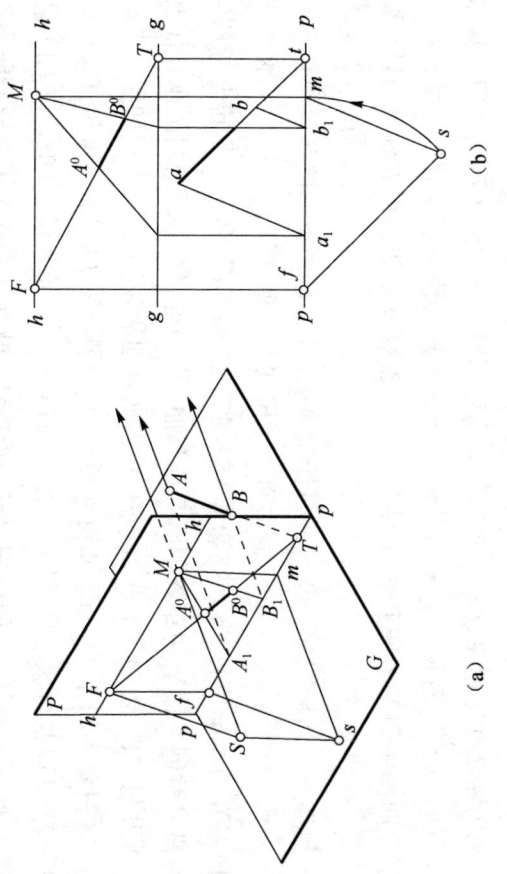

图 10-25 量点法

点法。

根据以上原理，在图10-25（b）中作出AB的全透视TF后，以点f为圆心，fs为半径作弧，在p-p上交得点m，于是在h-h上可作得量点M，即视点至某一直线灭点的距离等于该直线的灭点至景点的距离。

【例10-7】图10-26中直线AB为一水平线，距G面的高度为L，其基面投影为ab。用量点法求作其透视。

作图过程如下：

(1) 延长ba，与p-p交于点n，过s作sf∥ab，交p-p于点f。

(2) 根据给定视平线h-h、基线g-g，求得n⁰、F，过n⁰向上作竖直线，高度为L，得点N⁰，连接n⁰F，N⁰F。

(3) 以f为圆心，fs为半径作圆弧，交n⁰F于点M。

(4) 在g-g上截取n⁰B₁=nb，连接MB₁，交n⁰F于点b⁰；在g-g上截取n⁰A₁=na，连接MA₁，交n⁰F于点a⁰，过a⁰作b⁰a⁰的基面透视。

(5) 过a⁰向上作竖直线，交N⁰F于点A⁰；过b⁰向上作竖直线，交N⁰F于点B⁰，A⁰B⁰即为直线AB的透视。

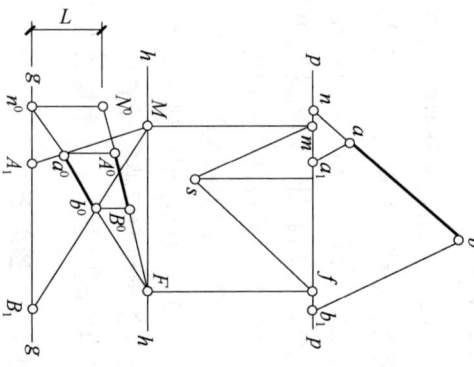

图10-26 用量点法作水平线的透视

【例10-8】试利用量点法作台阶（图10-27a）的两点透视图。

解：本例中台阶的正立面是透视表达的主要表面，因此过台阶平面图中台阶的正立面的两主向尺线p-p得量点Mx的基面投影fx、fy。再根据量点法中过s作sfx∥X、Y的主向尺线，确定站点s，使其位于画面近似宽度B的中间1/3部分的正前方，且距画面大约1.5B。

作台阶既定的视高画出视平线h-h和基线g-g，并将图中的fx、fy和mx、my对应移植到视平线h-h上（图10-27b），得灭点Fx、Fy和量点Mx、My。过台阶的转角处的点a⁰对应画面上的刻度（该点即为画面图中a⁰之左依次量取的X方向的尺寸4、4、8、8、8，得四个相应的刻度点，Y方向各点分别向Mx引直线，在基线g-g上a⁰点之右依次量取28、4、4，过这些量点分别向My作竖直线，即得Y方向各点的实际距离，过这些点分别向灭点Fx或Fy引直线，即得台阶各级台阶的真实高度，从而可以得到各顶点的透视位置。

过上达交点a⁰Fy，即得台阶的真高线，在最后依次量取各级台阶的棱线位于画面上为真高，其上依次量取各级台阶和右边挡墙的真实高度4、4、4、4等，再由下面的透视作图引直线，再由下面的透视作图引直线向上作竖直线定出台阶各顶点向上的透视位置，从而完成整个台阶的透视作图（图10-27c）。

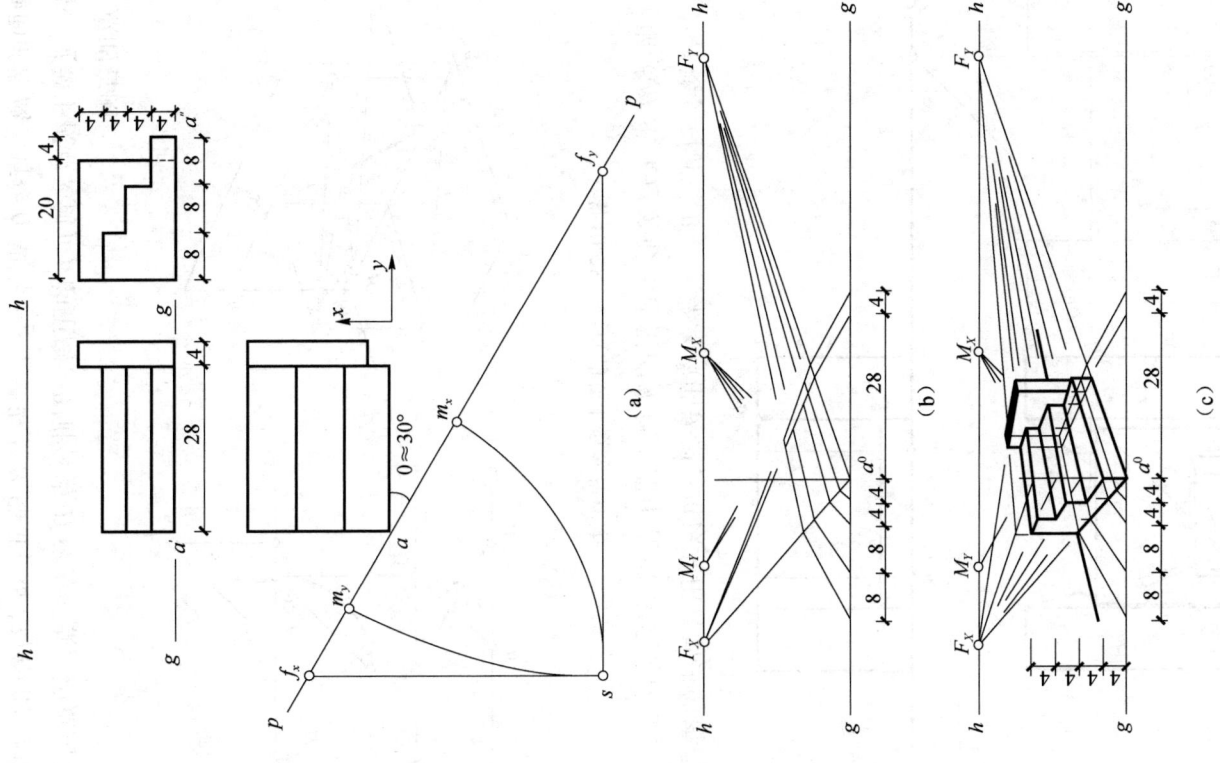

图 10-27 量点法作台阶透视

(a) 设置画面和站点，作出灭点和量点；(b) 利用量点法作透视平面图；(c) 利用真高线完成透视作图

10.2.3 距点法

当求建筑形体的一点透视时，画面垂直线的量点称为距点，用 D 表示。

在一点透视的作图中，建筑物只有一组主向轮廓线与画面垂直产生灭点 s^0。如图 10-28 所示，基面上有一垂直于画面的直线 AB，其透视方向为 As^0。为了确定 B 点的透视，可设想在基面上，过点 B 作 45°方向辅助线 BB_1，与基线 g-g 交于点 B_1。求 BB_1 的灭点，可过 S 作 $SD // BB_1$，与视平线 h-h 交于点 D。连接 B_1D，与 As^0 相交于点 B^0，AB^0 即为所求直线 AB 的一点透视。图 10-28 (b) 是该直线 AB 的透视作图，从图中可看出，$ab_1 = ab$，在实际作图时，

203

只需按点 B 对画面的距离，直接在基线 g-g 上量得点 B_1 即可；sd 与 p-p 的夹角为 $45°$，点 D 到心点 s^0 的距离，应等于视点 s 到 p-p 的距离，因此，点 D 称为距点。距点可取在心点的左侧，也可取在心点的右侧。

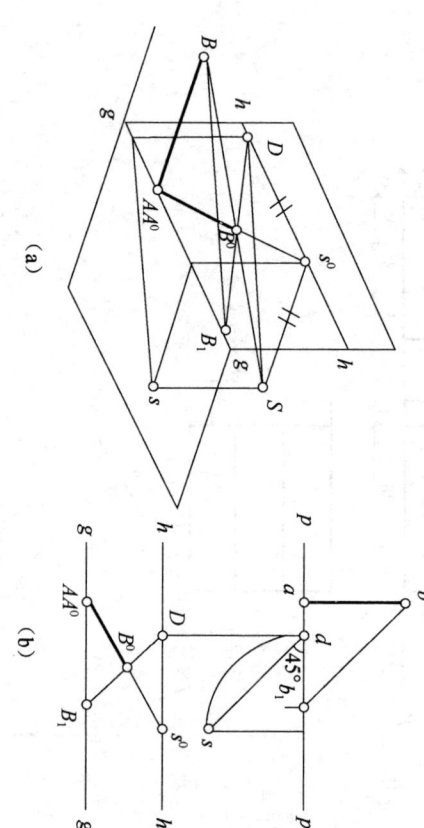

图 10-28 距点的基本概念与作法

图 10-29 是用距点法求作建筑形体透视的实例。图中在求得距点 D 后，只需求出了 A_1、B_1，分别与距点 D 连接，得 A^0、B^0。其余各点的透视，可以利用直高线的透视特点来求作。

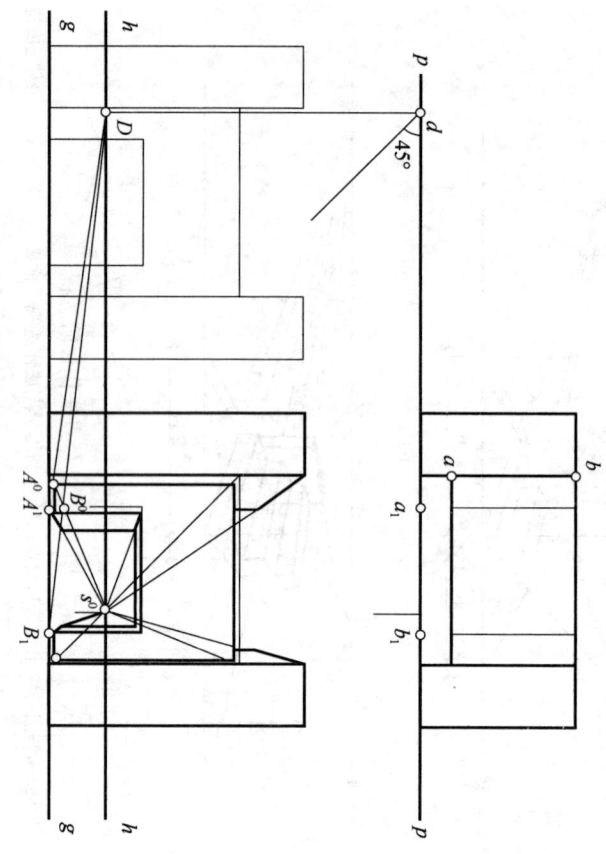

图 10-29 用距点法求建筑形体的一点透视

10.2.4 透视图的选择

在学习透视图时，不仅要掌握各种画法，合理选择透视图的类型，画面与建筑物三者之间的相对位置。如果三者的相对位置处理不当，透视图会产生畸形失真，因而不能准确地反映我们的设计意图。

1. 人眼的视觉范围

根据测定，人的一只眼睛观看前方的环境和物体时，其可见的范围接近于椭圆锥。锥顶

204

的夹角，称为视角。在绘制透视图时，常将视角控制在60°以内，以28°～37°为最佳。视角大于60°时，图形将产生较大的变形。最佳视距宜为画面宽度的1.5～2.0B。

2. 视点的选择

视点的选择，包括选定视角、站点的左右位置和视高。

(1) 选定视角

图10-30所示是站点分别位于s_1和s_2位置处的透视图，由图10-30可看出，站点的变化将直接影响到人的视觉感受。站点s_1与建筑物距离较近，视角较大的透视图，由于两灭点距离较近，故视角大的透视图，收敛地过于急剧，墙面显得狭窄，视觉感受不佳；视角较小的透视图，由于两灭点距离较远，故建筑物上水平轮廓线的透视显得平缓，墙面也比较开阔舒展。

(2) 选定站点

在选定站点时，为使绘制的透视图能充分体现出建筑物的形体特点，反映出设计者的主要意图，应使站点位于画面宽度内，如图10-31所示，图10-31(a)图中用30°三角板所选站点较好地表达了建筑形体的特点，图10-31(b)图中所选定站点则没有表达出建筑形体的特点。

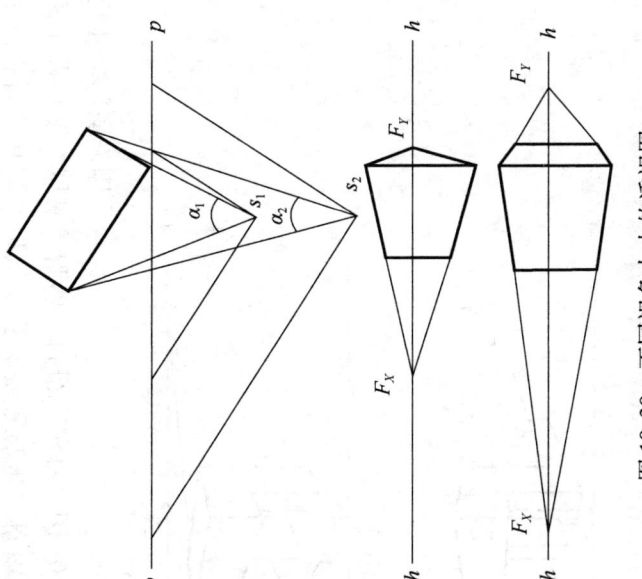

图10-30 不同视角大小的透视图

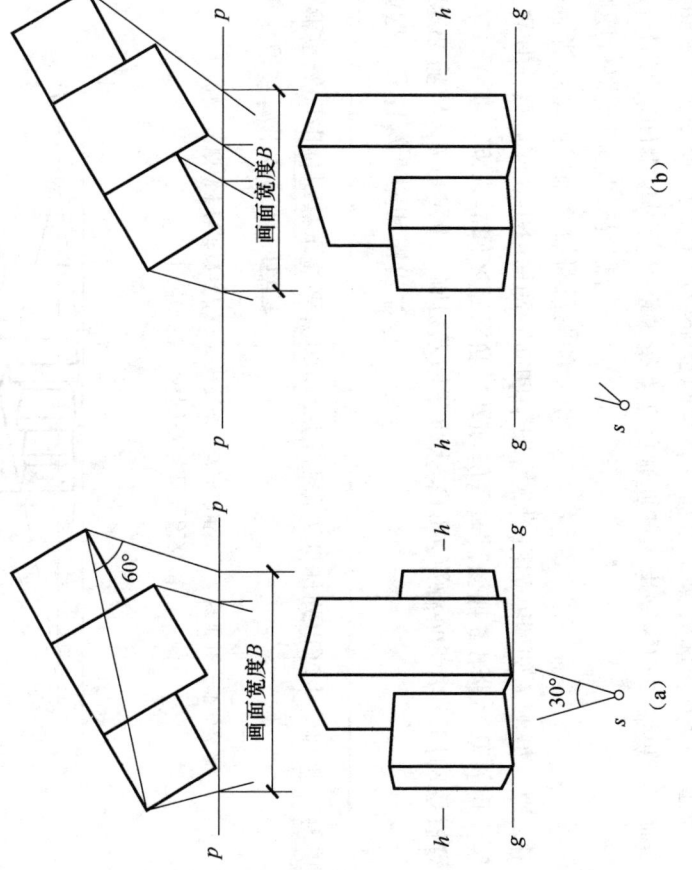

图10-31 站点应位于画面宽度内

(3) 选定视高

视高是视点与基线间的距离，即视平线与基线间的距离，一般可使人眼高1.5～1.8m，达样可使透视图的形象更切合实际。有时为了使透视图取得特殊效果，视高要升高，或者降低。将视高升高可获得俯视效果，使地面在透视图中比较开阔，给人以舒展、开阔高爽的视觉效果，居高临下的视高降低可获得仰视效果，建筑形体在透视图中能给人以高耸、雄伟、挺拔之感觉。图10-32是采用三种不同的视高所画出的建筑形体的透视图。

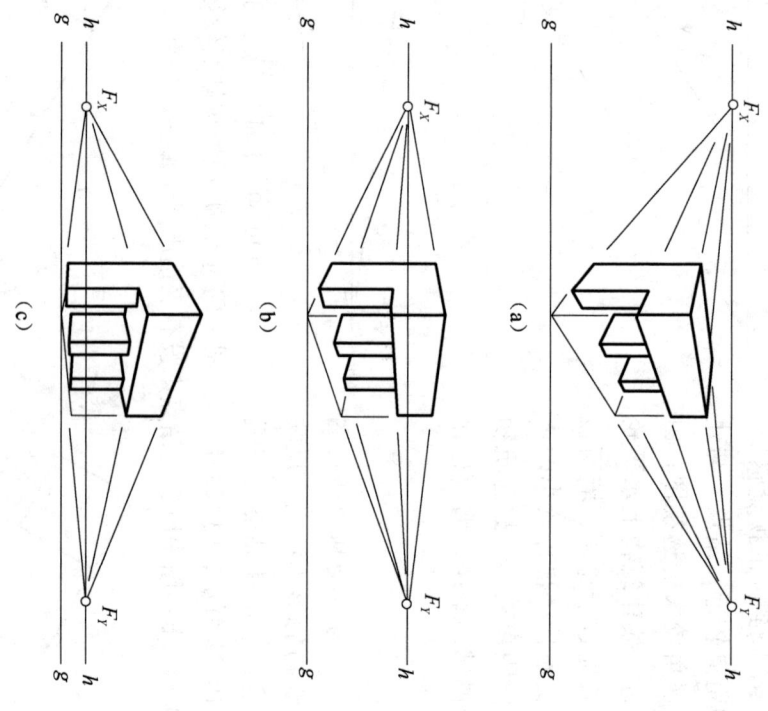

图10-32 不同视高的透视效果
(a) 提高视平线的效果；(b) 一般视平线的效果；(c) 降低视平线的效果

3. 画面与建筑物相对位置的选择

画面与建筑物相对位置主要是指画面与建筑物立面的偏角大小，画面与建筑物的前后位置。

(1) 画面与建筑物立面的偏角大小

如图10-33所示，θ角越小，则该立面上水平线的灭点越远，立面的透视就逐渐变狭窄。随着θ角的增大，总是有一适当的θ角，使两立面非常接近两立面的实际高，宽之比。有时为了要突出表现某一立面，则要选择特殊的θ角。

(2) 画面与建筑物相对位置的前后位置

在视点与建筑物立面及建筑物的夹角确定后，建筑物与画面的前后位置可按需要确定。由于画面是作前后平行的移动，所以，得到的透视都是相似图形，如图10-34所示。

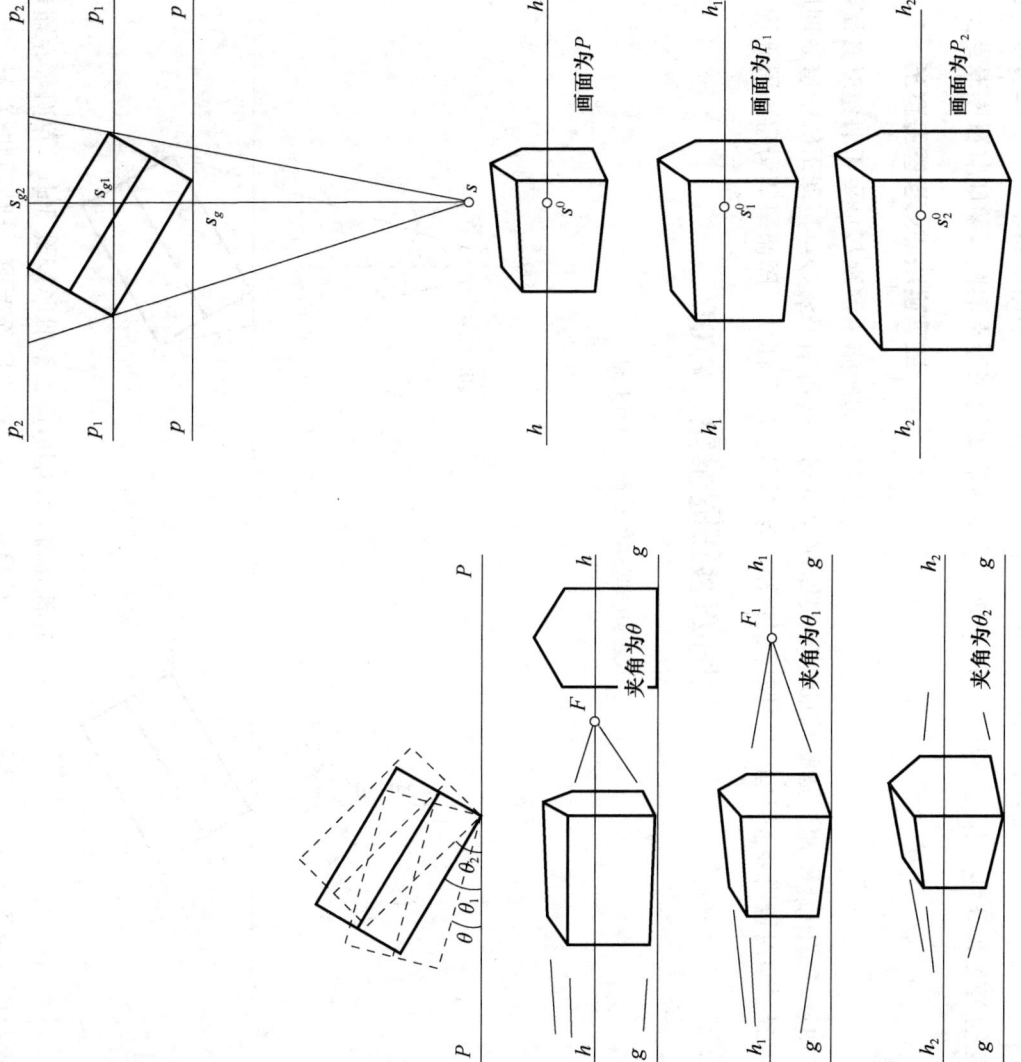

图 10-33 画面与建筑物立面夹角
大小对其透视范围的影响图

图 10-34 画面与建筑物前后位置对其透视的影响图

4. 在平面图中确定视点，画面的步骤

综合考虑视点、画面、物体三者之间的关系，作透视图前可按下述步骤确定视点和画面。

(1) 确定视点，再确定画面

如图 10-35 (a) 所示，首先确定站点，使站点 s 的两条边缘视线间的夹角为 $30° \sim 40°$，在该夹角的中间三分之一的范围内作主视线的投影 ss_g，然后作画面线 p-p 垂直于 ss_g，画面线最好通过建筑平面图的一角。

(2) 先确定画面，再确定视点

如图 10-35 (b) 所示，首先过建筑平面图的某转角按需要的 θ 角确定画画线 p-p，然后过建筑物的两最外侧墙角作画面线 p-p 的垂线，得到透视图的近似宽度 B，在近似宽度内选定心点的投影 ss_g，使 ss_g 位于画面宽度中部的 $B/3$ 范围内，过 s_g 作画面线 p-p 的垂线，在垂线上截取 $ss_g = (1.5 \sim 2.0)B$，即确定站点的位置。

确定视点和画面后，还需要确定心点和视平线的高度，中心视线为轴线，最后还应检查整个建筑物是否位于以视点为顶点，中心视线为轴线，顶角为60°的圆锥内。

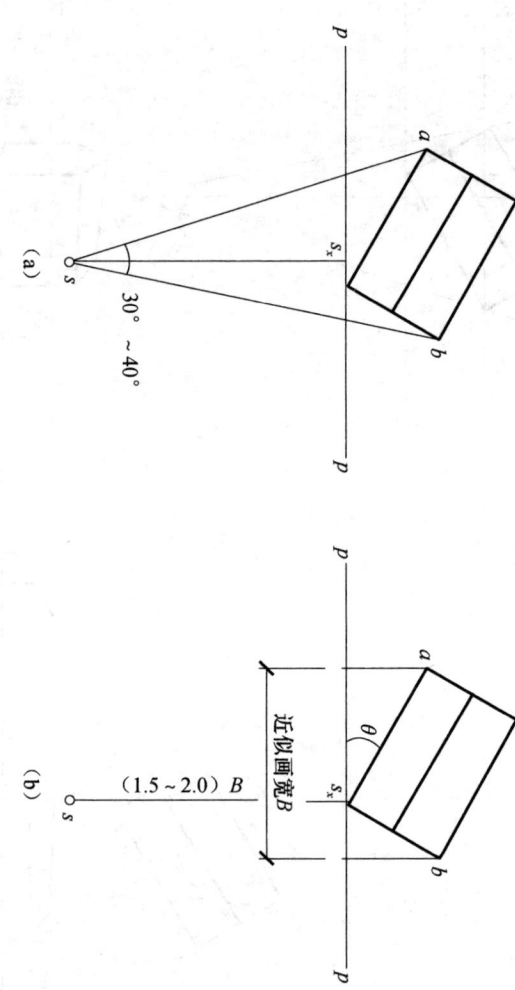

图 10-35 视点与画面的确定

10.3 透视图的辅助画法

绘制建筑形体的透视图，有时会因形体较大，视点离画面远，两个灭点相距较远，甚至在画面之外时，为了求该主向灭点会落在图板外，使求作通向该灭点的透视直线时遇到困难；有时，也会遇到在形体上进行分割建筑细部的透视作图。

10.3.1 灭点在图板外的透视画法

灭点在图板外的透视画法主要采用辅助灭点法。如图 10-36 所示，当一个主向灭点 F_x 落在图板之外时，为了求该主向灭点会落在图板外，可过墙角 a 作一条辅助直线。

1. 利用心点 s^0 作为辅助灭点

如图 10-36（a）所示，过 A 作画面垂直线 AD，则 AD 的透视指向心点。连接 D^0s^0，d^0s^0。D^0d^0 反映墙角 Aa 的真高。连接 sa 与 p-p 相交于 a_g，过 a_g 向下作竖直线，与 D^0s^0 相交于 A^0，与 d^0s^0 相交于 a^0，A^0a^0 即为所求墙角 Aa 的透视。

2. 利用另一个主向灭点作为辅助灭点

如图 10-36（b）所示，延长 ea 与画面交于 K，则 K 为直线 EA 的透视指向画面迹点，在该竖直线上量得 K^0，根据形体真高，连接 K^0F_y，过 k 向下作竖直线与基线 g-g 交于 k^0。a 的透视 A^0，a^0 必然在 K^0F_y，k^0F_y 上。

图 10-37 所示是利用 F_y 作为辅助灭点，求作建筑形体两点透视的作图。图 10-38 所示是利用 F_y 作为辅助灭点，求作建筑形体两点透视的作图。注意至屋脊线两端点 C 和 E 的透视，都是利用它们的画面迹点求出，K^0 是过点 C 目与 AD 平行的直线的画面迹点，M^0 是屋脊线 CE 的画面迹点，求出 C^0M^0 后，连接 se 与 p-p 相交于 e_g，过 e_g 向下作竖直线与 C^0M^0 交于 E^0，即为所求。

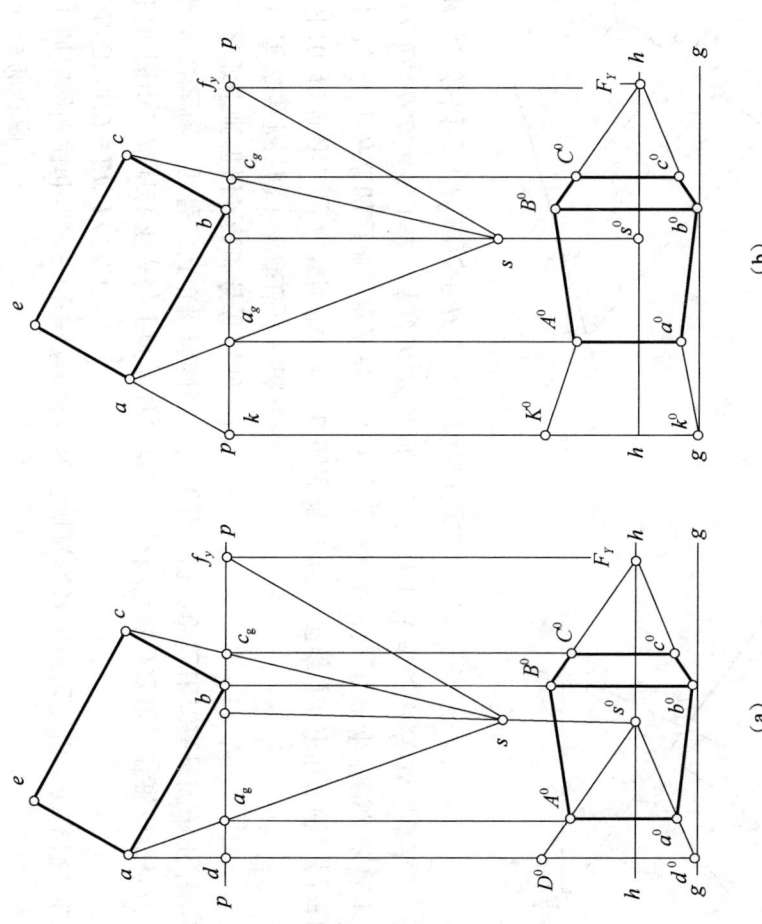

图 10-36 辅助灭点法
(a) 利用心点 s^0; (b) 利用另一个主向灭点 F_Y

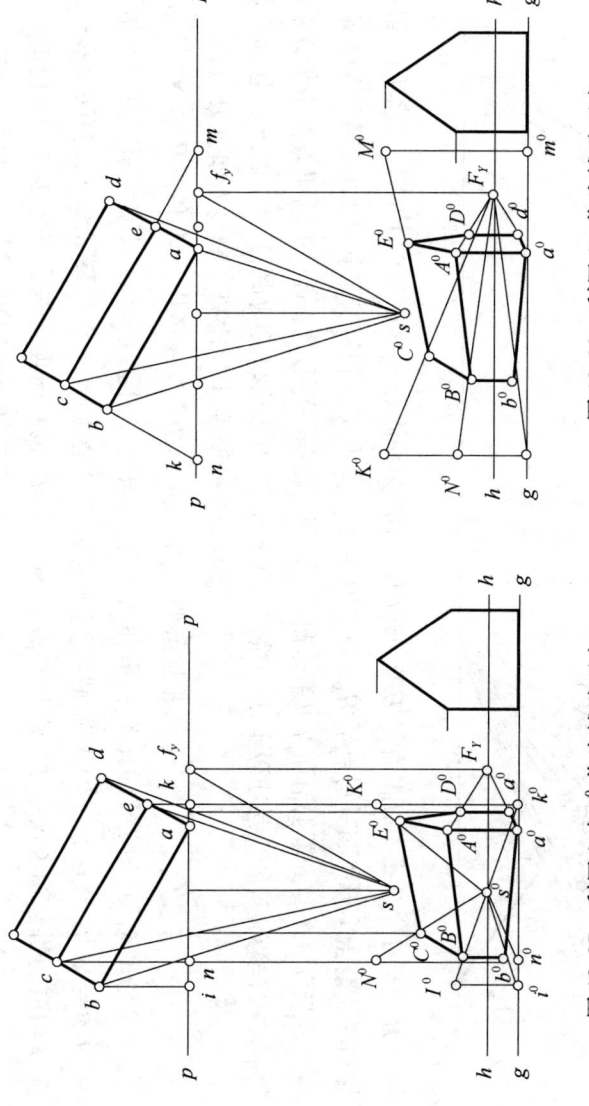

图 10-37 利用心点 s^0 作为辅助灭点

图 10-38 利用 F_Y 作为辅助灭点

10.3.2 建筑细部的简捷画法

用前述各种方法画出建筑形体的透视轮廓线之后，可用平行线、矩形的透视特性等知识画出建筑细部的透视，能够简化作图，提高效率。

1. 直线的分割

由平面几何原理可知，一组平行线可将任意两真线分割成比例相等的线段，如图10-39所示，$AB:BC:CD=EF:FG:GH$。

在透视图中，当直线不平行于画面时，首先在各线段长度之比，其透视将产生变形，不等于实际分段之比。但是，可以根据画面平行线各线段长度之比在透视图中不发生改变的透视特性，来求作画面相交线的各分点的透视。

(1) 在基面平行线上截取成比例的线段

如图10-40所示，已知基面平行线 AB 的透视 A^0B^0，现将 AB 分为三段，使三段长度之比为3:1:2，要求分点的透视。首先过 A^0B^0 上任意一点如 A^0，作一水平线，在该水平线上截取 $A_0C_1；C_1D_1；D_1B_1=3:1:2$，连接 B_1B^0 并延长，与视平线相交于点 M（量点），然后连接 MD_1、MC_1，分别与 A^0B^0 相交于 D^0、C^0，即为所求。

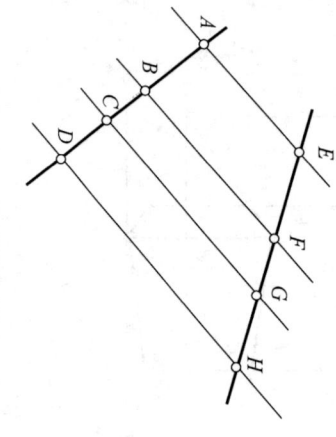

图10-39 线段的分割图

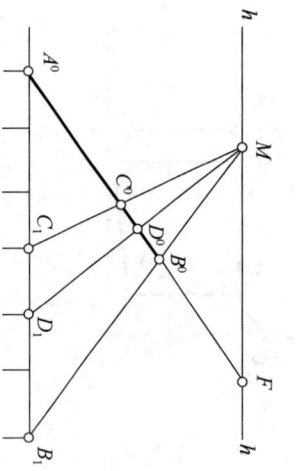

图10-40 在基面平行线上截取成比例的线段

(2) 在基面平行线上截取若干连续等长的线段

如图10-41所示，已知基面平行线 AB 的透视 A^0B^0，现将 AB 分为5段等长的线段，要求各分点的透视。首先过 A^0B^0 上任意一点作一水平线，在该水平线上截取 $A^0C_1=C_1D_1=D_1E_1=E_1K_1=K_1B_1$=任意长度，与视平线 $h-h$ 相交于点 M（量点），连接 MC_1、MD_1、ME_1、MK_1，分别与 A^0B^0 相交于 D^0、C^0、E^0、K^0，即为所求。

(3) 在基面平行线上截取若干连续等长的线段实长等于 A^0B^0 的实长

如图10-42所示，已知基面平行线 AF 的透视 A^0F，现在 AF 上截取若干连续等长的线段，要求各分点的透视。首先，在视平线 $h-h$ 上找任意一点 M，然后过 A^0 作一水平线，并延长与 A^0F 交于 C^0、D^0……H^0。若一水平线与 A^0B^0 的水平线交于 B_1，以 A^0B_1 为单位长度，在水平线上截取线段 MB^0，并延长 $B_1C_1、C_1D_1……MH_1$，与 A^0F 交于 C^0、D^0……H^0。若段实长等于 A^0B^0 的实长。连接 MC_1、MD_1……MH_1，与 A^0F 交于 B_1、C_1D_1……分别连接 MC_1、MD_1……MH_1，与 A^0F 交于 C^0、D^0……H^0，即为所求。

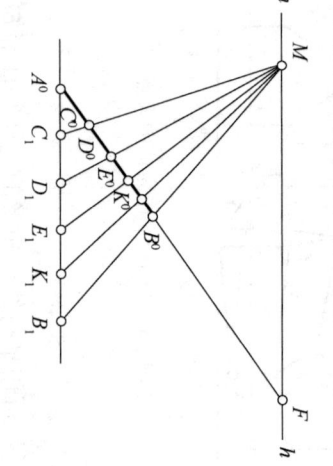

图10-41 在基面平行线上截取等长的线段

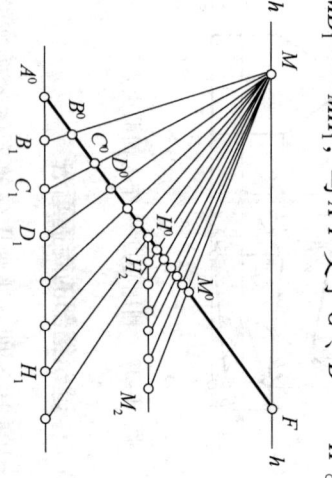

图10-42 在基面平行线上截取若干连续等长的线段

自 H_1 继续向右截取单位长度线段，会扩大作图范围，不方便，因此，过 H^0 再作一水平线，在其上应以 H^0H_2 为单位长度截取线段，将 M 和各分点连接，进而求得各等分点的透视。

2. 矩形的分割

(1) 将矩形分割为全等的矩形

图10-43 (a) 是矩形的透视的单向分割。它是通过作矩形的透视的两条对角线，并过其交点作边的平行线来将矩形等分为二。显然，重复使用此法，还可分成更多更小的矩形。同理，可得到矩形的透视的双向分割 [10-43 (b)]。

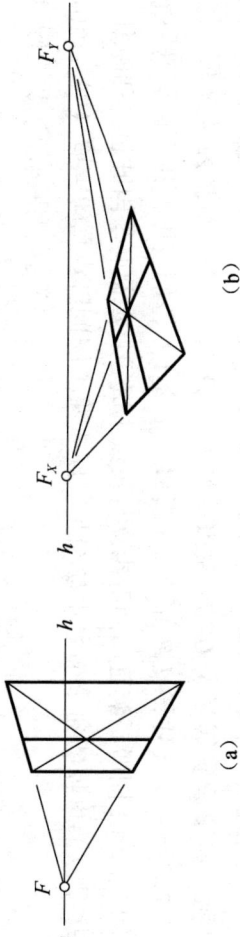

图10-43 将矩形分割为全等的矩形

(2) 铅垂矩形的分割

图10-44 (a) 是利用一条对角线和一组平行线，将铅垂矩形竖向分割为四个全等的矩形。首先，以适当长度为单位，在铅垂边 A^0B^0 上，自点 A^0 截取 4 个分点 1、2、3、4；连接 $1F$、$2F$、$3F$、$4F$ 与矩形 $4A^0C^08$ 的对角线 $4C^0$ 相交于 5、6、7，过 5、6、7 分别作竖直线，即将矩形分割为四个全等的矩形。

图10-44 (b) 是将铅垂矩形竖向分割成宽度比为 4:2:2 的三个矩形。在铅垂边 A^0B^0 上，自点 A^0 截取三段长度之比为 4:2:2，其余作图同图10-44 (b)。

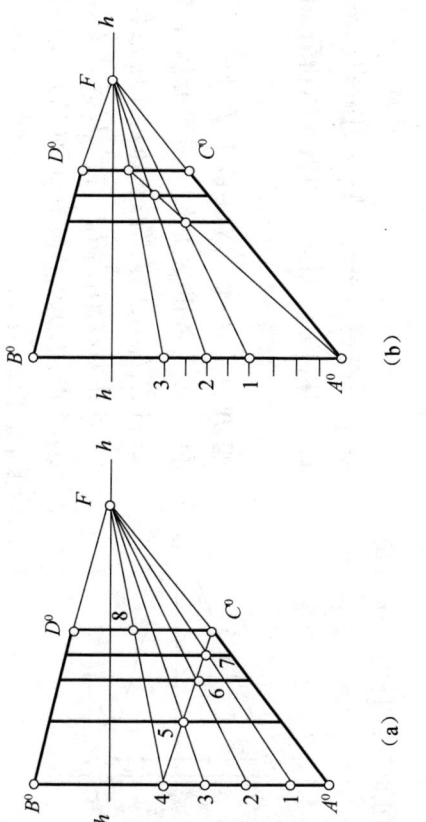

图10-44 铅垂矩形的分割

3. 矩形的延续

(1) 等大矩形的延续

根据一个矩形的透视，延续地作出一系列等大的矩形，可以利用这些矩形的对角线来求作。

图10-45 是利用已知矩形的水平中线，作连续等大的矩形的透视。图10-46 是利用已知矩形的对角线的灭点，作连续等大的矩形的透视。这是由于连续平铺的等大的矩形网格（如地砖与天花板的拼接纹理）其同一方向的对角线在空间上是相互平行的，因此在透视图上

它们指向共同的灭点。

图 10-45 等大矩形的延续

(2) 两不等大矩形的延续

图 10-47 (a) 所示的宽窄相间的矩形平面，可以看出这些矩形间的对角线存在着一定的规律性。作图时，可利用这种规律对已知矩形进行延续。

先求出两已知透视矩形的对角线的交点 1^0、2^0，连接 1^02^0 与矩形 $ABCD$ 等大的透视矩形；同理，可求出更多的宽窄相间的矩形的透视矩形；延长 1^02^0，与 A^0E^0 相交于 K^0，过 K^0 作竖直线得 G^0、$E^0F^0G^0K^0$ 即为与矩形 $ABCD$ 等大的透视矩形；同理，可求出更多的宽窄相间的矩形的透视矩形。如图 10-47 (b) 所示，连接 B^02^0，延长 1^02^0，与 A^0E^0 交于 L^0，过 L^0 作竖直线得 M^0，由此可得 $K^0G^0M^0L^0$，即与矩形 $DCIE$ 等大的矩形透视。

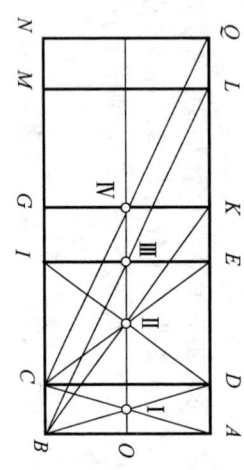

图 10-46 等大矩形的延续

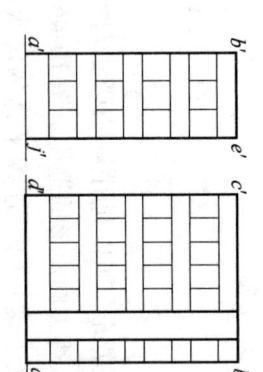
(a)

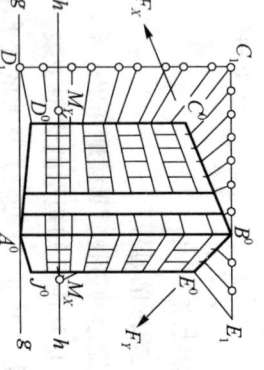
(b)

图 10-47 两不等大矩形的延续

图 10-48 中，已知矩形透视 $A^0B^0C^0D^0$ 和 $C^0D^0J^0E^0$，求矩形透视 $E^0J^0K^0M^0$，与 $A^0B^0C^0D^0$ 对称于 C^0D^0。

作图过程如下：求透视矩形 $C^0D^0J^0E^0$ 的中心 N^0，连接 A^0N^0 并延长，与 B^0E^0 相交于 M^0，过 M^0 作竖直线，与 A^0J^0 相交于 K，则 $E^0J^0K^0M^0$ 即为所求。

图 10-49 是根据房屋的立面图，在已作出的房屋主要轮廓的透视图上画出门窗的透视。该读者可自行分析，不再详述。

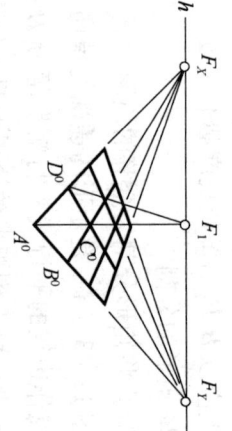

图 10-48 作对称于已知矩形的延续

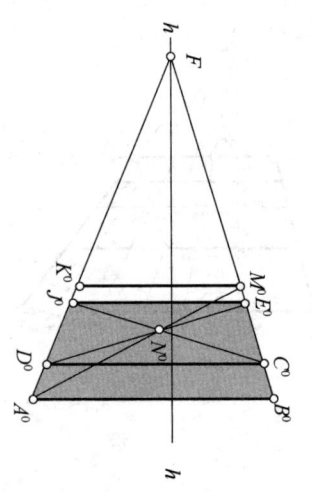

图 10-49 在透视图上确定门窗位置图

10.4 曲面体的透视

在现代建筑设计中，曲线、曲面（曲面）型建筑日益增多，这些形式的建筑，对于丰富城市的景观具有重要的作用。因此，读者在学习平面建筑形体透视图画法的基础上，也必须学习曲线（曲面）建筑形体的透视。图 10-50 是曲面体建筑形体透视设计中的几个应用实例。

图 10-50 曲面建筑形体的透视

10.4.1 圆的透视

圆的透视根据圆平面与画面的相对位置不同，一般情况下可以得到圆或椭圆。

1. 平行于画面的圆的透视

当圆平行于画面时，其透视仍然是一个圆。圆的透视大小依据圆距画面的远近而定。如图 10-51 所示，图中的圆 O_1、O_2、O_3 直径相等，且圆心的连线垂直于画面 P。圆 O_1 位于画面上，其透视与自身重合。圆 O_2、O_3 平行于画面 P，故它们的透视仍为圆，但是由于 O_2、O_3 与画面有一定的距离，所以，它们的透视都是直径缩小的圆。求作圆 O_2、O_3 的透视时，首先要求出两圆的圆心 O_2、O_3 的透视 O_2^0、O_3^0，再分别连接 sb、sc 与 p-p 相交于 b_g、c_g 两点，分别以 O_2^0、O_3^0 为圆心，以 $O_{2g}b_g$、$O_{3g}c_g$ 为半径画圆，即为所求。

图 10-52 所示的是一个圆管的透视。圆管的前口圆周位于画面上，其透视就是它本身。后口圆周在画面后，且与画面平行，所以其透视是半径缩小的圆周。作图时，先求出后口圆心 O_2^0 的透视 O_2^0，再求出后口圆同心圆的水平半径的透视 $A_2^0 O_2^0$ 和 $O_2^0 B_2^0$，分别以 $A_2^0 O_2^0$ 和 $O_2^0 B_2^0$ 为半径画圆，就得到后口内外圆周的透视。最后，作出圆管前后外圆周的切线，完成作图。

2. 不平行于画面的圆的透视

当圆所在平面不平行于画面时，其透视一般为椭圆。为了画出圆的透视，通常利用圆周的外切正方形的四边中点及对角线与圆周的四个交点，求出该八个点的透视，然后光滑地连接即可。

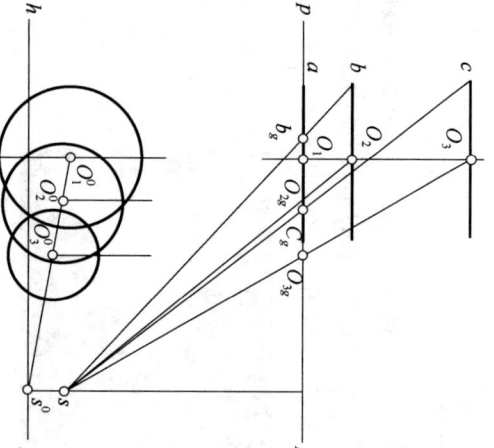

图 10-51 平行于画面圆的透视

图 10-51 所示是水平圆面的圆的透视。作圆的外切正方形时，通常使正方形两条对边平行于画面，圆周与外切正方形的切点为 A、B、C、D，圆周与外切正方形的对边平行于 I、II、III、IV。作出外切正方形的透视后，连接其对角线，交点为圆心 O^0，两平行画面的对边中点的透视为 B^0、D^0。以 B^0 为圆心，以圆周的半径画半圆，求得 5^0、6^0、7^0、8^0（V、VI 是过 I、IV 且平行于另两对边的直线的画面迹点）。连接 s^05^0、s^06^0，分别与正方形透视的对角线相交于 1^0、2^0、3^0、4^0。连接 s^07^0、s^08^0，与过 O^0 的水平线交于 A^0、C^0，连接 $A^02^0B^03^0C^04^0D^01^0A^0$，即得水平圆的透视。

图 10-52 圆管的透视

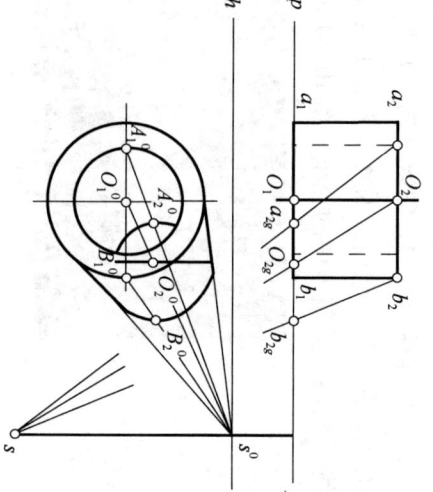

10.4.2 圆柱和圆锥的透视

1. 圆柱的透视

作圆柱的透视，应首先画出两端底圆的透视，再作出两透视底圆——椭圆的公切线，即得圆柱的透视。

如图 10-54 所示，按给定的直径 D 和柱高 H 画出了两个铅垂正圆柱的透视。图中的心点 s^0 位于铅垂圆柱的轴线上。

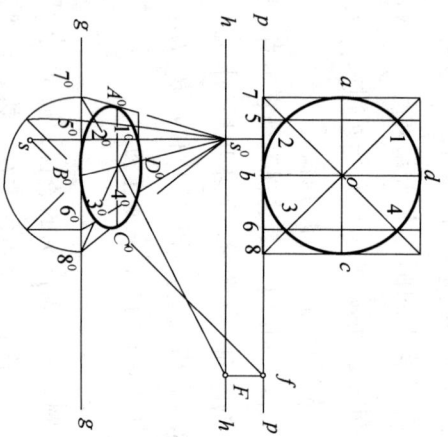

图 10-53 水平圆的透视

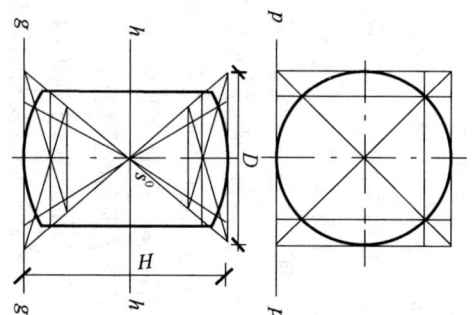

图 10-54 圆柱的透视

2. 圆锥体的透视

图 10-55 所示为正圆锥的透视作法。由于轴线铅垂，可按水平圆的透视作法作出其透视。在视平线 $h-h$ 上任取意点 F 作为灭点，连接 FO^0，延长后与基线 $g-g$ 相交于 n^0，过 n^0 作真高线 $n^0N^0=H$（H 为正圆锥的高度）。连接 N^0F，与铅垂轴线相交于 A^0，即得锥顶的透视，过 A^0 作透视椭圆的切线，即得正圆锥的透视。

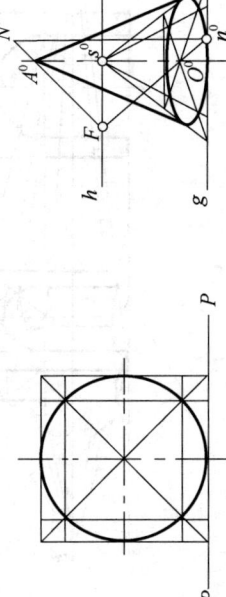

图 10-55 圆锥的透视

3. 圆拱的透视

图 10-56 (a) 求作圆拱门的透视。

作图步骤：根据已知条件 [图 10-56 (a)]，利用灭点量点法求出圆拱门的透视平面图 [图 10-56 (b)]，再利用求作圆柱的透视方法，求作圆拱的前、后口圆弧的透视。最后完善加深轮廓线如图 10-56 (c) 所示。

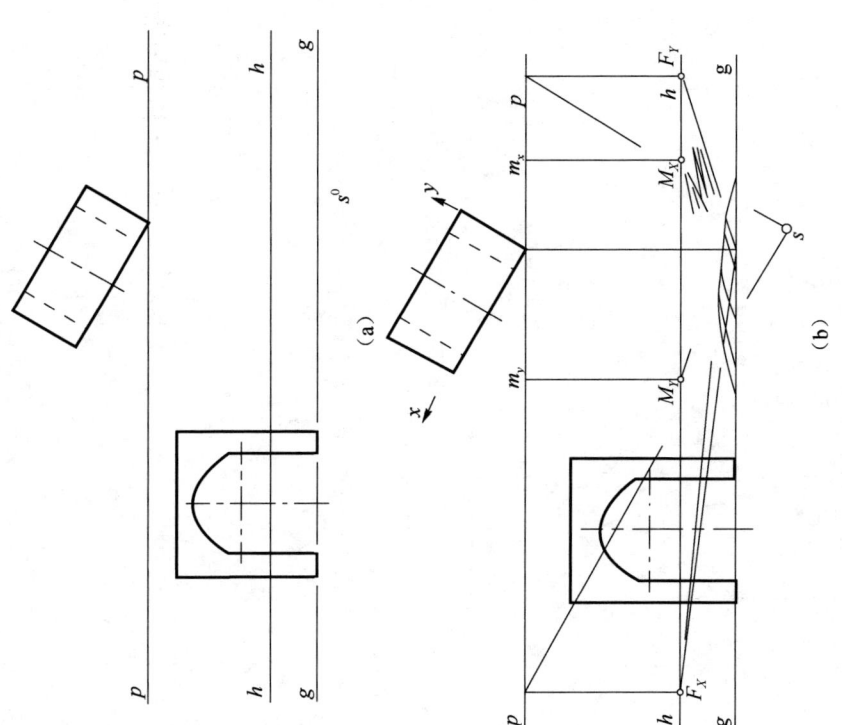

图 10-56 求作圆拱门的透视图

(a) 已知条件；(b) 求作圆拱门的透视平面图；(c) 求作圆拱门的透视图

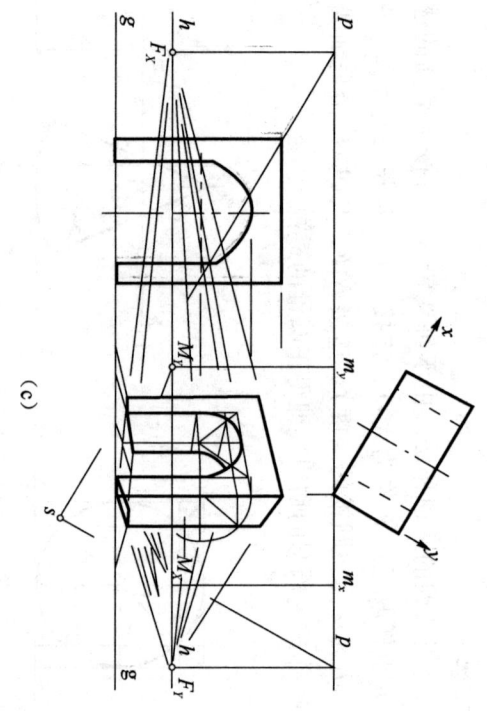

图 10-56 圆拱门的透视作图（续）
(a) 已知条件；(b) 求作圆拱门的透视平面图；(c) 求作圆拱门的透视图

第 11 章 建筑阴影

教学目标和要求

了解建筑阴影的原理；
掌握平面立面建筑阴影的作图方法；
初步掌握曲面体建筑阴影的作图方法。

教学重点和难点

熟悉建筑阴影的基本作图方法、步骤；
掌握几种基本建筑结构的阴影。

11.1 建筑阴影的基本知识

11.1.1 阴影的形成和作用

在光线 L 的照射下，物体表面上直接被照射的部分，显得明亮，称为阳面。没有被光线照射到的部分，显得阴暗，称为阴面。阴面和阳面的分界线，称为阴线。由于物体的遮挡，致使该物体自身或其他物体原来迎光的表面（即阴面）上出现了阴暗部分，称为落影或影，如图 11-1 所示。影所在的阴面，称为承影面。影的轮廓线称为影线。阴线在承影面上的落影），影线上的点称为影点（即通过阴线上各点的光线与承影面的交点），阴与影合称为阴影。

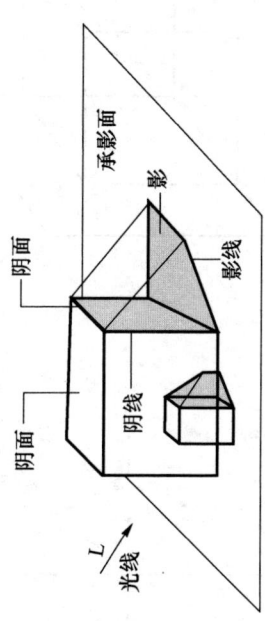

图 11-1 阴影的形成

图 11-2 (b) 是画出了带有阴影效果的某房屋正立面图，与图 11-2 (a) 相比，该图可以明显地反映出房屋的凹凸、深浅、明暗，使图面生动逼真，富有立体感，加强并丰富了立面图的表现能力。此外在房屋立面图上画出阴影，对研究建筑物造型是否优美、立面是否美观，比例是否恰当，都有很大的帮助。因此，在建筑设计的表现图中，在任借助于阴影来反映建筑物的体型组合，并以此权衡空间造型的处理和评价立面装修的艺术效果。

应该注意，在正投影图中加绘物体的阴影，实际上是画出阴和影的正投影，一般情况

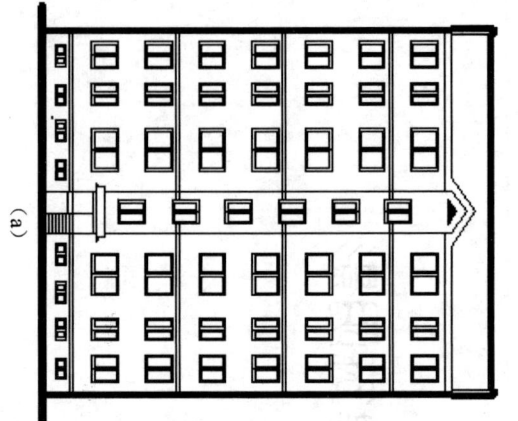
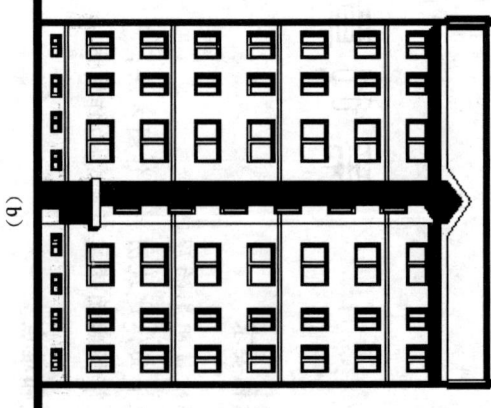

图 11-2 阴影在建筑表现图中的效果

我们可以认为是画出物体的阴和影。在书中关于建筑阴影的作图的几何轮廓,没有去表现阴影的明暗强弱变化。

11.1.2 常用光线

为了作图简捷和度量方便,经常采用一种特定方向的平行光线,称为常用光线。常用光线在空间的方向是和表面平行于各投影面的立方体的体对角线方向相一致的,它与三个投影面的倾角均相等($\alpha = \beta = \gamma = 35°$),常用光线 L 的 V、H、W 投影分别与相应投影轴成 $45°$ 夹角,见图 11-3 (a)。常用光线在空间的方向及和表面平行于各投影面的立方体的体对角线方向相一致的,见图 11-3 (b)。

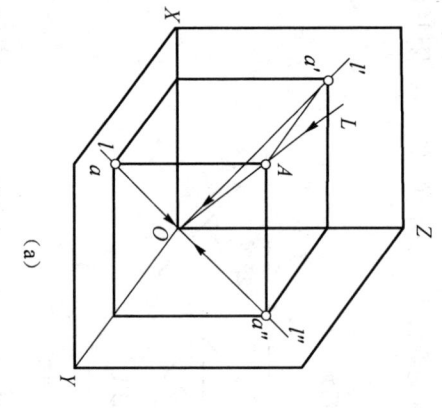

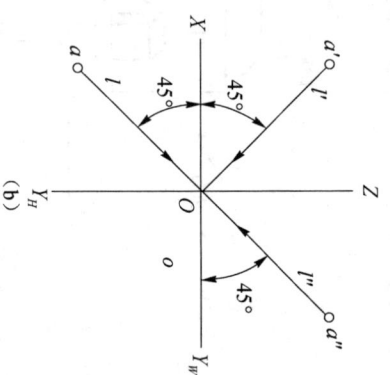

图 11-3 常用光线

11.2 点线面的落影

11.2.1 点的落影

空间一点在某承影面上的落影,实际上就是过该点的光线与承影面的交点。如图 11-4

218

所示，要作出 B 点在承影面 P 上的落影，可过点 B 作一直线与光线平行，则该直线与承影面 P 的交点，即为 B 点的落影 B_P。如果一点位于承影面上，如图 11-4 中 A 点，则 A 点在该承影面上的落影 A_P，与该点自身重合。

点的落影在空间相同于承影面的正平面上，脚注应为与承影面相同的大写字母，如 A_P、B_P……；如果承影面不是以一个字母表示，脚注应以数字 0、1、2……标记。

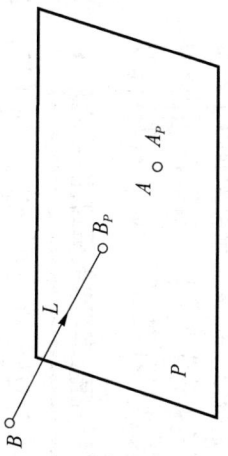

图 11-4 点的落影

11.2.2 点在投影面上的落影

投影面一般是指正立投影面 V 面和水平投影面 H 面，而 V 面和 H 面相当于空间的正平面和水平面，X 轴是两平面交线。因此，求点在投影面上的落影相当于求点在空间的正平面和水平面上的落影。

当以投影面为承影面时，点的落影就是通过该点的光线与投影面的交点（即光线与投影面的交点，称为迹点）。一般来说，在两面投影体系中，空间一点的落影首先落在该投影面上。如图 11-5 (a) 所示，A 点跟光线首先与投影面 V 相交，则迹点的光线就落在该投影面上。过 A 点的光线首先与 V 面相交，则迹点 A_V 即为 A 点的落影。

如果假想 V 面是透明的，则 A 点的投影会落在 H 面上，即 (A_H)。在今后的作图中，我们把 A_V 称为点的真影，(A_H) 称为点的虚影，并加括号表示。点的虚影由于是假想产生的，故解题时一般可不画出，但如果作图需要，则应画出。

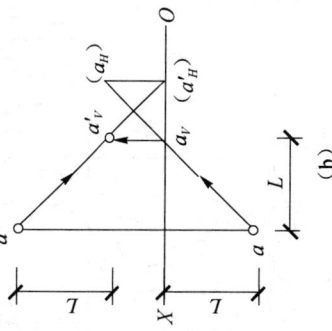

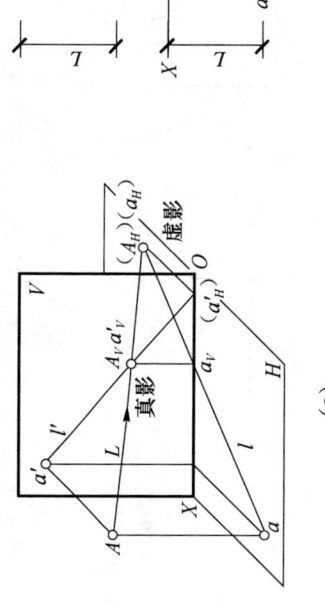

图 11-5 点在投影面上的落影

由图 11-5 (a) 可看出，落影 A_V 的 V 面投影 a'_V 与 A_V 自身重合，它的 H 面投影 a_V 位于 OX 轴上；a'_V、a_V 又分别位于光线 L 的投影 l'、l 上。因此，在图 11-5 (b) 投影图中，求 A 点的落影 A_V（实际上是求迹影 A_V 的 V 面投影 a'_V 和 H 面投影），可分别过 A 点的 V 面投影 a'、a 引光线的 V 面投影 l'、H 面投影 l。说明 A 点落影在 V 面上，即 l' 与 OX 轴的交点即为 a_V，过 a_V 作 OX 轴的垂线，与 l 相交，得交点 (a'_H)，过 (a'_H) 再作 OX 轴的垂线，即为所求。可以看出 (a_H) 与 A_H 也是重合的。

要求作 A 点的虚影，则先将 l' 与 OX 轴相交，与其同从图 11-5 (b) 可得出在投影面上的落影规律：空间点到某投影面的距离，都等于空间同的水平距离和垂直距离同的投影面的距离。如图 11-5 (b) 中 a'_V

与 a' 之间的水平距离和垂直距离都等于 A 点到 V 面的距离，即 a 到 OX 轴的距离。

11.2.3 点在一般位置平面上的落影

当承影面为一般位置平面时，如图 11-6（a）中的 △BCD 平面，要求空间 A 点在 △BCD 平面上的落影，可过 A 点作光线 L，光线 L 与 △BCD 平面的交点即为 A 点的落影。可利用求直线与平面交点的方法进行作图，如图 11-6（b）所示。

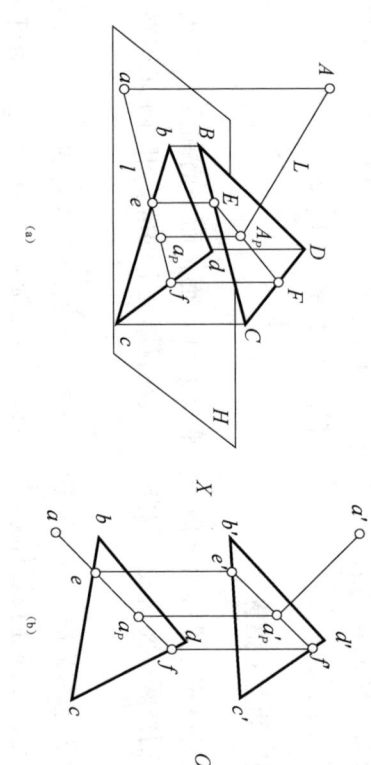

图 11-6 点在一般位置平面上的落影

由于 A 点在 △BCD 平面上的影的两个投影都不在投影轴上，所以都应该标注投影名称。

11.2.4 点在投影面垂直面上的落影

求作点在投影面垂直面上的落影，可利用投影面垂直面的积聚性作图。见图 11-7，首先过 a'、a 分别作光线投影 l'、l，因铅垂面有积聚性，所以 l 与 P_H 的交点 a_p 即为 l 的水平投影，由 a_p 作铅垂线与 l' 相交，即得落影 A_p 的 V 面投影 a'_p。

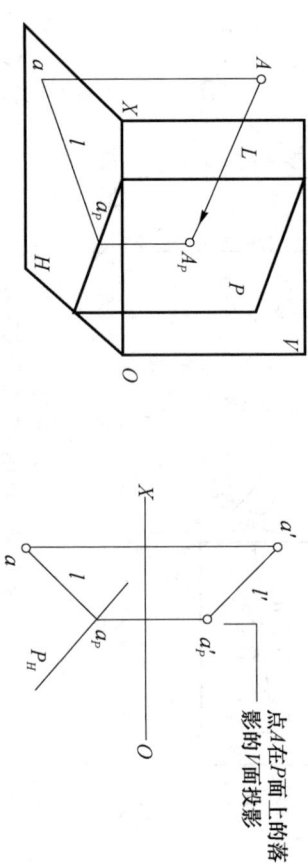

图 11-7 点在投影面垂直面上的落影

11.2.5 直线的落影

1. 直线在投影面上的落影

直线的落影是通过直线上各点的光线所组成的光平面与承影面的交线。一般情况下，求作直线线段在一个承影面上的落影，只需作出线段两端点在该承影面上的落影，然后连接所求两点的落影即可，如图 11-8 所示。

特殊情况下，如果直线线段两端点的落影不在同一个承影面上，则不能直接连接两端点的落影，而是要首先求出转折点，再相连。转折点的求作可通过以下三种方法。

220

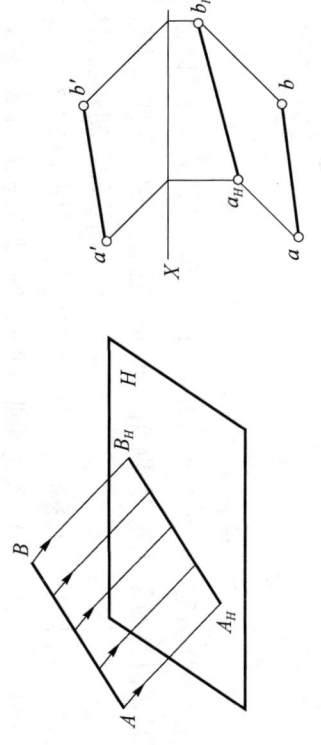

图 11-8 直线的落影

(1) 求出一点在某一投影面上的虚影，把同一投影面上的真影与虚影相连，与 OX 轴的交点即为转折点，如图 11-9 所示。

(2) 在直线上任选一点，求出该点在投影面上的真影，与位于同一投影面上的一端点的真影相连，延长后与 OX 轴的交点即为转折点，如图 11-10 所示。

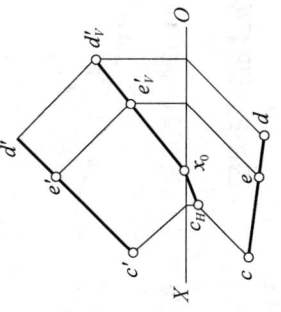

图 11-9 利用直线段端点的虚影求转折点

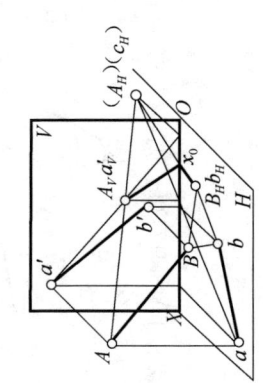

图 11-10 利用直线上一点和一端点求转折点

(3) 当直线段平行于某一投影面时，可用平行性求得转折点。

【例 11-1】 见图 11-11 (a)，已知直线 CD 的 V、H 投影，利用虚影求其在投影面上的落影。

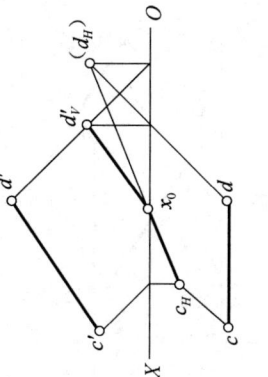

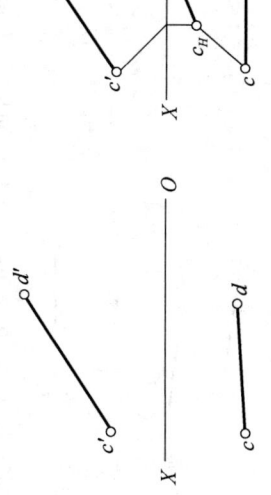

图 11-11 利用虚影求直线 CD 在投影面上的落影
(a) 已知条件；(b) 作图

由已知直线 CD 两端点的投影可看出，c' 到 OX 轴的距离比 d' 短，d 到 OX 轴的距离要比 d' 短，故可判断出，C 点的落影在 H 面上，D 点的落影在 V 面上，直线 CD 的落影必有转折点。作图时，可在求出 c_H 的基础上，再求出 (d_H)，连接 c_H (d_H) 与 OX 轴交于 x_0 点，即为转折点。再连接 $x_0 d'_V$，$c_H x_0$ 即为所求。作图过程如图 11-11 (b) 所示。

2. 直线在投影面垂直面上的落影

见图 11-12，当承影面为铅垂面 P 时，其水平投影 P_H 积聚为一条直线。利用积聚性，可分别求出直线上两端点 A、B 的落影 A_P (a_P, a'_P) 和 B_P (b_P, b'_P)。连接 a'_P、b'_P 即为直线在 P 面上的落影 A_P、B_P 的 V 面投影，a_P、b_P 的水平投影均聚集在 P_H 上。

3. 直线在一般位置平面上的落影

见图 11-13，当承影平面为一般位置平面 P 时，其 V、H 投影均没有积聚性，应分别求出直线 CD 两端点在 P 面上的落影 C_P (c_P, c'_P) 和 D_P (d_P, d'_P)，连接 $c_P d_P$、$c'_P d'_P$ 即为所求。

图 11-12 直线在铅垂面上的落影

图 11-13 直线在一般位置平面上的落影

11.2.6 直线的落影规律

1. 平行
(1) 直线平行于承影面

直线平行于承影面，根据平行投影的特性，该直线在承影面上的落影与其自身平行且长度相等。

图 11-14 中，AB // H 面，直线 AB 在 H 面上的落影 $A_H B_H$ 必然平行于 AB，且长度相等。$A_H B_H$ 的水平投影 $a_H b_H$ 与其自身重合，由此可知 ab 一定与 $a_H b_H$ 平行且长度相等。

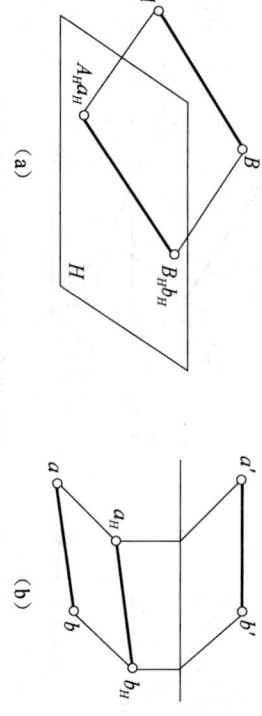

图 11-14 平行于承影面的直线的落影
(a) 空间示意；(b) 投影图

(2) 两直线互相平行

两直线互相平行，它们在同一承影面上的落影必然互相平行。如图 11-15 所示，AB // CD，则 AB、CD 在 H 面上的落影 $A_H B_H$、$C_H D_H$ 必然互相平行。因此，AB // CD，可先求出其中一条直线 AB 的落影 $a_H b_H$，则另一直线 CD，只需求出一个端点的落影 c_H，就能够求出与 $a_H b_H$ 平行的落影 $c_H d_H$。

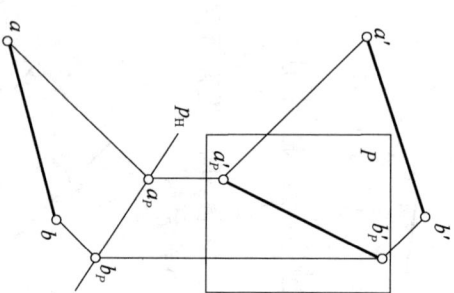

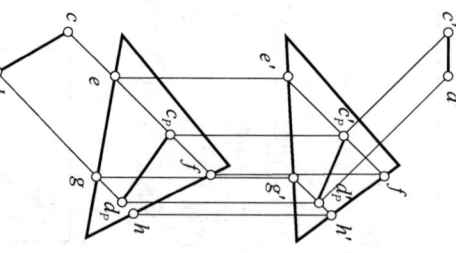

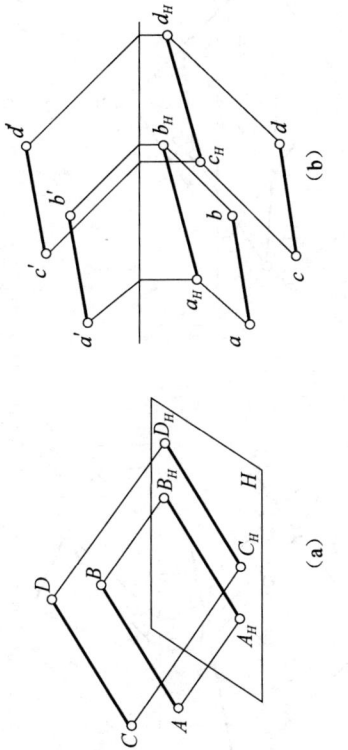

图 11-15 两平行直线的落影
(a) 空间示意；(b) 投影图

(3) 一直线在两个互相平行的承影面上的落影

一直线在两个互相平行的承影面上的落影，必然互相平行。见图 11-16，$P//V$ 面，$P_H//$ OX 轴，直线 AB 在 P 面和 V 面上均有落影。直线 AB 在两承影面上的落影必有一个转折点 C，也就是说，C 点的落影可以是 c'_P，也可以是 (c'_V)。AC 直线段的落影在 V 面上，CB 直线段的落影在 P 面上。根据平行投影的原理，过 AC 的光平面与过 CB 的光平面必然互相平行，故 a'_V (c'_V) $//c'_Pb'_P$。

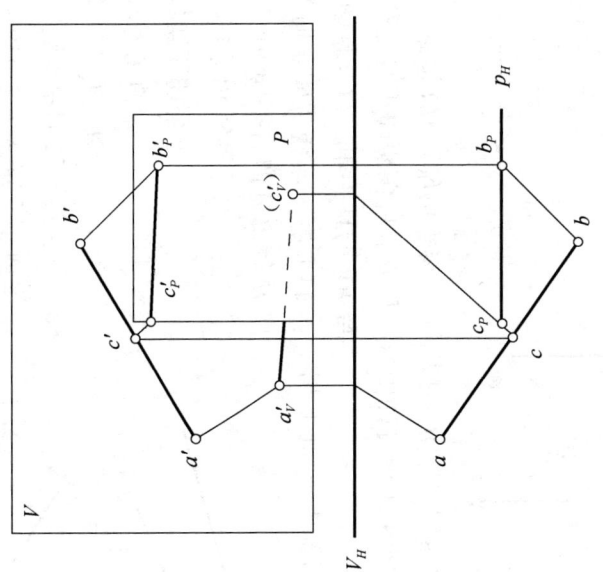

图 11-16 一直线在两互相平行承影面上的落影

2. 相交

(1) 两直线相交

两直线相交时，它们在同一承影面上的落影必然相交，落影的交点，就是两直线交点的落影，如图 11-17 所示。

(2) 一直线在两个相交承影面上的落影

一直线在两个相交承影面上的落影必然相交，两落影的交点必然位于两承影面的交线上。如图 11-18 所示，直线 AB 在两相交承影面 P、Q 上的落影，是过 AB 的光平面与 P、Q

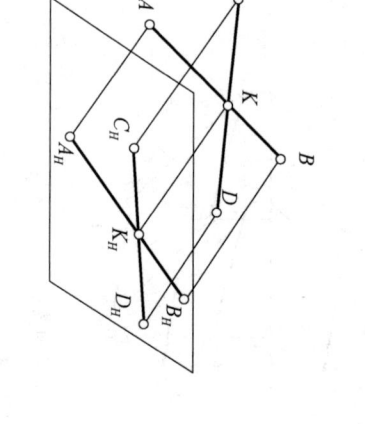

图 11-17 两相交直线的落影
(a) 空间示意；(b) 投影图

产生的交线。根据三面共点原理，三面的交点必位于两承影面 P、Q 的交线上，即 C_0 点。在投影图中，两承影面积聚投影的交点即为 C_0 点。要求出 c_0'，需要过 c_0 作反向光线与 ab 交于 c 点，进而求出 c_0'，过 c_0' 作 45° 光线，与两承影面交线交于 c_0'，然后分别连接 $a_q'c_0'$、$c_0'b_q'$，即为所求。

3. 投影面垂直线的落影

(1) 垂直线在投影面上的落影

见图 11-19 (a)，直线 AB 为铅垂线，其 H 投影积聚为一点，过直线 AB 的光平面必定与 H 投影面垂直，即直线 AB 在 H 面上的落影为一条通过 ab 且与 OX 轴呈 45° 夹角的直线段。由于直线 AB 与 V 面平行，故直线 AB 在 V 面上的落影与其平行，作图时只需求出 a_v'，即可求得直线 AB 在 V、H 面上的两个落影。直线 CD 也为铅垂线，D 点高于 B 点，同理，在作图时需要分别求

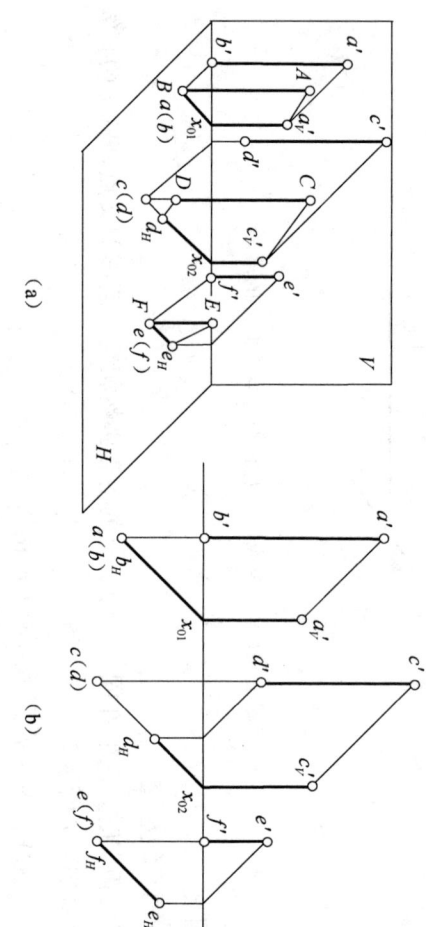

(a)   (b)

图 11-19 铅垂线在投影面上的落影

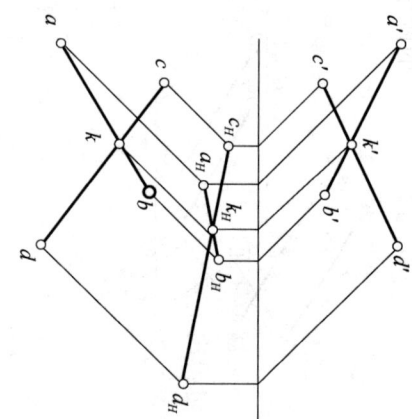

224

出 c_V' 和 d_H，即可求出 CD 在 V、H 面上的两个落影，如图 11-19（b）所示。则铅垂线 EF 的落影全落在 H 承影面上，是一条 45°直线。

由图 11-19，我们可得出铅垂线的落影规律：

铅垂线在 H 面上的落影与光线的 H 面投影平行；在 V 面上的落影，不仅与铅垂线的 V 面投影平行，而且到 V 面投影的距离等于铅垂线到 V 面的距离。

同理，可得出正垂线的落影规律，如图 11-20 所示。

正垂线在 V 面上的落影与光线的 V 面投影平行；在 H 面上的落影，不仅与正垂线的 H 面投影平行，而且到 H 面投影的距离等于正垂线到 H 面的距离。

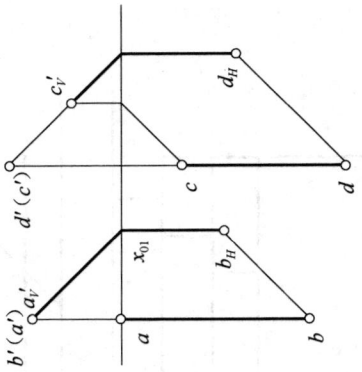

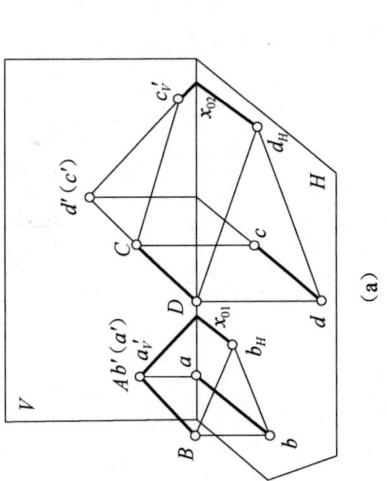

图 11-20 正垂线在投影面上的落影
(a) 空间示意；(b) 投影图

(2) 投影面垂直线在另一投影面上的落影

投影面垂直线垂直于第一个投影面；承影面垂直于第二个投影面，则在第三个投影面上的落影与第二个投影面积聚投影承影面呈对称形状。

如图 11-21 所示，铅垂线 AB 在侧垂面承影面上的落影，与承影面在 W 面上的积聚投影呈

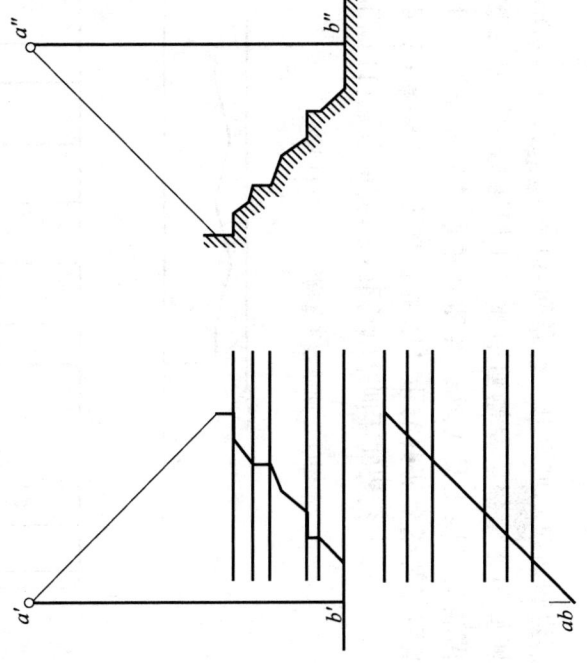

图 11-21 铅垂线在侧垂面上的落影

对称形状。直线 AB 垂直于 H 面，而承影面是由一组垂直于 W 面的平面和柱面组合而成。通过 AB 所作的光平面，与 V、W 面都呈 $45°$ 角，光平面与承影面的交线即为铅垂线的落影，落影的 V、W 投影形状相同，而落影的 W 面投影是积聚在承影面的 W 面投影上的。因此，落影的 V 面投影必与承影面的 W 面投影呈对称形状。

正垂线和侧垂线在侧垂面和铅垂面上的落影分别如图 11-22 和 11-23 所示。

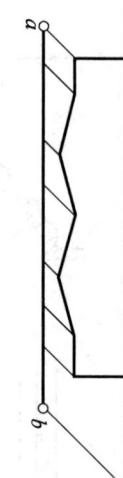

图 11-22 正垂线在侧垂面上的落影

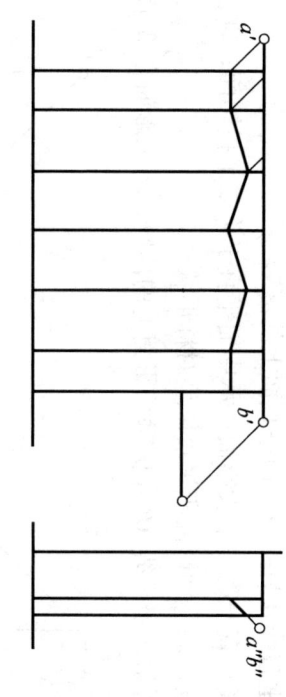

图 11-23 侧垂线在铅垂面上的落影

【例 11-2】 作出图 11-24 中电线杆在建筑物表面上的落影。

分析：电线杆相当于铅垂线，底端在地面，电线杆的落影落在地面、建筑立面和一侧斜坡屋顶三个面上。其中地面、建筑立面为特殊位置平面，斜坡屋顶面为一般位置面。电线杆的顶端就落在斜坡屋顶面上，求该顶端点的落影采用前面讲的辅助光平面法。电线杆在地面的落影是与 X 轴呈 $45°$ 的直线，在建筑立面墙的落影是与电线杆平行的直线。

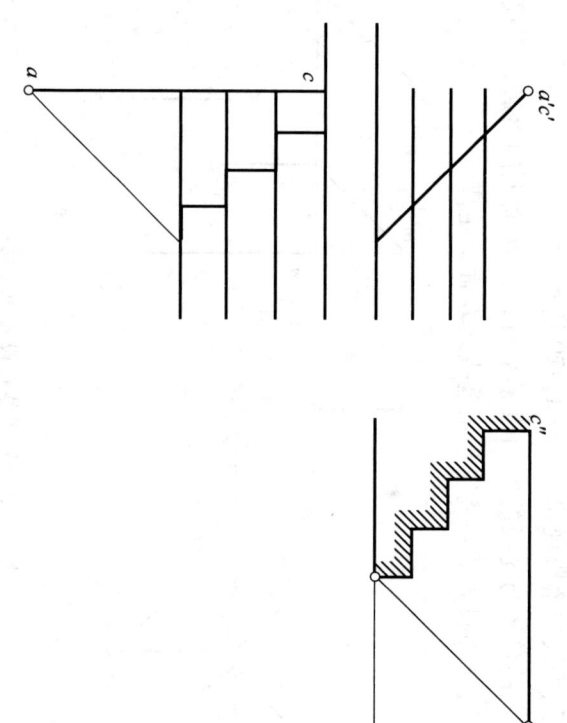

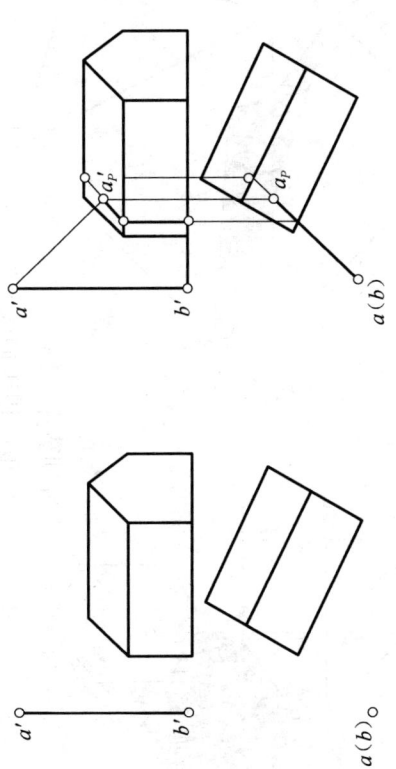

图 11-24 电线杆在建筑物上的落影
(a) 已知；(b) 作图

11.2.7 平面的落影

1. 平面多边形的落影

平面多边形的落影轮廓线（影线），就是多边形各边线的落影。求作多边形的落影，首先作出多边形各顶点的落影，然后用直线顺次连接，即为所求。

(1) 平面多边形在一个投影面上的落影

如图 11-25 所示，图 (a) 是平面多边形在 V 面时的落影；图 (b) 是水平多边形在 V 面上的落影；图 (c) 是侧平多边形在 H 面上的落影。

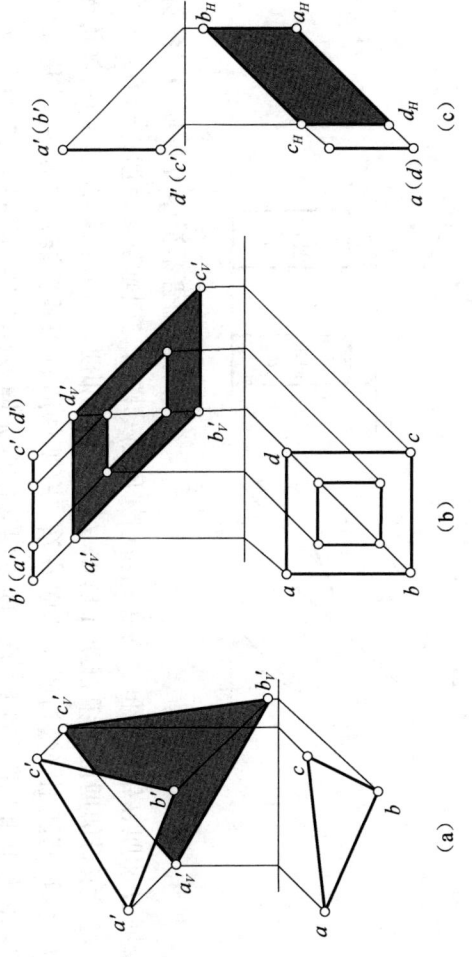

图 11-25 平面多边形在投影面上的落影

(2) 如果平面多边形与光线的方向平行，则它在任何承影面上的落影均成一直线，且平面多边形的两侧表面均为阴面。

(3) 如果平面多边形各顶点的落影点在两相交的承影面上时，则必须求出边线落影的转折点，按位于同一承影面上的落影点的影才能相连接的原则，依次连接各影点即可。如图 11-26 所示，图 (a) 是利用虚影来确定影线上的转折点，图 (b) 是利用反回光线确定影线上的转折点。

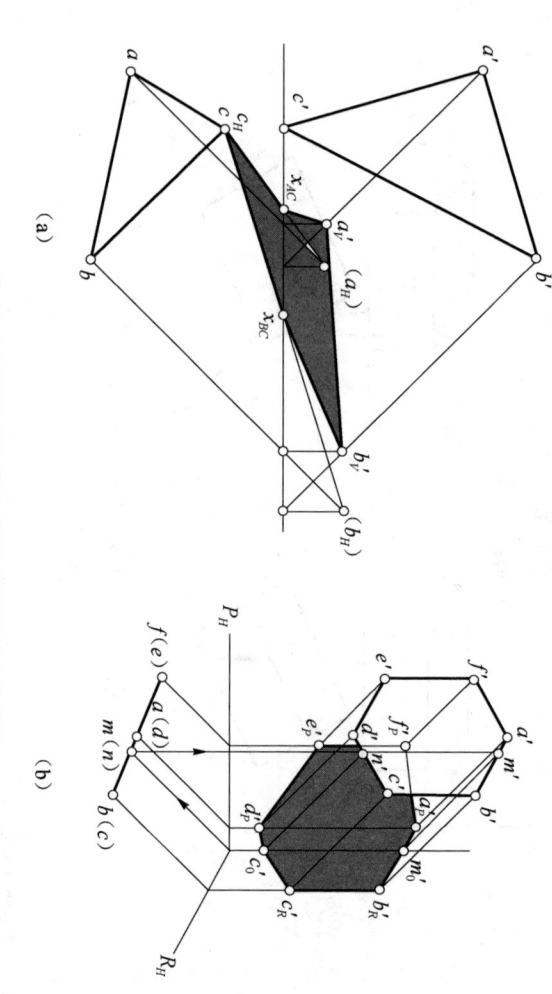

图 11-26 平面多边形在两相交承影面上的落影
(a) 一般位置平面在 V、H 面上的落影；(b) 利用反回光线求转折点

2. 平面图形的阴面和阳面的判别

在光线的照射下，平面会产生阴、阳面。平面图形的各个投影，是阴面的投影，还是阳面的投影，需要进行判别。

（1）投影面垂直面阴阳面投影的判别

当平面垂直投影面时，可在有积聚性的投影中，直接利用光线的同面投影来加以检验。如图 11-27 (a) 所示，P、Q 两平面均为铅垂面，Q_H 与 OX 轴夹角小于 45°，即 Q 与 V 面的夹角小于 45°，光线照射在 Q 面的前方，故 Q 面的 V 面投影是阴面的投影。P 面与 V 面的夹角大于 45°，光线照射在 P 面的后方，故 P 面的 V 面投影分析，可判别出 P 面的 H 面投影是阴面的投影，Q 面的 H 面投影是阳面的投影。

(b) 中，P、Q 两平面均为正垂面，根据它们的 V 面投影分析，可判别出 P 面的 H 面投影是阴面的投影，Q 面的 H 面投影是阳面的投影。

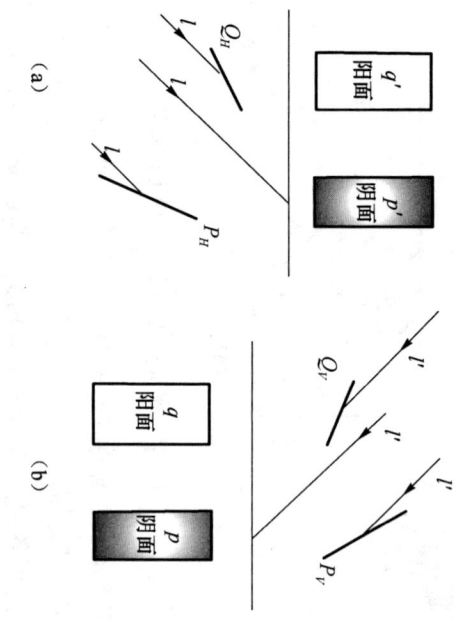

图 11-27 投影面阴阳面的判别

当平面图形为一般位置平面时，若平面的两个投影各顶点的旋转顺序相反，则两投影同是阴面的投影或同是阳面的投影；若旋转顺序相同，则一为阴面的投影，一为阳面的投影。

判别时，可先求出平面图形的落影，当平面某一投影各顶点与其落影的各顶点的旋转顺序相同，则该投影为阳面的投影，反之则为阴面的投影。这是因为承影面总是迎光的阳面，平面图形在其上的落影的各点顺序，只能与平面图形的阳面顺序一致，而与平面图形的阴面顺序相反。

如图 11-28 所示，由于四边形 $ABCD$ 的 H 投影各顶点的顺序为逆时针方向，四边形在 H 面上的落影各顶点的顺序也为逆时针方向，故四边形 $ABCD$ 的 H 面投影为阳面的投影。四边形的 V 面投影各顶点的顺序为顺时针方向，故四边形 $ABCD$ 的 V 面投影为阴面的投影。

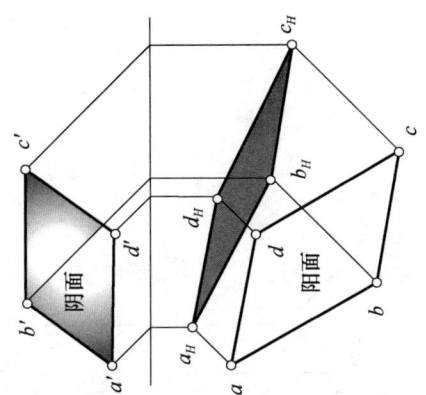

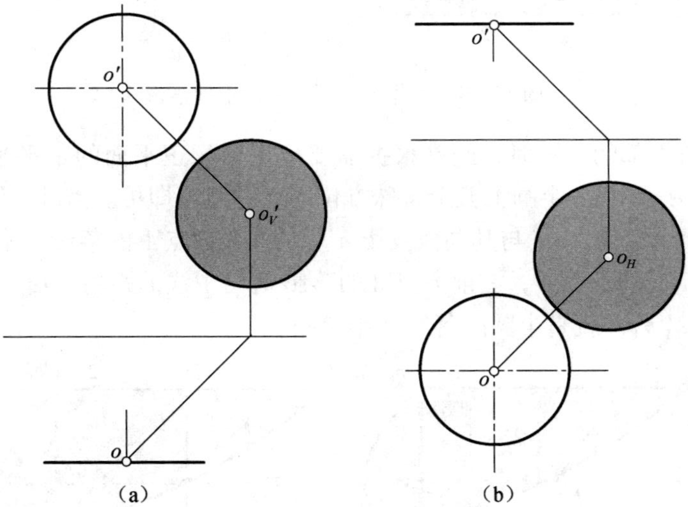

图 11-28　一般位置平面阴阳面的判别

3. 圆的落影

（1）当圆平面平行于某一投影面时，在该投影面上的落影与其同面投影形状完全相同，反映圆平面的实形。图 11-29（a）所示为正平圆的落影，图 11-29（b）所示是水平圆的落影。作图时，先求出圆心 O 的落影 o'_V（或 o_H），以 o'_V（或 o_H）为圆心，以原半径为半径作圆，即为所求圆的落影。

图 11-29　平行于某一投影面的圆的落影

（2）一般情况下，圆在任何一个承影面上的落影是一个椭圆。圆心的落影成为落影椭圆的中心，圆的任何一对互相垂直的直径，其落影成为落影椭圆的一对共轭直径。

图 11-30 所示为一水平圆，它在 V 面上的落影是一个椭圆。为求作落影椭圆，可利用圆的外切正方形作为辅助图线来解决。作图步骤如下：

①作圆的外切正方形 $abcd$。ad、bc 为侧垂线，ab、cd 为正垂线，圆周与正方形的四个切点为 1、2、3、4，正方形对角线与圆周的交点为 5、6、7、8。

②作正方形在 V 面上的落影 $a'_V b'_V c'_V d'_V$，落影对角线的交点即为圆心的落影。

③求正方形对角线与圆交点的落影 $5'_V$、$6'_V$、$7'_V$、$8'_V$。

④依次光滑连接 $1'_V 6'_V 2'_V 7'_V 3'_V 8'_V 4'_V 5'_V 1'_V$，即得圆在 V 面上的落影。

(3) 求作建筑细部的阴影时，经常根据需要作出紧靠正平面的水平半圆的落影。如图 11-31（a）所示，只要解决半圆上五个特殊方位点的落影即可。点 A、B 位于 V 面上，其落影 A_V、B_V 的 V 面投影 a_V'、b_V' 与其同面投影 a'、b' 重合。点 I 的落影 $1_V'$ 位于中线上，正前方点 C 的落影位于 b_V' 的正下方，右前方点 II 的落影 $2_V'$ 与中线的距离两倍于 $2'$ 与中线的距离。光滑连接 $a_V' 1_V' c_V' 2_V' b_V'$，就是半圆的落影。

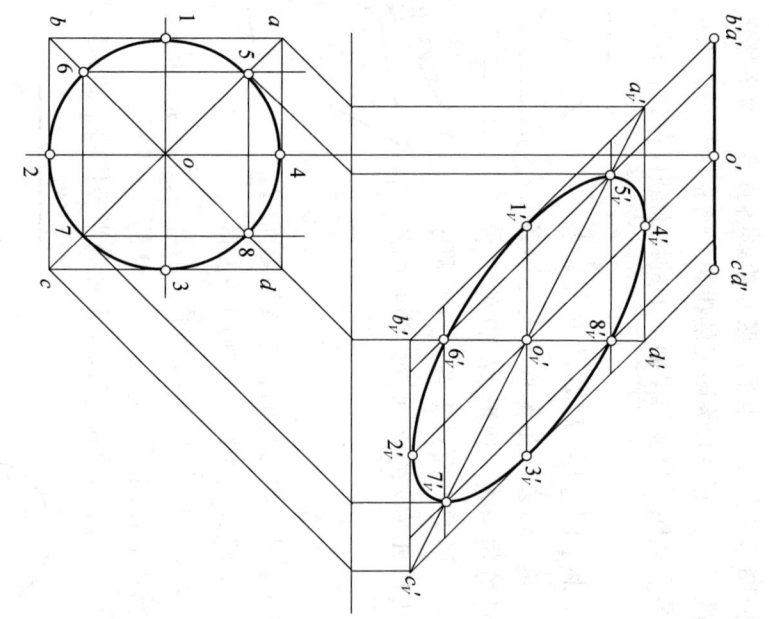

图 11-30　求作水平圆在 V 面上的落影

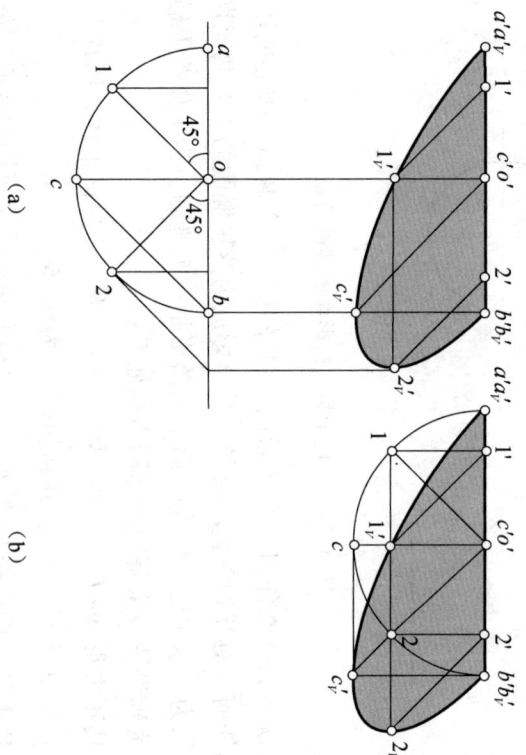

图 11-31　半圆的落影
(a) 半圆落影的两面作图；(b) 半圆落影的单面作图

既然在半圆上能够找出这五个特殊点,这五个点的落影也处于特殊位置,故可利用该五点单独在 V 面投影上直接作半圆的落影,其作图如图 11-31 (b) 所示。

11.3 平面体的建筑阴影

11.3.1 求作平面立体阴影的步骤

1. 阅读平面立体的正投影图,分析平面立体的组成以及各组成部分的形状、大小和相对位置。
2. 找出平面立体的阴面和阳面,确定阴线。阴线是阴面和阳面的交线。
3. 分析各段阴线的承影面,注意线段的转折点,求出各段阴线在承影面上的落影。将落影和阴面涂色。

如图 11-32 所示,在光线照射下,长方体的左、前、上三面为阴面,右、后、下三面为阳面。所以,折线 ABCDEFA 是阴线。

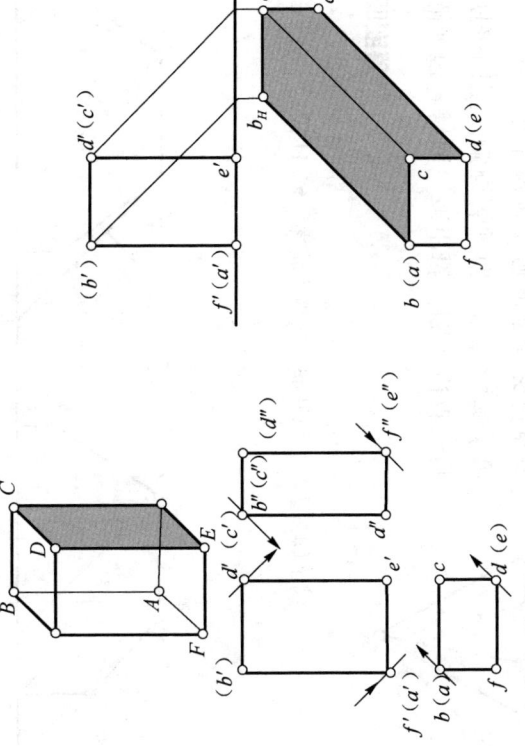

图 11-32 阴线的确定

11.3.2 棱柱体的阴影

如图 11-33 所示,图 (a) 是棱柱体全部落影在 H 面上;图 (b) 是棱柱体落影在 V、H 面上。

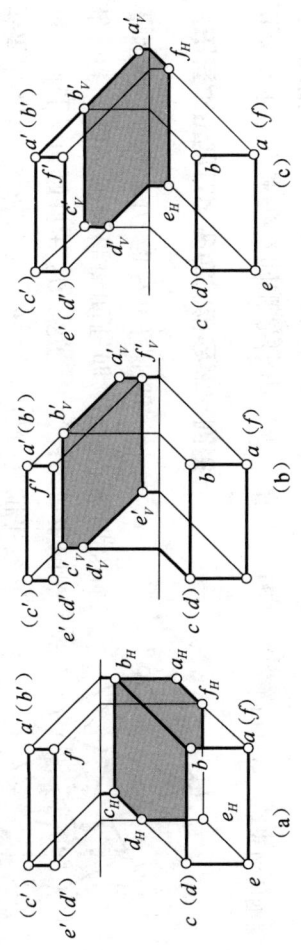

图 11-33 棱柱体的落影

(a) 棱柱体落影在 H 面上; (b) 棱柱体落影在 V、H 面上; (c) 棱柱体落影在 V 面上

V 面上;图(c)是棱柱体同时落影在 V、H 面上,由此可看出,随着棱柱体与投影面相对位置的变化,其在投影面上的阴影是不相同的。

图 11-34(a)所示的是一紧靠于墙面上的五边形水平板。从 V 投影可看出,板的上、下两水平表面中,上为阳面,下为阴面。板的左、前、右五个侧面中,左面和前面的三个侧面为阳面,右侧两个侧面为阴面,而图 11-34(b)所示为紧靠于墙面上的五边形水平板,右侧前方的那个侧面为受光面,是阳面,只有右侧和下表面是阴面,阴线为 $ABCDHFG$。

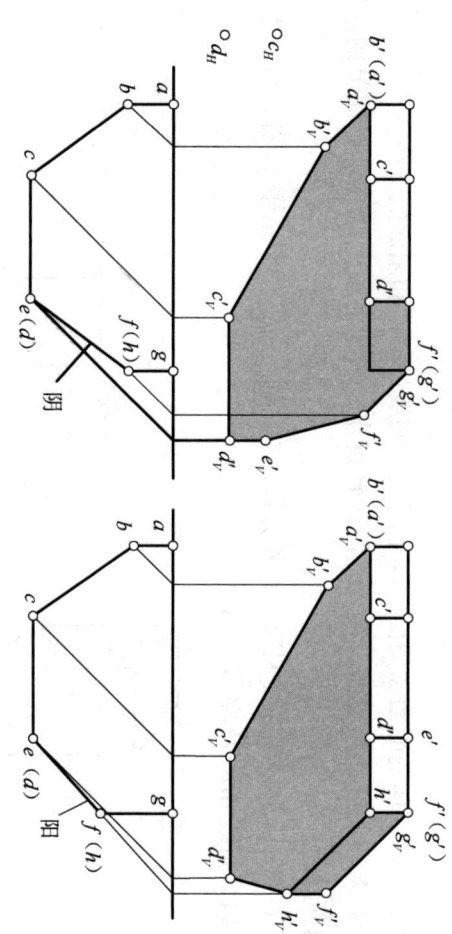

(b)

图 11-34　紧靠于墙面上的五边形水平板的阴影

11.3.3　棱锥体的阴影

由于棱锥体的侧面都是斜面,在正投影图上很难准确地判别出哪些侧面是阳面,哪些是阴面,也就不能确定哪些棱线是阴线。为此,可先求出锥顶和底面各顶点在同一承影面上的落影(即棱线的落影),然后分别连接锥顶和底面各顶点的落影,根据棱锥体的影来确定影线,从而可以确定棱线的落影,并判别出阴、阳面。

图 11-35 所示是一正四棱锥体。由作图可知,棱锥体的落影是由 s_Hb_H,s_Hd_H,$(a_H)b_H$,$(a_H)d_H$ 四条影线围合成的,因此,可判断出棱锥体的底面 $ABCD$、侧面 SDC 和 SBC 是阴面,侧面 SAD 和 SAB 是阳面。

11.3.4　由基本平面立体形成的组合体的阴影

在由基本平面立体形成的组合体中,某一基本立体的阴线可能落影于另一基本平面立体的阳面上。

如图 11-36 所示,组合体的各侧面均为投影面的平行面。该组合体由两个长方体组合形

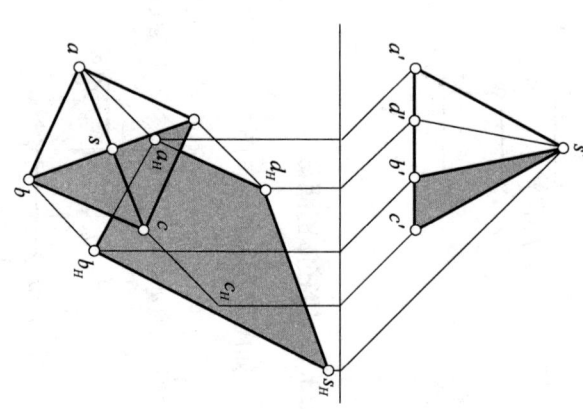

图 11-35　棱锥体的阴影

成，长方体Ⅰ位于长方体Ⅱ的左侧，从V、H投影图可知，长方体Ⅰ的宽度与高度尺寸都要比长方体Ⅱ大，因此，长方体Ⅰ分别落影在H面、长方体Ⅱ的前墙面、顶面和V面上。长方体Ⅰ的阴线是ABC（与H、V面重合的阴线不需考虑），其落影即为阴线本身，可利用直线的落影规律求作出ABC的落影。在求作过程中，应注意阴线AB上的两个转折点。长方体Ⅱ的落影在H面和V面上。

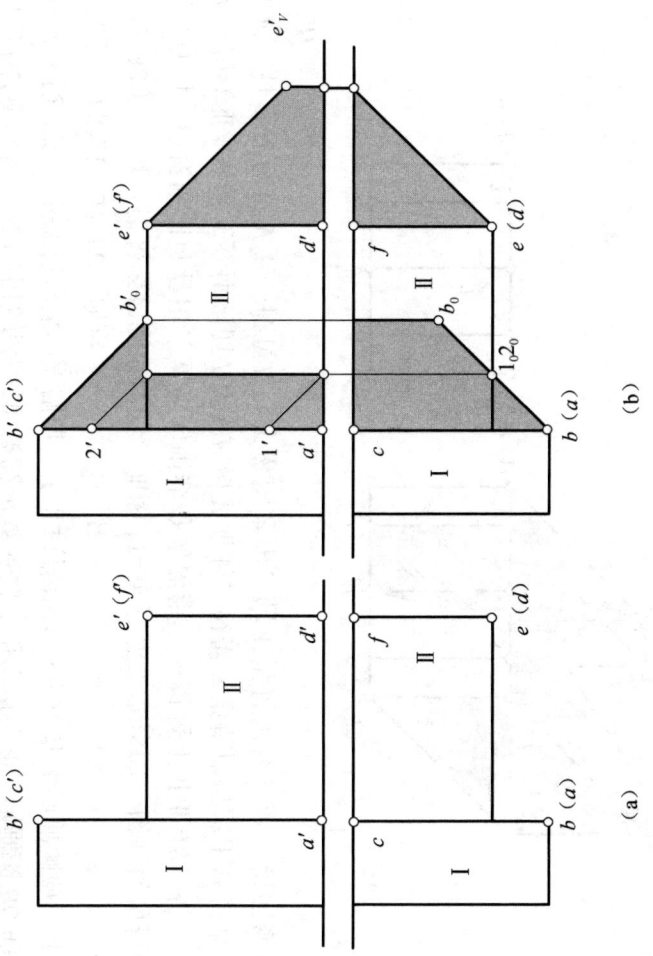

图11-36 组合体的阴影

图11-37是上、下组合的立体的落影，上部长方体的阴线为ABCDE，其落影分别在V面、下部长方体的左侧面和前面上。根据直线的落影规律，可分别确定阴线线段的落影。由于上部长方体在左侧和前侧伸出下部长方体的长度的不同，此种组合又分为三种情况：
(1) $l_1 = l_2$，(2) $l_1 < l_2$，(3) $l_1 > l_2$。

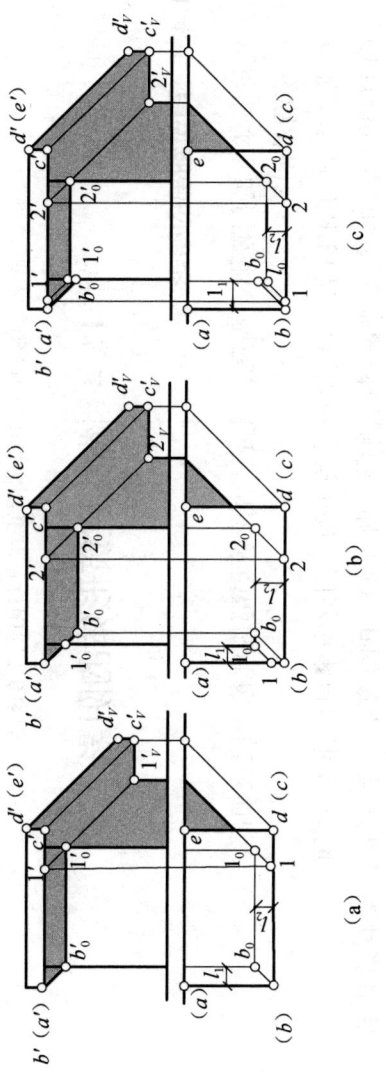

图11-37 组合体的阴影
(a) $l_1 = l_2$；(b) $l_1 < l_2$；(c) $l_1 > l_2$

(1) $l_1 = l_2$ 这时，阴线上点B的落影B_0 (b_0, b_0') 正好位于下部长方体的左前棱线上，如图11-37（a）所示。

233

(2) $l_1 < l_2$，点 B 的落影 B_0 (b_0, b_0') 位于下部长方体的前侧面上，正垂线 AB 的落影，在 V 投影面上与光线的投影方向一致，如图 11-37 所示。

(3) $l_1 > l_2$，点 B 的落影 B_0 (b_0, b_0') 位于下部长方体的左侧面上，侧垂线 AB 上必然有一点落影于下部长方体的前侧面上的积聚投影于反回光线，交 bc 于点 1，由 1 在 $b'c'$ 上求出 $1'$，过 $1'$ 作 45° 直线，交棱线的 V 面投影于 $1_0'$，即求得 I 点的落影，BI 段落影在下部长方体的前棱线与下部长方体的左前棱线相交于 $2_0'$。由前落影可知，侧垂线 BC 的落影分为三段，BI 段落影在下部长方体的左侧面，$IⅡ$ 段落影在下部长方体的前侧面，$ⅡC$ 段落影在 V 面上，如图 11-37 (c) 所示。

图 11-38 所示组合体是经切割形成的。如图 11-38 所示，立体的各棱面均为投影面平行面或垂直面。由投影图可看出，立体的阴线分为两组，一组是 $I Ⅱ$ 和 $Ⅲ AB$，另一组是 $Ⅳ V Ⅵ CD$。阴线 $Ⅲ A$ 落影在立体阴面 $BⅣ F$ 和 V 面上，根据落影规律可求出转折点 E 的落影。注意阴线 $ⅣV Ⅵ$ 上一段 $ⅣE$ 处于落影之中，它不再是阴线，第二组阴线应变为 $E_0 V ⅥCD$。

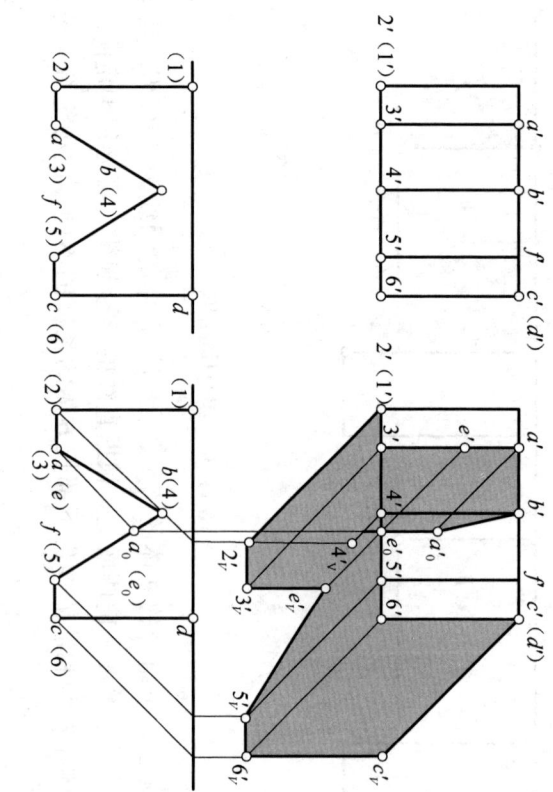

图 11-37 立体阴线在自身阴面上的落影

11.4 常见建筑形体的阴影

11.4.1 建筑细部的阴影

建筑形体上的门窗洞、雨篷、阳台、台阶等局部构件称为建筑细部。

1. 窗洞的阴影

在作窗洞的阴影时，规定窗扇是关闭的，因此窗洞只有窗台作为承影面。图 11-39 所示的阴影只是几种窗洞的阴影。图 (a) 中的窗洞可以作为窗台，没有遮阳板；图 (b)、(c) 中的窗洞宽度以反映了窗台的深度，落影宽度 n 反映了窗台凹入外墙面的深度。可以认识到窗宽度 m 反映了遮阳板（遮阳板）实例，$e_0' e_0'$ 和 $e_V' e_V'$，可以凸出外墙面的距离。

阳板凸出外墙面的距离。

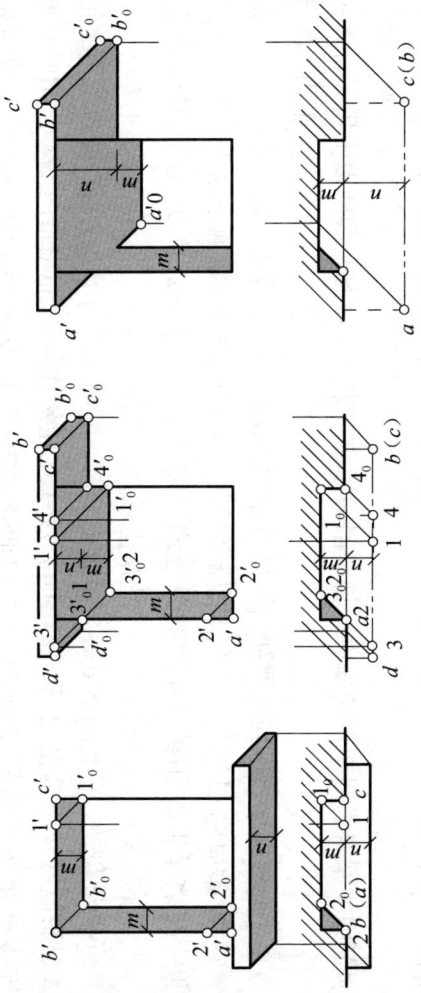

图 11-39 几种窗洞的阴影

2. 门洞的阴影

在求作门洞的阴影时，规定门扇是关闭的，因此门扇可以作为承影面。

图 11-40 所示的带有雨篷的门洞的阴影。

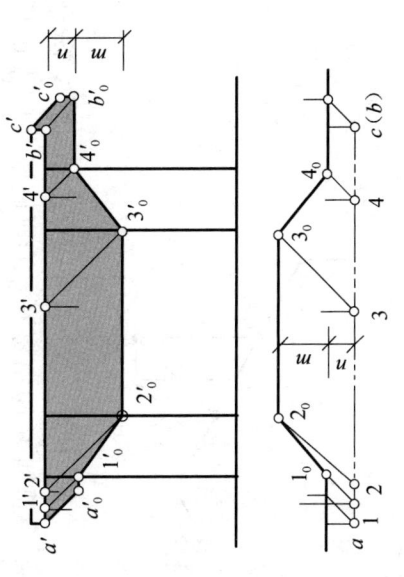

图 11-40 所示的门洞，左右两侧面都是铅垂面，均为阴面，是雨篷的承影面。注意阴线 AB 是侧垂线，在铅垂承影面上的落影与承影面的积聚投影聚成对称形状。

图 11-40 带有雨篷的门洞的阴影

3. 台阶的阴影

图 11-41 所示的台阶，左、右两侧挡墙的阴线 CD 和 GK 为铅垂线，CD 在第一个踏面之上，AB 和 FE 为正垂线，它们的落影可按规律求作。下面对两条侧平阴线 BC 和 FG 的落影进行分析。

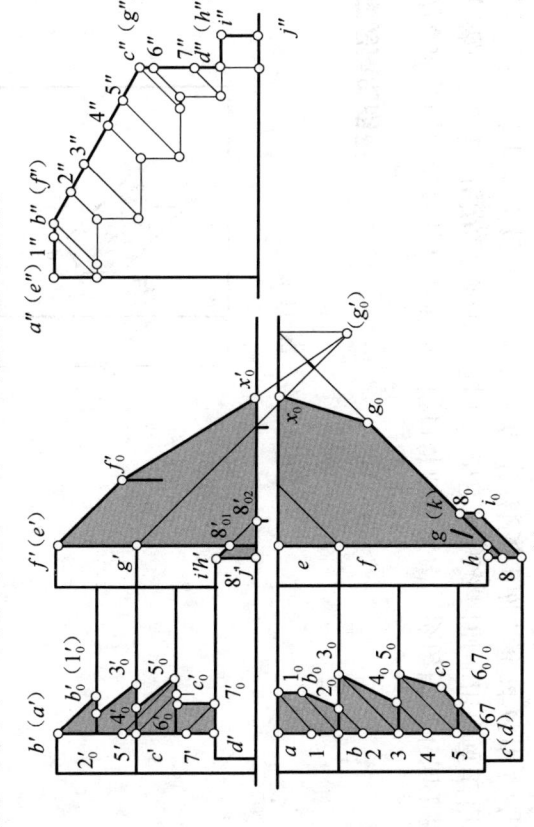

图 11-41 两侧带挡墙的台阶的阴影

阴线 BC 的落影，C 点落影在第二个踏面上（c_0，c_0'），B 点落影在最上一个踏面上（b_0，b_0'），BC 在踏面与踢面相交处的落影为转折点。因此，在 W 投影图上分别过各影点利用返回光线法确定 2″，3″，4″，5″，再由 2′，3′，4′，5′ 和 2，3，4，5 求得各影点，顺次连线。

阴线 FG 的落影，G 点落影在地面上，F 点落影在墙面上，利用 G 点在墙面前侧面和地面的虚影（g_0'）确定 FG 的落影在墙脚处的转折点 x_0，x_0'，分别连接 $g_0'x_0$ 即为 FG 的落影。此外，还应注意第一个踏步的阴线 HIJ 落影在右侧挡墙前侧面和地面上。

烟囱是突出于屋面的一种构件。求作烟囱的阴影时，承影面是屋面，烟囱的光线与屋面的交线就是烟囱的阴线。

4. 烟囱的阴影

图 11-42 所示的烟囱，阴线为折线 ABCDE，AB、DE 是铅垂线，在 W 面投影中，其落影与承影面 V 面投影呈对称形状，即反映屋面的倾斜角度 45°线。阴线 BC 平行于承影面，它在至屋面上的落影 B_0C_0（b_0c_0，$b_0'c_0'$）与 BC 平行且相等。CD 为侧垂线，其落影的 H 面投影与承影面的 V 面投影呈对称形状，W 投影成 45°线。

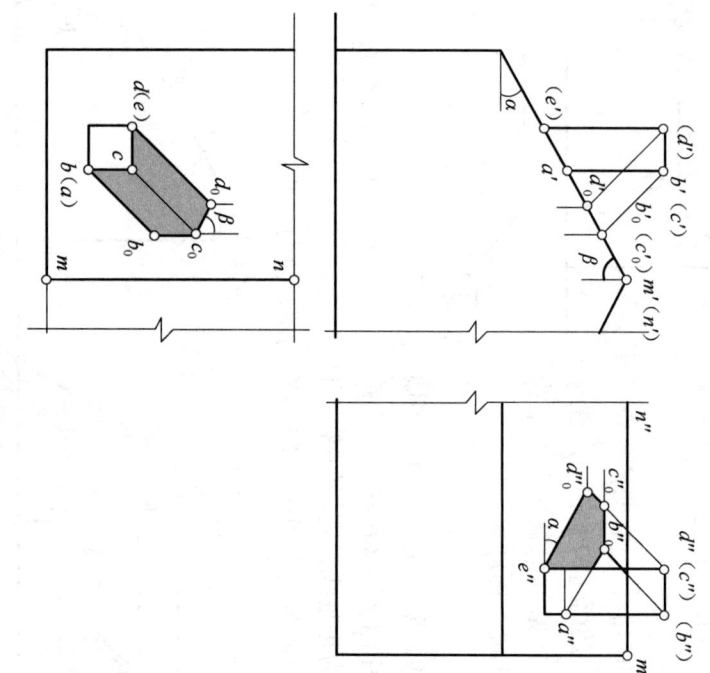

图 11-42 烟囱的阴影

11.4.2 坡屋顶房屋的阴影

图 11-43 为双坡和四坡组合的 L 形平面、檐口等高的房屋。该房屋在 V 面上没有落影，房屋整体落影在地平面上。III ABCDE 落影在墙面上，由于向左，向前的出檐宽度相等，过 a_0' 作直线平行 $a'b'$，与过 b' 的 45°线交于 b_0'，再过 b_0' 作 $b'c'$ 的平行线，在左前墙角线上。过 b' 的 45°线即为 AB 和 BI 在左方前墙面（山墙面）上的落影，继续求出 c_0'，$1_0'$，d_0'，$2_0'$，e_0' …… 完成作图。注意 $1_0'$ 与 $1_0'$ 也是过渡点。c_0，1_0，$a_0'b_0'$，$b_0'1_0'$ 即为 AB 和 BI 在左方前墙面（山墙面）上的落影，继续求出

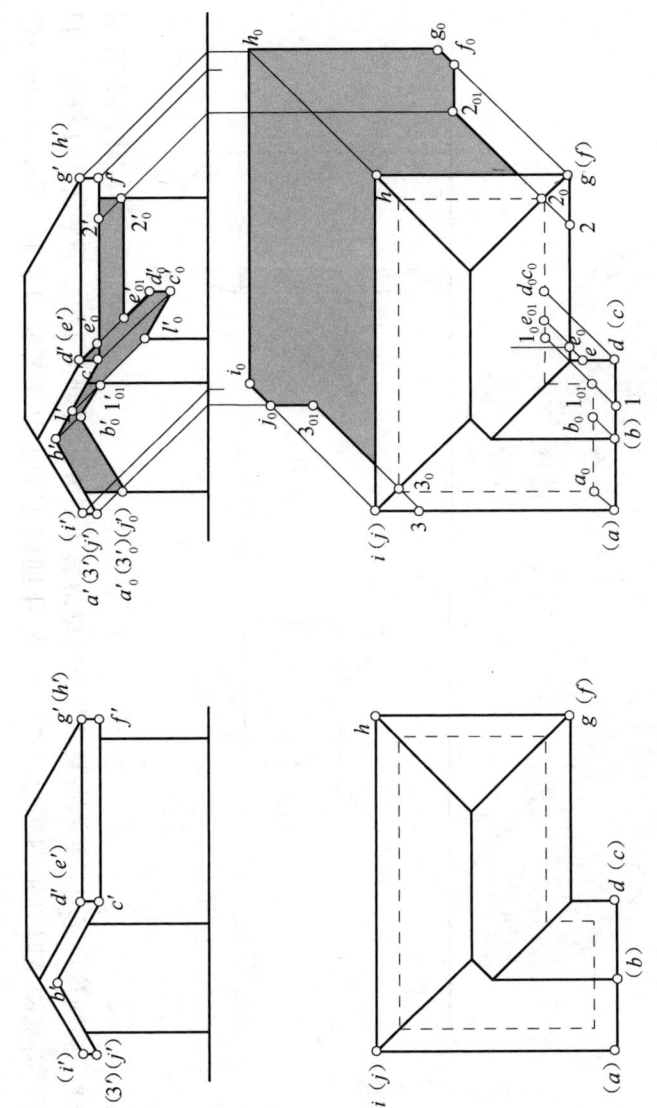

图 11-43 檐口等高的双坡和四坡屋顶房屋的落影

11.5 曲面体的建筑阴影

11.5.1 圆柱的阴影

当光线照射直立的圆柱体时,圆柱体的左前半圆柱面和上底圆为阳面,右后半圆柱面和下底圆为阴面,如图 11-44 所示。圆柱体的阴线是由两条素线和两个半圆周组成的封闭线,两素线阴线实质上就是光平面与圆柱面的切线。

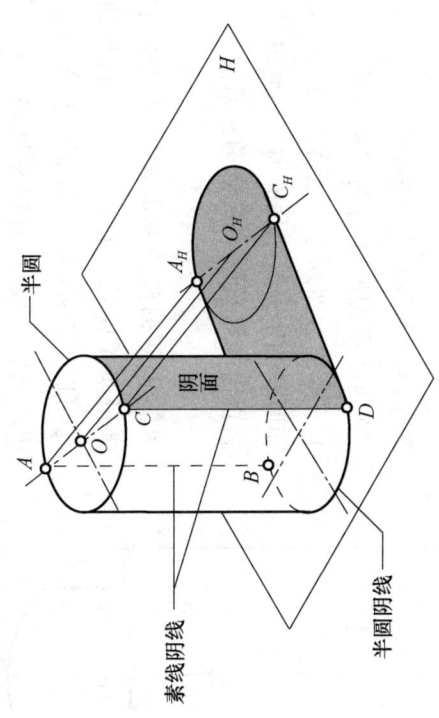

图 11-44 圆柱的阴影

图 11-45 所示的是处于铅垂位置的圆柱的阴影。图 11-45(a)是置于 H 面上的圆柱,其 H 投影积聚为一圆周,阴线必然是置于 H 面上的光平面相切的光平面的素线,所以与圆柱面相切的光平面必然为铅垂面,其 H 投影积聚为 45°直线,与圆周相切。作图时,在 H 投影中由光线与圆柱的切点向上作竖直线,即可确定两条阴线 AB、CD 的 V 面投影。圆柱上底圆的落影位于 H 面上,

237

形状和大小不变，下底圆的落影为其自身，作两条公切线，得圆柱在 H 面上的落影。图 (b) 是抬升丁的圆柱，其上下底圆在 H 面上的落影均不与其自身重合，作图过程同图 (a)，作图结果如图 (b) 所示。

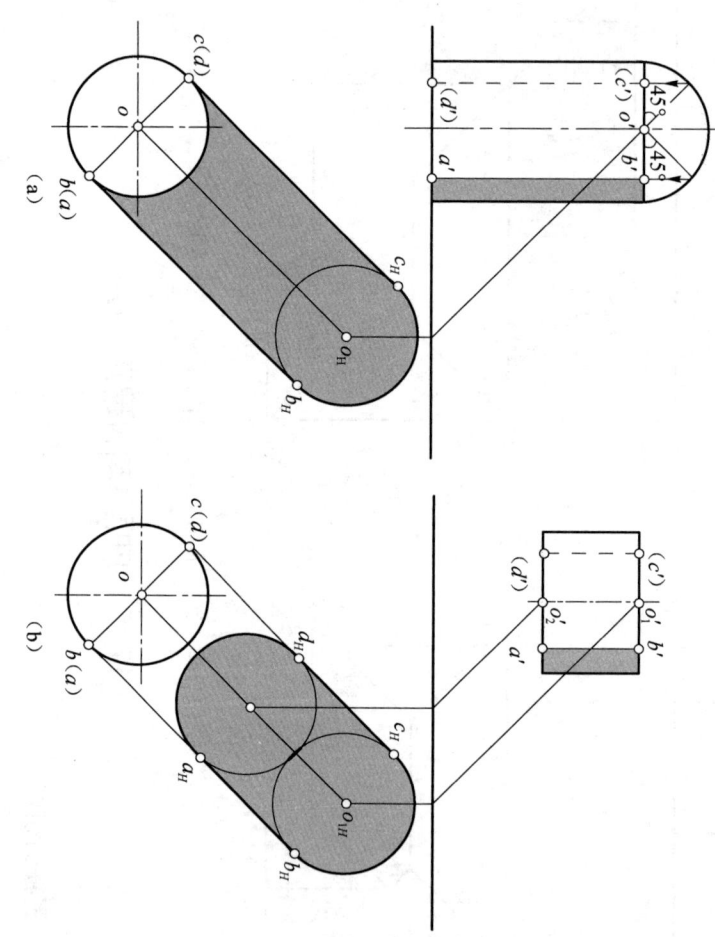

图 11-45 圆柱的阴影画法

确定圆柱的阴线，可直接利用圆柱的 V 面投影进行求作。如图 11-46 所示，在圆柱的底圆积聚投影上作半圆，过圆心作两条不同方向的 45°线，与半圆交于两点，再过该两点作竖直线，即为所求；或自底圆半径的两端，作不同方向的 45°中阴线对轴线的距离，由此确定圆柱的阴线 $a'b'$、$c'd'$。

图 11-47 所示为圆柱和 H 面重合的铅垂圆柱在 V 面和 H 面上的落影。作图时，先作出圆柱的阴线，然后作上下两底圆的落影。上底面圆落影在 V 面上，由于它是一水平面圆，故其 V 面落影为椭圆。两条素线阴线在 V、H 面上的落影分别与椭圆和下底面圆相切。

11.5.2 圆锥的阴影

当光线照射直立的圆锥体时，光平面与圆锥面相切而产生的两条切线就是圆锥面的阴线，它们是圆锥面上的两条素线，如图 11-48 所示。

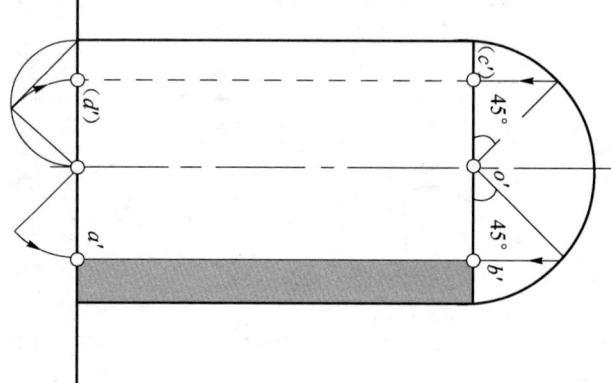

图 11-46　利用 V 面投影求作圆柱的阴线

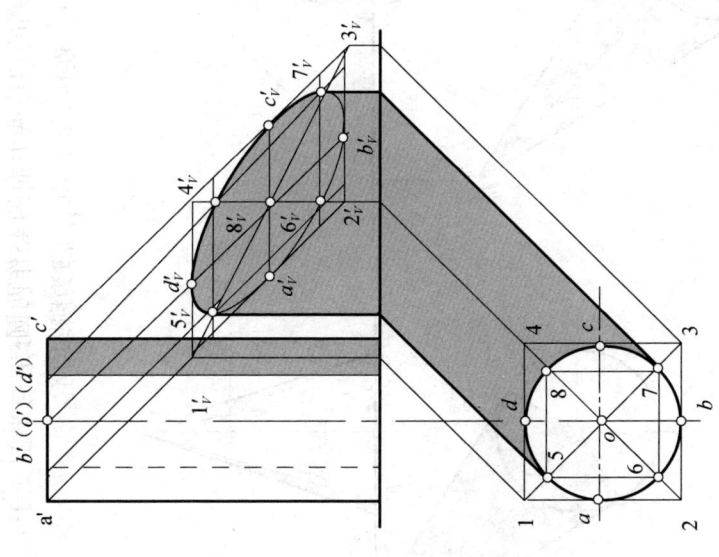

图 11-47 圆柱在 V、H 面上的落影

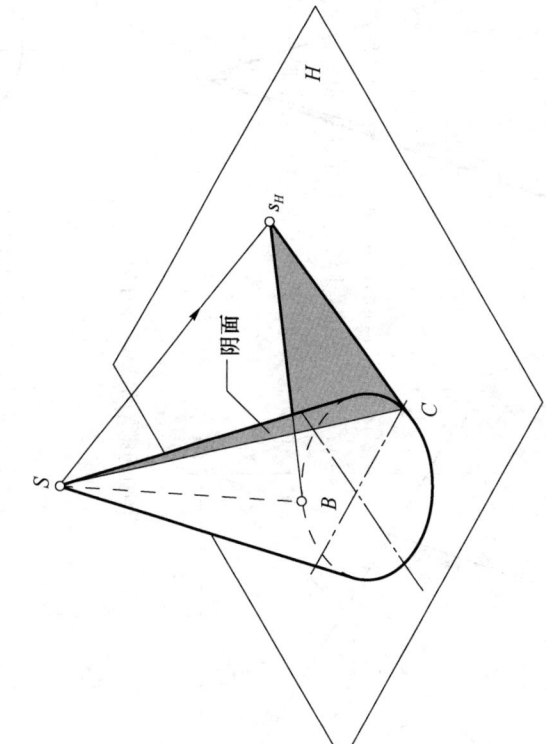

图 11-48 圆锥的阴影

在投影图中，先作出锥顶 S 在承影面上的落影 s_H，然后过点 s_H 作底圆切线，即为所求，如图 11-49（a）所示。由图 11-49（a）可看出，直立圆锥面上的阴面只占圆锥面的一小半，切点 b、c 与锥顶 s 的连线，即为锥面的阴线。

图 11-49（b）所示的圆锥，其落影部分在 V 面，部分在 H 面。作图时，需作出锥顶在 V 面上的落影及两条素线阴线在 V、H 面上的落影即可。

直立圆锥面上的阴线，可以用简捷方法在正面投影中作出。如图 11-50（a）所示，以 $a'd'$ 为直径，以 o' 为圆心作一半圆，交圆锥中心线于 e'，过 e' 作圆锥轮廓素线 $SA(s'a')$ 的平

行线 $e'f'$，交 $a'd'$ 于 f'。过 f' 作两方向的 45°线，分别与半圆交于 c_1、b_1，过 c_1、b_1 作竖直线与 $a'd'$ 交于 c'、b' 两点，连接 $s'c'$、$s'b'$，即为所求。

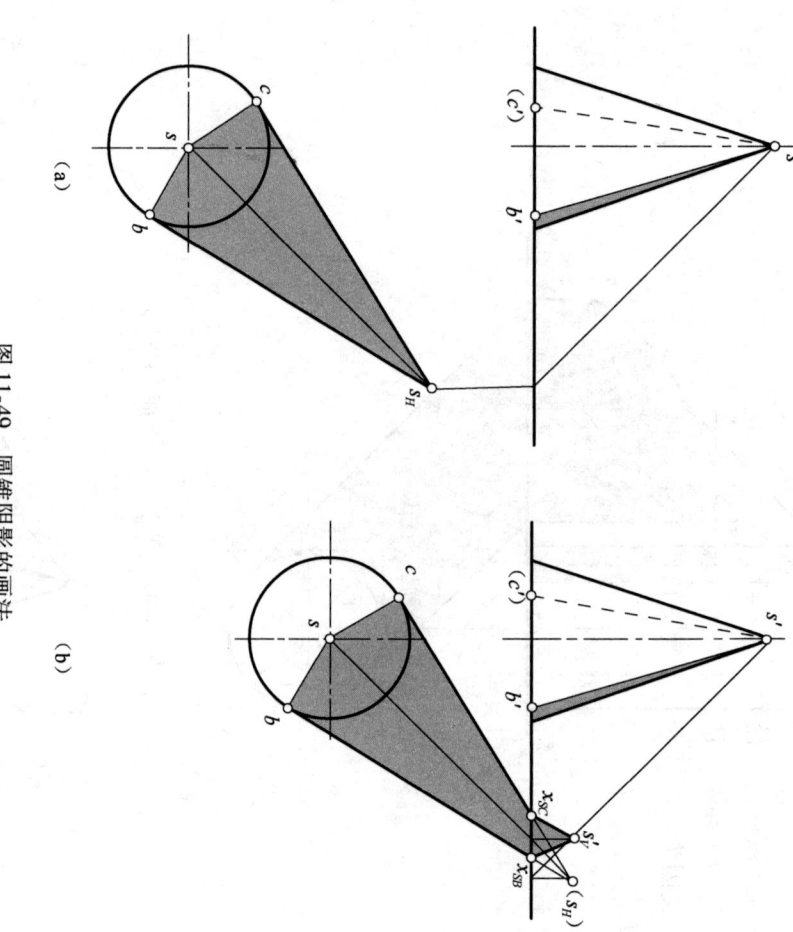

图 11-49 圆锥阴影的画法

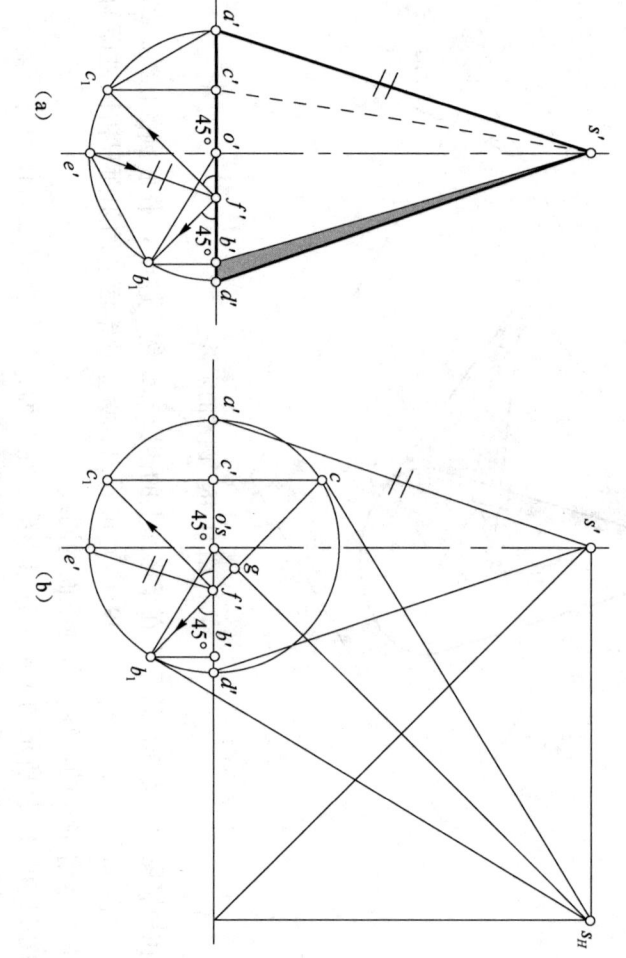

图 11-50 圆锥阴线的简捷作法与证明过程

上述作法的证明过程如图 11-50（b）所示，将图 11-49（a）中的 H 面投影上移，使其

240

底圆的水平直径与 V 面投影的底边重合。连接切点 c 和 b_1，cb 与 ss_H 相垂直，故 cb_1 为 $45°$ 线，它与 $a'd'$ 交于 f。现在只需证明，连线 $e'f'/\!/s'a'$。因为 $\triangle gsb_1 \backsim \triangle sb_1 s_H$，所以 $sg/sb_1 = sb_1/ss_H$。

(1) 设底圆的半径为 r，$sb_1 = r_o$。设锥高为 H，则 $ss_H = ss'/\sin 45°=H/\sin 45°$。由上述可得出 $sg/r = r \cdot \sin 45°/H$。

(2) 又因为 $\triangle sgf$ 为等腰直角三角形，所以 $sg = sf$，$\triangle sef \backsim \triangle ss'a'$，代入 $sg/r = r \cdot \sin 45°/H$ 式得 $sf/r = r \cdot \sin 45°/H$，也就是 $se = sa'/ss'$，$\triangle sef \backsim \triangle ss'a'$，于是证得 $ef/\!/s'a'$。

图 11-51 (a) 是求作倒立圆锥面上阴线的方法。(S_0) 称为倒立圆锥的简捷作法同直立圆锥一样，只是应作辅助线 $e'f'/\!/s'd'$，如图 11-52 所示。

平面相交于 S，即 S_0 的光线必通过 S，(S_0) 的光线反方向光线，使光线与锥底平面相交于 S，过锥顶 S 作反方向光线，使光线与锥底平面相交，即为所求阴线。投影图如图 11-51 (b) 所示。

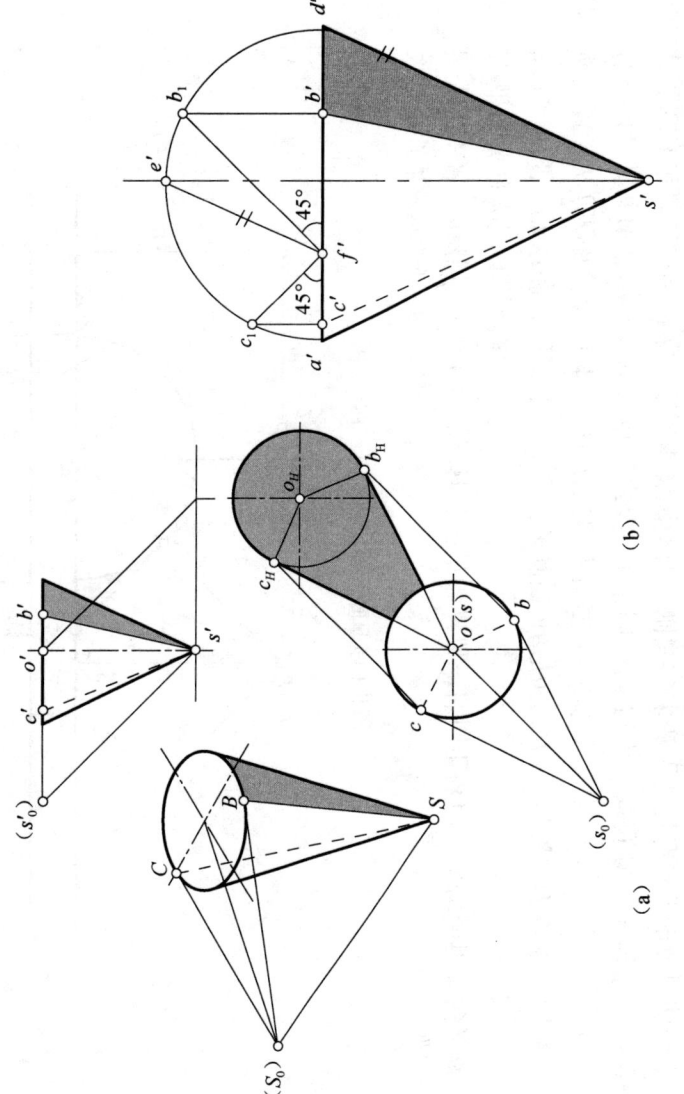

图 11-51 倒立圆锥的阴影

图 11-52 倒立圆锥阴线的简捷作法

11.5.3 形体在圆柱面上的落影

1. 带正方形盖盘的圆柱的阴影

图 11-53 是一带有正方形盖盘的圆柱。由于柱面垂直于 H 面，所以，可以利用 H 投影的积聚性求作在柱面上的落影。正方形盖盘的阴线为 $ABCDE$，一部分落影在 V 面上，另一部分落影在柱面上。作图时先求出一些特殊点的落影，如有需要再求出一般的落影，然后光滑连成落影线。作图步骤如下（图 11-53）：

(1) 图中的墙面相当于 V 面，AB 为正垂线，由直线落影规律可求得 AB 在墙面和柱面上的落影，B 点的落影在柱面上。AB 线上 I 点正好落在墙面与柱面的交线上。

(2) 侧垂线 BC 上有一段 $BⅡ$ 落影在柱面上。根据直线落影规律，可知 $BⅡ$ 在柱面上的落影必与柱面的 H 面投影呈对称形状，为一圆弧，圆弧的中心 o' 与 $b'c'$ 的距离，应等于阴线 BC 与圆柱轴线的 H 面投影中柱轴 o 与 bc 的距离。

(3) 求作ⅡC、CD、DE 墙面上以及圆柱在墙面上的落影。

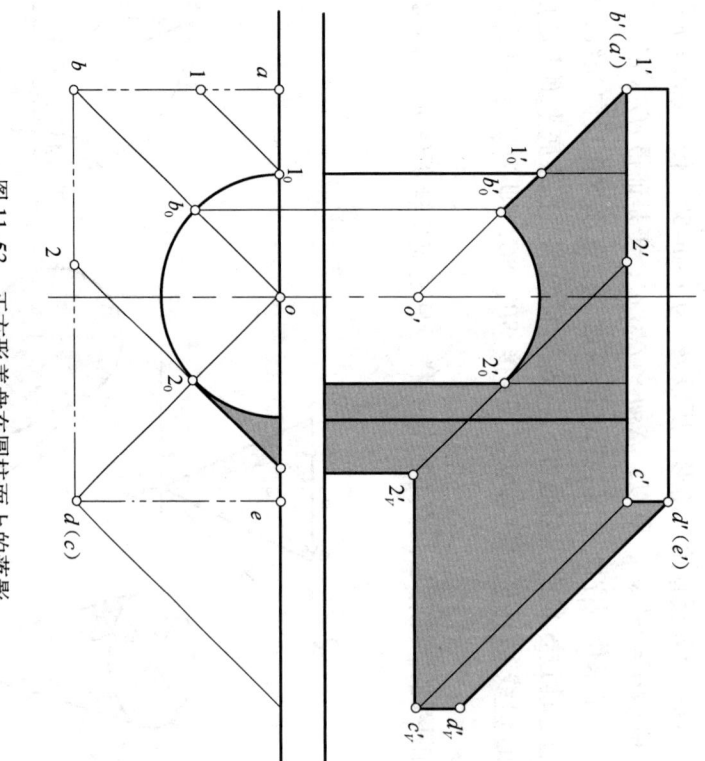

图 11-53 正方形盖盘在圆柱面上的落影

2. 带长方形盖盘的圆柱的阴影

图 11-54 是一带有长方形盖盘的圆柱，长方形盖盘在柱面上落影的求作同正方形盖盘。

3. 带圆弧盖盘的圆柱的阴影

图 11-55 是一带有盖盘的圆柱。其中，$CDEF$ 落影于柱面上，IJ 是素线阴线，盖盘上底圆弧 JKL 也是阴线。

作图时，首先应求作一些特殊点的落影。如图 11-55 所示，通过圆柱轴线作一个水平面，若此圆柱再扩展一半成为一个完整的圆柱体，则该形体被光平面分成互相对称的两个半圆面，并以此光平面为对称面。圆盖盘及其落影在柱面上的阴线及其落影也以该光平面为对称平面。于是盖盘光平面内的一点 D 与其落影 D_0 的距离最短，因此，在 V 面投影中，影点 d_0' 与阴点 d' 的垂直距离也最小，d_0' 就成为影线上的最高点，必须将它画出。

另外，落在圆柱最左与最前素线上的影点 C_0 和 E_0，由于它们对称于上述的光平面，因此高度相等。当在 V 面投影中求得 c_0' 后，过 c_0' 作水平线与中心线相交，即得 e_0'。还有，位于圆柱阴线上的影点 F_0 也需要求出。在 H 面投影中，作 $45°$ 线，与圆柱的阴线相交于点 f_0，盘圆周相交于点 f，由 f 求得 f'。过 f' 作 $45°$ 线，与圆柱的阴线的 V 面投影相交于点 f_0'。最后，光滑连接 $c_0'd_0'e_0'o'f_0'$，即为圆盖盘在柱面上落影的 V 面投影。

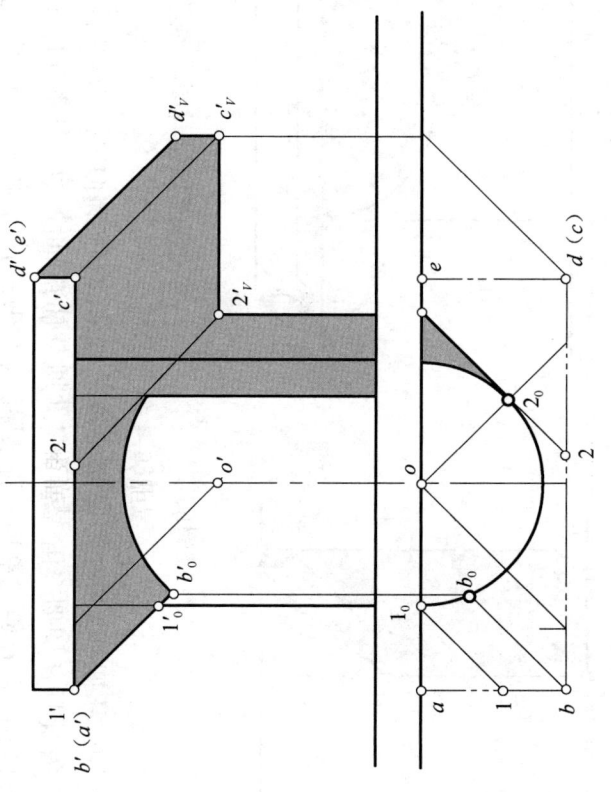

图 11-54 长方形盖盘在圆柱面上的落影

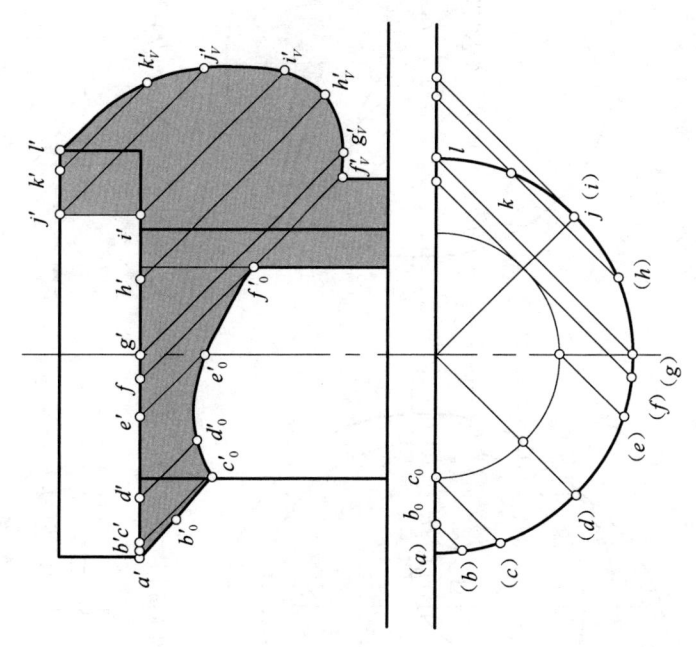

图 11-55 圆盖盘在圆柱面上的落影

4. 带长方形盖盘的内凹圆柱面的阴影

图 11-56 是一带有长方形盖盘的内凹圆柱面。盖盘的阴线 BC 是侧垂线，在圆柱面上落影的 V 面投影与圆柱面的 H 面投影呈对称形状，为向下凸的半圆。作图步骤如图 11-56 所示。

5. 内凹半圆柱面的阴影

图 11-57 是一内凹半圆柱面。它的阴线是棱线 AB 和一段圆弧 BCD，点 D 的 H 面投影为

243

45°光线与圆弧的切点为d_0，圆弧BCD在柱面上的落影是一曲线，点D是阴线的端点，其在柱面上的落影与其自身重合，B、C两点的落影b_0'、c_0'是利用柱面的积聚性作出的。光滑连接b_0'、c_0'、d_0'，即得圆弧的落影。棱线AB的落影既在柱面上，也在H面上，不再详述。

图11-58是两种圆柱形窗洞的阴影。

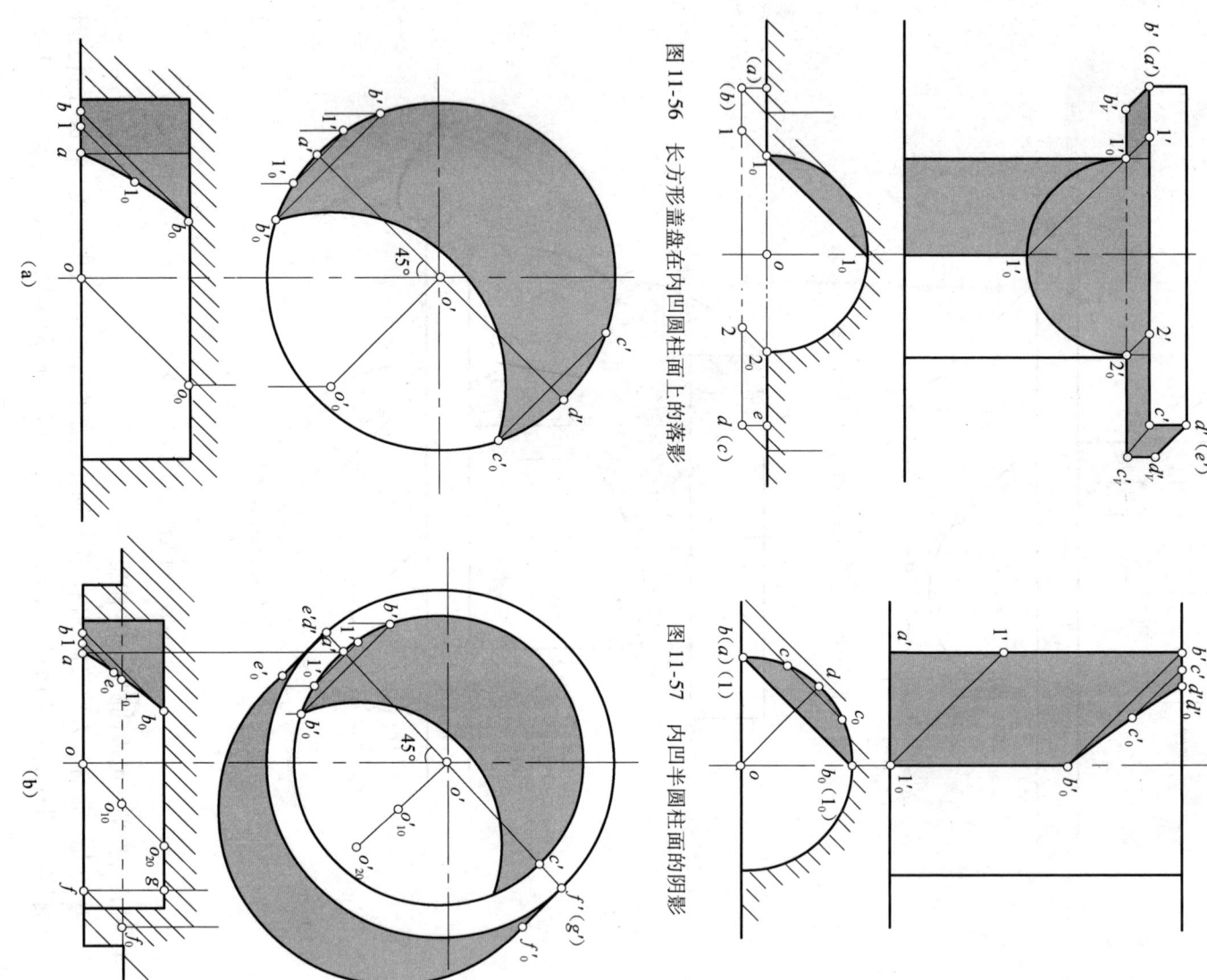

图11-56 长方形盖盘在内凹圆柱面上的落影

图11-57 内凹半圆柱面的阴影

图11-58 圆柱形窗洞的阴影
(a) 圆柱形窗洞的阴影；(b) 带圆柱形套的阴影